Medizinische Länderkunde
Geomedical Monograph Series

3

ÄTHIOPIEN - ETHIOPIA

Springer-Verlag Berlin Heidelberg GmbH 1972

Medizinische Länderkunde

Beiträge zur geographischen Medizin

Geomedical Monograph Series

Regional Studies in Geographical Medicine

Schriftenreihe der / Series of Monographs of the

Heidelberger Akademie der Wissenschaften · Mathematisch-naturwissenschaftliche Klasse

Begründet von / Founded by

Ernst Rodenwaldt †

Herausgegeben von / Edited by

Helmut J. Jusatz

ord. Professor Dr. med., Direktor des Instituts
für Tropenhygiene und öffentliches Gesundheitswesen am
Südasien-Institut der Universität Heidelberg

Unter Mitarbeit von / In collaboration with

Dr. phil. BERTHOLD CARLBERG, wissenschaftl. Kartograph, Murnau/Obb. · Dr. rer. nat. HEINZ FELTEN, Säugetierabteilung des Forschungsinstituts Senckenberg, Frankfurt/Main · Prof. em. Dr. med. LUDOLPH FISCHER, Direktor des Tropenmedizinischen Instituts der Universität Tübingen · Prof. Dr. phil. HERMANN FLOHN, Direktor des Meteorologischen Instituts der Universität Bonn · Prof. Dr. phil. GERHARD PIEKARSKI, Direktor des Instituts für medizinische Parasitologie der Universität Bonn · Prof. Dr. rer. nat. ULRICH SCHWEINFURTH, Direktor des Instituts für Geographie am Südasien-Institut der Universität Heidelberg · Prof. em. Dr. phil. Drs. h. c. CARL TROLL, Direktor des Geographischen Instituts der Universität Bonn

ÄTHIOPIEN - ETHIOPIA

Eine geographisch-medizinische Landeskunde / A Geomedical Monograph

von / by

K. F. Schaller

Professor Dr. med.

Direktor des Ernst Rodenwaldt-Institutes Koblenz,
Lehrbeauftragter für Tropendermatologie
der Universität Hamburg

Mit einem geographischen Beitrag von
With a Geographic Contribution by

W. Kuls

ord. Professor Dr. rer. nat.

Direktor des Geographischen Instituts
der Universität Bonn

Mit 64 Bildern, 34 Abbildungen und 7 Karten
With 64 Photos, 34 Figures, and 7 Maps

For the English Translation
J. A. Hellen, M. A. (Oxon.), Dr. phil. (Bonn) and Mrs. I. F. Hellen
Newcastle upon Tyne

Additional material to this book can be downloaded from http://extras.springer.com.

ISBN 978-3-642-65391-9 ISBN 978-3-642-65390-2 (eBook)
DOI 10.1007/978-3-642-65390-2

Herstellung der Karten 1—7 in der Geomedizinischen Forschungsstelle der Heidelberger Akademie der Wissenschaften, Druck in der Offsetdruckerei und Atelier für Kartographie Henning Wocke, Karlsruhe.

Softcover reprint of the hardcover 1st edition 1972
Library of Congress Catalog Card Number 72-79010.
Herstellung: Konrad Triltsch, Graphischer Betrieb, 87 Würzburg

Vorwort

Die Herausgeber des Welt-Seuchen-Atlas der Heidelberger Akademie der Wissenschaften, Ernst Rodenwaldt und Helmut J. Jusatz, haben die Schriftenreihe „Medizinische Länderkunde" als eine Fortsetzung und Ergänzung ihres Werkes vor nunmehr 10 Jahren konzipiert. Der Verfasser ist dem Wunsche des verstorbenen Begründers dieser Schriftenreihe, Prof. Dr. Dr. h.c. Ernst Rodenwaldt, die Bearbeitung Äthiopiens zu übernehmen, um so bereitwilliger nachgekommen, als er selbst die nach 12jährigem Aufenthalt in Äthiopien gesammelten Erfahrungen und gemachten Beobachtungen unter Berücksichtigung des inzwischen erschienen Schrifttums auszuwerten gedachte.

Der bis zur Vollendung des Bandes eher unbeabsichtigt verstrichene lange Zeitraum hat sich letzten Endes zum Vorteil ausgewirkt, konnten doch früher nicht in Erscheinung getretene geomedizinisch wichtige Epidemien der jüngsten Vergangenheit wie die des Gelbfiebers, der Cholera und der Schlafkrankheit noch berücksichtigt werden.

Annähernd 20 Jahre der Entwicklung des äthiopischen Gesundheitswesens werden vom Verfasser übersehen. In der Zeit vor 1950 sind relativ wenige Publikationen erschienen, die sich mit Themen des öffentlichen Gesundheitsdienstes oder der Epidemiologie bestimmter Krankheiten in Äthiopien auseinandersetzen, wenn man von dem italienischen Schrifttum über Eritrea in der ersten Hälfte dieses Jahrhunderts und über Äthiopien gegen Ende der dreißiger Jahre absieht. Nach 4jähriger Tätigkeit als Direktor des städtischen Gesundheitsdienstes von Adis Abeba (1952—1956) hatte der Verfasser als Mitglied des Medical Advisory Board des Gesundheitsministeriums (1952—1964) und Leiter des Leprabekämpfungsdienstes (1954—1964) ausgiebig — meist in Verbindung mit Aufgaben epidemiologischer Natur — Gelegenheit, die ökologischen Bedingungen zu beobachten, unter denen Krankheitsgeschehen in den verschiedenen Regionen des Landes unter Einwirkung der vorherrschenden Geofaktoren ablaufen.

In dem in den Jahren 1960—1964 unter der Leitung des Verfassers von einer ärztlichen Beratergruppe erarbeiteten Zweiten Fünfjahresplan für die Entwicklung des äthiopischen Gesundheitsdienstes wurde angestrebt, den besonderen infrastrukturellen Verhältnissen des Landes gerecht zu werden. Es kann als eine verspätete Bestätigung für die Richtigkeit des eingeschlagenen Weges auf dem Gebiet der medizinischen Entwicklungshilfe gewertet werden, daß Äthiopien die Planung für die Jahre 1963—1967 jetzt als Grundlage für den Aufbau seines Gesundheitswesens heranzieht. Die hier vorgelegte Medizinische Länderkunde von Äthiopien soll zu einem besseren Verständnis der Planungs- und Entwicklungsvorhaben auf dem Gebiet des öffentlichen Gesundheitsdienstes beitragen und gleichzeitig der Absicht des Herausgebers der Schriftenreihe, auf dem Grenzgebiet zwischen Medizin und Geographie zu weiteren Forschungen anzuregen, gerecht werden.

Die Bearbeitung des geographischen Teiles hat in dankenswerter Weise Herr Professor Dr. W. Kuls, Direktor des Geographischen Instituts der Universität Bonn, übernommen. Als guter Kenner Äthiopiens hat Prof. Kuls aus eigener Anschauung und Landeskenntnis die mit einer Medizinischen Länderkunde im Zusammenhang stehenden medizinischen Probleme kennenlernen können. Diese so wertvollen Erfahrungen haben ihren Niederschlag in der Bearbeitung des geographischen Teiles gefunden. Ein besonderer Dank gilt ihm für die Ausarbeitung der Kartenbeilagen über Klima, Vegetation, Geologie, Wirtschaft, Mineralquellen. Es wird deutlich, daß Äthiopien in Afrika insofern eine Sonderstellung einnimmt, als auf einem verhältnismäßig kleinen umschriebenen Raum fast alle Geofaktoren angetroffen werden, die sich sonst auf das übrige Afrika verteilt finden. Hierin liegt auch die Erklärung für das weite Spektrum im Vorkommen der „geo"-abhängigen Krankheiten.

Zu besonderem Dank ist der Verfasser dem Herausgeber der Schriftenreihe, Herrn Prof. Dr. Jusatz, Direktor des Instituts für Tropenhygiene und öffentliches Gesundheitswesen am Südasien-Institut der Universität Heidelberg für wertvolle Anregungen verpflichtet. In gleicher Weise gilt der Dank den Mitarbeitern der Geomedizinischen Forschungsstelle der Heidelberger Akademie der Wissenschaften für die sich über Jahre erstreckende unermüdliche Unterstützung in der Literaturbeschaffung, der Anfertigung der Karten und der redaktionellen Bearbeitung des Manuskriptes. Herrn Dr. Berthold Carlberg, Murnau, verdanken wir die Herstellung einer neuen Geländezeichnung für die Kartenbeilagen, für deren drucktechnische Ausführung der Firma Henning Wocke, Karlsruhe, gedankt sei. Besonderer Dank gebührt Herrn Dr. und Mrs. J. A. Hellen, Newacstle upon Tyne, für die Übersetzung des geographischen Teiles und für die Durchsicht der englischen Fassung des medizinischen Teiles, bei dem Herr Dr. Putzig, Hamburg, dem Autor wertvolle Übersetzungshilfe gab, wofür ihm an dieser Stelle gedankt wird. Für die Übersetzung und Transkription der Krankheitsbezeichnungen in die amharische Sprache dankt der Verfasser Ato Girma Beshah, Hamburg, ferner Herrn Dr. Schupp vom Ernst-Rodenwaldt-Institut, Koblenz, für die Anfertigung der graphischen Darstellungen von Verläufen verschiedener Infektionskrankheiten in Äthiopien.

Dem Springer-Verlag Berlin-Heidelberg-New York sei für das Eingehen auf die Wünsche in der Ausstattung des Bandes an dieser Stelle ebenfalls der Dank des Verfassers ausgesprochen.

K. F. Schaller

Preface

It is now ten years since the editors of the Heidelberg Academy of Sciences' *World Atlas of Epidemic Diseases*, Ernst Rodenwaldt and Helmut J. Jusatz, first conceived the idea of the Geomedical Monographs as an extension of and complement to their work. The author was happy to comply with the wishes of the late Professor Dr. Dr. h.c. Ernst Rodenwaldt, founder of the series, that he should undertake to write the volume on Ethiopia — the more so as he himself had hoped to interpret, with particular regard to the literature published in the interim, the observations made and experience gained over a period of twelve years' residence in Ethiopia.

The rather long period wich unintentionally elapsed until the volume was finally completed, has in the end proved to be an advantage, since epidemics, like those of yellow fever, cholera and sleeping sickness, which had not appeared at an earlier date, but were geomedically important, could be taken into consideration.

The author surveys some twenty years of development in the Ethiopian health services. In the years prior to 1950 relatively few publications, apart from Italian literature on Eritrea during the first half of the present century and on Ethiopia during the late Thirties, were available on topics concerning the public health service or the epidemiology of particular diseases in Ethiopia. After four years of service as the Director of the Municipal Health Service in Adis Abeba (1952—1956) the author, as a member of the Medical Advisory Board of the Ministry of Health (1952—1964) and as the head of the Leprosy Service (1954—1964), had ample opportunity, chiefly in connection with tasks of an epidemiological nature, to observe the ecological conditions under which disease processes occur in the various regions of the country affected by particular dominant geo-factors.

In the second Five Year Plan for the development of the Ethiopian Health Service, which was prepared by a medical advisory group led by the author during the years 1960—1964, the intention was to do justice to the particular infrastructural conditions of the country. The fact that Ethiopia is now using this planning for the period 1963—1967 as a basis for the establishment of her health service, may be taken as a belated confirmation that the course embarked upon at that time in the field of medical development aid was appropriate. The geomedical monograph on Ethiopia presented here is intended to help towards a better understanding of the planning and development projects in the field of the public health service, and at the same time to do justice to the intention of the editor of the series to stimulate further research in the frontier-zone between medicine and geography.

I wish to thank Professor Dr. W. Kuls, Director of the Geographical Institute in the University of Bonn, for contributing the geographical section. Professor Kuls, an authority on Ethiopia, was able to acquire an understanding of the medical problems connected with a regional medical geography from his own experience in and knowledge of the country. These most valuable experiences have been incorporated in the geographical section. Special thanks are also due for the map contributions on climate, vegetation, geology, economy and mineral resources. It becomes clear that Ethiopia occupies a special position in Africa in so far as all the geo-factors scattered throughout Africa can be found in a comparatively small and well-defined region. It is in this fact that the explanation of the wide spectrum of occurrence of "geo-related" diseases must be sought.

The author is greatly indebted to Professor Dr. Jusatz, Director of the Institut für Tropenhygiene und öffentliches Gesundheitswesen at the South Asia Institute of the University of Heidelberg, for his valuable suggestions; he acknowledges them with gratitude. Similarly thanks are due to colleagues at the Geomedical Research Unit of the Heidelberg Academy of Sciences for years of untiring assistance in tracing literature, producing maps and editing the manuscript. Thanks to Dr. Berthold Carlberg, Murnau, for the cartographic skill in displaying the topographical features so important in a mountenous country like Ethiopia, and to the printing house Henning Wocke, Karlsruhe, for the printing of the maps. Special thanks also go to Dr. and Mrs. J. A. Hellen, Newcastle upon Tyne, for the translation of the geographical section and the revision of the English version of the medical section, in connection with which the author enjoyed the valuable help of Dr. Putzig of Hamburg in the actual translation and for which he offers sincere thanks. The author would also like to extend his thanks to Ato Girma Beshah, Hamburg, for translating and transcribing the disease terminology into the Amharic language, and to Dr. Schupp of the Ernst-Rodenwaldt-Institut in Koblenz for producing the graphs showing the course of several infectious diseases in Ethiopia.

To the Springer publishing house in Berlin-Heidelberg-New York the author wishes to express his thanks for the way in which they have considered his wishes over the format of this volume.

K. F. Schaller

Inhalt

A. Das Land und seine Bewohner (W. Kuls) . . 1

I. Oberflächengestalt und geologischer Bau 2

II. Klima und Gewässer 5

III. Das Pflanzenkleid 9

IV. Die Bevölkerung 12

1. Bevölkerungsverteilung 12

2. Bevölkerungsgruppen 13

3. Medizinisch bedeutsame Merkmale der Bevölkerung (K. F. Schaller) . . 15

a) Blutgruppenverteilung 15
b) Blutdruckwerte 16
c) Hämoglobinwerte 16
d) Serumwerte 16
Serumproteine 16
Serum-Cholesterin 16

V. Wirtschaftliche Verhältnisse und Siedlungswesen 17

1. Die Pflugbaugebiete 17

2. Die Hackbaugebiete 18

3. Die Gebiete vorherrschender Viehzucht 19

4. Landwirtschaftliche Exportkulturen und die Ansätze moderner Entwicklung auf dem Agrarsektor 20

5. Ernährung (K. F. Schaller) 20

6. Die übrigen Wirtschaftszweige . . . 21

7. Die städtischen Siedlungen 22

B. Verfassung und Organisation des Gesundheitswesens (K. F. Schaller) 24

I. Die äthiopische Verfassung 24

II. Die Gesundheitsverwaltung 25

1. Zentrale Einrichtungen und Projekte 25
Seuchenbekämpfungsdienst – Quarantänedienst – Trachombekämpfung – Leprabekämpfung – Malariabekämpfung – Tuberkulosebekämpfung – Geschlechtskrankheitenbekämpfung – Kinderernährung

2. Die allgemeinen Gesundheitsdienste. 26

a) Krankenhäuser 26
b) Provinzkrankenhäuser 26

3. Provinziale Gesundheitsverwaltung . 26

a) Gesundheitszentren 26
b) Gesundheitsstationen 26
c) Schulgesundheitsdienst 26

4. Übersicht der Gesundheitsdienste in den einzelnen Provinzen 27
Adis Abeba: Die städtischen Gesundheitsdienste – Die Krankenhäuser – Ausbildung von Ärzten und Gesundheitspersonal – Laboratorien und Forschungsinstitute – Humanitäre Einrichtungen

III. Einheimische Behandlung und Volksmedizin 28

C. Die Krankheiten des Landes (K. F. Schaller) . 29

I. Durch Arthropoden übertragene Infektionskrankheiten 29

1. Malaria 29

2. Leishmaniasen 32

3. Schlafkrankheit 34

4. Rückfallfieber 35

5. Fleckfieber und andere Rickettsiosen. 36

6. Gelbfieber 38

7. Dengue 39

8. Lymphocytäre Choriomeningitis . . 40

II. Durch Wasser und Nahrungsmittel übertragene Infektionskrankheiten. 40

1. Cholera 40

2. Typhus, Paratyphus und andere Salmonellosen 41

3. Ruhrerkrankungen 41

a) Amoebiasis 41
b) Bakterienruhr 42

4. Lambliasis. 43

III. Durch Kontakt übertragene Krankheiten 43

1. Treponematosen 43

a) Venerische oder sporadische Syphilis. 43
b) Endemische Syphilis 44
c) Framboesie 44
d) Pinta. 44

2. Tuberkulose 44

3. Lepra 47

4. Pocken 49

5. Trachom 50

6. Geschlechtskrankheiten 51
Prostitution – Syphilis – Gonorrhoe – Lymphogranuloma venereum – Urethritis und Cervicitis 51

7. Sonstige Infektionskrankheiten . . . 52
a) Influenza 52
b) Pneumonien 52
c) Meningitis cerebrospinalis. . . . 52
d) Hepatitis epidemica 52
e) Poliomyelitis 53
f) Diphtherie 53
g) Akute Exantheme 53
Masern – Scharlach – Röteln . . 53
h) Keuchhusten 53
i) Mumps 53
j) Tetanus 53
k) Gasödem 54

IV. Durch Würmer hervorgerufene Infektionen 54
1. Schistosomiasis 54
2. Filariasis 56
3. Onchocerciasis 57
4. Durch Darmhelminthen hervorgerufene Infektionen 57
a) Taeniasis 58
b) Ancylostomiasis 58
c) Ascariasis. 59
d) Trichuriasis 59
5. Andere Wurmkrankheiten 59
Strongyloidiasis – Trichostrongyliasis – Hymenolepiasis – Fascioliasis – Echinococciasis – Trichinelliasis

V. Anthropozoonosen und Zoonosen. . . 60
1. Tollwut 60
2. Brucellose 60
3. Milzbrand 60
4. Zoonosen 61

VI. Hautkrankheiten 61
1. Infektionskrankheiten der Haut. . . 61
Syphilis – Pydermien – Ulcus tropicum – Noma – Andere bakterielle Erkrankungen der Haut: Milzbrand – Tuberkulose – Lepra – Viruskrankheiten der Haut
2. Mykosen 63
a) Dermatomykosen 63
b) Systemmykosen 63
3. Parasitosen der Haut 63
Scabies – Tungiasis – andere Parasitosen: Creeping eruption — Larva migrans 64
4. Hauterscheinungen bei Stoffwechselstörungen 64
5. Ubiquitäre Dermatosen 64
Ekzemgruppe – Erythematosquamöse Dermatosen – Pigmentstörungen – Leukodermie und Vitiligo – Aknegruppe – Collagen-Erkrankungen – Cutan-vasculäre Reaktionen – Lichtdermatosen – Hyperkeratosen – Naevi – Tumoren der Haut
6. Sonstige Dermatosen 65

VII. Kosmopolitische Krankheiten. 66
1. Herz- und Kreislaufkrankheiten . . 66
2. Magen- und Darmkrankheiten . . . 66
3. Krankheiten der Respirationsorgane. 66
4. Krankheiten des Stoffwechsels . . . 66
a) Diabetes mellitus 66
b) Endemischer Kropf 67
c) Avitaminosen und Mangelkrankheiten 67
Hypovitaminosen – Kwashiorkor
5. Sonstige Erkrankungen 68
a) Krankheiten der Knochen und Bewegungsorgane 68
b) Krankheiten durch äußere Verletzungen 68
c) Krankheiten des Urogenitalsystems 68
d) Krankheiten des Nervensystems und der Sinnesorgane 68
6. Neoplasmen 68

VIII. Frauenkrankheiten und Geburtshilfe . . 68
Menstruation – Circumcision – Beckenmaße – Störungen der Schwangerschaft – Gynäkologische Erkrankungen – Tumoren

D. Das Land und seine Krankheiten, geomedizinisch betrachtet 70

Anhang 139

Literatur 151

Bilder 161

Kartenteil

Anhang: Tabellen

Tabelle I: Mittlere Niederschlagsmengen (mm) 139
Tabelle II: Temperatur in °C 139
Tabelle III: Versorgung mit Eiweiß, Fett und Kohlehydraten aus den im Lande erzeugten Nahrungsmitteln pro Kopf der Bevölkerung (Nutrition Survey 1958) 143
Tabelle IV: Die wichtigsten äthiopischen Lebensmittel pflanzlicher Herkunft in ihrer Zusammensetzung, Kaloriengehalt, Mineralien und Vitamine pro 100 g 140
Tabelle V: Organisationsplan der Regierung von Äthiopien 141
Tabelle VI: Organisationsplan des Ministeriums für öffentliches Gesundheitswesen 142
Tabelle VII: Die 12 häufigsten übertragbaren Krankheiten oder Krankheitsgruppen in Äthiopien 1962 . . . 143
Tabelle VIII: Einrichtungen des Gesundheitswesens in den einzelnen Provinzen 144

Tabelle IX: Ergebnisse der Reihenuntersuchungen bei Schulkindern 1957 bis 1959 143

Tabelle X: Anzahl der in den Provinzen registrierten Leprafälle. Rate der „offenen“ Lepra und die geschätzte Prävalenz aus dem Jahre 1961. . 148

Tabelle XI: Altersverteilung der Lepra in Äthiopien bei 4000 Kranken des Princess Zenebe Work Hospital. 148

Tabelle XII: Lokalisation der Erstläsionen in Äthiopien und Vietnam [338]. . 148

Tabelle XIII: Vorkommen von Ascaris, Trichuris und Ancylostoma 1967 entsprechend Alter und Geschlecht nach Molineaux [268] 148

Tabelle XIV: Wurmvorkommen in Äthiopien nach den Ergebnissen zweier Reihenuntersuchungen 148

Tabelle XV: Wurmvorkommen bei Patienten der Krankenhäuser von Gonder, Bahir Dar, Harer, Adis Abeba und Bisidimo Leprosarium in der Provinz Harer 149

Tabelle XVI: Haut- und Geschlechtskrankheiten bei 6100 Patienten der Hautklinik des Princess Zenebe Work Hospital in den Jahren 1959 bis 1963 149

Tabelle XVII: Ergebnisse von Schulkinderuntersuchungen in 4 Provinzen Äthiopiens in den Jahren 1957—1959. 149

Tabelle XVIII: Krankheitsvorkommen in Adis Abeba und Harer nach der Statistik der Russischen Roten Kreuz Mission 1896 149

Tabelle XIX: Anteil der Krankheitsgruppen am Krankheitsgeschehen nach der Fünfjahresübersicht 1958/1963 . 150

Tabelle XX: Gegenüberstellung von Krankheitsvorkommen in dem Haile Selassie Krankenhaus Adis Abeba und dem Ras Makonen Krankenhaus Harer 150

Tabelle XXI: Herz-Kreislauferkrankungen bei Patienten des Tuberkulose Center AdisAbeba [288] 150

Tabelle XXII: Vorkommen der malignen Neoplasmen nach der Fünfjahresübersicht 1958/1963 150

Kartenteil

Karte Nr. 1 Topographie 1 : 4 Mill. . . . . . .
Karte Nr. 2 Mittlerer Jahresniederschlag . . . .
Karte Nr. 3 Vegetation. . . . .
Karte Nr. 4 Malaria-Verbreitung . . . .
Karte Nr. 5 Vorkommen von Anopheles-Arten innerhalb der Gebiete der „Malaria Eradication Units“ . . . .
Karte Nr. 6 Vorkommen von Gelbfieber . . . .
Karte Nr. 7 Gesundheitseinrichtungen . . . . .

Abbildungen

auf Rückseite der Karte:

Abb. 1. Geologische Übersicht 1
Abb. 2. Heiße Quellen und Fumarolen 1
Abb. 3. Niederschlagsjahreszeiten. 1
Abb. 4—9. Klimadiagramme ausgewählter Stationen 2
Abb. 4. Mitsiwa
Abb. 5. Agordet
Abb. 6. Wenji
Abb. 7. Dila
Abb. 8. Maychew
Abb. 9. Goba
Abb. 10—12. Vegetationsprofile 2
10. A. Profil Eritrea
11. B. Schematisches Profil durch den Nordrand der Somalitafel auf der Breite von Hirna (41° E)
12. C. Schematisches Profil durch Sidamo nordöstlich des Abaya-Sees
Abb. 13. Bevölkerungsdichte 1967 3
Abb. 14. Sprachenkarte 3
Abb. 15. Wirtschaftskarte 3
Abb. 16. Agrarlandschaft im Norden der Provinz Gojam (Pflugbaugebiet) 4
Abb. 17. Agrarlandschaft im südäthiopischen Enseteanbaugebiet bei Sodo/Welamo . . . 4
Abb. 18. Amharische Rundhütte 4
Abb. 19. Haus der Tiefland-Arusi 4
Abb. 20. Städtisches Haus (Tschikahaus) 4
Abb. 21. Vorkommen von Malaria in Krankenhäusern und Ambulatorien in Äthiopien 1954—1967. 5
Abb. 22. Jahreszeitliches Vorkommen von Erkrankungen an Malaria in Äthiopien (ambulante Patienten) 1959—1963 . . . 5
Abb. 23. Vorkommen von Fleckfiber in Krankenhäusern und Ambulatorien in Äthiopien 1954—1968. 5
Abb. 24. Jahreszeitliches Vorkommen von Erkrankungen an Fleckfieber (1965—1968) und Rückfallfieber (1963—1968) in Äthiopien (ambulante Patienten) . . . 5

Abb. 25. Leishmaniasen 5
Abb. 26. Schlafkrankheit 1967—1970 5
Abb. 27. Vorkommen der Lepra auf 1000 der Bevölkerung 6
Abb. 28. Vorkommen der Lepra in der Provinz Gojam auf 1000 der Bevölkerung . . . 6
Abb. 29. Schistosomiasis 6
Abb. 30. Vorkommen von Schnecken als Überträger der Schistosomiasis 6
Abb. 31. Vorkommen von Pocken in Krankenhäusern und Ambulatorien in Äthiopien 1954—1968. 7
Abb. 32. Jahreszeitliches Vorkommen von Erkrankungen an Pocken in Äthiopien 1959—1963 (ambulante Patienten) . . 7
Abb. 33. Treponematosen 7
Abb. 34. Endemischer Kropf 7

Contents

A. The Land and its Inhabitants (W. Kuls) . . . 72

I. Surface Configuration and Geological Structure . . . 72

II. Climate and Waters . . . 76

III. The Vegetation Cover . . . 79

IV. The Population . . . 82

1. Distribution of Population . . . 82
2. Population Groups . . . 84
3. Important Medical Data of the Population (K. F. Schaller) . . . 85
   a) Blood Groups in Ethiopia . . . 85
   b) Blood Pressures . . . 86
   c) Haemoglobin Values . . . 86
   d) Serum Values . . . 86
   Serum Proteins – Serum Cholesterin

V. Economic Conditions and the Nature of Settlement . . . 87

1. Regions of Plough Cultivation . . . 87
2. Regions of Hoe Cultivation . . . 88
3. Regions of Predominant Stock Farming . . . 89
4. Agricultural Crops for the Export Market and the Beginnings of Modern Development in the Agrarian Sector 90
5. Nutrition (K. F. Schaller) . . . 90
6. The Remaining Branches of the Economy . . . 91
7. Urban Settlements . . . 92

B. Constitution and Health Administration (K.F. Schaller) . . . 94

I. The Constitution of Ethiopia . . . 94

II. The Health Administration . . . 95

1. Centralized Services and Projects . . 95
   The Anti-epidemic Service – The Quarantine Service – Trachoma Control – Leprosy Control – Malaria Control – Tuberculosis Control – Venereal Diseases Control – Child Nutrition
2. Basic Health Services . . . 96
   a) Hospitals . . . 96
   b) Provincial Hospitals . . . 96
3. Provincial Health Administration . . 96
   a) Health Centres . . . 96
   b) Health Stations . . . 96
   c) School Health Service . . . 96
4. Survey of the Health Services in the Individual Provinces . . . 96
   Adis Abeba: The Municipal Health Services – The Hospitals – Training of Physicians, Public Health Officers, and Medical Auxiliary Personnel – Laboratories and Research Institutes – Philantropic Institutions

III. Traditional Treatment of Diseases . . . 97

C. The Diseases of the Country (K. F. Schaller) . 98

I. Infectious Diseases Transmitted by Arthropods . . . 98

1. Malaria . . . 98
2. Leishmaniasis . . . 101
3. Sleeping Sickness . . . 102
4. Relapsing Fever . . . 103
5. Typhus and other Rickettsioses . . 105
6. Yellow Fever . . . 106
7. Dengue . . . 108
8. Lymphocytic Choriomeningitis . . . 108

II. Infectious Diseases Transmitted by Water and Food . . . 108

1. Cholera . . . 108
2. Typhoid Fever, Paratyphoid Fever, and other Salmonelloses . . . 109
3. Dysentery . . . 109
   a) Amoebiasis . . . 109
   b) Bacterial Dysentery . . . 110
4. Lambliasis . . . 111

III. Contagious Diseases . . . 111

1. Treponematosis . . . 111
   a) Venereal or Sporadic Syphilis . . 111
   b) Endemic Syphilis . . . 112
   c) Yaws . . . 112
   d) Pinta . . . 112
2. Tuberculosis . . . 112
3. Leprosy . . . 114
4. Smallpox . . . 116
5. Trachoma . . . 118
6. Venereal Diseases . . . 118
   Prostitution – Syphilis – Gonorrhoea – Lymphogranuloma venereum – Urethritis and cervicitis non-gonorrhoica
7. Other Infectious Diseases . . . 119
   a) Influenza . . . 119
   b) Forms of Pneumonia . . . 120

c) Meningitis cerebrospinalis . . . 120
d) Hepatitis epidemica 120
e) Poliomyelitis 120
f) Diphtheria 120
g) Acute Exanthemata 120
Measles – Scarlet Fever – German Measles
h) Whooping cough 121
i) Mumps 121
j) Tetanus 121
k) Gas-gangrene 121

IV. Infectious Diseases Caused by Helminths 121
1. Schistosomiasis 121
2. Filariasis 123
3. Onchocerciasis 124
4. Infections by Intestinal Helminths . 124
a) Taeniasis 125
b) Ancylostomiasis 126
c) Ascariasis 126
d) Trichuriasis 126
5. Other Nemathelminthiases 126
Strongyloidiasis – Trichostrongyliasis – Hymenolepiasis – Fascioliasis – Echinococciasis – Trichinelliasis

V. Anthropozoonosis and Zoonosis . . . 127
1. Rabies 127
2. Brucellosis 127
3. Anthrax 127
4. Zoonosis 128

VI. Skin Diseases 128
1. Infectious Skin Diseases 128
Syphilis – Pyoderma – Ulcus tropicum – Noma – Bacterial skin diseases: Anthrax – Tuberculosis – Leprosy – Virus Diseases of the Skin – Varicellae
2. Mycoses 129
a) Dermatomycoses 129
b) Deep Mycoses 130
3. Parasitic Diseases of the Skin. . . . 130
Scabies – Tungiasis – Other Parasitoses: Creeping eruption – Larva migrans
4. Skin Manifestation Resulting from Metabolic Disturbances 131
5. The Ubiquitous Dermatoses 131
Eczema Group – Erythemato-squamous Dermatoses – Pigmentary Disturbances – Leukodermia and Vitiligo – Acne Group – So-called Collagen Diseases – Cutaneous Vascular Reactions – Actinodermatoses – Erythema – Hyperkeratoses – Naevi – Tumors of the Skin
6. Various other Dermatoses 132

VII. Cosmopolitan, Primarily Non-infectious Diseases 132
1. Cardiac and Circulatory Disorders . 132
2. Gastro-intestinal Disorders. 133
3. Respiratory Disorders 133
4. Metabolic Diseases 133
a) Diabetes mellitus 133
b) Endemic Goitre 133
c) Avitaminoses and Deficiency Diseases 134
Hypovitaminoses – Kwashiorkor
5. Other Diseases 134
a) Diseases of Bones and Extremities 134
b) Diseases Caused by External Injuries 134
c) Diseases of the Urogenital System 134
d) Diseases of the Nervous System and the Sense Organs 134
6. Neoplasms 134

VIII. Gynecology and Obstetrics 135
Menstruation – Circumcision – Pelvis Measurements – Disturbances of Pregnancy – Gynecological Diseases – Tumors 135

D. Ethiopia and its Diseases – Geomedical View (K. F. Schaller) 136

Annex 139

References 151

Photos 161

Maps

Annex: Tables

Table I: Mean annual rainfall (mm). . . . 139
Table II: Temperatures in °C 139
Table III: Supply with protein, fat and carbohydrates produced from Ethiopian foods per person of the population (Nutrition Survey 1958) 143
Table IV: The most important Ethiopian vegetable foodstuffs in composition, calories, minerals and vitamins per 100 g 140
Table V: Organization chart of the Government of Ethiopia 141
Table VI: Organization chart for the Ministry of Public Health 142
Table VII: The 12 most frequent communicable diseases or disease groups observed in Ethiopia in 1962 143
Table VIII: Health institutions according to provinces 144
Table IX: Results of surveys performed on schoolchildren, 1957—1959 . . . 143
Table X: Registered leprosy patients, rate of open leprosy and the estimated prevalence according to provinces, 1961 148
Table XI: Age grouping of 4000 leprosy patients treated at the Princess Zenebe Work Hospital 148
Table XII: Localisation of the primary lesions in Ethiopian and Vietnamese leprosy patients [338] 148

Table XIII: Relationship between age, sex and rate of infestation with Ascaris, Trichuris and Ancylostoma 1967 (according to Molineaux [268]) . . 148
Table XIV: Prevalence of worm infestation in the Ethiopian population according to two serial tests 148
Table XV: Prevalence of worm infestation found with patients of the hospitals in Gonder, Bahir Dar, Harer, Adis Abeba and Bisidimo in the Harer Province 149
Table XVI: Percentages of skin and venereal diseases found in 6100 patients treated at the Skin Clinic of the Princess Zenebe Work Hospital, 1959—1963 149
Table XVII: Results of the surveys performed on schoolchildren in 4 provinces of Ethiopia in the years 1957—1959 . 149
Table XVIII: Occurrence of Diseases in Adis Abeba and Harer according to the statistics of the Russian Red Cross Mission, 1896 149
Table XIX: Groups of diseases according to the Five Years Survey 1958/1963 [343] 150
Table XX: Comparison of the occurrence of diseases at the Haile Selassie Hospital Adis Abeba and the Ras Makonnen Hospital Harer 150
Table XXI: Cardiovascular diseases found with patients of the Tuberculosis Center Adis Abeba (according to Parry and Gordon [288]) 150
Table XXII: Incidence of malignent neoplasms according to Five Years Survey 1958/1963 [343]. 150

Maps

Map No. 1 Topography 1 : 4,000,000 . . . . .
Map No. 2 Mean Annual Precipitation . . . . .
Map No. 3 Vegetation . . . .
Map No. 4 Occurrence of Malaria . . . .
Map No. 5 Occurrence of Anopheles Species in the Areas of the Malaria Eradication Units . . . .
Map No. 6 Occurrence of Yellow Fever . . . .
Map No. 7 Health Institutions . . . .

Figures

back of Map:
Fig. 1. Geological Synopsis 1
Fig. 2. Hot springs and fumaroles 1
Fig. 3. Precipitation Seasons 1
Figs. 4—9. Climagrams for selected stations. . . 2
Fig. 4. Mitsiwa
Fig. 5. Agordet
Fig. 6. Wenji
Fig. 7. Dila
Fig. 8. Maychew
Fig. 9. Goba
Fig. 10—12. Vegetation Profiles 2
10. A. Profile of Eritrea
11. B. Schematic profile through the northern edge of the Somali Plateau at the latitude of Hirna (41° E)
12. C. Schematic profile through Sidamo, north-east of Lake Abaya
Fig. 13. Population density 1967 3
Fig. 14. Map of Languages 3
Fig. 15. Economic Map 3
Fig. 16. Agrarian landscape in the north of Gojam Province (Region plough cultivation). . 4
Fig. 17. Agrarian landscape in the southern Ethiopian ensete area near Sodo/Welamo. . . 4
Fig. 18. Amharic circular house 4
Fig. 19. House of the Lowland-Arusi 4
Fig. 20. Urban house (Chika house) 4
Fig. 21. Occurrence of malaria in hospitals and dispensaries in Ethiopia, 1954—1967 . . 5
Fig. 22. Seasonal occurrence of morbidity of malaria in Ethiopia (out-patients), 1959 to 1963 5
Fig. 23. Occurrence of typhus in hospitals and dispensaries in Ethiopia, 1954—1968 . . 5
Fig. 24. Seasonal occurrence of cases of typhus (1965—1968) and recurrence fever (1963 to 1968) in Ethiopia (out-patients) . . . 5
Fig. 25. Leishmaniasis 5
Fig. 26. Sleeping sickness, 1967—1970 5
Fig. 27. Prevalence of Leprosy in 1,000 of the population 6
Fig. 28. Prevalance of Leprosy in Gojam Province in 1,000 of the population. 6
Fig. 29. Schistosomiasis 6
Fig. 30. Occurrence of snails as vectors of schistosomiasis 6
Fig. 31. Occurrence of smallpox in hospitals and dispensaries in Ethiopia, 1954—1968 . . 7
Fig. 32. Seasonal occurrence of cases of smallpox in Ethiopia, 1959—1963 (out-patients) . 7
Fig. 33. Treponematosis 7
Fig. 34. Endemic goitre 7

A. Das Land und seine Bewohner

Äthiopien liegt im Nordosten des afrikanischen Kontinents südlich des breiten Trockengürtels, der die noch dem subtropischen Klimabereich zugehörigen Kernräume der arabisch-islamischen Welt Nordafrikas vom tropischen Neger-Afrika trennt. Mit einer Nord-Süd-Erstreckung zwischen rund 18° und weniger als 4° Nord befindet sich Äthiopien mit dem größten Teil seiner Fläche in der gleichen Breitenzone wie der westlich anschließende Sudan, in dem sich sowohl in der Naturlandschaft wie auch in der Kulturlandschaft ein mannigfaltig gestufter Wandel vom extremen Trockengebiet zum tropischen Feuchtwald, vom Lebensraum der Nomaden zu dem der afrikanischen Waldbauern vollzieht. Trotz einiger vergleichbarer Strukturen und auch hier vorhandener Gegensätze zwischen Nord und Süd läßt sich Äthiopien, das mit einer Fläche von rund 1,2 Mill. km² und mit wohl inzwischen weit mehr als 20 Mill. Einwohnern zu den größten und volksreichsten Staaten Afrikas zählt, jedoch weder auf Grund seiner Landesnatur noch auf Grund seiner kulturgeschichtlichen Stellung und Eigenart als Glied des Sudans ansehen, es nimmt vielmehr im gesamtafrikanischen Rahmen auch in der Gegenwart eine sehr ausgeprägte Sonderstellung ein, für deren Herausbildung sowohl die Lage zu den benachbarten Großräumen wie auch eine Reihe von Eigenarten der natürlichen Ausstattung sicher eine recht große Bedeutung gehabt haben.

Aus der *Lage* haben sich im Verlauf der Geschichte nicht nur enge Bindungen mit dem Norden, mit Ägypten und dem Mittelmeerraum sowie Kontakte mit dem Sudan und mit Ostafrika ergeben, sondern es entwickelten sich auch — zeitweise sogar sehr enge — Beziehungen mit Vorderasien, insbesondere mit dem jenseits des Roten Meeres gelegenen Südwestteil der arabischen Halbinsel. Über Äthiopien haben offenbar schon in einem recht frühen Abschnitt der Menschheitsgeschichte Einflüsse aus Asien den afrikanischen Kontinent erreicht. Sie sind von hier aus weiter vorgedrungen, doch hat sich das Land kaum zu einem besonders wirksamen Ausstrahlungszentrum von Kulturströmungen entwickelt, eher läßt sich in diesem Falle von einem Beharrungsraum sprechen, dessen Wesensmerkmale durch die Einflüsse aus den verschiedenen genannten Bereichen entscheidend mitgeformt wurden.

Welche Rolle der *natürlichen Ausstattung* für die Sonderstellung des Landes beizumessen ist, läßt sich gewiß nicht leicht entscheiden. Daß diese jedoch für viele Entwicklungsprozesse sehr wesentlich war und ist, kann sicher nicht übersehen werden. Den größten und am dichtesten besiedelten Teil Äthiopiens nimmt ein in sich vielfältig gegliederter Hochlandblock ein, der fast allseits durch steile Abfälle von den umgebenden Tieflandbezirken getrennt ist. Die in diesem tropischen Hochland ausgeprägten Züge der Landesnatur weichen, wie Klimakarten, Karten der Böden oder der natürlichen Vegetation auf den ersten Blick zu erkennen geben, beträchtlich von den Verhältnissen in den in gleicher Breite gelegenen Teilen des übrigen Afrika ab. So ist etwa der Norden des Landes wesentlich feuchter als die entsprechende Zone in der angrenzenden Republik Sudan, und das an die klimatischen Voraussetzungen angepaßte Pflanzenkleid verrät die Möglichkeiten einer äußerst vielseitigen Nutzung der Hochlandbezirke durch den Menschen. Wie eine Insel ragen diese aus den umgebenden Trockengebieten von teilweise wüstenhaftem Charakter auf. Ein Teil der Trockengebiete liegt noch innerhalb des äthiopischen Staates und trennt hier zum Beispiel im Osten den Gebirgsrand durch eine zum Teil viele hundert Kilometer breite Zone von der Küste.

Das Hochland ist stets der Kernraum des auf eine lange *Geschichte* zurückblickenden Reiches gewesen, das heute wie die Vielzahl der jungen afrikanischen Staaten zu den Entwicklungsländern gezählt werden muß. Im nördlichen Teil des Hochlandes entstand, nachdem es seit der Mitte des ersten vorchristlichen Jahrtausends zu Überlagerungen der einheimischen Bevölkerung durch semitische Einwanderer aus Südarabien gekommen war, das in vielen historischen Quellen genannte und in zahlreichen archäologischen Dokumenten noch faßbare Reich von Aksum, dessen Blütezeit in das 4. Jh. n. Chr. fällt. Damals bereits erfolgte in diesem Reich die Ausbreitung des Christentums. Es wurde Staatsreligion und hier inmitten einer später vom Islam geprägten und von islamischen Herrschaftsbereichen eingenommenen Umgebung bis auf den heutigen Tag bewahrt. Im Verlauf einer sehr wechselvollen Geschichte, die sich an das Ende des aksumitischen Reiches anschloß, konnte Äthiopien trotz zahlreicher Anstürme von außen und mancher schwerer Krisen im Innern seine Unabhängigkeit bewahren, es blieb der einzige Teil Afrikas, der nur in der Endphase des Kolonialismus für wenige Jahre (1935—1941) unter europäische Fremdherrschaft kam. Eine lange Zeit wirkende Isolierung des Landes gerade von jenen Räumen, mit denen in den älteren Phasen seiner Geschichte so enge Kontakte bestanden hatten, macht sich auch heute noch in vielen Lebensbereichen nachhaltig bemerkbar und erschwert wenigstens teilweise manche der in der Gegenwart notwendig gewordenen Entwicklungsprozesse.

So naheliegend es ist, den Eigenarten der Landesnatur eine überragende Bedeutung für die Entwicklung und den Bestand des äthiopischen Staates sowie für die Ausbildung der heutigen Kulturlandschaft beizumessen, so wäre es doch verfehlt, die Rolle der Naturfaktoren, auf die im folgenden unter den besonderen Aspekten einer medizinischen Länderkunde einzugehen ist, anders zu sehen, als die einer Fülle von Möglichkeiten und Schwierigkeiten, welche sich den Landesbewohnern bei der Gestaltung und Bewahrung ihres Lebensraumes boten und bei jeder künftigen Entwicklung Berücksichtigung finden müssen.

I. Oberflächengestalt und geologischer Bau

Von der Gesamtfläche Äthiopiens (1 184 320 km²) liegt etwa die Hälfte höher als 1200 m. Mehr als ein Viertel des Landes erhebt sich über 1800 m und noch 5% erreichen Höhen von mehr als 3500 m [115, 116]. Die höchsten Berge finden sich nördlich des Tana-Sees in Simen*, wo für den Gipfel des Ras Dashan 4550 m angegeben werden [134]. Andere 4000er sind im Osten vom Tana-See, in der Provinz Gojam und im südöstlichen Teil des Hochlandes anzutreffen.

Trotz der bedeutenden absoluten Höhen hat man jedoch in vielen Landesteilen nicht den Eindruck, in einem Hochgebirge zu sein, viele Gipfelformen und Bergzüge haben durchaus Mittelgebirgscharakter, und die meisten großen Berge sind ohne besondere Schwierigkeiten zu besteigen. Anstelle von schroffen Gebirgsketten und von allen Seiten scharf zugespitzten Einzelbergen, wie sie etwa für die Alpen charakteristisch sind, herrschen in großen Teilen des Landes auch in beträchtlicher Höhe *Flächen* als Großformen vor, Flächen, die über weite Erstreckung hin kaum zerschnitten, sondern durch breite, flache Täler und oft sanfte Rücken gegliedert sind (Bild 2). Als gewöhnlich weitgespannte Kuppeln sind ihnen einzelne höher aufragende Bergmassive aufgesetzt. Erst an den Rändern des Hochlandes und dort, wo die großen Flußsysteme von Nil (Abai), Takaze oder Omo tief in das Hochland eingegriffen haben, stößt man auf steile, ja bisweilen fast senkrechte Abfälle, die — in der Regel mehrfach gestaffelt — weit über 1000 m zu engen Talgründen oder in die randlichen Tieflandbezirke hinabführen können (Bild 1, 3, 8). Während dem Verkehr über die Hochflächen wenigstens in der trockenen Jahreszeit kaum ernsthafte Hindernisse entgegenstehen, bereitet die Überwindung dieser steil eingeschnittenen Täler und die Querung der Hochlandstufen ganz erhebliche Schwierigkeiten. Oft sind nicht nur stunden-, sondern tagelange Umwege mit Saumtieren erforderlich, um von einem Hochplateau zum anderen zu gelangen. Den Talzügen folgende Verkehrswege gibt es schon der Geländeschwierigkeiten wegen kaum, hinzu kommt, daß das Reisen dort durch die große Hitze und die Malariagefahr äußerst erschwert wird. Das ist eine ganz andersartige Situation als in den Kettengebirgen Europas und Asiens, wo die Täler die bevorzugten Verkehrs- und Siedlungsräume bilden. Hier trifft dies für die Hochflächen zu.

In einigen Teilen des Landes sind freilich die Hochflächen durch die Erosion weitgehend aufgezehrt, so daß hier nur einzelne, steil aufragende und damit schwer zugängliche Bergstöcke durch kaum passierbares Gelände weit voneinander getrennt erhalten sind: natürliche Festungen, die im Laufe der Geschichte als Zufluchtstätten der Hochlandbewohner oft eine wichtige Rolle gespielt haben. Sie werden in Äthiopien als Amba (Sing.) bezeichnet und sind vor allem für den Nordteil des Landes kennzeichnend.

* Die Schreibweise der geographischen Namen wurde nach der neuen amharischen Transliteration in Englisch in Text und Karten vorgenommen, wie sie durch das Imperial Mapping and Geographic Institute Adis Abeba eingeführt worden ist.

Es bestehen also durchaus beträchtliche regionale Unterschiede zwischen verschiedenen Teilen des Hochlandes, dessen *Großgliederung* sich zunächst aus dem das Land in vorherrschend nördlicher bis nordöstlicher Richtung durchziehenden Grabensystem ergibt. Hierbei handelt es sich um die Fortsetzung des ostafrikanischen Grabens, der die Verbindung mit dem Grabeneinbruch des Roten Meeres herstellt. Westlich der Grabenzone liegt der weit größere Teil des Hochlandes, der in etwa 9° nördlicher Breite seine größte Ost-West-Erstreckung erreicht und sich nach Norden und Süden hin keilförmig zuspitzt. Nach beiden Seiten bilden hier Steilabfälle die Begrenzung. Anders ist es bei dem östlich des Grabens gelegenen Hochlandblock. In diesem Falle handelt es sich um eine schräg gestellte Scholle, die sich sanft nach Südosten gegen den indischen Ozean hin abdacht, während die steile Stirn dem Graben zugewandt ist.

Vielfach ist es üblich, die beiden ungleich großen Teile des äthiopischen Hochlandes als Äthiopisches Plateau und als Somaliplateau bzw. als Zentralplateau und östliches Plateau zu bezeichnen. Eine solche Gliederung erscheint jedoch noch nicht ausreichend, ergeben sich doch auch beträchtliche Unterschiede zwischen dem Nord- und dem Südabschnitt des westlichen Hochlandblocks. Der südliche Teil erreicht weder in Einzelbergen noch in größeren Gebirgsteilen die gleichen Höhen wie der Norden, er ist in seiner Oberflächengestaltung unruhiger, stärker gegliedert, vor allem ist hier der Plateaucharakter in sehr viel geringerem Maße ausgeprägt als im Norden. Eine Abgrenzung beider Teile ist zwar nicht überall eindeutig möglich, doch bietet sich dafür auf größere Erstreckung eine annähernd Ost-West verlaufende Stufe von einigen 100 m Höhe an, zu der hart nördlich der Landeshauptstadt die Entoto-Berge gehören. Büdel [15] hat den Norden des äthiopischen Hochlandes Amharenhochland und den Südwesten Kaffahochland genannt, und, obwohl diesen Bezeichnungen kulturgeographische Aspekte zugrunde liegen, erscheint es zweckmäßig, auch hier daran festzuhalten, da sich neue Namen für die großen morphologischen Einheiten kaum durchsetzen dürften.

Das *Amharenhochland* ist durch eine Reihe von tief eingeschnittenen Talsystemen, vor allem denen des Abai (Bild 5, 8) und des Takaze in eine Anzahl mehr oder weniger großer Tafelblöcke gegliedert, aus denen ältere, durch die Erosion bereits stark überformte Vulkanmassive, wie z.B. das Massiv des Ras Dashan in Simen, die Choke-Berge in Gojam oder das Gunamassiv in Begemdir bis über 4000 m aufragen. Die diese Massive umgebenden Hochflächen finden sich zum großen Teil in mehr als 2000, ja vielfach über 2500 bis 3000 m Höhe; unter die 2000 m-Grenze sinkt als größere morphologische Einheit im Hochlandbereich nur das fast im Zentrum des Amharenhochlandes gelegene Tanasee-Becken, in dem der Spiegel des 3100 km² großen Sees knapp 1800 m hoch liegt.

Einer Querung des Amharenhochlandes in nordsüdlicher Richtung stehen durch die tiefen Taleinschnitte erhebliche Hindernisse entgegen, sie ist nur an einer Stelle erleichtert, nämlich am östlichen Rand des Hochlandes, der die Wasserscheide zwischen den Nilzuflüssen und dem abflußlosen Gebiet der Grabenregion bildet. Hier findet sich deshalb auch der wichtigste Verkehrsweg zwischen den Nordprovinzen und dem heutigen Zentrum des Reiches, das im Verlauf der Geschichte lange Zeit auf das nördliche Hochland beschränkt blieb. Eine zweite Straßenverbindung zwischen der Landeshauptstadt und Eritrea führt über das Becken des Tanasees. Im Zuge dieser Straße sind jedoch drei Täler zu queren mit Höhenunterschieden von mehr als 1000 m innerhalb weniger Kilometer.

Fast noch schwieriger als die Nord-Süd-Verbindungen gestalten sich, wie schon ein Blick auf die Übersichtskarte (Karte 1) zeigt, die Ost-West-Verbindungen, denn wenn man von der Hauptwasserscheide nach Westen vordringt, steht man fast überall schon bald vor tiefen Schluchten, die nur äußerst schwer zu queren sind oder — will man sie vermeiden — große Umwege notwendig machen.

Auch das im Südwesten gelegene *Kaffa-(Kefa-)hochland* ist in eine Anzahl von mehr oder weniger isolierten Bergländern gegliedert. Eine ähnliche Bedeutung wie Abai und Takaze im Norden haben hier der zum Rudolfsee entwässernde Omo und der Didesa als Nebenfluß des Abai. Zwischen dem oberen, weitgehend meridional verlaufenden Omotal und der Grabenzone im Osten liegt, mit Gurage beginnend, eine Reihe von recht schmalen aber hohen Bergländern, unter denen das Gamu-Massiv westlich des Abayasees besonders herausragt. Auch die südlich des mittleren, in ostwestlicher Richtung verlaufenden Omotales gelegenen Ari-Hochländer erreichen noch eine beträchtliche Höhe. Westlich des Omo bilden größere Einheiten die Beıgländer von Janjero, Kefa, Gore, Gimirra und Maji. Sie alle sind vielfältiger gegliedert, mehr zerschnitten und weniger leicht durchgängig als manche Teile des Amharenhochlandes, was nicht zuletzt auf eine besonders starke tektonische Zerstückelung dieses Bereiches zurückzuführen ist. Sicher ist das nicht ohne Bedeutung für die Herausbildung einer sehr starken Kammerung dieses Raumes auch in kulturgeographischer Hinsicht gewesen.

Beim Somalihochland oder vielleicht besser der *Somalitafel* ist darauf hinzuweisen, daß man nur beim Zugang vom Westen bzw. Nordwesten einen beträchtlichen, jedoch an mehreren Stellen recht bequemen Anstieg zu überwinden hat. Es gibt von dieser Seite her keinen tiefen, bis über die Kammregion hinwegführenden Taleinschnitt, wiederum trägt der Rand des Hochlandblocks die Wasserscheide zwischen der Grabenregion und den jetzt nach Südosten führenden Stromsystemen von Shebeli und Juba, aber infolge andersartiger Lagebeziehungen als im Norden ist hier die Wasserscheide nicht für einen modernen Verkehrsweg ausgenutzt worden, sie hat auch früher nur im Nordabschnitt eine größere Rolle für den Verkehr gespielt. In dem dem Graben zugewandten Abschnitt der Somalitafel erheben sich große Teile des Berglandes weit über 3000 m, meist in Form von langgestreckten Rücken, z. T. aber auch als allseits sanft ansteigende Schilde. Dazwischen liegen in Hoch-Arusi, im Sidamohochland östlich des Abayasees und auch südlich von Harer und Asbe Teferi sehr ausgedehnte und kaum zerschnittene Flächen in Höhen von vielfach über 2000 m, die viele günstige Voraussetunzgen für eine agrarische Besiedlung und Nutzung bieten. Eine Aufgliederung dieses Hochlandbezirkes in einzelne Blöcke ist hier nicht im gleichen Maße anzutreffen wei im Westen Äthiopiens, die größeren Flüsse haben sich, der allgemeinen Abdachungsrichtung nach SO folgend, bei weitem nicht so stark eingetieft wie Abai oder Omo, so daß auch die Querung ihrer Täler weniger Schwierigkeiten für eine Verbindung der einzelnen Hochlandteile untereinander bietet, als es besonders im Amharenhochland der Fall ist.

Eine klare Abgrenzung der Hochlandbezirke der Somalitafel nach Südosten hin ist nicht möglich. Höhen über 2000 m haben vor allem im Westteil größere Verbreitung, und wenn man die untere Hochlandgrenze nach klimatischen, pflanzengeographischen und kulturgeographischen Gesichtspunkten mit etwa 1200 m annimmt, dann gehören nach den Berechnungen von Smeds [116] von der Somalitafel immerhin 185000 km² dazu, eine Fläche, die der Österreichs und Ungarns zusammengenommen entspricht.

Unter den *Tieflandregionen* Äthiopiens bildet die bereits mehrfach erwähnte Grabenzone die bei weitem wichtigste Einheit. Sie ist im einzelnen sehr verschiedenartig gestaltet, doch sollen hier wenige Angaben über die beiden wichtigsten Teilglieder der tektonischen Senke genügen. Das eine Glied ist der von großen Seen erfüllte Abschnitt im Süden, das andere das sich nach Nordosten hin trichterförmig öffnende Danakiltiefland (Dankalien) in der Fortsetzung des verhältnismäßig schmalen südäthiopischen Grabens. Die Sohle dieses Grabens steigt von Süden nach Norden um knapp 600 m an, um südöstlich von Adis Abeba eine Höhe von 1800 m zu erreichen. Neben ausgedehnten, von See- und Flußablagerungen eingenommenen Ebenen sind für die Oberflächenformen zahlreiche junge Vulkankegel (Bild 6) bestimmend, zu denen als imposantester Berg der nahe der Hauptstadt gelegene 3000 m hohe Zakwala gehört. Die Grabenzone ist ebenso wie das Danakiltiefland abflußloses Gebiet. Obwohl in diesem der Awash beträchtliche Wassermengen aus dem Hochland mit sich bringt, vermag er doch in dem sehr trockenen, heißen Landesteil nicht bis an die Küste vorzudringen, sondern endet nahe der Staatsgrenze in einer von einem Salzsee eingenommenen flachen Depressionsmulde. Aus den Ebenen des Danakiltieflandes erhebt sich neben einer ganzen Anzahl junger Vulkane ein küstenparallel verlaufender, noch einmal bis über 2000 m ansteigender Gebirgszug aus Kalken und Vulkaniten, der landeinwärts von einer mehr als 100 m unter den Meeresspiegel hinabreichenden Depression begleitet wird. Sehr kräftige junge tektonische Bewegungen haben neben der vulkanischen Tätigkeit eine besondere Bedeutung für die heutige Oberflächengestalt dieses Gebietes.

Ein stellenweise recht breiter Tieflandstreifen liegt auch im Westen und Südwesten noch innerhalb des äthiopischen Staatsgebietes, wobei der Begriff Tiefland hier wie in der Grabenzone oft nur relativ zu verstehen ist, handelt es sich doch vielfach noch um Landesteile die 1000 oder gar mehr als 1000 m hoch liegen. Sie sind im Gegensatz zur Grabenregion, die heute mehr und mehr an Bedeutung für den Verkehr und die wirtschaftliche Entwicklung des Landes gewinnt, abgelegene, von den Kernräumen Äthiopiens aus schwer erreichbare Räume, deren natürliche Ausstattung sicher manchen Anreiz zur wirtschaftlichen Entwicklung böte.

Neben den tektonischen Bewegungen, auf die hier nicht näher eingegangen zu werden braucht, haben für die Herausbildung großräumiger Reliefunterschiede innerhalb des Landes die *Gesteinsverhältnisse* eine besondere Bedeutung. Der geologische Untergrund ist zugleich natürlich auch von großer Wichtigkeit für die

Bodenbildung und für die Wirtschaft des Landes sowie nicht zuletzt für die hier besonders interessierenden Wasserverhältnisse, weshalb ihm etwas größere Aufmerksamkeit geschenkt werden soll.

Die beigegebene geologische Karte (Abb. 1) [26, 71, 87] zeigt, daß ein sehr großer Teil des Landes von vulkanischen Decken eingenommen wird. Dabei handelt es sich vorwiegend um basaltische Laven, die im Wechsel mit Tuffen weitgehend horizontal lagern und Mächtigkeiten von weit über 1000 m erreichen können. Für Simen werden sogar mehr als 3000 m angegeben. Die Nordgrenze der geschlossenen Trappdecken liegt im Amharenhochland südlich des Takazetales, im Süden reichen sie innerhalb des Hochlandes bis etwa 6° nördlicher Breite, hier den größten Teil des Kaffahochlandes und den Westteil der Somalitafel mit den jeweils höchsten Erhebungen einnehmend. Ringsum vorgelagert finden sich weitere, z.T. noch sehr ansehnliche Gebiete, in denen gleichartige Laven die Gesteine des tieferen Untergrundes bedecken, so z.B. in Eritrea hart südlich von Asmera, in mehreren, vor dem Westrand des Hochlandes liegenden Gebirgsstöcken und im Süden beiderseits der sich hier nach Kenia hinein fortsetzenden Grabenzone.

Im nordwestlichen Teil des Hochlandes und im Bereich der Somalitafel liegen die vulkanischen Decken großenteils mesozoischen Sedimenten auf. Diese sind in den großen Tälern, vor allem im Niltal selbst angeschnitten, treten auch am West- und Ostrand des Amharenhochlandes zutage (Bild 1) und nehmen darüber hinaus vor allem einen größeren Teil der Somalitafel ein, wo in den östlichsten Landesteilen noch tertiäre Sedimente anzutreffen sind.

Der Sockel des äthiopischen Berglandes wird schließlich aus kristallinen Gesteinen gebildet, die namentlich im Nordteil des Landes, innerhalb der Provinzen Tigre und Eritrea, im gesamten Westen und im Süden sowie im Hochland der Provinz Harer zutage treten. Die Oberfläche des kristallinen Sockels weist also beträchtliche Höhenunterschiede auf, wobei sich die höchsten Aufwölbungen in der Nachbarschaft der Hauptbruchzonen finden lassen.

Im einzelnen ist dieser Überblick wie folgt zu ergänzen: Die Trappdecken werden von den Geologen vor allem aufgrund von Unterschieden in der Materialzusammensetzung gegliedert [26, 87]. Sicher umfaßt ihre Bildung einen relativ langen geologischen Zeitabschnitt, in dem es zwischen einzelnen Lavaausbrüchen auch zu intensiven Verwitterungsvorgängen kam, so daß ehemalige Verwitterungsdecken und zwischen den Basalten lagernde Tuffschichten einen häufigen Wechsel von steilen Stufen und zum Teil breit ausgebildeten Terrassen in den Tälern bedingen (Bild 8). Die Förderung einer äußerst flüssigen Lava ist wohl überwiegend aus Spalten erfolgt, wenigstens teilweise haben wir es jedoch auch mit einer Förderung aus zentralen Vulkanen vom Hawai-Typus zu tun.

Dem älteren Vulkanismus ist noch eine jüngere, bis in die Gegenwart hineinreichende Phase gefolgt, deren Bildungen als Vulkanite der Aden-Serie bezeichnet werden. Diese haben im Hochland selbst nur innerhalb der Provinz Gojam größere Bedeutung, nehmen dagegen einen beträchtlichen Teil der Grabenzone ein. Die Laven der Aden-Serie sind zwar vom geologisch-petrographischen Aspekt her nicht ohne weiteres von den älteren Trappserien abzusetzen, umso eindeutiger ist das jedoch nach dem morphologischen Befund möglich. Schon in der engen Nachbarschaft der Landeshauptstadt finden sich hierfür beste Beispiele im domförmigen Managasha (Rhyolit) und in dem bereits erwähnten, wohlgeformten Kegel des Zakwala (Phonolithe und Tuffe) oder in den jungen, von Seen erfüllten Explosionskratern von Debre Zeyt.

Im Zusammenhang mit den vulkanischen Oberflächenformen sind hier gleich die vor allem in der Grabenregion zahlreichen *Thermalquellen* zu nennen, die in der Volksmedizin seit langem eine wichtige Rolle spielen und denen für die künftige Energiewirtschaft des Landes große Aufmerksamkeit zu schenken sein wird. Eine Übersichtsskizze (Abb. 2) zeigt die Grundzüge der Verbreitung, wobei sich neben der Grabenregion noch das Gebiet um den Tanasee und ein Teil des Kaffa-Hochlandes durch das Vorkommen zahlreicher heißer Quellen auszeichnen. Die bisher vorliegende Bestandsaufnahme ist sicher unvollständig, namentlich im Danakiltiefland dürften noch zahlreiche Fumarolen und Mineralquellen zu entdecken sein, deren Vorhandensein in Adis Abeba übrigens ein Grund für die Wahl dieses Platzes zur Anlage der Hauptstadt war.

Bei den *Sedimentgesteinen*, die u. a. im Niltal angeschnitten sind, handelt es sich überwiegend um Sandsteine und Kalke, von denen letztere für die Wirtschaft des Landes, etwa für die Zementherstellung einige Bedeutung haben. Altersmäßig gehören sie größtenteils in die Jura- und Kreideformation und lagern dem präkambrischen *Grundgebirge* unmittelbar auf, das sich aus einer Fülle verschiedener Gesteine zusammensetzt. Hier zeigen die Oberflächenformen ein in vielfacher Hinsicht abgewandeltes Bild, indem es u. a. zur Ausbildung von zahlreichen Inselbergen gekommen ist und die Talformen nicht jene scharfen Kanten aufweisen, die für die Gebiete des Basalts und der mesozoischen Schichten so charakteristisch sind. Als Großformenelemente sind jedoch auch hier die Flächen weit verbreitet, herrscht auch hier in der Regel die Horizontale gegenüber der Vertikalen vor.

Zur *erdgeschichtlichen Entwicklung* des äthiopischen Raumes hier nur noch soviel, daß vor der Ablagerung der mesozoischen Sedimente offenbar ein langer Zeitraum tektonischer Ruhe zu einer intensiven Abtragung des präkambrischen Sockels geführt hat. Dann erfolgte die Transgression, und in der oberen Kreide setzte eine neuerliche Abtragungsphase ein, von der an verschiedenen Stellen die von Basalten überdeckten, lateritischen Verwitterungsdecken zeugen. Die starke Heraushebung des gesamten Komplexes brachte das obere Eozän, während des Oligozäns entstand wenigstens der größte Teil der Trappdecken und im Miozän erfolgte der Einbruch des Grabensystems. Seit dem jüngeren Tertiär haben vom Klima her gesehen wohl annähernd gleichartige Abtragungsverhältnisse wie in der Gegenawrt geherrscht; es ist im Pleistozän nicht zu einer bedeutenden Vergletscherung gekommen, die zu einer wesentlichen Überformung des Hochlandes hätte führen können [91].

Die weite Verbreitung vulkanischer Decken läßt bereits darauf schließen, daß wenigstens in großen Teilen des Landes nicht mit bedeutenden *Bodenschätzen* zu rechnen ist [5, 64, 130]. Eher kann im kristallinen Sockel in dieser Hinsicht etwas erwartet werden, und tatsächlich entstammen auch die meisten bisher bekannten und teilweise bereits genutzten mineralischen Rohstoffe dem Grundgebirge. Sie aufzuzählen erscheint indessen nicht erforderlich, da bisher in kaum einem Falle wirklich umfangreiche und ergiebige Lagerstätten entdeckt werden konnten. Das gilt auch für die immer wieder in Berichten über Äthiopien erwähnten Gold- und Platinvorkommen. Sie sind seit sehr langer Zeit bekannt und auch abgebaut worden, die Förderung ist jedoch nie über einen bescheidenen Rahmen hinaus gediehen. Auch reiche Eisenerzlagerstätten fehlen dem Land, dafür gibt es immerhin eine ganze Reihe von begrenzten Vorkommen mittlerer Qualität, namentlich in Eritrea. Von den nichtmetallischen Rohstoffen ist zu erwähnen, daß es an Stelle von Kohle in größeren Mengen — jedoch weit verstreut in den Trappdecken eingeschaltet — Lignite gibt. Die Suche nach Erdöl ist offenbar bisher ohne größeren Erfolg geblieben. Das alles sind für eine Industrialisierung des Landes wenig günstige Voraussetzungen.

Weniger für die Gesamtwirtschaft als für die unmittelbare Versorgung der Bevölkerung und für die Viehhaltung wichtig sind die im Danakiltiefland reichlich vorhandenen Salzvorkommen. Auch in der Gegenwart vollzieht sich der Salzhandel von hier aus teilweise noch auf alten, bis in die abgelegensten Teile des Hochlandes führenden Karawanenwegen, wobei das Salz auf den Märkten in Form von handlichen Barren, die früher zugleich Zahlungsmittel waren, angeboten werden kann. Im Gegensatz zu den Steinsalzlagerstätten wird den im gleichen Raum vorhandenen Lagerstätten von Pottasche für die künftige wirtschaftliche Entwicklung des Landes großer Wert beigemessen. Am Ende des laufenden 5-Jahresplanes (1973) ist eine für den Export bestimmte Produktion von Pottasche im Wert von 45 Mill. Äth. $ vorgesehen, was eine spürbare Verbesserung der Handelsbilanz bedeuten würde [5, 33].

II. Klima und Gewässer

Bereits einleitend wurde auf die große Bedeutung des Klimas für die Siedlungsverhältnisse und die wirtschaftliche Entwicklung Äthiopiens hingewiesen, liegen doch hierbei in vieler Hinsicht günstigere Bedingungen vor als in den benachbarten Räumen Nordostafrikas. So hebt sich das Hochland gegenüber seiner Umgebung vor allem als ein sehr viel stärker befeuchtetes Gebiet ab, in dem der Breitenlage entsprechend die Jahreszeiten weit mehr durch den Wechsel von feuchten und trockenen Perioden bestimmt werden als durch Unterschiede der monatlichen Durchschnittstemperaturen. Wenn auch derartige Temperaturunterschiede gerade in den nördlichen sowie in den höher gelegenen Landesteilen keineswegs ohne Bedeutung sind, so werden sie doch weit übertroffen von den tageszeitlichen Schwankungen der Temperatur. Hierbei sind Amplituden von 15 oder gar 20 °C keine Seltenheit, während die Unterschiede zwischen dem kühlsten und dem wärmsten Monat des Jahres meist in einem Bereich von 5 °C und weniger bleiben (Jahresamplitude von Adis Abeba = 2,8°, von Gonder = 4,3°, von Aseb = 9,2°) [9, 35, 123] (Tabelle II).

Neben einer Reihe bedeutsamer regionaler Gegensätze, etwa zwischen den Küstenbereichen des Roten Meeres und den westlichen Landesteilen oder zwischen dem Kaffahochland und der Somalitafel, sind verständlicherweise von besonderer Wichtigkeit für die Entwicklung der Vegetation, für die landwirtschaftliche Nutzung und ebenso für die Verbreitung von Krankheitserregern die in allen Klimagebieten vorhandenen Unterschiede zwischen Hochland und Tiefland. Dies kommt nicht nur in der natürlichen Pflanzendecke oder in der verschiedenartigen Bodennutzung zum Ausdruck, sondern wird vielfach im besonderen Maße durch die Differenzierung einer Vielzahl von Elementen der Kulturlandschaft unterstrichen, haben doch einzelne Bevölkerungsgruppen ganz eindeutig bestimmte Höhenstufen als Siedlungs- und Wirtschaftsräume bevorzugt und damit diese in jeweils charakteristischer Weise von der Natur- zur Kulturlandschaft umgestaltet. In den verschiedenen Sprachen des Landes finden sich allgemein gebräuchliche Bezeichnungen für solche Höhenstufen. Am bekanntesten sind die amharischen Begriffe *Kolla*, *Woina Dega* und *Dega*, wobei unter Kolla die tieferen, gewöhnlich trockenen und durch Malaria gefährdeten Teile des Berglandes bis zu einer Höhe von rund 1800 bis 2000 m verstanden werden, unter Woina Dega die verhältnismäßig warme und meist gut befeuchtete anschließende Höhenzone bis etwa 2500 m und schließlich unter Dega die noch höher gelegenen Gebiete, in denen es bereits empfindlich kühl sein kann, die dennoch zum größten Teil noch besiedelt sind.

Es ist heute noch nicht möglich, einen detaillierten Überblick über die klimatischen Verhältnisse aller Landesteile zu geben, da das im ganzen recht weitmaschige Stationsnetz vielfach gewechselt hat, damit oft nur sehr kurze Meßreihen vorliegen und in diesem Netz noch erhebliche Lücken namentlich in den dünn besiedelten Landesteilen vorhanden sind. So ist man für Rückschlüsse auf die Feuchtigkeitsverhältnisse vielfach auf die Beobachtung der natürlichen Vegetation angewiesen, oder man kann gewisse Anhaltspunkte für die innerhalb eines Gebietes herrschenden Temperaturbedingungen durch Beobachtung von einzelnen Kulturpflanzen bzw. von Kulturpflanzengemeinschaften gewinnen.

Auch die beigegebene Karte der mittleren jährlichen *Niederschlagsmengen* (Karte 2) enthält manche Unsicherheit in der Isohyetenführung und wird künftig gewiß noch eine Reihe von Korrekturen erfahren müssen, sie vermittelt jedoch einen im Prinzip sicher richtigen Überblick über die großräumige Verteilung der Jahresniederschläge. Sie zeigt einerseits einen engen Zusammenhang zwischen Regenmenge und Höhenlage der Stationen, macht aber andererseits auch den beträchtlichen Unterschied zwischen dem besonders feuchten Südwesten und dem weit trockeneren Norden und Osten des Berglandes deutlich.

Während die jährlichen Niederschlagsmengen im Hochland von Eritrea noch weithin unterhalb von 600 mm bleiben und die mittlere Zahl der Niederschlagstage hier nicht größer als 50—60 ist, steigen sie schon beiderseits des Takazetales auf über 1000 mm an, um in den höheren Teilen der Provinzen Begemdir-Simen, Gojam und Welo bei etwa 120—150 Niederschlagstagen mehr als 1600 mm zu erreichen. Weit über 2000 mm Jahresniederschlag empfangen ausgedehnte Gebiete des Kaffahochlandes (Gore = 2273 mm, 180 Niederschlagstage). Dagegen bleiben die jährlichen Regenmengen in den Bergländern beiderseits der südäthiopischen Grabenzone im Vergleich dazu bereits wieder merklich zurück. Feuchter als die Hochländer von Arusi und Sidamo auf der Ostseite des Grabens ist hier das Gemubergland westlich des Abayasees.

Als relativ trockene Räume innerhalb des äthiopischen Hochlandes weisen sich vor allem die großen Täler, wie das Niltal, das Omotal und auch das Tal des Takaze sowie die verhältnismäßig schmale, von mehreren Seen eingenommene Grabenzone Südäthiopiens aus. Leider fehlt es in diesen Gebieten bis heute noch weitgehend an Beobachtungsstationen. Die aus der vorhandenen Vegetation zu ziehenden Schlüsse sind jedoch so eindeutig, daß man gegenüber den benachbarten Hochflächen einen ganz erheblichen Niederschlagsabfall annehmen kann. Im übrigen zeigen sich in der Vegetation oft auch Feuchtigkeitsunterschiede der Talseiten in Abhängigkeit von deren Exposition zu den regenbringenden Winden. Eine wichtige Rolle für das Niederschlagsdefizit der Täler und der Grabenzone dürften die hier ausgebildeten tageszeitlichen Windsysteme spielen, unter deren Einfluß es über den tief in das Gebirge eingeschnittenen Furchen zu Wolkenauflösung, starker Erhitzung und Austrocknung kommt [128, 129].

Ausgeprägt trocken ist schließlich der größte Teil Dankaliens und der Südosten des Landes. Von den an der Grenze gegen Somalia gelegenen Stationen empfangen einige nicht einmal 200 mm Jahresniederschlag. Auch die südlichsten Landesteile gegen Kenia hin sind Trockengebiete, in denen die verfügbare Niederschlagsmenge einen Regenfeldbau zumindest problematisch werden läßt und die Wasserversorgung von Mensch und Tier nicht ohne weiteres sicherstellt.

Für die Wirksamkeit der Niederschläge ist indessen nicht nur ihre durchschnittliche jährliche Gesamtmenge bedeutsam, sondern ebenso die *jahreszeitliche Verteilung* von Regen- und Trockenperioden. Die aus einer Untersuchung von E. Beyer [9] stammende Abb. 3 macht die hierbei vorhandenen wesentlichen Unterschiede deutlich. Unabhängig von der Gesamtniederschlagsmenge ist dabei der prozentuale Anteil einzelner Jahreszeiten am Jahresniederschlag erfaßt und eine Jahreszeit dann als Regenperiode bezeichnet, wenn in den betreffenden Monaten mehr Regen fällt als bei gleichmäßiger Verteilung des jährlichen Niederschlages über alle Monate zu erwarten wäre. Die Einteilung in Jahreszeiten ist dabei folgendermaßen vorgenommen worden: 1. Winter von November bis Februar, 2. Frühjahr von März bis Mai, 3. Sommer von Juni bis August und 4. Herbst von September bis Oktober.

Während der Sommermonate Juni bis August empfängt der größte Teil des Landes, und zwar der westliche Hochlandblock, der nördliche Teil der Grabenzone, Dankalien (bis auf den küstennahen Bereich im Nordwesten) und der Nordteil der Somalitafel so viel Niederschläge, daß diese Jahreszeit nach der vorstehend gegebenen Definition hier als Regenperiode bezeichnet werden kann. Im Hochland nördlich und östlich des Tanasees, im größten Teil Dankaliens und auch im äußersten Südwesten Äthiopiens ist dies zugleich die einzige Regenperiode. Dagegen ist im Westen des Landes auch der Herbst noch dazuzurechnen. Im gesamten Südosten ebenso wie im Küstenbereich von Eritrea ist demgegenüber der Sommer trocken. Der auf diese Monate entfallende Anteil des Jahresniederschlags bleibt in einer Größenordnung von nur wenigen Prozent. Im Südosten fallen die Niederschläge im Frühjahr und Herbst, im Küstenbereich des Roten Meeres ist nur eine winterliche Regenperiode zu verzeichnen.

Zwischen den Landesteilen mit einer vornehmlich auf die Sommermonate fallenden Feuchtperiode und den Gebieten mit Frühjahrs- und Herbstregen gibt es einen von Südwesten nach Nordosten verlaufenden, die Grabenzone etwa im Gebiet des Abayasees querenden Übergangsbereich, in dem die Regenperiode Frühjahr, Sommer und Herbst umfaßt. Ein weiterer Übergangsbereich von Gebieten mit jahreszeitlich verschiedenen Regenperioden liegt am Ostabfall des eritreischen Hochlandes. Hier machen sich einerseits noch die das Hochland befeuchtenden Sommerregen, andererseits aber auch die Winterregen der Grabenzone des Roten Meeres bemerkbar, so daß einige Stationen zwischen Asmera und Mitsiwa einen für die Vegetationsentwicklung besonders günstigen Jahresgang der Niederschlagsverteilung aufzuweisen haben. Auf die Bedeutung der in dieser Region häufig auftretenden Nebel sei am Rande verwiesen [38, 125, 128].

In der im Anhang befindlichen Tabelle 1 sind für einige ausgewählte Stationen die durchschnittlichen monatlichen und jährlichen Niederschlagsmengen zusammengestellt, wobei nachdrücklich zu betonen ist, daß die tatsächlich innerhalb eines bestimmten Jahres fallenden Niederschläge beträchtlich vom Mittelwert abweichen können. Dies ist verständlicherweise vor allem für jene Landesteile wichtig, in denen die Gesamtniederschlagsmenge ohnehin gering und die Regenperiode auf einen kurzen Zeitraum des Jahres beschränkt ist. So wurden in Agordat im Verlauf von 44 Beobachtungsjahren bei einem Mittel von 329 mm als Minimalwert 34,1% und als Maximalwert 216,1% der durchschnittlichen Niederschlagsmenge gemessen. Für Asmera (Mittel = 544 mm, 64 Beobachtungsjahre) liegen die entsprechenden Werte bei 48,7 bzw. 168, 4%, für Adis Abeba (Mittel = 1256 mm, 42 Beobachtungsjahre) bei 74,6 bzw. 151,7% und für Gambela (Mittel = 1301 mm, 60 Beobachtungsjahre) bei 59,9 bzw. 136,7% [9]. Entscheidend für die Landwirtschaft und damit für die Ernährungsverhältnisse der Bevölkerung ist oft, ob der Beginn der Regenperiode zu einem normalen Zeitpunkt einsetzt oder wesentlich hinausgezögert ist. Im letzteren Falle sind katastrophale Ernteausfälle zu erwarten, über die in Reiseberichten über Äthiopien verschiedentlich nähere Angaben vorzufinden sind. Betroffen sind namentlich ausgeprägte Getreideanbaugebiete, wie sie im Norden des Landes und auch in den südlichen Randgebieten des Hochlandes vorhanden sind.

Nicht weniger bedeutsam für Siedlung und Landwirtschaft einzelner Teilräume Äthiopiens sind die einleitend bereits kurz skizzierten *Temperaturverhältnisse*, die auch die Niederschlagswirksamkeit entscheidend beeinflussen (vgl. hierzu die Klimadiagramme Abb. 4—9 und Tabelle 2). Als Beispiele für Stationen des Tieflandes mögen *Mitsiwa* und *Agordat*, beide in Eritrea gelegen, dienen. In beiden Fällen liegen die niedrigsten Monatsmittel (24,9 °C bzw. 24,5 °C) im Winter, sind aber immer noch so hoch, daß man kaum von einer kühlen Jahreszeit sprechen kann. Immerhin wird die für die Bevölkerung sehr viel schwieriger zu ertragende Situation in Mitsiwa dadurch deutlich, daß hier selbst in den Wintermonaten die durchschnittlichen Minima bei 21 °C — und dies bei sehr hoher Luftfeuchtigkeit — bleiben, während sie in Agordat auf rund 16° absinken. Agordat, im Bereich der Sommerregen gelegen, erreicht das höchste Monatsmittel im Mai vor dem Beginn der Niederschlagsperiode, in Mitsiwa ist dagegen die heißeste und infolge hoher Luftfeuchtigkeit schwüle Jahreszeit der Sommer, indem Juli und August Monatsmittel von über 34° aufweisen und die mittleren Maxima fast 40° erreichen.

Als Beispiele für Stationen der Kolla, also der tieferen Teile des Berglandes lassen sich *Wenji* im Awashtal (1500 m) und *Dila* in der Provinz Sidamo (1600 m) anführen. In Wenji haben wir es mit einer Jahresamplitude von 4,8° (zwischen 18,5 im Dezember und 23,2° im Juni) zu tun. Wiederum liegt, wie in allen Sommerregengebieten Äthiopiens, die Zeit der größten Erwärmung vor den Hauptniederschlägen in den Monaten Juli und August, in denen infolge der stärkeren Bewölkung die Temperatur herabgedrückt wird. Die durchschnittlichen Minima sinken während des Winters bereits auf etwa 11° ab, während in der gleichen Zeit die durchschnittlichen Maxima noch über 26° bleiben. Durchaus ähnliche Verhältnisse liegen in Dila vor. Hier beträgt die Jahresamplitude nur 4,2°. Eine noch geringere Durchschnittstemperatur als die Wintermonate hat in diesem Falle allerdings der Juli, und die Zeit der stärksten Erwärmung fällt in den März (23,1° Monatsmittel und 32,4° mittleres Maximum).

In Höhen von mehr als 2000 m, also in der Woina Dega, bleibt die Jahresdurchschnittstemperatur unter 20°, und die mittleren Minima sinken gewöhnlich unter 10° ab. So hat die Station *Maychew* an der Grenze zwischen den Provinzen Tigre und Welo (2300 m) das höchste Monatsmittel mit 20,3° im Juni, während die Durchschnittstemperatur des Januar nur noch 13,8° beträgt. Das mittlere Minimum liegt im Januar bei 3,9°, es bleibt von Oktober bis Februar unter 6°, d.h. in dieser Jahreszeit kommt es normalerweise zu einer empfindlichen nächtlichen Abkühlung.

Im ganzen ist die Woina Dega die Höhenzone mit den für den Menschen wohl günstigsten Temperaturverhältnissen, indem normalerweise die Schwülegrenze nicht mehr überschritten wird, es aber andererseits so warm bleibt, daß wenigstens tagsüber der Aufenthalt im Freien mit leichter Kleidung ohne weiteres möglich ist. Bei der Auswahl der Kulturpflanzen ergibt sich indessen bereits eine beträchtliche Einschränkung gegenüber der warmen Kolla und dem tropischen Tiefland. Dies ist nicht nur auf den allgemeinen Wärmemangel zurückzuführen, sondern auch auf die nicht mehr durchweg vorhandene Frostsicherheit. Besonders ungünstige Geländeabschnitte, in denen es während der Trockenzeit bei Strahlungsnächten zur Ausbildung von Kaltluftseen kommt, können auch noch unterhalb von 2000 m von gelegentlichen Frösten betroffen werden. Keineswegs selten sind nächtliche Tiefsttemperaturen unter 0° an der oberen Grenze der Woina Dega und in der Dega, auch hier ist ihr Auftreten allerdings beschränkt auf die trockenste Jahreszeit und stark von den topographischen Verhältnissen abhängig. Die hierüber verfügbaren Meßdaten sind noch sehr spärlich, so daß sich bis heute kein auch nur einigermaßen ausreichendes Bild von den durch Fröste gefährdeten Landesteilen erstellen läßt. Als Beispiel mitteilenswert erscheinen jedoch die Ergebnisse einer 13jährigen Beobachtungsreihe (1953—1965) von Maychew, wo folgende absolute Minima gemessen wurden:

J	F	M	A	M	J	J	A	S	O	N	D
—4,0	—1,0	0,0	2,0	3,0	6,0	8,0	6,0	3,0	0,3	—3,5	—5,5

In der Dega gibt es bis heute erst sehr wenige Stationen. Sie alle können nur kurze Meßreihen aufweisen, so daß vorerst wenig konkrete Aussagen über die klimatischen Verhältnisse dieser Höhenzone gemacht werden können. Tagsüber kommt es hier bei klarem Wetter immer noch zu einer beträchtlichen Erwärmung, doch kann es während der Regenzeit oft wochenlang ganz empfindlich kühl bleiben. Bei dichter Wolkendecke steigt dann das Thermometer schon in 2500 bis 2600 m Höhe kaum mehr über 10° an, so daß der Aufenthalt im Freien oder in den luftdurchlässigen Häusern, wie sie in den meisten Landesteilen in traditioneller Bauart errichtet werden, keineswegs mehr als angenehm bezeichnet werden kann. Besondere Anpassungsformen in Kleidung und Hausbau an die recht extremen klimatischen Verhältnisse der höheren Teile des Berglandes, das ja in Nordäthiopien bis nahe 4000 m Dauersiedlungen trägt, sind indessen kaum festzustellen. Als Beobachtungsstation der Dega kann hier *Goba* in der Provinz Bale (2727 m) genannt werden. Das Jahresmittel der Temperatur ist hier 13,9°, der kühlste Monat November hat 12,2°, der wärmste Monat Juni nur 15,0°. Die Jahresschwankung beträgt damit nur 2,8° bei Tagesschwankungen, die im Mittel um 15° liegen. Auch hier unterschreiten die absoluten, in einem 13jährigen Beobachtungszeitraum gemessenen Minima den Nullpunkt.

Das höchste, nicht mehr besiedelte, wohl aber vielfach als Weideland genutzte Gebiet wird bisweilen als Choke bezeichnet. Hier geht der Niederschlag manchmal als Schnee nieder, doch kommt es nirgendwo in Äthiopien zur Ausbildung einer langanhaltenden Schneedecke oder gar zur Gletscherbildung. Zeugnisse einer ehemaligen Vergletscherung stammen aus einer kühleren Klimaphase des Pleistozäns [52, 91].

In einem engen Zusammenhang mit dem Klima sind die *hydrographischen Verhältnisse* des Landes zu sehen. Bereits beim Überblick über die Oberflächengestalt wurden die wichtigsten *Flußsysteme* genannt, unter denen das des Abai das bei weitem größte Einzugsgebiet umfaßt, nämlich eine Fläche von 178 700 km². Der Hauptstrom hat innerhalb Äthiopiens eine Länge von beinahe 1000 km und führt im Jahresdurchschnitt an der äthiopischen Grenze eine Wassermenge von rund 1400 m³/sec mit sich. Zur Zeit des niedrigsten Wasserstandes im April sind es nur knapp 120 m³, im August dagegen über 5500 m³ [82]. Ähnlich stark sind die Wasserstandschwankungen der anderen großen Flüsse, namentlich derjenigen, die ihr Einzugsgebiet im Nordteil des Hochlandes haben. Nicht alle mehr führen hier ganzjährig Wasser. Vor allem in zahlreichen Nebentälern bleibt das Flußbett während der Trockenzeit leer, z.B. bei manchen rechtsseitigen Zuflüssen des Nils, die eine verhältnismäßig kurze Laufstrecke haben und das Hochland von Gojam entwässern.

Ganzjährig Wasser bei verhältnismäßig geringen Schwankungen führen dagegen nicht nur die Hauptflüsse, sondern auch kleinere Bäche im feuchten Südwesten des Landes. Hier findet sich auch der einzige schiffbare Wasserweg des Landes, der Baro, auf dem sich vom Nil aus das noch im Tiefland (650 m) gelegene Gambela erreichen läßt. Zu den wasserreichen Flüssen im Kaffahochland zählt vor allem der Omo, der ebenso wie der Awash in ein trockenes Binnenlandbecken, hier die Rudolfsee-Senke, entwässert.

Im Bereich der Somalitafel hat der Shebeli (Webi Shebeli) das größte Einzugsgebiet mit etwa 114 000 km². Die durchschnittliche Wasserführung mit 320 m³/sec bleibt weit hinter der des Abai, auch hinter der des Baro zurück. Auch hier sind wieder starke Wasserstandsschwankungen zu verzeichnen mit Hochwasserführung im Mai/Juni und (stärker ausgeprägt) im September/Oktober, den Regenperioden dieses Landesteiles entsprechend.

Während die bisher genannten Flüsse noch kaum für Bewässerungszwecke genutzt werden und keine Regulierungen erfahren haben, hat vor allem der *Awash* in jüngster Zeit für die Wasserwirtschaft mehr und mehr an Bedeutung gewonnen. Der im Shewahochland westlich von Adis Abeba entspringende Fluß hat ein noch sehr ansehnliches Einzugsgebiet von etwa 70 000 km², von dem allerdings nur ein geringer Teil in niederschlagsreichen Hochlandbezirken liegt. Dem ihn aufnehmenden Endsee (Lake Abe) führt der Awash im Durchschnitt eine Wassermenge von 160 m³/sec zu, hier ist jedoch bereits ein beträchtlicher Teil der aus dem Hochland kommenden Abflußmenge verdunstet oder versickert. Zur Regulierung der sehr ungleichmäßigen Wasserführung (schon bei Awash-Station sank die Abflußmenge während der trockensten Jahreszeit auf weniger als 1 m³/sec ab) und damit zur Nutzbarmachung des Wassers für Bewässerungszwecke und Elektrizitätsgewinnung ist südöstlich der Landeshauptstadt ein 225 km² großer Stausee angelegt worden, womit hier einer der bisher wenigen nachhaltigen Eingriffe in die natürlichen Abflußverhältnisse innerhalb von Äthiopien vorgenommen wurde. Der durch den Koka-Damm (Bild 40) aufgestaute Gelileasee dehnt sich nach Westen bis an die Straße Mojo-Dila aus und hat weite, vorher hauptsächlich von Viehzüchtern genutzte Gebiete überschwemmt. Der Ausbau weiterer Staustufen im Awashtal ist geplant [33, 100].

Auch für den Hauptfluß des Landes, den Abai, gibt es seit langem Planungen zur Nutzbarmachung der Wassermassen. Bisher sind jedoch außer einem kleinen Elektrizitätswerk nahe beim Ausfluß aus dem Tanasee an den Nilfällen (Bild 4) und einer größeren Anlage (Fincha) in einem Seitental des Nil nordwestlich der Hauptstadt keine weiteren bedeutenden Projekte verwirklicht bzw. in Angriff genommen worden. Nach wie vor verlassen hier wie auch durch die anderen großen Flüsse während der Regenzeiten ungeheure, überreich mit Sinkstoffen beladene Wassermassen das Land und tragen den wesentlichen Anteil zur Erhaltung des Lebens in der Niloase bei.

Die natürlichen Voraussetzungen für umfangreiche Bewässerungsprojekte sind infolge der meist sehr tiefen Taleinschnitte in vielen Teilen des Landes nicht gerade günstig. Weit größere Möglichkeiten bieten sich hingegen bei der Nutzbarmachung der Wasserkraft zur Elektrizitätsgewinnung.

Im Rahmen der hier interessierenden Fragen ist wohl besonders darauf hinzuweisen, daß in weiten Teilen Äthiopiens, und zwar auch des Hochlandes, die kleineren Flüsse während der Trockenzeiten versiegen, so daß auf diese Weise eine ganzjährige Wasserversorgung von Menschen und Tieren nicht sichergestellt werden kann. Vor allem in Gebieten mit stärkerer Viehhaltung gibt es deshalb z.T. kunstvolle Brunnenanlagen und kleinere, von der Bevölkerung in Gemeinschaftsarbeit errichtete Speicherbecken, aus denen die Herdentiere versorgt werden können, während die Menschen ihren Bedarf überwiegend aus Quellen oder aus oberflächennahem Grundwasser in den Trockenbetten der Flüsse decken. Für die Wasserversorgung der Hauptstadt sind in der nahen Umgebung Trinkwasserspeicher angelegt worden.

Zur Charakterisierung der hydrographischen Verhältnisse gehört ferner der Hinweis auf die Tatsache, daß die meisten Flüsse des Hochlandes zwar ein starkes, aber durch zahlreiche Stufen gegliedertes, unausgeglichenes Gefälle haben und damit Strömungsgeschwindigkeit und Transportvermögen außerordentlich wechseln. Teilweise kommt es vor den Stufen mit Wasserfällen und Stromschnellen zu Ausuferungen und Flußverwilderungen, die vor allem jedoch beim Eintritt der Flüsse in das Tiefland anzutreffen sind und dort zu Versumpfungen, damit oft zur Ausbildung von Brutstätten der Malariaüberträger geführt haben.

Nicht unerwähnt dürfen schließlich die großen *Seen* des Landes bleiben, wenngleich sie bisher nur für einen verhältnismäßig kleinen Teil der Bevölkerung Bedeutung haben und die sich hier teilweise bietenden wirtschaftlichen Möglichkeiten (Fischerei, Fremdenverkehr) noch kaum genutzt sind. An erster Stelle ist der 3165 km² große Tanasee zu nennen [20, 25, 40, 89]. Er liegt in einer Höhe von rund 1800 m und erfüllt ein flaches, durch eine junge vulkanische Schwelle aufgestautes Becken fast im Zentrum des Amharenhochlandes. Die größte Tiefe des Sees, der als Hauptzufluß den aus den Gojambergen kommenden „Kleinen Nil" besitzt, beträgt nur wenig mehr als 14 m, so daß die gesamte hier gespeicherte Süßwassermenge keineswegs sonderlich groß ist. Sie wurde in der Vergangenheit oft überschätzt. Dem Jahresgang der Niederschläge entsprechend, treten Schwankungen des Seespiegelstandes mit einem Minimum im Mai/Juni und einem Maximum im September auf. Diese bleiben jedoch noch innerhalb relativ enger Grenzen (130—190 cm) und führen nur selten zu ausgedehnten Überflutungen der großenteils flachen, an mehreren Stellen von Papyrussümpfen eingenommenen Ufer. Mit seiner Höhenlage befindet sich der Tanasee etwa im Grenzbereich von Kolla und Woina Dega bei Wärmebedingungen, die eher denen der Kolla als der Woina Dega entsprechen, woraus sich u. a. auch Folgerungen für die Lebensbedingungen von Krankheitserregern ergeben. Die Wassertemperaturen der Uferzone schwanken im Laufe des Jahres zwischen rund 19° und 24 °C, während die tägliche Schwankung auch in der Oberflächenschicht selten mehr als 1—2° beträgt, selbst wenn die Tagesamplitude der Lufttemperatur weit über 10° hinausgeht [89].

Insgesamt sieben größere Seen liegen innerhalb des abflußlosen Gebietes der südäthiopischen Grabenzone [131]. Sie verleihen diesem früher hauptsächlich von Viehzüchtern genutzten Gebiet ihren besonderen Reiz, und namentlich die nördlichen von ihnen werden in jüngerer Zeit immer häufiger von Touristen aufgesucht, seitdem die Grabenzone als wichtiges wirtschaftliches Entwicklungsgebiet durch eine gute Allwetterstraße erschlossen ist. Von Nord nach Süd sinkt — der Awasasee bildet eine Ausnahme — der Spiegel der Seen ab, steigt damit die Wassertemperatur und die Möglichkeit für die Entwicklung eines vielfältigen organischen Lebens, die allerdings auch in starkem Maße von der Zusammensetzung des Wassers beeinflußt wird. Einige Seen besitzen einen relativ hohen Salzgehalt.

Der größte unter den südäthiopischen Seen, der Abayasee [101, 131], nimmt eine Fläche von 1160 km² ein, was etwa der doppelten Größe des Bodensees entspricht. Ähnlich wie der Tanasee ist auch dieser langgestreckte, mit mehreren z. T. bewohnten Inseln ausgestattete See relativ flach. Seine Ufer sind großenteils mit dichten Schilf- bzw. Papyrusbeständen bewachsen, und im Mündungsgebiet der größeren Zuflüsse, die ihr Delta in den See hinein vorgeschoben haben, sind ausgedehnte Sumpfgebiete entstanden, in denen heute noch einige Nilpferdbestände Nahrung finden. Zur Verlandung tragen neben den Zuflüssen auch die mit der vorherrschenden Windrichtung aus Westen besonders an das Nordufer antreibenden Schilfinseln bei. Ebenso wie der südlich benachbarte, nur durch eine schmale Landbrücke getrennte Shamosee (551 km²) enthält auch der Abayasee Süßwasser, das hier gelblich und trübe ist und in reichlichem Maße Plankton enthält.

Unter den Seen im Nordteil der Grabenzone nimmt der Shalasee (409 km²) als am stärksten salzhaltiger See eine Sonderstellung ein. Nach italienischen Untersuchungen [131] entfallen auf 1 l Wasser 16,8 g Rückstände und damit das Doppelte des nur wenige Kilometer nördlich gelegenen kleineren und flachen Abayitasees, der durch seinen reichen Besatz mit Wasservögeln bekannt ist. Im Gegensatz zu den anderen Seen hat der Shalasee auch eine beträchtliche Tiefe, sie wird von Vatova im östlichen Teil des Beckens mit 250 m angegeben. Nur leicht brackig ist das Wasser des heute bevorzugt zum Baden und Wochenendaufenthalt aufgesuchten Langanosees (230 km²); Ziwaysee (434 km²) und Awasasee (129 km²) enthalten Süßwasser.

Weitere kleine Seen finden sich u. a. im Amharenhochland nördlich von Dese. Außerdem gibt es in verschiedenen Teilen des Landes auf sehr junge vulkanische Tätigkeit zurückzuführende Kraterseen (Bild 7), so nahe der Hauptstadt bei Debre Zeyt und auf dem Gipfel des Zakwala. Schließlich sind im östlichen trockenen Tiefland noch mehrere, im Umfang stark wechselnde Salzseen anzutreffen. Besonders anzuführen ist auch der auf Karten sehr verschieden dargestellte Chew Bahir an der Grenze gegen Kenia. Hier handelt es sich um ein flaches Becken, in das als Hauptzufluß der nur jahreszeitlich wasserführende Sagan mündet. Je nach den Niederschlagsverhältnissen und der Wasserzufuhr wechselt die Wasserfläche ganz außerordentlich, zeitweise kommt es offenbar zur völligen Austrocknung des Beckens, das ebenso wie der zu Kenia gehörige Rudolfsee in einem Bereich von weniger als 400 mm Jahresniederschlag liegt und in sehr extensiver Form für die Viehzucht genutzt wird.

III. Das Pflanzenkleid

Dem Klima, aber auch den sehr unterschiedlichen Gesteins- und Bodenverhältnissen entsprechend, zeigt das natürliche Pflanzenkleid Äthiopiens eine reichhaltige Differenzierung, die hier nur in ganz groben Zügen angedeutet werden kann. Dabei ist zu betonen, daß die heute in den einzelnen Landesteilen anzutreffende Vegetation keineswegs allein aus den jeweils wirksamen natürlichen Standortfaktoren erklärt werden kann, sondern wohl überall in mehr oder minder starkem Maße durch Eingriffe des Menschen modifiziert oder umgestaltet wurde. So ist die in vielen Gebieten mit stärkerer Besiedlung festzustellende Waldarmut sicher eine Folge von lange Zeit üblichen Formen der Bodenbewirtschaftung und Viehhaltung, ebenso wie die Zusammensetzung mancher Wald- und Savannentypen durch einseitige Nutzung, Brennen und Holzentnahme starke Veränderungen erfahren hat.

Über die heute in Äthiopien vorhandene Waldfläche, deren Definition naturgemäß auf einige Schwierigkeiten stößt, liegen nur wenige und recht grobe Schätzungen vor. Danach bleibt jedenfalls deren Anteil an der Gesamtfläche weit unter 10% und zugleich weit unter der Fläche des potentiellen Waldareals, das in erster Linie die höheren Teile des Berglandes umfaßt. Die beigegebene, zu einem wesentlichen Teil auf R. E. G. Pichi-Sermolli [98] basierende Vegetationskarte (Karte 3) kann die reale Verteilung von Wald und offenen Pflanzengesellschaften nur in sehr unzureichender Weise wiedergeben, sie vermittelt in diesem Maßstab vielmehr in erster Linie eine Übersicht über die Verbreitung der wichtigsten klimatisch bestimmten Vegetationszonen, in denen die Pflanzengesellschaften im einzelnen schon aufgrund wechselnder edaphischer Bedingungen sehr unterschiedlich zusammengesetzt und zusätzlich durch Rodung, Brennen, Beweidung und Feldbau erheblich verändert sein können. Ein Versuch, das Kulturland gesondert darzustellen, mußte mangels geeigneter Unterlagen unterbleiben.

Der Überblick über die großräumigen Vegetationseinheiten mag mit den *Trockengebieten* beginnen. Hier, d. h. im Bereich der Wüste und Halbwüste Dankaliens und des Tieflandes von Norderitrea, gibt es gewöhnlich nur eine sehr schüttere Pflanzendecke. Zwischen weitständigen Büschen und hier und da vorhandenen kleinen Bäumen bleiben große Teile des Bodens zumindest den längsten Teil des Jahres über unbedeckt. Unter den in den Halbwüsten anzutreffenden Gehölzen finden sich Akazienarten, *Balanites*, *Commiphora* und *Cadaba* neben *Maerua*, *Zizyphus* und einigen anderen. Zusätzlich sind auf geeigneten Standorten, nämlich vornehmlich auf steinigen Böden, zahlreiche Sukkulenten aus den Gattungen *Euphorbia*, *Aloe*, *Sansevieria* und *Adenium* anzutreffen. Nur in den Trockentälern gibt es dichtere Pflanzenbestände, so etwa stattliche Gruppen von Dumpalmen *(Hyphaene)*, Tamarisken oder auch *Calotropis procera*.

Die als Wüsten und Halbwüsten bezeichneten Gebiete dienen den hier lebenden Nomaden als Schaf-, Ziegen- und Kamelweide, als Rinderweide sind sie hingegen nicht geeignet.

Mit zunehmender Feuchtigkeit, d. h. im allgemeinen zugleich mit zunehmender Höhe, stellen sich Formationen ein, die unter dem Sammelbegriff der *Dornsavanne* zusammengefaßt sind. Eine sehr weite Verbreitung haben sie vor allem im Osten der Somalitafel sowie im Tiefland Norderitreas und in Teilen Dankaliens. In erster Linie sind es offene, aus xerophilen Arten zusammengesetzte Gehölze oder weitständige Baumgruppen mit einer zuweilen bereits recht dichten und artenreichen Kraut- und Strauchschicht, die nur eine kurze Zeit lang ergrünt. Wiederum spielen Akazien eine große Rolle. In ihrer Begleitung finden sich aber auch zahlreiche andere, gewöhnlich dornenreiche Gewächse, viele Sukkulenten und mancherlei Schlinggewächse, so daß die Durchgängigkeit derartiger Gebiete abseits von den zahlreichen Viehtriebwegen oft beträchtlich erschwert sein kann. Eine durchaus feuchtere Variante stellen die hauptsächlich in der südäthiopischen Seenregion sowie am südlichen Hochlandrand anzutreffenden, vornehmlich als Weide für Rinderherden dienenden Savannen dar, in denen die Bäume eine Höhe von 6, 8 und mehr Metern erreichen und, mit breit ausladenden Schirmkronen versehen, oft ein weitgehend geschlossenes Laubdach bilden können (Bild 15). Neben den „Schirmakazien", deren bisweilen auffallend reine Bestände wohl eine auf starke Beweidung zurückzuführende Auslese darstellen, treten namentlich auf felsigem Untergrund stattliche Kandelabereuphorbien hervor, die das Vegetationsbild stellenweise ganz bestimmen können. Weitere häufig anzutreffende Gehölze dieser Zone sind *Entada abyssinica*, *Balanites*, *Dichrostachys*, *Grewia* und *Gardenia lutea*.

Noch zur Tieflandregion bzw. zur Kolla gehören auch die hauptsächlich in der westlichen Randzone des Hochlandes, aber auch in vielen tief eingeschnittenen Gebirgstälern in der Übergangszone zwischen xerophytischen Gehölzen und dem Bergwald vorhandenen *mesophytischen Fallaubwälder* mit darin eingeschlossenen großen und häufig fast reinen Bambusbeständen (*Oxytenanthera*). Es handelt sich hierbei um einen physiognomisch sehr beträchtlich von den bisher erwähnten Formationen abweichenden Vegetationstyp, in dem kleinere und mittelgroße Bäume mit gewöhnlich dicker, rissiger Rinde und breiten, meist derben Blättern oft den Habitus von Apfel- und Birnbäumen besitzen. Während der Trockenzeit sind sie entlaubt und erwecken dann in der glühenden Hitze einen leblosen, bisweilen fast gespenstischen Eindruck. Nach den besonders typischen Vertretern wird in diesem Falle auch die Bezeichnung *Combretaceenzone* bzw. Combretaceengürtel verwendet. Es ist eine Zone, die sich weit über Äthiopien hinaus vor allem im Sudan unter entsprechenden Feuchtigkeitsverhältnissen verfolgen läßt. Neben verschiedenen *Combretum*-Arten sind als weitere typische Vertreter anzuführen: *Terminalia* sp., *Piliostigma thonningii*, *Stereosperum kunthianum*, *Protea*- und *Ficus*arten. Zu einem weiteren Charakteristikum dieser Fallaubgehölze gehören dort, wo sie sehr offen sind, d.h. die Bäume bei weitem keinen Kronenschluß mehr erreichen, hohe und fast undurchdringliche Grasbestände, in denen u.a. *Hyparrhenia*-Arten reichlich vertreten sind. Sie werden selbst in dünn besiedelten Gebieten auch heute noch größtenteils in der Trockenzeit abgebrannt, um günstigere Weidebedingungen für das Vieh oder Voraussetzungen für die Anlage von Feldstücken zu schaffen. Die unter gleichen klimatischen Bedingungen anzutreffenden Bambuswälder mit einer durchschnittlichen Höhe von 6—8 Metern haben dagegen kaum einen Unterwuchs. Sie liefern den hier lebenden Bevölkerungsgruppen einen vorzüglichen Baustoff sowie Rohmaterial für zahlreiche Arbeitsgeräte und handwerkliche Erzeugnisse (Bild 17).

Als typisch für die höheren Teile der Kolla und die untere Stufe der Woina Dega sind vor allem in Südwestäthiopien sowie in den Gebirgen beiderseits der Seenregion weitgehend *immergrüne Buschwälder* anzusehen. Ebenso wie in dem nachfolgend angeführten Bereich der Bergsavanne ist hier die ursprüngliche Zusammensetzung der Vegetation in einem offenbar sehr starken Maße durch den Menschen verändert worden. In Südäthiopien finden sich in dieser Vegetationszone ausgedehnte Kulturflächen der ansässigen Hackbauer (Ensetebauer), die vorhandenen Wälder und Gebüsche sind meist auf schwer zugängliches Gelände, steilere Hänge und tiefe Taleinschnitte beschränkt, zeigen aber auch dort zahlreiche Spuren einer Nutzung, vor allem für Brennholzgewinnung. Zu den häufigen Vertretern unter den Gehölzen gehören *Carissa edulis*, *Euclea kellau*, *Dodonaea viscosa* sowie Arten von *Rhamnus* und *Rhus*.

Der Höhenbereich zwischen etwa 1800/2000 und 2600/3000 m ist in Nord- und Zentraläthiopien großenteils von der sog. *Bergsavanne* eingenommen, wobei kaum ein Zweifel bestehen kann, daß die heutigen sehr offenen und nur vereinzelt von Bäumen durchsetzten Formationen vielfach an die Stelle ehemaliger Wälder getreten sind. Daß die Bedingungen für den Waldwuchs vom Klima her gesehen keineswegs ungünstig sind, machen wohl besonders die für das christliche Nordäthiopien so kennzeichnenden Kirchenwäldchen deutlich. In ihnen finden sich unter den größeren Bäumen stattliche Exemplare von *Juniperus procera*, *Podocarpus gracilior* oder *Olea chrysophylla* und heute zusätzlich vielfach noch Eukalypten. Auch zahlreiche kleinere Bäume sowie Sträucher sind im Unterholz anzutreffen, ohne daß ihnen etwa eine besondere Pflege zuteil wird. Auf den großen offenen Flächen angrenzender Bereiche der „Bergsavanne", die als Weide oder als Ackerland genutzt werden, trifft man statt der großen Bäume häufiger relativ kleine Einzelexemplare von *Acacia abyssinica*, *Gymnosporia* und *Apodytes*, fast stets mit Spuren von Axthieben versehen, die auf die große Holzknappheit vieler dicht besiedelter Hochlandbezirke hinweisen.

Es ist also mit großer Sicherheit anzunehmen, daß die heute noch anzutreffenden *Bergwälder*, von denen es aufgrund der unterschiedlichen Feuchtigkeitsverhältnisse mehrere deutlich voneinander verschiedene Typen gibt, nur noch bescheidene Reste eines großen Waldareals im Hochland darstellen, das in vielen Fällen durch junge Rodungen rasch weiter dezimiert wird (vgl. W. E. M. Logan [83])*. Nennenswerte Aufforstungen gibt es bisher, abgesehen von den die Landeshauptstadt in einem breiten Gürtel umgebenden Eukalyptuspflanzungen, nicht (Bild 14, 18).

Der immergründe Bergwald in der trockenen Variante findet sich vor allem im nordwestlichen und westlichen Teil der Somalitafel in Gebieten, die eine jährliche Niederschlagsmenge von etwa 1100—1300 mm empfangen. Besonders charakteristisch sind dabei Wälder mit einem hohen Anteil an Nadelhölzern, nämlich *Podocarpus gracilior* und *Juniperus procera*. Während *Podocarpus* offenbar größere Ansprüche an Wärme und Feuchtigkeit stellt und deshalb bevorzugt in gut beregneten Höhen um 2000 m (selten über 2400 m) anzutreffen ist, finden sich Wälder, in denen *Juniperus* oft ganz vorherrscht, bis in Höhen von mehr als 3000 m, z.B. in den inneren Bergländern der Somalitafel. Die hier zur Verfügung stehende Feuchtigkeitsmenge ist bereits merklich geringer als etwa an der Ostflanke des Grabens oder gar im Kaffahochland. Auch Wälder, in denen *Mimusops kummel* neben *Millettia ferruginea* und *Albizzia schimperiana* eine dominierende Rolle spielt, können noch als relativ trocken bezeichnet und von den feuchten Bergwäldern Südwestäthiopiens unterschieden werden.

* Wie schnell im übrigen aber auch eine Baumsavanne völlig vernichtet und der Bodenzerstörung Vorschub geleistet werden kann, ließ sich sehr eindrucksvoll in den letzten 15 Jahren im Nordteil des südäthiopischen Grabens zwischen Mojo und Shashemene beobachten. Hier wurden riesige Flächen für die Holzkohlegewinnung restlos abgeholzt, ohne daß auch nur Ansätze zu einer Neubepflanzung erfolgten.

Sie sind weniger dicht und weniger vielseitig zusammengesetzt als die letztgenannten und namentlich im Westteil des nordäthiopischen Hochlandes, z. B. in den westlichen Hochlandbezirken der Provinz Gojam, verbreitet.

In den feuchten Bergwäldern schließlich wird eine gewisse Verwandtschaft mit dem Regenwald des tropischen Tieflandes deutlich. Bemerkenswert ist auch hier ein mehr oder weniger deutlich ausgeprägter Stockwerkbau, indem einzele Vertreter Höhen von 30—50 m erreichen, eine zweite Baumschicht ein geschlossenes Laubdach von 20—25 m Höhe bildet und eine dritte Schicht von kleineren Bäumen etwa 7—8 m hoch ist. Als wichtigste Vertreter des feuchten Berglandes werden in der Literatur [83, 98] *Pouteria*-Arten, *Morus mesozygia*, *Bosqueia phoberos* und *Manilkara butugi* genannt. Dazu treten *Ekebergia rueppelliana*, *Pygeum africanum*, *Syzygium guinense* und viele andere Arten, die z. T. auch in weniger feuchten Bergwäldern anzutreffen sind. Schließlich stößt man im Unterholz auf *Teclea nobilis*, *Galiniera coffeoides* und Kaffeesträucher, die auch heute noch in Form der Sammelwirtschaft genutzt werden. Weiter zu erwähnen ist das spontane Vorkommen der in Südäthiopien in großem Umfange angebauten Ensete, deren natürliche Standorte sich sonst auf feuchte Taleinschnitte beschränken. Der einzige in Äthiopien anzutreffende Baumfarn *Cyathea manniana* ist gleichfalls vornehmlich in den feuchten Bergwäldern zu finden, zu deren Bild nicht zuletzt ein reicher Besatz an Epiphyten (Farne, Orchideen, Moose) sowie das Vorkommen zahlreicher Lianen gehört.

Die Verbreitung solcher Feuchtwälder beschränkt sich fast ganz auf den Südwesten des Landes, und zwar auf Höhen zwischen 1200 und 2300 m, nur kleine Areale finden sich auch auf der Ostseite des Grabens in der Provinz Sidamo.

In der Zusammensetzung aller Bergwälder ergeben sich neben den großräumigen regionalen Unterschieden auch klare Zonierungen in der Vertikalen, die aus Maßstabsgründen in der Vegetationskarte nicht dargestellt werden konnten. So folgt auf die untere Stufe im Höhenbereich zwischen etwa 2300 und 3200 m oft eine sehr deutlich ausgeprägte zweite Stufe, in der der Bergbambus (*Arundinaria alpina*) stark vertreten ist oder gar reine Bestände bilden kann. Darüber finden sich niedrige und nur aus wenigen Arten zusammengesetzte Wälder mit *Hypericum*, *Hagenia* (Bild 13) und *Schefflera*, die in einer Höhe von rund 3000—3300 m in den *Ericaceengürtel* übergehen. Die auch im Mittelmeergebiet weit verbreitete Baumheide (*Erica arborea*) kann hier noch als ein ansehnlicher Baum von 4—6 m Höhe auftreten, bildet jedoch meist ein mehr oder minder dichtes Gebüsch, in dem die ersten Vertreter des obersten Vegetationsstockwerkes, nämlich die großen Lobelien (*Lobelia rhynchopetala*) und zahlreiche *Helichrysum*-Arten als besonders auffallende Gewächse zu finden sind (Bild 11). Auch die höchsten Teile des Landes, die unterhalb der rezenten Schneegrenze bleiben, werden noch wirtschaftlich genutzt, indem zumindest jahreszeitlich das Vieh in die Hochweideregion jenseits der in Simen bis über 3800 m ansteigenden Dauersiedlungsgrenze getrieben wird.

Der hier in groben Zügen geschilderte Stockwerkbau der Vegetation wiederholt sich kleinräumig in einer Vielzahl von Modifikationen in allen Teilen des Landes. Immer wieder ist vor allem beim Durchqueren der großen Täler eindrucksvoll zu beobachten, wie völlig verschiedenartig das Pflanzenkleid in den trockenen Talgründen von dem in den mittleren und oberen Hangpartien ist und wie scharf sich dann auch gewöhnlich der Wechsel von Wald- und Buschformationen, die das Bild der meist steileren Hänge bestimmen, zu den angrenzenden Hochflächen vollzieht. Besonders typisch ist dies für das nordäthiopische Bergland, in dem durch den Pflugbau die natürliche Pflanzendecke innerhalb der Siedlungsgebiete in einem offenbar viel stärkerem Maße zerstört worden ist als in den Hackbaugebieten des Südens, die trotz hoher Bevölkerungsdichten zwar auch keine größeren Wälder mehr, aber meist doch noch recht ansehnliche Baumbestände aufzuweisen haben, eine Tatsache, die u. a. auch für die Fauna, etwa für die Verbreitung von Krankheitsüberträgern, Bedeutung haben dürfte.

Zur Ergänzung der Übersichtskarte sind 3 Vegetationsprofile (Abb. 10—12) beigegeben, eins aus Eritrea, ein zweites vom Nordabfall der Somalitafel bei Harer und ein drittes aus der südäthiopischen Grabenregion bei Yirga-Alem. Mit Hilfe dieser Profile mag die Auswertung der Karte, in der viele Einzelheiten fortgelassen werden mußten, erleichtert werden. Was in der Karte nicht einmal angedeutet werden konnte, ist das Vorkommen zahlreicher edaphisch bestimmter Formationen, die ein kleinräumiges Mosaik des Pflanzenkleides innerhalb der großen Vegetationszonen hervorrufen. Als einziges Beispiel dafür mag der immer wieder zu beobachtende Wechsel von jahreszeitlich überschwemmten Ebenen und flachen Rücken im Bereich der großen Hochflächen erwähnt sein (vgl. A. Semmel [107]). Während sich auf den Ebenen mit ihren tonigen, schwarzen Böden innerhalb einer dichten Grasdecke kaum ein Baum, es sei denn hier und da eine Akazie, sehen läßt, tragen die angrenzenden Hänge mit roten oder rotbraunen Böden, vor allem wenn sie steiler sind und nicht für den Feldbau genutzt werden, meist ein dichteres Buschwerk anstelle ehemals hier vorhandener Wälder, von denen allenfalls hier und da ein größerer Baum übriggeblieben ist.

Neben dem Wert des natürlichen Pflanzenkleides, auch dort, wo nur noch Reste von ihm vorhanden sind, als Indikator verschiedenartiger Klima- und Standortbedingungen, ist selbstverständlich auf die große wirtschaftliche Bedeutung der verschiedenen Formationen, und zwar namentlich unter dem Aspekt der landwirtschaftlichen Nutzung (Weidemöglichkeiten), hinzuweisen. Eine geregelte forstwirtschaftliche Nutzung der vorhandenen Wälder und der verschiedenen Savannengehölze erfolgt dagegen erst in sehr begrenztem Umfang. Der Aufbau der Forstwirtschaft steckt in Äthiopien heute noch sehr in den Anfängen. So liefern etwa die wenigen größeren und verkehrsmäßig meist schlecht erreichbaren Wälder kaum einen nennenswerten Beitrag zu der für die Existenz der Städte lebenswichtigen Brenn- und Baustoffversorgung. Dies geschieht in erster Linie durch die bereits genannten stadtnahen Eukalyptuspflanzungen, von denen die ersten um 1900 entstanden.

Für die noch weitgehend in der Subsistenzwirtschaft lebenden Bewohner vieler Landesteile, namentlich Südäthiopiens, liefern Wildpflanzen nicht nur Baumaterial und Material für die verschiedensten Gerätschaften usw., sie spielen z. T. auch heute noch eine nicht unwesentliche Rolle in der Ernährung (und zwar nicht nur in Notzeiten) sowie in der Volksmedizin. Bekannt sind für den letztgenannten Zweck vor allem zahlreiche Drogen, die als Wurmmittel oder gegen Durchfälle Verwendung finden.

wie die Blütenstände von *Hagenia abyssinica*, des in der oberen Stufe des Bergwaldes anzutreffenden und vielfach angepflanzten Kossobaumes, der vielleicht der am meisten bekanntgewordene Vertreter des äthiopischen Pflanzenkleides ist (Bild 13).

IV. Die Bevölkerung

Die gegenwärtige Bevölkerungszahl des Landes ist, da eine Zählung bisher fehlt, nicht genau bekannt. Als sicher kann jedoch gelten, daß beträchtliche Teile Äthiopiens eine für afrikanische Verhältnisse ansehnliche Bevölkerungsverdichtung aufweisen und damit hier einer der Bevölkerungsschwerpunkte des afrikanischen Kontinents anzutreffen ist. Vom Central Statistical Office in Adis Abeba wurden für 1967 23,7 Millionen Einwohner angegeben, und da inzwischen durch Stichproben und Auswertung verschiedenartigster Quellen viele Verbesserungen der früher meist recht groben Schätzungen möglich waren, kann angenommen werden, daß die tatsächlich vorhandene Bevölkerungszahl nicht wesentlich von der geschätzten abweicht. Damit ist Äthiopien nach Nigeria der volkreichste Staat des tropischen Afrikas mit einem weiten Abstand vor Kongo-Kinshasa und der Republik Sudan. Alle bisher durchgeführten Stichprobenerhebungen machen deutlich, daß die Bevölkerungszahl gerade in jüngerer Zeit stark angestiegen ist, daß die jährliche Zuwachsrate eine beträchtliche Höhe aufweist, wenn sie auch noch deutlich hinter der lateinamerikanischer und einiger westafrikanischer Entwicklungsländer zurückbleiben dürfte. Die Schätzungen für die letzten Jahre liegen bei mehr als 20‰ aufgrund einer hohen Geburtenziffer bei gleichzeitig noch hoher, aber sinkender Sterbeziffer. Dementsprechend zeigt sich in der Alterszusammensetzung ein sehr starker Anteil an Jugendlichen unter 15 Jahren (42,8%) und ein geringer Anteil älterer Menschen über 60 Jahre (3,9%).

Das Verhältnis der Geschlechter ist bei der Gesamtbevölkerung weitgehend ausgeglichen, doch ergeben sich hierin offenbar beträchtliche Abweichungen bei der städtischen Bevölkerung zugunsten der Frauen (s. u.). Angaben über weitere Strukturmerkmale der Bevölkerung lassen sich für ganz Äthiopien wegen der bis heute nicht durchgeführten Volkszählung kaum machen, auch die vorstehend genannten Zahlen beruhen natürlich auf Schätzungen und besitzen lediglich einen Orientierungswert. An dieser Stelle mag nur noch herausgestellt werden, daß der Anteil der im primären Wirtschaftssektor tätigen Bevölkerung sehr hoch ist, wahrscheinlich zwischen 80 und 90% liegt, und daß die in Städten lebende Bevölkerung die Zahl von 2 Mill. Menschen kaum überschreiten dürfte, wovon allein auf Adis Abeba annähernd 650 000 entfallen.

1. Bevölkerungsverteilung

Unter den gegebenen Voraussetzungen läßt sich auch über die Verteilung der Bevölkerung innerhalb des Landes nur ein sehr roher Überblick geben, der im einzelnen sicher vieler Korrekturen bedarf. Zunächst mag mit der folgenden Tabelle auf Angaben der äthiopischen Statistik über die Bevölkerung in den einzelnen Provinzen zurückgegriffen werden:

Provinz	Fläche 1000 km²	geschätzte Bevölkerung 1967 (in Tausend)	Bevölkerungsdichte
Arusi	23,5	1110.8	47
Bale	124.6	159.8	1
Begemdir	74.2	1348.4	18
Eritrea	117.6	1589.4	14
Gemu Gofa	39.5	840.5	21
Gojam	61.6	1576.1	26
Harer	259.7	3341.7	13
Ilubabor	47.4	663.2	14
Kefa	54.6	688.4	13
Shewa	85.2	3326.1	39
Adis Abeba	0.2	644.2	3221
Sidamo	117.3	1521.9	13
Tigre	65.9	2307.3	35
Welega	71.2	1429.9	20
Welo	79.4	3119.7	39
Gesamt	1221.9	23667.4	19

Danach liegen die Dichtewerte in den Provinzen Arusi, Shewa, Welo, Tigre und Gojam beträchtlich über dem Landesdurchschnitt, während zu den dünn bevölkerten Provinzen Bale, Kefa, Sidamo, Eritrea und Ilubabor gehören. Abb. 13 gibt einen Überblick über die Bevölkerungsdichte auf der Basis von Unterprovinzen (Awjara). Diese durchschnittlichen Dichtewerte haben nun allerdings keine sehr große Aussagekraft, gehören doch zu allen Provinzen und Unterprovinzen ganz verschieden ausgestattete und ganz verschieden genutzte Räume mit sehr viel größeren Gegensätzen der Bevölkerungs- und Siedlungsdichte, als sie zwischen benachbarten Verwaltungseinheiten auftreten können. Ein Versuch, dies kartographisch zur Darstellung zu bringen, muß bei dem heutigen Stand der Landeskenntnis noch unterbleiben, an dieser Stelle kann lediglich auf einige typische Verhältnisse in der Bevölkerungsverteilung eingegangen werden, die im engsten Zusammenhang mit den später darzustellenden Lebens- und Wirtschaftsformen der einzelnen Bevölkerungsgruppen stehen.

Wohl die höchsten Dichtewerte des Landes werden in den südäthiopischen Hackbaugebieten erreicht, und zwar namentlich in den Bergländern der Provinzen Sidamo und Gemu Gofa beiderseits der Seenregion. Verschiedene Testaufnahmen kleinerer Flächen [72, 113] haben hier Bevölkerungsdichten von 100 bis 200 oder gar noch mehr Menschen je km² ergeben, wobei es sich durchaus um für größere Gebiete typische Verhältnisse im Bereich des Enseteanbaus handelte. Dies bestätigte u. a. auch eine in Welamo (Unterprovinz von Sidamo) von äthiopischer Seite um 1960 durchgeführte größere Stichprobenerhebung. Als Siedlungsraum ist in den Hackbaugebieten des Südens eindeutig die Höhenzone zwischen rund 1800 und 2500 m bevorzugt, d.h. also die Woina Dega, in der vom Klima her besonders günstige Anbaubedingungen für die im Vordergrund stehenden Nahrungsgewächse bestehen und in der gleichzeitig auch die Lebensbedingungen für den Menschen günstiger als im heißen Tiefland oder in den kühlen Hochregionen des Berglandes sind.

Auch die Kernräume der weiter westlich gelegenen Enseteanbaugebiete dürften in der Mehrzahl mit ihrer Bevölkerungsdichte nicht wesentlich hinter den für die Bergländer der Seenregion typischen Werten zurückbleiben. Es wiederholt sich auch dort eine sehr ausgeprägte Höhenstufung der Bevölkerungsverteilung, indem die zu den jeweiligen Stammesgebieten gehörigen

Tiefländer kaum — oft nur jahreszeitlich — bewohnt sind und das Hochland oberhalb von 3000 m, d.h. oberhalb der Enseteanbaugrenze, ebenfalls siedlungsfrei bleibt, während die stärkste Bevölkerungsdichte meist in einer Höhe um 2000 m festzustellen ist.

Auch einige am Südrand des Hochlandes gelegene Hackbaugebiete, in denen der Anbau von Hirse im Dauerfeldbau betrieben wird (z.B. Konso südlich des Shamosees), gehören zu den dichtbesiedelten Landesteilen, wenn hier auch Werte von 100 Einwohnern/km^2 kaum überschritten werden dürften.

Gegenüber den angeführten Teilbereichen Südäthiopiens bleibt die Bevölkerungsdichte im nordäthiopischen Pflugbaugebiet im allgemeinen zurück, auch dann, wenn die landwirtschaftlich nutzbare Fläche das gleiche Verhältnis zur Gesamtfläche aufweist. Der hier im Vordergrund stehende Getreideanbau erfordert eine größere Fläche zur Sicherung der Existenzgrundlage einer Familie, so daß wohl im Durchschnitt nicht wesentlich mehr als 50—70 Einwohner je km^2 leben können *, vorausgesetzt — was selten der Fall ist —, daß nicht andere Erwerbsgrundlagen außerhalb der Landwirtschaft vorhanden sind. Die Zone höchster Bevölkerungsverdichtung ist gleichfalls die Woina Dega, allerdings weist auch noch die Dega-Stufe eine oft bemerkenswert dichte Besiedlung auf. Die Höhengrenze der Dauersiedlungen liegt in Simen bei 3800 m [134] und bleibt auch in anderen Nordprovinzen nicht wesentlich darunter.

Gebiete mit einer besonders geringen Bevölkerungsdichte sind diejenigen, in denen die Bewohner auch heute noch allein oder doch ganz vorwiegend von einer extensiven, nicht-marktorientierten Viehzucht leben, wie etwa im Borana-Land im Süden der Provinz Sidamo, in den östlichen Teilen der Somalitafel oder vor allem auch in dem trockenen und heißen Danakiltiefland. Hier sind durchweg nur wenige Einwohner je km^2 anzutreffen, wenn es sich nicht gar um Gebiete handelt, die überhaupt nur gelegentlich mit den Herden aufgesucht werden. Es ist ohnehin schwierig, in den Stammesgebieten von Hirtenvölkern mit dem Begriff der Bevölkerungsdichte zu operieren, sofern auch heute noch größere Wanderungen durchgeführt werden und feste, dauernd bewohnte Siedlungen fehlen.

Zwischen den Extremwerten der Bevölkerungsdichte in den Enseteanbaugebieten einerseits und in den Stammesgebieten einiger Viehzüchter andererseits gibt es neben den genannten zahlreiche weitere Abstufungen, die, wie bereits betont, im engen Zusammenhang mit den jeweiligen Wirtschaftsformen stehen. Auch Einflüsse von anderer Seite auf die heutige Bevölkerungsverteilung dürfen indessen nicht vernachlässigt werden. In erster Linie gehören dazu noch gegenwärtig sicher nicht überall überwundene Bevölkerungsverluste im Rahmen kriegerischer Auseinandersetzungen bis um die letzte Jahrhundertwende, Bevölkerungsverluste durch den Sklavenhandel und Bevölkerungsverluste durch Seuchen, von denen namentlich die Bewohner der feuchteren Tieflandbezirke im Westen und Südwesten des Landes betroffen wurden. Auch Wanderungen ganzer Stammesgruppen haben bis um 1900 zu beträchtlichen Veränderungen in der Bevölkerungsverteilung geführt, indem z.B. seßhafte Gruppen durch kriegerische Hirten in schwer zugängliche und vorher kaum besiedelte Gebiete abgedrängt wurden. So ist vielfach durchaus kein unmittelbarer Zusammenhang zwischen der natürlichen Ausstattung eines Gebietes und der Bevölkerungsdichte festzustellen, was sich besonders eindrucksvoll im Grenzgebiet von Hackbauern und Viehzüchtern feststellen läßt, deren Siedlungs- und Wirtschaftsräume im westlichen Teil der Somalitafel jeweils über die verschiedensten Höhenstufen hinweggreifen. Scharf grenzen hier in der Woina Dega und Dega dicht besiedelte und intensiv genutzte Räume von Ensetebauern an die fast menschenleer erscheinenden riesigen Weidedistrikte von Gallahirten, ohne daß sich in der Naturlandschaft irgendein Wandel zu erkennen gibt.

Als Ergebnis junger Formen der Mobilität ist eine Bevölkerungskonzentration in den größeren Städten des Landes festzustellen und ein Zuzug zu den innerhalb Äthiopiens bisher entstandenen Entwicklungsregionen, in denen landwirtschaftliche und industrielle Projekte in Angriff genommen wurden. Letztere finden sich namentlich im östlichen Tiefland zwischen der Landeshauptstadt und Dire Dewa bzw. längs des Awash-Flusses sowie in der südäthiopischen Grabenzone — in beiden Fällen in Gebieten mit einer für die heutigen Anforderungen der Wirtschaft besonders günstigen Verkehrslage.

In einer zwar mit vielen Unzulänglichkeiten unter Verwendung älterer Schätzungen durchgeführten, aber doch recht aufschlußreichen Berechnung der Bevölkerungsverteilung nach Höhenstufen ist J. Staszewski [117] zu dem Ergebnis gekommen, daß von der Gesamtbevölkerung Äthiopiens (ohne Eritrea) um 1940 fast 50% in Höhen über 2000 m lebten, dagegen nur 9,3% unterhalb von 1000 m. Sehr wesentlich dürften sich diese Verhältnisse bis heute nicht verändert haben, doch lassen viele Beobachtungen darauf schließen, daß die Zone stärkster relativer Bevölkerungszunahme (in erster Linie durch Wanderung) nicht mehr das höhere Bergland ist, vor allem, wenn es sich um verkehrsmäßig schlecht erschlossene Landesteile handelt. Vielmehr entwickeln sich in Teilen der Kolla heute besondere Anziehungspunkte für die Bevölkerung, in günstig gelegenen Teilen jener Höhenzone, die früher von der Mehrzahl der Landesbewohner aus mehreren Gründen gemieden wurde: wenig geeignete klimatische Bedingungen für den Anbau vieler wichtiger Kulturpflanzen, Verbreitung der Malaria und Unsicherheit.

2. Bevölkerungsgruppen

Äthiopien ist verschiedentlich als ein lebendes Völkermuseum bezeichnet worden, gibt es doch innerhalb der Grenzen des heutigen Staates eine außerordentlich große Zahl von ethnischen Gruppen, die bis zur Gegenwart vielfach eine bemerkenswerte Eigenständigkeit in Sprache, Kultur und Wirtschaft bewahrt haben. Erst in jüngster Zeit setzt in dieser Hinsicht durch zunehmende Verkehrserschließung, Schulbildung, Einführung neuer Wirtschaftsformen und Verstädterung ein spürbarer Wandel ein, indem es zu einer allenthalben feststellbaren Lockerung alter Stammesverbände und der für sie maßgebenden Sozialordnung kommt.

Ein Überblick über die Bevölkerungsgruppen (siehe Abb. 14) muß sich an dieser Stelle auf wenige, relativ grobe Angaben beschränken, für die weitgehend auf die bisher am besten bekannte *sprachliche Differenzierung* zurückgegriffen werden muß (hauptsächlich zu diesem

* Vgl. hierzu u.a. die Untersuchungen von D. R. Buxton [17].

Abschnitt benutzte Literatur: M. L. Bender [6], E. Cerulli [19], V. L. Grottanelli [41—43], E. Haberland [45], E. Hammerschmidt [48], F. J. Simoons [111], dazu mündliche Angaben von V. Stitz).

Die wichtigste und in ihrem zahlenmäßigen Anteil wohl auch zugleich stärkste unter allen Bevölkerungsgruppen Äthiopiens bilden die oft als eigentliche Abessinier bezeichneten Bewohner des nördlichen Hochlandes, die Amhara und die Tigre oder Tigray. Dies sind die beiden Hauptvertreter der *semitisch* sprechenden Schicht des Landes, deren Einwanderung aus Südarabien wohl hauptsächlich in dem Zeitraum vom 7. bis 4. vorchristlichen Jahrhundert erfolgte. Offenbar kam es in vielen Fällen zu einer Vermischung mit der altansässigen kuschitischen Bevölkerung, von der im Norden Äthiopiens nur wenige Gruppen ihre eigene Sprache bewahren konnten (s. u.).

Mit der im Verlauf der Geschichte stattfindenden Südwärtsverlagerung des politischen Kernraumes des seit dem 4. Jahrhundert christlichen Reiches haben die Amhara (Bild 19) weitgehend die Führungsrolle innerhalb des Staates übernommen. Ihre Sprache (Amharinya) ist heute die Staatssprache Äthiopiens, und zahlreiche Elemente ihrer Kultur, u. a. Kleidungs- und Ernährungsgewohnheiten, werden heute von den Völkern insbesondere Süd- und Südwestäthiopiens übernommen, nachdem auch in früheren Abschnitten der äthiopischen Geschichte immer wieder mannigfaltige Einflüsse von Norden nach Süden vorgedrungen sind [46]. Das geschlossene Siedlungsgebiet der Amhara umfaßt die Hochlandbezirke der Provinzen Begemdir-Simen und Gojam sowie große Teile von Welo und Shewa. Größere Gruppen amharischer Bevölkerung sind auch in den südlichen Landesteilen anzutreffen, und zwar einerseits in den Städten, wo sie vor allem Posten innerhalb der Verwaltung einnehmen, andererseits in bäuerlichen Kolonien, die zu einem großen Teil um die Jahrhundertwende durch Landschenkungen an verdiente Krieger entstanden sind.

Die *Tigre* leben als nördliche Nachbarn der Amhara in der gleichnamigen Provinz und im Hochland von Eritrea. Auch von ihnen sind viele aus den angestammten Siedlungsgebieten dauernd oder vorübergehend abgewandert, wobei neuerdings viele Tigre moderne handwerkliche Berufe (besonders im Bauhandwerk) ausüben und sich so gerade in den rasch wachsenden Städten als unentbehrlich erweisen. Die Sprache der Tigre, das *Tigrinya*, ist im wesentlichen auf die beiden nördlichsten Provinzen beschränkt und findet dort vom Hochland aus eine rasche Ausbreitung unter den verschiedenen Stämmen der angrenzenden Tieflandbezirke.

Gleichfalls zur semitischen Schicht zählt eine sehr viel kleinere, aber über ein ausgedehntes Gebiet, nämlich große Teile des eritreischen Tieflandes verteilte und aus mehreren Stämmen (u. a. Mensa, Marea, Habab) bestehende Bevölkerungsgruppe, deren Sprache das dem Tigrinya nahe verwandte *Tigre* (auch als Tiefland-Tigrinya bezeichnet) ist. Es handelt sich hier um heute muslimische Viehzüchter mit unterschiedlichen Formen der Viehhaltung, zu denen jedoch ein ausgeprägter Nomadismus nicht gehört.

Isoliert von den übrigen semitischen Gruppen leben südwestlich der Landeshauptstadt die etwa 500 000 Menschen zählenden *Gurage*. Viele von ihnen haben sich in den letzten Jahrzehnten auch außerhalb ihres Stammesgebietes niedergelassen, hauptsächlich als Händler und Arbeiter in den Städten. So findet sich namentlich in Adis Abeba eine große Gurage-Kolonie, deren Angehörige untereinander einen engen Zusammenhalt wahren. Die Gurage sind semitisierte Kuschiten (s. u.), sie gehören ihrer Wirtschaftsform nach zu den Hackbauern des Südens und sind unter ihnen durch ihre besonders sorgfältige und intensive Bodenbewirtschaftung weithin bekannt.

Als eine noch von einer größeren Gruppe benutzte Sprache ist zuletzt unter den semitischen das Harari zu nennen, dessen sich die meist muslimischen Bewohner der alten Handelsstadt Harer bedienen.

Die zweite Hauptgruppe unter den Völkern Äthiopiens bilden neben den Semiten die *Kuschiten*. Hier lassen sich nach der räumlichen Verteilung vier Untergruppen unterscheiden, nämlich Nord-, Zentral-, Ost- und Westkuschiten. Die bei weitem größte bilden die *Ostkuschiten*, zu denen vor allem die *Galla* (Sprache auch als Galinya bezeichnet) gehören (Bild 20 u. 24). Ihre Zahl wird auf 5—8 Millionen geschätzt. Aufgrund der Untersuchungen von Haberland [45] ist mit großer Wahrscheinlichkeit anzunehmen, daß die Galla bis zum Beginn des 16. Jahrhunderts ihre Wohnsitze in den Hochländern der heutigen Provinz Bale hatten. Von hier aus sind sie in Eroberungszügen weit nach Norden (Provinz Welo), Westen (Provinz Welega) und Süden (südliche Teile von Sidamo und angrenzende Gebiete in Kenia) vorgestoßen. Dort, wo sie in engen Kontakt mit den Amhara kamen, haben sie sich weitgehend deren Wirtschafts- und Lebensweise angeglichen, sind also seßhafte Bauern geworden, haben den Pflug und die verschiedenen Kulturpflanzen von jenen übernommen. Nur unter den Galla, die im Hochland der Somalitafel und deren Randgebieten, vor allem an der Südgrenze des Landes leben, gibt es heute noch stärkere Gruppen, die ausschließlich Viehzucht betreiben. Zu ihnen gehören namentlich die beiderseits der Grenze Äthiopien/Kenia lebenden Borena, außerdem Teile der Arusi und Guji. Von den östlichen Galla ist ein größerer Teil islamisiert, während die nördlichen und westlichen Gallagruppen überwiegend Christen sind.

Ostkuschiten sind auch die nomadisierenden *Somali*, die den südöstlichen Landesteil Äthiopiens, namentlich zur Provinz Harer gehörige Gebiete, bewohnen. Über ihre Zahl gibt es sehr unterschiedliche Angaben, die Schätzungen liegen zwischen 500 000 und 1 Million. Die nördlichen Nachbarn von ihnen sind die *Danakil* im Tiefland um den unteren Awash und im Küstenbereich des Roten Meeres. Ihre Sprache wird als *Afar* bezeichnet. Im Westen reicht der Lebensraum dieser Viehzüchtergruppe bis an den Rand des Hochlandes, im Norden grenzt er an das Gebiet der verwandten *Saho*, die in den Tiefländern von Osteritrea und Tigre anzutreffen sind.

Eine letzte Gruppe von Stämmen der ostkuschitischen Gruppe lebt in der südäthiopischen Seenregion. Bei ihnen handelt es sich um Feldbauern, die jedoch nicht nur in sprachlicher Hinsicht, sondern auch aufgrund einer Reihe weiterer kultureller Merkmale verwandtschaftliche Beziehungen mit den vorstehend genannten Viehzüchtergruppen aufweisen. Besonders zu nennen sind die *Sidamo* nordöstlich des Abaya-Sees, sicher einige hunderttausend Menschen zählend, ihre in dem recht feuchten Bergland südlich von Dila lebenden Nachbarn, die Darasa, die Hadiyya im Westen der Seen und die in großen Dörfern südlich des Shamo-Sees anzutreffenden Konso.

Als *Westkuschiten* bezeihnet man eine große Zahl von Feldbau treibenden Völkern und Stämmen im südwestlichen Teil des Hochlandes, bei denen es vor der amharischen Eroberung eine Reihe von kleineren Königreichen mit einer bemerkenswert hohen Entwicklung der materiellen und geistigen Kultur gegeben hat. Am bekanntesten dürfte wohl das Reich der Kaffa (Kefa) geworden sein, über das durch die Arbeit von F. J. Bieber [10] eine sehr ausführliche Darstellung vorliegt. Eine ähnliche Bedeutung hat auch das Königreich Welamo im Nordwesten des Abayasees gehabt, in dem eine besonders hohe Bevölkerungsverdichtung zustande gekommen ist (Bild 21). Etwa 600 000 Menschen sprechen heute die Welamo-Sprache, die damit zu den am stärksten verbreiteten Sprachen Südwestäthiopiens gehört. In den Bergländern der Provinz Gemu-Gofa leben sehr viele recht kleine Stämme, die wohl oft nicht mehr als ein paar tausend Angehörige haben. Zu ihnen gehören u. a. die als vorzügliche Weber weit über ihr Siedlungsgebiet hinaus bekannten Dorze, von denen es ähnlich wie von den Gurage auch eine größere Kolonie in der Landeshauptstadt gibt.

Eine eingehende Untersuchung der Kultur vieler westkuschitischer Gruppen steht noch aus, wenn auch wohl inzwischen wesentliche Fragen der Zuordnung geklärt werden konnten (vgl. dazu v. a. H. Straube [120].

Die zentrale Gruppe der Kuschiten umfaßt die in mehreren isolierten Siedlungsgebieten Nordäthiopiens anzutreffenden *Agau.* Sie werden, wie oben bereits angedeutet, als die ursprünglichen Bewohner dieses Hochlandteiles vor der semitischen Einwanderung angesehen und haben sich heute in ihrer Kultur weitgehend den Amhara bzw. Tigre angeglichen, zu denen auch keine auffallenden rassischen Unterschiede bestehen. Ihre Sprache befindet sich im Rückgang.

Zuletzt ist die *nordkuschitische* Gruppe zu erwähnen, zu der innerhalb Äthiopiens vor allem die Bedja sprechenden nomadischen Beni Amer im Nordwesten von Eritrea gehören.

Es bleibt nun noch eine Vielzahl von recht unterschiedlich großen ethnischen bzw. sprachlichen Gruppen übrig, die vornehmlich im Westen des Landes, und zwar innerhalb des Tieflandes, anzutreffen sind. Eine Zusammenfassung aller dieser Völker und Stämme zu einer dritten Hauptbevölkerungsgruppe Äthiopiens ist nur mit großen Vorbehalten möglich, weil allein über die sprachliche Zuordnung noch mancherlei Unklarheit herrscht. Die Sammelbezeichnung *„nilotische Stämme"*, wie sie vielfach benutzt wird [42], ist jedenfalls umstritten, doch können die hierbei vorhandenen Probleme an dieser Stelle nicht erörtert werden. Von Interesse mag lediglich die Tatsache sein, daß sich die meisten Angehörigen dieser Gruppe aufgrund ihrer körperlichen Merkmale, mit mehr oder weniger ausgeprägten negriden Zügen, deutlich von den Bewohnern Hoch- und Ostäthiopiens unterscheiden. Sie werden gewöhnlich von den Amhara als Shankala bezeichnet, und es wird dabei nicht gefragt, ob es sich etwa um einen *Kunama* aus dem Westen von Eritrea, um einen Angehörigen des *Gumuz*-Volkes aus Gojam (Bild 23) oder um einen solchen der *Anyuak*-Gruppe aus Welega — um einige der hierher gehörigen Namen zu nennen — handelt. Die Siedlungsräume der *Shankala* ziehen sich zum Teil vom Westabfall des Hochlandes bzw. von den westlichen Ebenen aus nach Osten in die großen, tief eingeschnittenen Flußtäler hinein, bleiben dabei aber stets in der Kolla, so daß in derartigen Fällen die klimatische Höhenstufung sehr eng mit einer vertikalen ethnischen Schichtung übereinstimmt.

Kurz erwähnt mögen abschließend noch die in Äthiopien lebenden *fremdvölkischen Gruppen* sein. Ihre Gesamtzahl ist gering, wenn auch nicht ohne Bedeutung für das Wirtschaftsleben des Landes. Neben ein paar tausend Europäern und Nordamerikanern, die zu einem großen Teil in Handelsvertretungen, als Berater oder auch als Ärzte und Lehrer tätig sind und von denen sich viele nur kurze Zeit im Lande aufhalten, bilden die stärkste Fremdgruppe Yemeniten (1967 = 26 200). Sie sind vorwiegend Händler, fast ausschließlich in den Städten anzutreffen, und zwar vor allem auch in vielen kleineren Provinzorten, wo ihr Laden eine wichtige Rolle bei der Verbreitung von Industrieerzeugnissen, namentlich von Importgütern spielt. Die zweitstärkste Gruppe bilden mit (1967) 16 600 Angehörigen die Italiener, deren berufliche Tätigkeit sehr viel stärker streut (Handel, Handwerk, Gaststättenwesen, Verkehr) — alle übrigen folgen ihrer Zahl nach erst in einem sehr weiten Abstand.

3. Medizinisch bedeutsame Merkmale der Bevölkerung Äthiopiens*

K. F. Schaller

a) Blutgruppenverteilung. Über die Verteilung der Blutgruppen A B 0 und des *Rhesusfaktors* liegen von Huber [188], 1954 und von Ghose [154], 1963, Untersuchungen aus Adis Abeba vor, deren Mittelwerte weitgehend mit den Ergebnissen einer Auswertung der Jahre 1963 bis 1969 von Brinkmann aus Bahir Dar übereinstimmen.

Blutgruppe	Adis Abeba		Bahir Dar	
	Anzahl	%	Anzahl	%
0	1902	40.8	790	39.4
A	1403	30.2	622	31.0
B	1183	25.3	492	24.5
AB	173	3.7	102	5.1
Rh+	2773	87.7	1666	83.1
Rh—	388	12.3	340	16.6

Diese für das zentrale äthiopische Hochland typischen Verteilungswerte sind mit anderen Befunden aus Westafrika und mit deutschen Standardzahlen verglichen worden [188]:

Blutgruppe	Äthiopien	Kongo	Deutschland
0	40.8	54.4	40
A	30.2	24.3	44
B	25.3	20.2	13
AB	3.7	1.1	3
Rh+	87.7	96.4	85
Rh—	12.3	3.6	15

Die in Adis Abeba in den Jahren von 1956 bis 1965 durchgeführten *Coombs-Tests* ergaben bei 91 Äthiopierinnen und bei 160 Europäerinnen je 6 positive Fälle, in

* Literatur siehe Teil B und C.

Prozenten 6,6 bzw. 3,75. Demnach scheint die Äthiopierin, im Gegensatz zur Bantu-Frau, einen höheren Grad von Rhesusimmunität gegenüber der Europäerin zu besitzen [188].

b) Blutdruckwerte. Von der Klinik ist seit langem bekannt, daß die äthiopischen Patienten überwiegend niedrige Blutdruckwerte aufweisen. Im Nutrition Survey, 1958 [273], wurde festgestellt, daß der etwas reduzierte Ernährungszustand der Bevölkerung mit Blutdruckwerten einhergeht, die bei 15jährigen 99/58 mm betragen und bei Erwachsenen von 25 Jahren und älter auf 117/72 mm ansteigen. Die entsprechenden Werte für Frauen liegen etwas niedriger. Blutdruckwerte über 140/90 bei der Gruppe der Männer zwischen 25 und 44 Jahren hatte nur 1% der Probanden, bei den über 45jährigen betrug der Prozentsatz 2,5. Bei den Frauen betrugen die entsprechenden Werte 1,2 und 2,1%. Keine der schwangeren oder stillenden Frauen hatte einen Hochdruck.

Zu ähnlichen Ergebnissen kam Diesfeld [115], 1966, in seiner Studie über den Blutdruck bei äthiopischen Hochlandbewohnern. Es wurden der diastolische und systolische Blutdruck bei 344 kreislaufgesunden Männern und 110 Frauen im Alter zwischen 16 und 70 Jahren aufgezeichnet. In allen Altersstufen wurden niedrigere Werte, als sie in Europa oder Amerika angetroffen werden, ermittelt. Die äthiopischen Patienten waren zu 85% Astheniker, zu 9% Athleten und zu 6% Pykniker. Körpergröße und Gewicht lagen mit 168 cm und 55 kg für die Männer und 165 cm und 52 kg für die Frauen unter europäischen Durchschnittswerten.

c) Hämoglobinwerte. Die Hämoglobinwerte der äthiopischen Bevölkerung sind naturgemäß größeren Schwankungen unterworfen. Höhenlage, Infektionskrankheiten und Ernährung sind hierfür entscheidende Faktoren. Systematische Untersuchungen über die Hämoglobinwerte der einzelnen Stämme, Altersgruppen und Geschlechter liegen nur in geringem Umfange vor. Jäger [196] untersuchte Schulmädchen in Gonder, Huber und Boldt [188] verglichen ihre Befunde mit den in der Provinz Begemdir gefundenen Werten von Äthiopierinnen in Sahli-Prozent.

Hämoglobin in Sahli %	Gonder Jäger	Adis Abeba Boldt	Huber
Bis 50	0.2	1.0	4.6
60	4.6	2.1	3.6
70	24.8	3.4	24.2
80	33.9	17.7	49.2
90	21.0	46.4	16.8
100	14.4	27.8	1.2
über 100	1.1	1.6	0.0

Leichte und mittelschwere *Anämien* sind relativ häufig, auffallend ist die Diskrepanz bei den Angaben von Huber und Boldt [188] für Adis Abeba.

In dem im Jahre 1958 durchgeführten Nutrition Survey [273] konnte die Abhängigkeit der Hämoglobinkonzentration von der Höhenlage gezeigt werden. Bei Höhen um 1000 m betrug die mittlere Hämoglobinkonzentration je 100 ml 12,8 g-%, bei 1800 m 14,1 g-% und bei über 2000 m 14,2 g-%. Der niedrigste Wert mit 11,7 g-% wurde in Gambela erhoben, das um 600 m liegt und einen besonders hohen Parasitenbefall der Bevölkerung aufweist.

Bei Männern betrug die mittlere Hämoglobinkonzentration 14,4 g-%, bei Frauen 13,2 g-%. Bei Personen unter 15 Jahren waren die Werte mit 13,7 g-% für beide Geschlechter gleich. Frauen im Alter zwischen 25 und 44 Jahren hatten mit 12,6g-% die niedrigste Hämoglobinkonzentration.

d) Serumwerte. Serum-Proteine: Mittels der Papierelektrophorese untersuchten Weithaler und Maruna Seren von 43 gesunden Probanden im Alter von 17 bis zu 24 Jahren und stellten deutlich höhere *Gammaglobulinwerte* bei gleichzeitiger Verminderung der *Albuminfraktion* im Vergleich zu Westeuropäern fest [399, 413]:

	Äthiopien	Europa
Gesamt-Eiweiß g %	7.6 ± 0.2	7.2 ± 0.4
Albumin rel. %	48.1 ± 1.9	54.6 ± 4.0
$alpha_1$-Globulin rel. %	5.1 ± 0.5	5.2 ± 1.1
$alpha_2$-Globulin rel. %	9.9 ± 0.7	8.9 ± 1.3
beta-Globulin rel. %	11.2 ± 0.6	11.7 ± 1.5
gamma-Globulin rel. %	25.9 ± 3.0	19.6 ± 2.1

Bei Brustkindern fanden 1960 Woodruff und Hoerman [402] 11,86 rel.-% Gammaglobulin, während künstlich ernährte Säuglinge einen Durchschnittswert von 15,79 rel.-% aufwiesen. Bei Schulkindern betrug der Gammaglobulinanteil 23,68 rel. %.

Zahlreiche Berichte sind über die höheren *Serumglobulinspiegel* bei Afrikanern im Vergleich zu Europäern erschienen. Sie werden auf die größere Exposition der Afrikaner Infekten verschiedenster Genese gegenüber zurückgeführt. Bei äthiopischen Kindern im Vorschulalter wurden 1968 von Johansson, Melbin und Vahlquist [200] erstmalig die Immunglobuline bestimmt. Die Spiegel von IgG und IgD waren signifikant höher als bei den zum Vergleich herangezogenen schwedischen Kindern gleichen Alters, bei IgD um das 5—6fache. Die mittleren Werte der äthiopischen IgG-Spiegel lagen zwischen 1422 und 1684 mg/100 ml. Bei IgA und IgM bestanden nur geringe Differenzen bei Werten von 70,6—87,3 mg/100 ml bzw. 74,5 und 86,0 mg/100 ml der äthiopischen Kinder. Bei IgD hatten 63% der Kinder Spiegel von mehr als 8 mg/100 ml gegenüber 2% der schwedischen Befunde.

Bei IgE war der Unterschied zu den schwedischen Kindern noch größer. Hier übertrafen die äthiopischen Befunde die schwedischen um das 16—25fache bei mittleren Werten von 2480 bis 3150 ng/ml. Bei Kindern mit nachgewiesenem Askarisbefall war der Spiegel mit 4400 ng/ml als mittlerem Wert 28mal höher. Diese Befunde stützen die Annahme, daß Infektionen die Produktion von IgE beeinflussen. Unterschiede zwischen den Geschlechtern bestanden nicht.

Serum-Cholesterin: *Serumcholesterinbestimmungen* anläßlich des Nutrition Survey 1958 [273] lagen bei Kindern unter 10 Jahren bei 113 mg-%. Mit zunehmendem Alter wird ein Ansteigen des Cholesterins im Serum beobachtet und in der Altersgruppe 40—50 Jahren 140 mg-% im Durchschnitt erreicht. Die niedrigen Cholesterinkonzentrationen wurden bei beiden Geschlechtern in gleicher Weise festgestellt, nur Schwangere wiesen höhere Werte auf, die im Mittel bei 174 mg-% lagen.

V. Wirtschaftliche Verhältnisse und Siedlungswesen

Im vorangehenden Abschnitt wurde bereits darauf hingewiesen, daß die wichtigste Lebensgrundlage der Bevölkerung Äthiopiens nach wie vor die Landwirtschaft bildet. Alle übrigen Wirtschaftszweige treten ihr gegenüber zumindest hinsichtlich der Zahl der darin Tätigen weit zurück und sind in ihrer räumlichen Verteilung zumeist auf die städtischen Siedlungen beschränkt, in denen u. a. auch die bescheidenen Ansätze der Industrie zu finden sind.

Es ist naheliegend, beim Überblick über die Wirtschaftsverhältnisse des Landes mit den immer noch weit verbreiteten traditionellen Formen von Bodenbewirtschaftung und Viehhaltung zu beginnen, bei denen, den Bedingungen der Landesnatur und der großen Zahl ethnisch verschiedener Bevölkerungsgruppen entsprechend, eine vielfältige Differenzierung festzustellen ist. Stark vergröbert läßt sich eine räumliche Dreigliederung in Gebiete des Pflugbaus, solche des Hackbaus und in Gebiete der reinen oder doch überwiegenden Viehhaltung vornehmen. Eine scharfe Abgrenzung dieser Gebiete ist indessen nicht möglich, weil die verschiedenen Wirtschafts- und Lebensformen und die mit ihnen verbundenen charakteristischen Siedlungsformen heute auch auf engem Raum nebeneinander anzutreffen sind oder sogar — was die Wirtschaftsformen betrifft — miteinander innerhalb einzelner Betriebe verknüpft sein können.

1. Die Pflugbaugebiete

Der Kernraum des äthiopischen Pflugbaus ist der Norden des Landes, d. h. der von Amhara und Tigre bewohnte Hochlandbereich, in dem bei sehr unterschiedlichen Besitzverhältnissen ganz überwiegend kleinbäuerliche Betriebe mit einer äußerst bescheidenen Landausstattung anzutreffen sind. Im Vordergrund steht hier der Anbau von Getreide, Hülsenfrüchten und Ölsaaten, hauptsächlich für die eigene Ernährung, wobei sich die Auswahl der Kulturpflanzen im einzelnen nach den Boden- und Klimabedingungen richtet.

Das besonders hoch bewertete Getreide ist der am besten in der Woina Dega gedeihende Teff (Bild 27), eine nur wenige dm hoch werdende, äußerst kleinsamige Grasart (auf ein g entfallen 2500—3000 Körner), die außerhalb Äthiopiens offenbar nur noch in Südarabien in bescheidenem Umfange zu Nahrungszwecken angebaut wird. Aus dem Teff-Mehl wird ebenso wie aus dem Mehl anderer Getreidesorten ein poröser, dünner Fladen (Injera) als wichtigste Grundnahrung hergestellt, die sich nach wie vor größter Beliebtheit erfreut und nur in größeren Städten teilweise von Weizenbrot verdrängt worden ist. Unter den bestehenden Anbaubedingungen sind die Flächenerträge beim Teff-Anbau offenbar nicht wesentlich verschieden von den in Äthiopien erzielten Weizenerträgen, sie können unter günstigen Voraussetzungen 10 dz/ha betragen, bleiben normalerweise jedoch darunter. Besondere Vorzüge des Teffanbaus sind darin zu sehen, daß es wenig Verlust beim Mahlen gibt und die Vorratshaltung leichter als bei anderen Getreidearten ist. Die Obergrenze des möglichen Teffanbaus liegt bei etwa 2600 m, in den höheren Zonen des Berglandes nehmen Weizen und zuletzt vor allem Gerste einen jeweils großen Teil der Anbaufläche ein. Während Hafer nur eine sehr untergeordnete Rolle spielt und Roggen gar nicht angebaut wird, haben in den wärmeren Teilen des Hochlandes gebietsweise noch verschiedene Hirsearten eine Bedeutung, unter ihnen vor allem die hauptsächlich zur Bierherstellung verwendete Fingerhirse *(Eleusine coracana)*.

Unter den *Hülsenfrüchten*, die gleichfalls feldmäßig kultiviert werden, sind Erbsen, Kichererbsen, Linsen und Pferdebohnen zu nennen und unter den verschiedenen Ölsaaten vor allem Nug *(Guizotia abyssinica)* und Lein. Damit sind auch die wichtigsten pflanzlichen Nahrungsmittel der Bewohner des nordäthiopischen Pflugbaugebietes aufgeführt. Ein Anbau von Knollengewächsen erfolgt nicht oder nur ausnahmsweise (Coleusanbau bei Agau-Gruppen, neuerdings Kartoffelanbau z. B. nahe der oberen Anbaugrenze in Gojam und in der Umgebung größerer Städte), obwohl die Bedingungen dafür besonders in den höheren Teilen des Berglandes als ausgesprochen günstig anzusehen sind. Auch die Erzeugung von Obst und Gemüse spielt in den ländlichen Gebieten im allgemeinen eine äußerst bescheidene Rolle. Nur vereinzelt gibt es hier über den Anbau im Hausgarten hinaus eine gewisse Spezialisierung, indem unter entsprechenden Voraussetzungen meist mit künstlicher Bewässerung größere Feldstücke mit Gewürzpaprika oder Zwiebeln bepflanzt werden, die beide in der äthiopischen Kost eine wichtige Rolle spielen. Als einzige noch häufig im hohen Bergland anzutreffende Gemüsepflanze ist Stammkohl *(Brassica carinata, B. nigra)* zu nennen, während unter den Früchten Pfirsiche und Zitronen zu erwähnen sind. Die Erzeugung bleibt jedoch in einem so bescheidenen Rahmen, daß die Produkte auf den Landesmärkten bereits eine Rarität darstellen, ähnlich wie die vereinzelt in der Kolla erzeugten Bananen.

Der Anbau auf dem Ackerland erfolgt überwiegend in Form einer düngerlosen Felderwirtschaft, bei der die Vorbereitung der Felder für die Aussaat durch mehrfaches Pflügen mit dem Haken (Bild 26) einen besonders hohen Arbeitsaufwand erfordert. Dies ist ausschließlich Sache der Männer. Zum Jäten (besonders wichtig beim Teff) und zur Ernte, die sich der Aussaat entsprechend über einen längeren Zeitraum erstreckt und mit der Sichel erfolgt, werden auch Frauen und Kinder herangezogen.

Obwohl der einzelne Bauer nur eine Fläche von wenigen ha bewirtschaftet, nehmen die erforderlichen Feldarbeiten und das Dreschen einen großen Teil seiner Zeit in Anspruch, die durch eine Vielzahl von kirchlichen Feiertagen eingeschränkt ist und natürlich nicht allein für die Bodenbewirtschaftung zur Verfügung steht, sondern auch für Marktbesuche, die Teilnahme an Beratungen, Gerichtsverhandlungen usw. benötigt wird.

Überall ist der Anbau mit einer beträchtlichen *Viehhaltung*, und zwar hauptsächlich Rinderhaltung verknüpft. Diese ist allein deshalb erforderlich, weil man die unentbehrlichen Zugochsen heranziehen muß, und bedeutet selbstverständlich eine — allerdings kaum rationell ausgenutzte — Verbesserungsmöglichkeit der Ernährungsgrundlagen. Sie wird aber oft über den betriebswirtschaftlich zu begründenden und zu vertretenden Bedarf hinaus ausgedehnt, weil der Viehbesitz nicht nur bei den Hirtenvölkern, sondern auch bei den äthiopischen Pflugbauern einen hohen Rang in der sozialen Wertordnung einnimmt. Auf diese Weise sind die vorhandenen Weiden in der Regel überstockt (einen Futteranbau gibt es praktisch nicht), die wenigen noch übrig gebliebenen Gehölze degradiert und der Boden an vielen Stellen der Zerstörung preisgegeben. Daß unter den gegebenen Voraussetzungen die Leistungsfähigkeit des Viehs äußerst bescheiden ist, wird so ohne weiteres verständlich.

Es kann nicht übersehen werden, daß ein beträchtlicher Teil des nordäthiopischen Pflugbaugebietes die unter den gegebenen Voraussetzungen bestehende Grenze der Tragfähigkeit erreicht oder bereits überschritten hat, und daß daher Maßnahmen zur Verbesserung der traditionellen Wirtschaft bei der rasch anwachsenden Bevölkerung unerläßlich sind. Welche Schwierigkeiten sich jedoch hier entgegenstellen, kann aus dem Vorstehenden wenigstens andeutungsweise entnommen werden.

In der überkommenen *Siedlungsweise* von Amhara und Tigre sowie den zwischen ihnen lebenden Agaugruppen gibt es einige bedeutsame Unterschiede insofern, als vor allem die nördlichen Landesteile (Eritrea und Tigre) größere Dorfsiedlungen aufzuweisen haben, während im Süden vielfach die lockere Gehöftgruppe — oft handelt es sich um Weiler — vorherrscht oder auch der Einzelhof anzutreffen ist [54, 119] (Bild 28, 29). Außerdem gibt es eine Reihe verschiedener Gebäudetypen, unter denen als besonders bemerkenswert die Rechteckbauten und zweigeschossige Häuser in Tigre sowie die im Amhara-Gebiet am weitesten verbreiteten Rundhütten (tukul) zu erwähnen sind. Das Beispiel für die Raumeinteilung einer Rundhütte gibt Abb. 18. In diesem Falle handelt es sich um ein Gebäude mit Außenwand aus Pfählen und Flechtwerk; sehr häufig sind jedoch auch Steinbauten anzutreffen, die neben einer größeren Dauerhaftigkeit noch den Vorteil eines besseren Witterungsschutzes aufzuweisen haben. Im übrigen wird die traditionelle Hausbauweise heute auch in den ländlichen Bezirken mehr oder weniger rasch durch die in städtischen Siedlungen übliche Bauweise (s. u.) zurückgedrängt.

Die geschilderte Form der Bodenbewirtschaftung und Viehhaltung ist heute weit über das nordäthiopische Hochland hinaus verbreitet, und zwar vor allem im Westen des Landes in der Provinz Welega sowie im nordwestlichen Hochland der Somalitafel. In beiden Fällen sind Galla die Hauptträger des Getreidepflugbaus, der sich in jüngerer Zeit auch recht stark in der Seenregion nach Süden ausgebreitet hat, hier vornehmlich in Gebieten, die bis dahin als Weideland gedient haben.

2. Die Hackbaugebiete

Eine Zusammenfassung aller Gebiete, in denen bei der Bodenbewirtschaftung die Verwendung der Hacke oder auch des Grabstockes im Vordergrund steht, stößt auf größere Schwierigkeiten als beim Pflugbau, gibt es doch hier sehr bedeutsame Unterschiede in der Intensität des Anbaus und in der Zusammensetzung der jeweils vorherrschenden Kulturpflanzen. Für einen sehr großen Teil der Bewohner Südäthiopiens — nach Schätzungen von S. Stanley [118] für mehr als 5 Mill. Menschen — bildet die Kultivierung der Ensete die entscheidende Lebensgrundlage, während bei anderen, im Tiefland oder in tieferen Zonen des Berglandes lebenden Gruppen der in sehr unterschiedlicher Form betriebene Hirseanbau im Vordergrund steht.

Die *Ensete* gehört zur Familie der Musaceen. Im Gegensatz zu anderen Bananenarten lassen sich jedoch von ihr nicht die Früchte zu Nahrungszwecken verwerten, sondern es werden der sehr kräftige, etwa 2 m hohe Scheinstamm und die Knolle benutzt, um daraus mit verschiedenen Aufbereitungsverfahren ein Grundnahrungsmittel herzustellen, das praktisch bei keiner Hauptmahlzeit fehlt (Bild 32). Weit verbreitet ist die Einschaltung eines Gärverfahrens vor dem Gebrauch. Zu diesem Zweck wird das von Fasern befreite, hauptsächlich stärkehaltige Gewebe in mit Blättern ausgekleidete Erdgruben gebracht und kann so mindestens mehrere Monate aufgehoben werden. Der große Vorteil bei der Verwendung der Ensete besteht darin, daß man mit einer sehr kleinen Anbaufläche auskommen kann, denn schon wenige Stauden genügen, um den Jahresbedarf eines Menschen an dieser Grundnahrung sicherzustellen. Der für die Kultur erforderliche Arbeitsaufwand ist verhältnismäßig gering, und mit Hilfe der Aufbereitungsverfahren läßt sich eine langfristige Vorratswirtschaft durchführen, womit die Bevölkerung vor Nahrungsklemmen, wie sie infolge von Dürren oder Heuschreckenbefall immer wieder beim Getreideanbau auftreten, bewahrt wird. Allerdings ist auch die Ensete nicht frei von Schädlingsbefall, offenbar handelt es sich vor allem um Pilzkrankheiten, die u. U. ganze Bestände vernichten können. Bisher liegen darüber jedoch kaum Untersuchungen vor. Der Ensete ist als Anbaugewächs entschieden zu wenig Aufmerksamkeit geschenkt worden, obwohl es kaum denkbar ist, sie in absehbarer Zeit durch ein anderes Nahrungsgewächs zu ersetzen, das eine ähnlich hohe Bevölkerungsverdichtung auf rein agrarischer Grundlage erlauben würde, wie sie für die Mehrzahl der heutigen Produktionsgebiete charakteristisch ist [74].

Die günstigsten Bedingungen für die Kultur der Ensete finden sich in Höhen zwischen rund 1800 und 2600 m. Der tatsächliche Anbau reicht jedoch bis etwa 3000 m hinauf und wird hier durch häufigeres Auftreten von Frösten unmöglich gemacht, während in der Kolla Feuchtigkeitsmangel und zu große Wärme bei etwa 1600 m die Grenze für einen lohnenden Anbau setzen. In allen typischen Fällen findet sich die mit Kuhmist und Asche gedüngte Ensetepflanzung in unmittelbarer Nachbarschaft der in Enseteanbaugebieten einzeln stehenden Hütten (Streusiedlungsgebiet). Erst in einem äußeren, wenn natürlich auch nicht weit von den Wohnplätzen entfernten Anbaukreis gibt es Feldstücke mit Getreide, Hülsenfrüchten und verschiedenen Knollengewächsen wie Yams, Taro, Bataten und Coleus (vgl. Abb. 17). Mischanbau ist dabei häufig anzutreffen.

Auf die zwischen einzelnen Anbaugebieten allein in der Kombination von Ensete mit anderen Kulturpflanzen auftretenden Unterschiede kann hier nicht eingegangen werden. Sie sind recht beträchtlich auch innerhalb des Siedlungsgebietes eines einzelnen Stammes, wenn sich dieses über mehrere Höhenzonen erstreckt. Der Austausch der Produkte erfolgt über ein dichtes Netz von Lebensmittelmärkten, auf denen auch Ensetenahrung gehandelt wird, obwohl jede Familie selbst an der Erzeugung beteiligt ist. Unterschiede der Sorten und Unterschiede der Zubereitung spielen jedoch bei der Bewertung der Nahrung eine große Rolle.

Die Mehrzahl der Ensetebauern verbindet die Bodenkultur gleichfalls mit einer starken Rindviehhaltung. Sie hat hier im Gegensatz zu den Verhältnissen im Pflugbaugebiet Nordäthiopiens auch eine gewisse Bedeutung für den Feldbau durch die Verwendung des Düngers, den man von den nachtsüber in den Wohnhütten untergebrachten Tieren gewinnt. Auch der Gülleabfluß wird in die Pflanzung geleitet. Diese bleibt viele Jahre lang an der gleichen Stelle, es werden in ihr also mehrere Ensetegenerationen mit einer durchschnittlichen Entwicklungsdauer von 3—5 Jahren herangezogen. Nach längerer Zeit erfolgt dann zusammen mit einem Neubau des Hauses die Verlegung der Pflanzung in eine andere Ecke des Grundstücks.

Ein Teil des von den Ensetebauern gehaltenen Viehs wird in größeren Herden zusammengefaßt und jahreszeitlich wechselnd in weiter entfernt gelegene Weidedistrikte des Hoch- bzw. Tieflandes getrieben, in einigen Fällen ist es dabei zur Ausbildung einer regulären Almwirtschaft gekommen (Sidamo), durch die die jenseits der oberen Enseteanbaugrenze gelegenen, nicht von Dauersiedlungen eingenommenen Räume genutzt werden.

Eine sehr bemerkenswerte weitere Gruppe unter den Hackbauern bilden einige am Rande des Hochlandes lebende Stämme, zu denen in Südäthiopien die recht gut bekannten Konso [47, 72, 93], im Westen Eritreas die Baria und Kunama zählen bzw. zählten (bei den letzteren ist seit längerer Zeit auch der Pflug gebräuchlich). Hier trifft man auf einen sehr intensiv betriebenen *Hirseanbau* (Hirse als Leitkultur), der zumindest in der Nähe großer, dicht bebauter Dörfer als Dauerfeldbau auf gedüngten und z.T. auch bewässerten Terrassen durchgeführt wird. Im Gegensatz zu den Ensetebauern, die zwar das Prinzip der Nachbarschaftshilfe kennen, dies jedoch in der Landwirtschaft kaum anwenden, d.h. anzuwenden brauchen, spielt bei den Hirsebauern die Gemeinschaftsarbeit auf den Feldern, insbesondere bei der Instandhaltung der kunstvoll angelegten Terrassen, eine wichtige Rolle, und es gibt in den Dörfern selbst eine ganze Reihe von Einrichtungen wie Versammlungsplätze und Männerhäuser, die der Regelung des Lebens in einer Gemeinschaft dienen, in welcher man besonders eng aufeinander angewiesen ist.

Innerhalb der Dörfer des Konsovolkes, die vielfach über 1000 Menschen zählen und von Mauern umgeben sind, leben die einzelnen Familien in einem aus mehreren Gebäuden bestehenden Gehöft, zu dem neben Wohn-, Koch- und Schlafhütten auch Ställe gehören; wird doch ein Teil des Viehs nicht zuletzt zur Düngergewinnung ganzjährig im Dorf gehalten, während der andere, von jüngeren Mitgliedern der Familie bewacht, in den mehrere Kilometer weit entfernt liegenden Außenbezirken der Gemarkung weidet.

Zur Siedlungslage der Dörfer ist noch zu bemerken, daß sie bevorzugt Bergrücken und isolierte Einzelberge einnehmen und nicht über eigene Brunnen verfügen. Um das für Menschen und Tiere notwendige Wasser aus Quellen und Brunnen zu beschaffen, müssen die Frauen oft Wege von mehr als einem Kilometer mit beträchtlichen Höhenunterschieden zurücklegen. In den Außenbezirken der Gemarkung sind, ähnlich wie in einigen anderen Teilen des Landes, kleine Speicherbecken angelegt worden, die wenigstens in der Regel die ganzjährige Wasserversorgung sicherstellen [47, 72].

Sehr verschieden von den Verhältnissen bei den eben genannten Gruppen ist die Wirtschaftsform einiger am Westrand des Hochlandes lebenden Völker. Hier stößt man heute noch auf Landwechselwirtschaft oder Wanderfeldbau (Shifting cultivation), indem die durch Brandrodung gereinigten Feldstücke jeweils nur kurze Zeit genutzt werden und mit einer Verlegung der Felder z.T. auch eine Verlegung der Siedlungen erfolgt (Gumuz). Auch in diesen Fällen bildet Hirse (Sorghum) das Hauptanbaugewächs, zu dem eine größere Zahl von Begleitpflanzen wie Sesam, Bohnen, Baumwolle oder auch Ingwer (wichtiges Handelsprodukt) treten. Die Siedlungen bestehen nur aus wenigen Wohnhütten, in deren Nähe auch besondere Ställe für Kleinvieh (Ziegen) und Speicher errichtet sind.

3. Die Gebiete vorherrschender Viehzucht

Ihre Verbreitung ist in engem Zusammenhang mit der Verbreitung der in Äthiopien lebenden Hirtenvölker zu sehen. Dabei ist hervorzuheben, daß sich deren Siedlungsgebiete (s. Abschnitt IV) keineswegs ausschließlich auf jene Teile des Landes beschränken, in denen Voraussetzungen für den Feldbau fehlen oder zumindest schwierig sind. Wohl aber sind Teile der Hirten dort, wo besonders günstige Anbaubedingungen vorliegen oder — ein gewöhnlich sehr viel wichtigerer Grund — wo die Weidemöglichkeiten durch Verlust bzw. Einengung des ursprünglich dem Stamm gehörigen Weidelandes wesentlich eingeschränkt wurden, in jüngerer Zeit zum Feldbau übergegangen, dies meist nach dem Vorbild des amharischen Pflugbaus. Über die verschiedenen Formen der heute noch anzutreffenden reinen Weidewirtschaft lassen sich hier keine näheren Angaben machen, da dies eine sehr differenzierte Beschreibung einzelner Regionen erfordern würde. Während es früher vor der pax amharica immer wieder zu kriegerischen Auseinandersetzungen zwischen Hirten und Feldbauern kam, bei denen auch die Grenzen der Lebens- und Wirtschaftsräume meist zuungunsten der Feldbauern verschoben wurden, liegen die heute den Hirten zur Verfügung stehenden Weidedistrikte fest und werden zusehends eingeengt, wenigstens dort, wo man den Raum für andere, einträglicher erscheinende Wirtschaftsformen zu benötigen glaubt. Das trifft etwa für den größten Teil der südäthiopischen Grabenzone zu, in der heute an die Stelle ehemals extensiv genutzten Weidelandes von Arusi und anderen Galla-Gruppen nicht nur Getreidefelder von Bauern getreten sind, sondern auch Pflanzungen von Großbetrieben (Sisal) (Bild 39) oder moderne Viehfarmen mit eingezäunten Umtriebsweiden. Noch vor wenigen Jahrzehnten haben die Galla diese Gebiete bei ihren regelmäßigen, jahreszeitlich gebundenen Herdewanderungen aufgesucht und oft nur für die Dauer des jeweiligen Aufenthaltes Hütten und Viehzäune errichtet, die heute durch bäuerliche Einzelgehöfte und zahlreiche Straßendörfer bzw. städtische Siedlungen ersetzt sind.

Zu den heute noch vornehmlich in der traditionellen Weidewirtschaft genutzten Landesteilen gehören vor allem das Danakiltiefland, das Tiefland von Eritrea sowie der Osten und Süden der Somalitafel. Als Formen der Viehhaltung finden sich hier Nomadismus, Transhumanz und stationäre Weidewirtschaft mit zahlreichen Modifikationen und Zwischenformen, die eine Klassifizierung erschweren. Dementsprechend verschieden ist auch die Siedlungsart, die von der kurzfristig benutzten Schutzhütte oder dem Zelt bis zum dauerhaften Wohngebäude reicht, das einzeln oder auch innerhalb eines größeren Dorfverbandes (Borana) stehen kann. Ein Beispiel für die Innenausstattung eines Galla-Hauses mag mit Abb. 19 gegeben sein.

4. Landwirtschaftliche Exportkulturen und die Ansätze moderner Entwicklung auf dem Agrarsektor

Den Umfang der aus den zahlreichen Kleinbetrieben stammenden landwirtschaftlichen Produktion für den Markt zu bestimmen, dürfte eine zur Zeit nicht lösbare Aufgabe sein. Es ist indessen sicher, daß der größte Teil der in den einzelnen Betrieben erzeugten pflanzlichen und tierischen Nahrungsmittel für die Ernährung der bäuerlichen Familien selbst benötigt wird und der für einen Verkauf verfügbare Anteil in der Regel mengen- und wertmäßig recht bescheiden ist. Trotzdem stammen einige für die Gesamtwirtschaft des Landes, insbesondere für den Außenhandel entscheidend wichtige Güter überwiegend aus kleinbäuerlichen Wirtschaften mit ihrer in den vorangehenden Abschnitten geschilderten traditionellen Produktionsweise. An erster Stelle ist hier der *Kaffee* als das für die Außenhandelsbilanz seit Jahrzehnten weitaus wichtigste Erzeugnis Äthiopiens zu nennen (Bild 37).

Die Haupterzeugungsgebiete des Kaffees liegen im feuchten Süden und Südwesten des Landes mit Schwerpunkten in den Provinzen Kefa, Welega, Ilubabor und Sidamo [106]. Dazu kommt ein weiteres bedeutendes Produktionsgebiet in der Umgebung von Harer sowie westlich davon im Chercher-Gebirge. Vereinzelt gibt es auch in den nördlichen Provinzen, namentlich in Gojam, Kaffeeanbau, doch spielt dieser im Rahmen der Gesamtproduktion des Landes keine nennenswerte Rolle. Obwohl Äthiopien bereits seit langer Zeit wegen des im Lande vorkommenden Kaffees bekannt ist — welche Bedeutung dabei die sog. Wildkaffeebestände haben, ist umstritten —, haben doch erst die letzten Jahrzehnte eine starke Ausweitung und zugleich auch Verbesserung der Produktion gebracht (Exportwert 1968 = 61,2 Mill. US-$ bei einem Gesamtwert der Ausfuhr von 106,4 Mill. US-$).

Es sind vor allem die verkehrsgünstig gelegenen Gebiete, in denen die Bevölkerung heute am „Kaffeegeschäft" teilnehmen kann, damit zu Geld kommt und dies etwa für den Hausbau oder für die Beschaffung von industriellen Erzeugnissen verwenden kann. Vielfach läßt sich im Rahmen der kleinen Betriebsflächen eine Zurückdrängung anderer Kulturen, namentlich der Ensete, zugunsten des Kaffees beobachten, eine Entwicklung, die im Interesse einer ausreichenden Sicherstellung der Nahrungsgrundlagen für die Bevölkerung unter den gegebenen wirtschaftlichen Verhältnissen nicht überall unbedenklich erscheint. Die sich über mehrere Wochen erstreckende Erntezeit zieht vielfach eine größere Zahl von Wanderarbeitern, Handwerkern und Händlern in die Anbaugebiete, was, abgesehen von der damit verbundenen raschen Ausbreitung von Informationen und Neuerungen, auch vom medizinischen Standpunkt für die betroffenen Gebiete bedeutsam sein dürfte.

Von anderen landwirtschaftlichen Erzeugnissen haben — wertmäßig in weitem Abstand vom Kaffee — für den Export noch einige Bedeutung: Hülsenfrüchte, Sesamsamen, Häute und Felle sowie in geringem Umfange auch Fleisch (Wert der Fleischexporte 1968 = 2,2 Mill. US-$). Auch diese Erzeugung stammt weitgehend aus der traditionellen Bodenbewirtschaftung und Viehhaltung.

Im Rahmen der Bemühungen um eine Verbesserung und Ausweitung der landwirtschaftlichen Produktion sind in jüngerer Zeit einige Fortschritte erzielt worden, die sich vor allem auf den Binnenmarkt auswirken. Es können hier natürlich nicht alle jene zahlreichen Projekte angeführt werden, mit deren Hilfe nicht nur eine Steigerung der Flächenerträge und eine Intensivierung der Viehhaltung erstrebt wird, sondern vor allem eine allgemeine Besserung der Lebensverhältnisse der ländlichen Bevölkerung erreicht werden soll (als Beispiel wäre etwa das mit schwedischer Hilfe im Arusi-Hochland erfolgreich in Angriff genommene Chilalo-Projekt zu nennen — s. D. Karsten [67]). Besonders hinzuweisen ist jedoch auf einige große, über den regionalen Rahmen hinaus bedeutsame Unternehmen. Hierzu gehört der Aufbau von Zuckerplantagen am Awash südwestlich von Nazret (Bild 38), die Erschließung von Bewässerungsgebieten vornehmlich zur Baumwollerzeugung in den unteren Talabschnitten des Awash, die Einrichtung von großen Viehfarmen, der Aufbau von landwirtschaftlichen Versuchsstationen u. a. m. Seit etwa 1963 deckt z. B. der im Lande erzeugte Zucker den ständig steigenden Eigenbedarf Äthiopiens, und auch die eigene Baumwollproduktion hat zu einer Entlastung der seit langem negativen Außenhandelsbilanz geführt.

5. Ernährung (K. F. Schaller) *

Die anläßlich der Nutrition Survey 1958 an fast 6200 Personen aller Altersklassen in 52 Orten durchgeführten Erhebungen brachten wertvolle Erkenntnisse über die Ernährungssituation in den verschiedenen Regionen des Landes [273]. So weist die auf dem Hochplateau lebende Bevölkerung einen besseren Ernährungszustand auf als die durch Dürre und Krankheit bedrohten Bewohner tiefer gelegener Regionen.

Die *Religionen* mit ihren Fastentagen und Tabus beeinflussen die Eßgewohnheiten und damit den Ernährungszustand der Gläubigen in einem nicht unerheblichen Ausmaß. Die koptischen Christen essen mittwochs und freitags kein Fleisch oder tierische Produkte. Zusätzlich haben sie Fastenperioden von mehreren Wochen, so daß im Jahr ungefähr 150 Fastentage zusammenkommen. Die Anhänger des Islam halten den Ramadan strikt ein. Bei den verschiedenen Stammesreligionen sind es Tabus, die die Diät der Bevölkerung einengen.

Der aufgrund der Lage, des Klimas und der beruflichen Aktivität errechnete *Kalorienbedarf* der äthiopischen Erwachsenen liegt bei 2900. Tatsächlich nimmt die erwachsene Bevölkerung nur 2500 Kalorien zu sich, so daß ein Fehlbetrag von 400 Kalorien besteht. Im Vergleich zu den in den Vereinigten Staaten angewendeten Medico-Actuarial Standard Tabellen hat die äthiopische Bevölkerung ein Durchschnittsgewicht von 82%, 12 von 100 der Bevölkerung haben ein Standardgewicht von nur 70% und darunter. Die Hautfaltenmessung ergibt extrem niedrige Werte, die die sonst beobachtete Zunahme bei steigendem Alter vermissen lassen [273].

Etwa 70% des Kalorienbedarfs wird aus Kohlehydraten gedeckt, vom Fett kommen 18% der Kalorien und von den Proteinen 12%. Tab. III zeigt die Menge und Zusammensetzung der hauptsächlichen Lebens-

*) Literatur siehe Teil B und C

mittel, die in Äthiopien auf den Einwohner pro Tag entfallen.

Der *reduzierte Ernährungszustand* der Bevölkerung wird nicht nur durch die niedrige Kalorienmenge der täglichen Nahrung verursacht, sondern ist auch auf die besonderen Mangelzustände durch Mißernten zurückzuführen. Fehlende Speichermöglichkeiten verhindern eine Überbrückung akuter Notstände. Hungerödeme werden da angetroffen, wo eine unzureichende Versorgung gleichzeitig mit dem Auftreten der Malaria zusammenfällt.

Größere Unterschiede in der Ernährungsweise bestehen sowohl innerhalb der verschiedenen Stämme und Bevölkerungsgruppen als auch zwischen den Stämmen je nach der vorliegenden Wirtschaftsform. Ferner kann die Verteilung der einzelnen Nahrungsmittel innerhalb der Familie zwischen den verschiedenen Alters- und Sozialklassen größere Differenzen aufweisen. So haben die Familienvorstände oder die Eltern meist den Vorrang bei der Essenszuteilung. *Eiweißmangel* wird in besonders hohem Maße bei Kleinkindern nach dem Abstillen bis zum Vorschulalter beobachtet. Serumalbuminwerte liegen bei der Hälfte der Kleinkinder und bei einem Viertel der Kinder im Vorschulalter unter 3,0 g per 100 ml [273]. Entsprechend verhält sich auch das Wachstum der Kinder. Ausreichende Wachstumsraten werden bis zum Alter von 5—6 Monaten beobachtet, danach kommt es zu einer Verzögerung des Wachstums. Bei Kindern von 1 bis 3 Jahren stellen sich nicht selten Zeichen von Prä-Kwashiorkor und Kwashiorkor ein.

Der geschätzte *Viehbestand* mit über 65 Millionen Stück und 65 Millionen Stück Geflügel würden einen höheren Fleischverbrauch als die errechneten 14 kg pro Einwohner im Jahr zulassen. Das Ansehen einer Person wird in vielen Gebieten nach der Größe der Herden eingeschätzt. Das führt zu einer Überbewertung der Quantität auf Kosten der Qualität. Auf die hohen Verluste beim Vieh durch Krankheit wird im Abschnitt Zoonosen hingewiesen. Die Zahl der geschlachteten Rinder pro Jahr wird mit 2,3 Millionen Stück, die der Ziegen und Schafe mit 9 Millionen angegeben. Einen günstigen Einfluß auf die Eiweißversorgung hat die im Hochland verbreitete Getreideart Teff, *Erogrostis abyssinica*, die sich durch ihren hohen Gehalt an Aminosäuren auszeichnet. Bockshornklee (Abish) *Trigonella foenum graecum*, hat ebenfalls einen hohen Gehalt an Protein und wird allgemein als Babynahrung verwendet.

Bezüglich der Aufnahme von *Vitaminen* liegen suboptimale Werte beim Vitamin A mit entsprechenden klinischen Anzeichen vor. In einigen Gebieten des Landes besteht ein Vitamin C-Mangel. Vitamin D-Mangel ist weit verbreitet. Etwa 30% der Kinder im Vorschulalter leiden an einer leichten Rachitis. In Tab. IV ist der Vitamin- und Mineralgehalt der in Äthiopien üblichen Lebensmittel wiedergegeben.

Calcium und Eisen wird in ausreichenden Mengen aufgenommen. Besonders hoch ist die Eisenaufnahme mit Werten von 100 mg bis zu 500 mg, die zu einem großen Teil auf den Genuß von Teff zurückzuführen sind. Diese Getreideart enthält 90 bis 105 mg Eisen in 100 g (s. Tab. IV).

Im Zusammenhang mit der Ernährung ist das „khat", *catha edulis*, zu nennen. Die Blätter dieses Strauches werden im frischen Zustand besonders von Erwachsenen in der Provinz Harer genossen. Die stimulierende Wirkung wird auf die Alkaloide *Cathin*, *Cathidin* und *Cathinin* zurückgeführt, von denen das erste als ein Ephedrinabkömmling identifiziert worden ist. Dem *Cathin* wird eine Appetit hemmende Wirkung zugeschrieben. In ausreichenden Mengen genossen hat Khat einen gewissen Nährwert. Besonders hoch ist der Vitamin C-Gehalt mit 161 mg in 100 g Khat. Betacarotin ist zu 1,8 mg und Niacin zu 15 mg in 100 g vorhanden. Calcium wird zu 290 mg und Eisen zu 18,5 mg in 100 g vorgefunden.

Die *Hauptgetränke* sind Tedj und T'alla. Tedj wird aus Honig hergestellt und hat einen mit Wein vergleichbaren Alkoholgehalt. T'alla ist eine Art Bier, das aus Hafer, Hirse oder Mais unter Zusatz von „gesho", *Rhamnus prinorides*, gebraut wird. Der Alkoholgehalt ist gering, so daß T'allagenuß im Gegensatz zum Tedj keine berauschende Wirkung hat.

Äthiopien verfügt über alle Voraussetzungen für eine gesunde Ernährung seiner Einwohner. Bemühungen sind im Gange, besonders die Ernährung der Kleinkinder und Kinder im Vorschulalter zu verbessern. Ein interministerieller Beirat für Ernährungsfragen ist ins Leben gerufen worden. Ein Forschungsprojekt für Fragen der Kinderernährung wird vom Gesundheitsministerium mit schwedischer Unterstützung betrieben. Schulfütterungsprogramme und Schulgärten sollen Mangelerkrankungen vorbeugen helfen.

Nur mit koordinierten Anstrengungen der Landwirtschaft, der Erziehung und des Gesundheitswesens sind die lebenswichtigen Probleme der Ernährung einer Lösung zuzuführen.

6. Die übrigen Wirtschaftszweige

Die Entwicklung der Industrie steckt immer noch in den Anfängen. Auch wenn man die hierbei vor allem im letzten Jahrzehnt eingetretenen Veränderungen nicht unterschätzen darf, so macht doch die Tatsache, daß im Jahre 1967 nicht einmal 50 000 Menschen in der Industrie beschäftigt waren, deutlich, daß die Arbeit in einem Industriebetrieb nur für einen verschwindend kleinen Prozentsatz der Bevölkerung als Erwerbsgrundlage in Betracht kommt. Hervorzuheben ist dabei noch, daß die vorhandenen Industriebetriebe nur an wenigen Standorten konzentriert sind. Die größte Bedeutung hat dabei die Landeshauptstadt, es folgen Asmera und Dire Dewa und erst in verhältnismäßig weitem Abstand noch einige Orte in der Nähe von Adis Abeba sowie wenige Provinzstädte wie Bahir Dar am Südende des Tanasees. Die wichtigsten Industriezweige sind Textilindustrie mit etwa einem Drittel aller in der Industrie Beschäftigten (Werke in Akaki bei Adis Abeba, Dire Dewa, Asmera und Bahir Dar), Zementindustrie, Lederindustrie und — der Zahl der Beschäftigten sowie der Produktionsleistung nach an erster Stelle stehend — Nahrungs- und Genußmittelindustrie. Zum letztgenannten Industriezweig gehören neben einigen größeren Betrieben überaus zahlreiche Kleinbetriebe wie etwa die vielen über alle Landesteile verstreuten Getreide- und Ölmühlen [67].

Ein sehr viel größerer Prozentsatz der Bevölkerung ist in den verschiedenen Handwerkszweigen tätig, die z.T. auf sehr alte Traditionen zurückblicken können. So gab es bei den einzelnen Bevölkerungsgruppen des Landes seit alters her vor allem Schmiede, Töpfer, Gerber und auch Weber, zu denen heute — vornehmlich innerhalb der städtischen Siedlungen — neue Handwerkergruppen getreten sind, namentlich Schneider, Zimmerer, Maurer und Mechaniker. Zum traditionellen Handwerk ist zu bemerken, daß bei diesem das Schmiedehandwerk, die Töpferei und die Gerberei (oder besser Verarbeitung von Häuten und Fellen, da spezielle Gerbeverfahren kaum entwickelt sind) in der Hand von sozial verachteten Gruppen lagen bzw. heute noch liegen. Diese besaßen im allgemeinen kein eigenes Land, sondern bekamen dies z. T. für die Deckung des Eigenbedarfs an Nahrungsmitteln zur Verfügung gestellt, siedelten gewöhnlich in geschlossenen Gruppen getrennt von der bäuerlichen Bevölkerung und waren innerhalb des Stammeslebens mit bestimmten Aufgaben (z.B. Stellung von Musikkapellen bei Trauerfeiern, Scharfrichteramt) betraut. Die Sonderstellung der genannten Handwerkergruppen wurde und wird z. T. auch heute noch dadurch unterstrichen, daß eine Heirat zwischen Angehörigen eines Handwerkerklans und denen eines bäuerlichen Klans ausgeschlossen ist.

Nur die Weber haben sich bei fast allen Völkern Äthiopiens in sozialer Hinsicht nicht von den Bauern unterschieden, sie waren bzw. sind auch in der Gegenwart gleichzeitig Bauern, die eigenes Land besitzen und bewirtschaften und die Weberei hauptsächlich in der von landwirtschaftlichen Arbeiten freien Zeit ausüben. Vor allem die Weber Südäthiopiens haben auch heute noch eine recht große Bedeutung, sind doch ihre Erzeugnisse nach wie vor auf den Märkten des Landes und selbst in der Hauptstadt stark gefragt. Auch die in den Städten lebende Bevölkerung hält großenteils an dem Gebrauch traditioneller (in zunehmendem Maße amharischer) Kleidungsstücke fest, zumindest bei festlichen Anlässen wird diesen einer europäischen Bekleidung gegenüber der Vorzug gegeben, was an den großen Feiertagen jedem Besucher des Landes deutlich vor Augen geführt wird. Gegenüber der Weberei gehen die anderen traditionellen Handwerkszweige mit der Ausbreitung billiger Industrieerzeugnisse mehr und mehr zurück, ja vielfach sind sie bereits völlig verschwunden und nur in wenigen Fällen haben sich etwa ehemalige Schmiede einem heute notwendig gewordenen Handwerk wie dem der Kraftfahrzeugreparatur zugewandt.

Als ein bemerkenswerter Zug des Weberhandwerks mag noch hervorgehoben werden, daß zu ihm vor allem in einigen Stammesgebieten des Gemu-Hochlandes (westlich des Abaya-Sees) auch zahlreiche „Wanderweber" gehören. Diese lassen sich für einige Zeit in der Landeshauptstadt oder in anderen Städten des Landes, z.B. während der Kaffee-Ernte, nieder und können dann ihre teilweise auf Bestellung angefertigten Erzeugnisse selbst ohne Einschaltung von Händlern absetzen.

Eine ebenfalls sehr mobile Gruppe bilden die meisten Vertreter der modernen Handwerkszweige, insbesondere Schneider und Zimmerleute. Auch sie suchen saisonweise ganz verschiedene Teile des Landes auf und nehmen dabei Wanderungen über mehrere Provinzgrenzen, d.h. über viele Hunderte von Kilometern in Kauf, um dort, wo eine zeitweilig höhere Kaufkraft vorhanden ist, zu größeren Aufträgen zu gelangen. Wenn es auch bisher keine genaueren Untersuchungen über die Entwicklung des modernen Handwerks gibt, scheinen doch zahlreiche Beobachtungen auf die Tatsache hinzudeuten, daß die Bereitschaft zur handwerklichen Tätigkeit bei den einzelnen Bevölkerungsgruppen recht verschieden ist. So finden sich auffallend wenige Amhara, die einem modernen Handwerk nachgehen, was sicher aus der traditionellen Lebensauffassung dieser bäuerlichen und früher immer wieder zu Kriegsdiensten herangezogenen Gruppe zu verstehen ist. Gerade in den städtischen Siedlungen Nordäthiopiens stammen viele der heute dort ansässigen Handwerker aus weit entfernt lebenden Stammesgruppen von West- und Südäthiopien.

Bei dem hier gegebenen knappen Überblick über die einzelnen Wirtschaftszweige ist schließlich noch der Handelssektor zu erwähnen, denn auch in ihm findet ein beträchtlicher Teil der Bevölkerung wenn nicht einen vollen, so doch wenigstens einen zusätzlichen Lebensunterhalt. Daß hier in einem gewissen Umfang auch fremdvölkische Gruppen (Araber, Inder) beteiligt sind, wurde bereits im Abschnitt über die Bevölkerung angeführt. In jüngerer Zeit haben sich mit der Ausweitung des Handels immer mehr Landesbewohner diesem zugewandt, sei es durch die Übernahme eines kleinen Ladens, einer Gaststätte oder auch nur durch Beteiligung am Gelegenheitshandel. Wie in vielen vergleichbaren Ländern ist dieser Teil des tertiären Wirtschaftssektors heute zweifellos überbesetzt.

7. Die städtischen Siedlungen

Aus den vorstehenden Ausführungen läßt sich bereits vermuten, daß die vorhandenen städtischen Siedlungen zum großen Teil nicht über eine ausreichende wirtschaftliche Existenzgrundlage für ihre Bewohner verfügen. Von der hier anzutreffenden Bevölkerung ist gewöhnlich nur ein kleiner Prozentsatz im produzierenden Gewerbe tätig — industrielle Arbeitsstätten gibt es, wie ausgeführt, ohnehin nur in wenigen Städten —, dafür lebt ein größerer Teil der Bewohner vom Handel, andere sind in der Verwaltung, im Schuldienst oder im Gesundheitswesen tätig, sehr viele aber sind auch nur auf Gelegenheitsarbeiten angewiesen [56, 75].

Der größte Teil der heute in Äthiopien anzutreffenden „Städte" ist erst verhältnismäßig jungen Datums, d.h. in der zweiten Hälfte des vergangenen Jahrhunderts bzw. seit dem Beginn dieses Jahrhunderts entstanden. Im alten Äthiopien gab es nur eine kleine Zahl weit verstreut liegender Siedlungen, die als Städte angesprochen werden können, wie Aksum in der Provinz Tigre als geistliches Zentrum, Gondar nördlich des Tana-Sees als zeitweilige Residenzstadt oder Harer als bedeutsame islamische Handelsmetropole [136].

Die Gründe für das Fehlen einer ausgeprägten Stadtkultur und eines dichteren Netzes städtischer Siedlungen in früherer Zeit sind vornehmlich in der besonderen historischen Situation des Landes zu suchen, das sich seit dem Niedergang des aksumitischen Reiches in einer weitgehenden Isolation von der Außenwelt befand und immer wieder von außen her hart bedrängt wurde. Die Gesellschaftsordnung war durch eine militärisch-feudale Hierarchie bestimmt, in der Tätigkeiten im Handwerk oder im Handel — wesentliche Grundlagen für eine Stadtentwicklung — wenig Ansehen genossen. Militärische Erfordernisse und Wechsel der Machthaber führten zu einer häufigen Verlegung von Herrschaftssitzen und Verwaltungsmittelpunkten, und auch die Erschöpfung der Hilfsquellen in der näheren Umgebung solcher „Pfalzen" erzwang häufig deren Aufgabe.

Erst in der zweiten Hälfte des 19. Jahrhunderts sind mit den Anfängen des modernen äthiopischen Staates auch einige grundlegende Veränderungen im Siedlungswesen durch eine wachsende Anzahl von dauerhaften Siedlungen mit städtischen Funktionen eingetreten. Zu diesen damals neu entstandenen Siedlungen gehört auch die heutige Landeshauptstadt. Es war mit den zunehmenden Auslandsverbindungen, mit der Aufnahme diplomatischer Beziehungen zu zahlreichen Ländern, mit der starken Ausweitung des Handels, den Änderungen des Verkehrs- und Nachrichtenwesens unumgänglich geworden, eine festliegende Hauptstadt mit den entsprechenden dauerhaften Einrichtungen zu besitzen, und was für Adis Abeba galt, traf auch für die kleineren Siedlungen in den Provinzen zu. Auch dort entstand ein sich allmählich verdichtendes Netz von neuartigen Dauersiedlungen. In Äthiopien spricht man in solchen Fällen von einer Katama, und es ist zweckmäßig, diesen Begriff nicht einfach mit Stadt zu übersetzen, weil in ihm auch jene Siedlungen eingeschlossen werden, die mit dem Vorhandensein einiger Läden, einiger Bars und vielleicht einer Verwaltungsbehörde oder einer Polizeistation bestenfalls am Anfang einer Entwicklung zur Stadt stehen, aber doch in ihrem äußeren Bild und in ihrer Funktion eindeutig von den traditionellen Siedlungen verschieden sind.

Die gegenwärtige räumliche Verteilung dieser „städtischen" Siedlungen zeigt eine recht enge Bindung an die vorhandenen modernen Verkehrswege. Hier stößt man heute in relativ kurzen Abständen auf eine Katama, die oft gar keine Bedeutung als „zentraler Ort" für ein Umland hat, sondern in erster Linie die Funktion einer Etappenstation ausübt, während abseits von den Hauptstraßen auch in dicht besiedelten Räumen eine weite Streuung meist größerer Katama-Siedlungen festzustellen ist.

Eine Übersicht über die Größenordnung ergibt ein für zahlreiche Entwicklungsländer charakteristisches Merkmal des städtischen Siedlungswesens: zwischen den größten Städten und den übrigen besteht der Einwohnerzahl nach ein weiter Abstand. Während für Adis Abeba (1967) die dort lebende Bevölkerung mit 644000 angegeben wird und die zweite Großstadt Asmera noch 178000 Menschen zählt, folgen die nächst größeren Städte des Landes erst mit Einwohnerzahlen von 50000 und weniger. Allein durch diese Zahlen wird die überragende Stellung der Landeshauptstadt und die zu schwache Entwicklung anderer Städte als notwendige leistungsfähige Regionalzentren deutlich.

Sieht man von den beiden größten Städten des Landes ab, so weisen die übrigen bei nur verhältnismäßig wenigen, vornehmlich im Kern auftretenden Abweichungen in ihrem äußeren Bild eine relativ große Einförmigkeit auf. Die Mehrzahl der Gebäude sind eingeschossige, mit einem Wellblechdach versehene Häuser, sog. Tschikahäuser (Bild 41 u. Abb. 20). Das häufig auf einem Steinsockel stehende Holzgerüst ist mit einer aus Lehm, Stroh und Kuhdung bestehenden Mischung verkleidet, im Innern gibt es oft nur einen, bisweilen aber auch 2 oder 3 und mehr Räume, deren Fußboden in den meisten Fällen aus gestampftem Lehm besteht. Der Vorteil dieser Bauweise besteht natürlich in erster Linie in den relativ geringen Kosten, ein größerer Geldaufwand ist vor allem für Türen, Fenster und das Dach erforderlich.

Durch die vorherrschende Bauweise ergibt sich eine beträchtliche Ausdehnung der Siedlungen, in deren Mittelpunkt normalerweise ein großer, täglich oder auch nur an bestimmten Wochentagen benutzter Marktplatz zu finden ist. Die äußeren Wohnbezirke sind oft von dichten Eukalyptusbeständen durchsetzt, die sich am Stadtrand sogar zu einem mehr oder weniger breiten Waldgürtel zusammenschließen können, wie dies namentlich bei Adis Abeba der Fall ist. Allein auf diese Weise kann der hohe Bedarf an Brenn- und Bauholz in den entwaldeten Teilen des Hochlandes ohne unerschwingliche Transportkosten gedeckt werden.

Über die Zusammensetzung der Stadtbevölkerung lassen sich heute aufgrund von Untersuchungen des zentralen statistischen Amtes wenigstens einige Aussagen machen, die noch vor wenigen Jahren unmöglich waren. Der im allgemeinen starken Zuwanderung in die Städte entsprechend, weichen sowohl Altersaufbau wie Sexualproportion der in den Städten lebenden Bevölkerung teilweise beträchtlich vom Landesdurchschnitt bzw. von der ländlichen Bevölkerung ab. Oft sind die mittleren Jahrgänge, vor allem die 25—40jährigen neben den Kindern unter 5 Jahren besonders stark vertreten, während der Prozentsatz der alten Menschen äußerst gering ist. Das sind Verhältnisse, wie sie auch in vielen anderen afrikanischen Ländern anzutreffen sind. Bedeutsame Abweichungen zu diesen zeigen sich jedoch bei vielen der bisher untersuchten Städte in der Zusammensetzung der Bevölkerung nach Geschlechtern. Ist nämlich für die meisten jungen Städte Afrikas ein deutliches Überwiegen der männlichen Bevölkerung, und zwar vor allem bei den jungen Erwachsenen, charakteristisch, so ergeben sich in Äthiopien oft umgekehrte Verhältnisse. Die Analyse der Wanderungsbewegungen hat ergeben, daß ein solcher Frauenüberschuß in erster Linie auf Zuwanderung unverheirateter, geschiedener oder verwitweter junger Frauen zurückzuführen ist, die in den Städten einige Chancen für eine Beschäftigung in häuslichen Diensten haben, außerdem aber oft in großer Zahl in Bars und Trinkstuben Erwerbsmöglichkeiten finden. Letztere sind Gaststätten, in denen einheimische Getränke, nämlich Tedj (Honigwein) und Talla (Bier) verkauft werden, während in den Bars Erzeugnisse der Getränkeindustrie angeboten werden. Ein beträchtlicher Teil des Einkommens der in den Gaststätten tätigen Frauen wird aus der Prostitution erzielt.

Zur ethnischen Differenzierung der in den Städten lebenden Bevölkerung ist zu bemerken, daß diese, wie sich aus den durch Stichproben ermittelten Sprachverhältnissen entnehmen läßt, nur teilweise die Zusammensetzung der Bewohner der betreffenden Region widerspiegelt. In den südlichen Landesteilen findet sich jeweils ein recht großer Prozentsatz von Amhara und z.T. auch von Tigre, und in den Städten des Nordens leben ebenfalls zahlreiche Angehörige anderer Bevölkerungsgruppen als in der ländlichen Umgebung. So wurden z.B. in Gonder nur 86,6% der Bevölkerung mit amharischer Muttersprache ermittelt, 10% sprechen dort Tigrinya, der Rest entfällt auf Galla, Gurage und andere äthiopische Gruppen. In Nekemte in der Provinz Welega (Siedlungsgebiet der Galla) ergab sich folgende Zusammensetzung der Bevölkerung nach der Muttersprache:

Galla	59,8%	Tigre	1,7%
Amhara	34,6%	andere	1,9%.
Gurage	2,0%		

Daß den Städten eine wesentliche Bedeutung für den Kontakt der verschiedenen Bevölkerungsgruppen untereinander und für eine zunehmende Verwischung von Stammesgegensätzen zukommt, kann mit diesen Angaben wenigstens angedeutet werden.

Von besonderem Interesse muß im Rahmen dieser medizinischen Länderkunde natürlich ein Einblick in die Wohn- und Versorgungsverhältnisse der städtischen Bevölkerung sein. Auch hier sind vorerst nur wenige, auf offiziellen Untersuchungen beruhende Angaben zu machen, die wiederum nicht mehr als eine grobe Vorstellung von einigen der hierbei herrschenden Bedingungen vermitteln können. Für wenige, aus verschiedenen Landesteilen ausgewählte Städte mittlerer Größenordnung sind in der folgenden Tabelle Angaben zusammengestellt, die 1968 vom Central Statistical Office veröffentlicht wurden:

Stadt	1	2	3	4	5	6	7	8	9
Adwa	12 450	15.9	39.4	44.7	78.4	68.4	1.3	30.3	75.6
Asela	13 360	15.4	43.8	40.8	61.9	25.9	—	74.1	61.2
Aseb	10 727	51.6	31.5	16.9	90.8	97.9	1.5	—	90.3
Debre Markos	20 720	17.3	49.6	33.1	72.1	1.5	48.4	50.1	58.9
Debre Zeyt	21 220	17.6	45.6	36.8	61.1	61.7	14.7	23.6	34.8
Dila	10 860	11.9	48.0	40.1	47.3	—	68.0	32.0	42.2
Jima	29 420	12.6	43.8	43.6	46.8	31.4	30.3	38.3	48.1
Mekele	22 230	16.3	42.5	41.2	75.9	75.4	1.6	23.0	41.1
Sodo	10 430	12.4	40.3	47.3	71.7	24.4	11.3	64.3	77.7

1 = Bevölkerung 1967
2 = Prozentsatz der Haushalte mit 1 Person
3 = Prozentsatz der Haushalte mit 2 und 3 Personen
4 = Prozentsatz der Haushalte mit 4 und mehr Personen
5 = Prozentsatz der Haushalte in 1 Raum
6 = Prozentsatz der Haushalte m. Wasserversorgung/Wasserleitung
7 = Prozentsatz der Haushalte mit Wasserversorgung/Brunnen
8 = Prozentsatz der Haushalte mit Wasserversorgung/Flüsse
9 = Prozentsatz der Haushalte ohne Abort

Die vorstehenden Zahlen lassen die vorhandenen, im engen Zusammenhang mit den unbefriedigenden Eigentumsverhältnissen an städtischem Baugrund und Häusern zu sehenden Probleme, denen sich die in den Anfängen steckende Stadtentwicklungsplanung gegenübersieht, mit aller Deutlichkeit hervortreten.

Neben einer sehr schwierigen und nur mit großem Aufwand durchzuführenden Verbesserung von Versorgungsbedingungen und Wohnverhältnissen in den bestehenden städtischen Siedlungen, die mit der Schaffung zahlreicher neuer und dauerhafter Arbeitsplätze einhergehen muß, steht die Planung neuer Städte in einigen Entwicklungsregionen des Landes. Als Beispiel mag die auf bereits mehr als 5000 Einwohner angewachsene Stadt Tabor am Awasa-See im Nordteil der Provinz Sidamo genannt sein, die in günstiger Verkehrslage zu einem neuen Mittelpunkt eines früher vornehmlich durch extensive Weidewirtschaft genutzten und dünn besiedelten Teiles der südäthiopischen Seenregion entwickelt werden soll. In der Umgebung von Tabor bestehen günstige Möglichkeiten für eine vielseitige agrarische Produktion, die z.T. in der Stadt verarbeitet werden kann, außerdem dürfte in diesem Falle auch dem Fremdenverkehr eine gewisse Bedeutung für die Weiterentwicklung der Siedlung zukommen. Eine „Neue Stadt“ ist auch die weiter südlich gelegene Provinzhauptstadt von Gemu Gofa, Arba Minch. Auch hier ist die Lage im Tiefland, d.h. in einem verkehrsmäßig gut zu erreichenden Gebiet, das früher infolge der Malariaverseuchung gemieden und von der Hochlandbevölkerung nur kurzfristig für die Durchführung von Arbeiten auf dort gelegenen Außenfeldern aufgesucht wurde, charakteristisch. Die alte Provinzhauptstadt Chencha, in 2500 m Höhe inmitten eines dicht besiedelten Enseteanbaugebietes gelegen, ist ein sehr typisches Beispiel für die früher bei der Wahl städtischer Siedlungsplätze gerade in den Südprovinzen bevorzugten Standorte, nämlich Hochplateaus oder sogar isoliert aufragende Bergkuppen, von denen aus das umliegende Gelände gut zu überschauen war und wo die klimatischen Bedingungen am ehesten den Verhältnissen im Herkunftsgebiet der als Städtegründer auftretenden Amhara entsprachen. Daß sich für die Weiterentwicklung so gelegener Siedlungen heute manche Schwierigkeiten ergeben, ist verständlich, doch darf nicht übersehen werden, daß auch die im Rahmen traditioneller Bodenbewirtschaftung genutzten Teile des Hochlandes mit ihrer vielfach sehr hohen Bevölkerungsdichte in der Zukunft leistungsfähige städtische Mittelpunktssiedlungen benötigen werden, wenn sie nicht mehr und mehr zu Problemgebieten werden sollen.

B. Verfassung und Organisation des Gesundheitswesens

I. Die äthiopische Verfassung

Am 15. Juli 1931 gab Kaiser Haile Selassie I. seinem Reich eine *Verfassung*, in der die Pflichten und Rechte der äthiopischen Bürger festgelegt worden sind. Mit der Errichtung zweier Kammern hat die äthiopische Staatsführung den Charakter einer *konstitutionellen Monarchie* erhalten. In der revidierten Fassung vom 4. 11. 1955 wurden die Machtbefugnisse und Vorrechte des Kaisers, die gesetzgebenden Institutionen und die Ausübung der Regierung neu festgelegt.

In den Rechten und Pflichten des Volkes werden Religions-, Glaubens-, Rede- und Pressefreiheit, Freizügigkeit der Reise und der Niederlassung im gesamten äthiopischen Reich garantiert. Die Äthiopier können sich in Vereinigungen organisieren und Versammlungen friedlichen Charakters abhalten.

Jeder Äthiopier ist vor dem Recht gleich, Haussuchungen und Verhaftungen können nur auf gesetzliche Veranlassung erfolgen. Die Bürger sind verpflichtet, Kaiser und Verfassung zu respektieren sowie Kaiser und Reich gegen alle Feinde zu verteidigen.

Die Abgeordneten der *Kammer* werden für 4 Jahre in direkter Wahl gewählt. Jeder Wahlbezirk mit etwa 200000 Einwohnern wird durch zwei Abgeordnete im Mindestalter von 25 Jahren vertreten.

Der *Senat* setzt sich aus Mitgliedern zusammen, die besondere Verdienste um ihr Land haben. Das Mindestalter der Senatoren ist mit 35 Jahren festgesetzt worden. Alle 2 Jahre wird ein Drittel der Senatoren, die vom Kaiser ausgewählt werden, durch neue Senatoren ersetzt.

Gesetzesvorschläge können von den Kammern des Parlamentes, vom Kaiser oder von 10 und mehr Abgeordneten einer jeden Kammer eingebracht werden. Wenn beide Kammern ein Gesetz gebilligt haben, wird es durch den Ministerpräsidenten dem Kaiser zur Unterzeichnung vorgelegt. Jedes Gesetz wird durch den Pen-Minister in der Negarit Gazeta veröffentlicht.

Alle Verantwortung für den Staat liegt beim Kaiser, der auch die Regierungs- und Verwaltungsgeschäfte dirigiert. Der *Kronrat* hat nur beratende Funktionen und wird dann einberufen, wenn es der Kaiser für nötig befindet.

Die Minister bilden den *Ministerrat*, der dem Kaiser gegenüber für alle Beratungen und Empfehlungen verantwortlich ist. In Übereinstimmung mit Artikel 27 der revidierten Verfassung werden die Pflichten und Rechte der Minister festgelegt. Sie sind in besonderen Anordnungen niedergelegt. Für das Gesundheitswesen ist die „Order No. 4" von 1948 maßgebend, nach der ein Gesundheitsministerium errichtet worden ist. Insgesamt bestehen 20 Ministerien (Tab. V).

Die *Staatsgewalt* der äthiopischen Regierung hat ihre Executive in den Ministerien von Adis Abeba. Die Generalgouverneure und Gouverneure werden durch den Kaiser bestimmt. Sie üben die Aufsicht über die Einrichtungen der Provinz- und Kreisverwaltung aus und unterstehen mit der Polizei dem Minister des Innern.

Das Land besteht aus folgenden 14 Provinzen:

Adis Abeba	Gemu Gofa	Sidamo
Arusi	Harer	Tigre
Bale	Ilubabor	Welega
Begemdir	Kefa	Welo
Eritrea	Shewa	

Die Hauptstadt Adis Abeba hat durch die Charter von 1954 den Charakter einer Provinz erhalten. Die Provinzen, Teklay Gizat in Amharisch, sind unterteilt in:

	Amharisch	Anzahl	Leiter
Subprovinzen	Awradja	92	Gouverneur
Distrikte	Wereda	392	Distrikt Gouvern.
Subdistrikte	Mektl Wereda	1103	Subdistrikt Gouvern.
Munizipalitäten	Masiagadjabet	128	Kantibah

Im ländlichen Leben nimmt der *Chiqashum* auf der untersten Stufe der Verwaltung nicht mehr die bedeutende Stellung früherer Jahre ein. Der Einfluß des mit einem Dorfhauptmann zu vergleichenden Würdenträgers beschränkt sich auf eine enge Zusammenarbeit mit den kirchlichen Vertretern des Sprengels und auf eine Vermittlerrolle zwischen der politischen Autorität und der ländlichen Bevölkerung.

II. Die Gesundheitsverwaltung

Seit der Errichtung des Innenministeriums im Jahre 1908 bis zum Jahre 1948 unterstand das Gesundheitswesen diesem Ministerium in Form einer eigenen Abteilung. Mit der Schaffung des Gesundheitsministeriums im Jahre 1948 wurden die Pflichten des Ministers festgelegt. Aufgabe des neugeschaffenen Ministeriums ist u. a. das Studium der Gesundheitslage des Landes, Vorschlag von Maßnahmen zur Verbesserung des Gesundheitsstandards, die Aufsicht über die Ärzte, das ärztliche Hilfspersonal und über alle Gesundheitseinrichtungen wie Krankenhäuser, Kliniken, Laboratorien und Apotheken. Der *Gesundheitsminister* wird durch einen Gesundheitsbeirat in allen fachlichen Fragen beraten. Das gilt insbesondere auch für die Vorbereitung von Gesetzesvorschlägen, die der Minister dem Parlament zu unterbreiten hat. Die Ausbildung und Erziehung auf dem Gebiet der Medizin und Hygiene untersteht ebenfalls dem Gesundheitsminister, er nimmt Einfluß auf die Medizinische Fakultät der im Jahre 1961 gegründeten Haile Selassie Universität und die Vergabe von Stipendien für Ärzte und verwandte Berufe. Der Organisationsplan des Gesundheitsministeriums ist aus Tab. VI ersichtlich. Er wurde in dem zweiten Fünfjahresplan 1963—1967 niedergelegt und ist bisher nur teilweise verwirklicht worden.

1. Zentrale Einrichtungen und Projekte

Das Ziel der Gesundheitsplanung besteht in der Errichtung von dezentralisierten Gesundheitsdiensten, die in erster Linie der Vorbeugung von Krankheiten dienen sollen. Auf lange Sicht sieht die Planung des Ministeriums für je 50000 der Bevölkerung ein Gesundheitszentrum und für 5000 Einwohner eine Gesundheitsstation vor.

Die vorhandenen zentralen Gesundheitseinrichtungen und Projekte sind so geplant, daß sie zu einem geeigneten Zeitpunkt in die allgemeinen Gesundheitsdienste integriert werden können. Zur Zeit bestehen noch folgende zentrale Gesundheitseinrichtungen bzw. Dienste:

Seuchenbekämpfung	Malaria
Quarantäne	Tuberkulose
Trachom und ansteckende	Geschlechtskrankheiten
Augenkrankheiten	Kinderernährung
Lepra	

Seuchenbekämpfungsdienst. Zu dem Aufgabenbereich des seit 1948 bestehenden Spezialdienstes gehört die Bekämpfung einer Reihe von Krankheiten, sofern sie in epidemischer Form auftreten: Pest, Cholera, Pocken, Gelbfieber, Fleckfieber, Rückfallfieber, pandemische Grippe, cerebrospinale Meningitis, Poliomyelitis, Ruhr und Typhus (siehe Tab. VII).

Zum Seuchenbekämpfungsdienst gehört eine Isolierstation mit 40 Betten in Adis Abeba.

Quarantänedienst. Der Quarantänedienst hat seinen Sitz im Gesundheitsministerium in der Abteilung für Gesundheitsdienste. Stationen werden in den Häfen Aseb und Mitsiwa sowie auf den Flugplätzen Asmera, Adis Abeba und Dire Dewa unterhalten. Quarantäneposten befinden sich ferner an den Grenzübergängen von Teseney, Asosa, Moyale und Jijiga. Der Quarantänedienst wird in Übereinstimmung mit den internationalen Regulationen durchgeführt.

Trachombekämpfung. Unter der Abteilung der Gesundheitsdienste des Ministerium besteht ein Spezialdienst zur Bekämpfung des Trachoms und anderer übertragbarer Augenkrankheiten mit dem Sitz im Menelik II.-Krankenhaus, Adis Abeba. Das Projekt hat die Unterstützung der WHO und UNICEF und arbeitet als Demonstrations- und Ausbildungszentrum mit dem Ziel, die Bekämpfung des Trachoms und der anderen übertragbaren Augenkrankheiten in die allgemeinen Gesundheitsdienste zu integrieren.

Leprabekämpfung. Das im Jahre 1965 gegründete Projekt ALERT, African Leprosy Rehabilitation and Training Centre, wird von mehreren internationalen

Leprahilfsorganisationen und dem äthiopischen Gesundheitsministerium betrieben. Es dient der Ausbildung von Personal, das in Afrika zur Leprabekämpfung eingesetzt werden soll. Eine enge Verbindung besteht zu dem äthiopischen Leprabekämpfungsdienst, der die Integration der Maßnahmen zur Ausrottung der Lepra in die allgemeinen Gesundheitsdienste zum Ziel hat. Sitz von ALERT ist das Princess Zenebe Work Hospital in Akaki, einem Vorort von Adis Abeba. An gleicher Stelle findet sich auch das Armauer Hansen Research Institute, AHRI, das von Norwegen und Schweden unterhalten wird.

Malariabekämpfung. Die Malariabekämpfung ist ein Spezialdienst des Ministeriums, der mit der Legal Order No. 22 von 1959 begründet worden ist. Die WHO und USAID sowie ein interministerieller Beirat unterstützen die äthiopischen Bemühungen zur Ausrottung der Malaria. Erst in der Erhaltungsphase, die nach etwa 10 Jahren Laufzeit erreicht werden wird, ist an eine Integration der Malariabekämpfung in die allgemeinen Gesundheitsdienste gedacht. Das Projekt hat seinen Sitz im Gesundheitsministerium mit wechselnden Außenstellen in den verschiedenen Provinzen des Landes. Es ist der bedeutendste zentrale Gesundheitsdienst Äthiopiens überhaupt.

Tuberkulosebekämpfung. Der Tuberkulosebekämpfungsdienst untersteht der Abteilung für Gesundheitsdienste des Ministeriums und hat seinen Sitz in Adis Abeba. Er unterhält ein Tuberkulose-, Demonstrations- und Ausbildungszentrum in Kolfe, einem Stadtteil von Adis Abeba. Angegliedert an das Projekt ist das Tuberkulose-Krankenhaus St. Peter mit 125 Betten in Adis Abeba und das Teferi Makonnen Hospital in Harer mit 110 Betten. Die ambulante Behandlung der Tuberkulose ist Aufgabe der Gesundheitszentren des Landes, die durch das Projekt beraten und überwacht werden.

Geschlechtskrankheitenbekämpfung. Die Bekämpfung der Geschlechtskrankheiten obliegt einem Spezialdienst des Ministeriums mit einer Klinik zur Demonstration und Ausbildung in Adis Abeba. Das Projekt ist zuständig für die Integration der Maßnahmen zur Bekämpfung der Geschlechtskrankheiten in die Gesundheitszentren des Landes.

Kinderernährung. Ein besonderes Forschungsprojekt über die Ernährung der äthiopischen Kinder wird in Zusammenarbeit mit Schweden in der äthio-schwedischen Kinderklinik betrieben. Es ist dem Gesundheitsministerium unterstellt und hat seinen Sitz im Princess Tsehai Memorial Hospital in Adis Abeba. Das leitende Personal wird vorwiegend von Schweden gestellt.

2. Die allgemeinen Gesundheitsdienste

a) Krankenhäuser. Der größte Teil der Krankenhausbetten befindet sich in Adis Abeba, wo auf 1000 der Bevölkerung 4,18 Betten entfallen. Hauptträger der 8882 Betten des Landes ist das Gesundheitsministerium, weitere Träger sind die Haile Selassie I.-Stiftung, das Verteidigungsministerium, das Innenministerium und zu einem beträchtlichen Anteil Missionen. Von den Provinzen hat Eritrea mit 1,54 Betten auf 1000 Einwohner den höchsten Bettenanteil. Für Äthiopien beträgt die Bettenrate rund 0,37 auf 1000.

Träger	Bettenzahl
Gesundheitsministerium	5949
Haile-Selassie-I.-Stiftung	1001
Verteidigungsministerium	328
Innenministerium	163
Ministerium für Bodenschätze	60
Missionen	1109
Andere Träger	272
insgesamt	8882

b) Provinzkrankenhäuser. Nach Adis Abeba haben die Städte Asmera, Gonder, Harer und Dire Dewa sowie die Provinz Eritrea eine relativ gute Versorgung mit Krankenhausbetten. Für die übrigen rund 20 Millionen Einwohner des Landes stehen weniger als 1700 Krankenhausbetten zur Verfügung, so daß auf 10000 Einwohner noch nicht einmal ein Bett entfällt.

Für die Provinzkrankenhäuser ist ein 200-Bettenkrankenhaustyp entwickelt worden. Sie befinden sich z. T. noch im Aufbau. Die vom Gesundheitsministerium und der Haile Selassie I.-Stiftung unterhaltenen Provinzkrankenhäuser befinden sich in der Regel in den Hauptstädten oder größeren Städten der Provinzen. Für die Wahl der Lokalisation der Missionskrankenhäuser waren in den meisten Fällen andere Gründe maßgebend. Bei verschiedenen Krankenhäusern treten als Träger das Gesundheitsministerium und Missionen gemeinsam auf. Für die Planung des Krankenhauswesens ist das Gesundheitsministerium federführend.

3. Provinziale Gesundheitsverwaltung

Im Zuge der Dezentralisation ist die Stellung des Provinzarztes von besonderer Wichtigkeit. Ihm unterstehen die Gesundheitsdienste im Bereich seiner Provinz, und er ist direkt dem Generalgouverneur für alle Belange des öffentlichen Gesundheitsdienstes verantwortlich. Bisher ist es noch nicht gelungen, in allen Provinzen diese so bedeutende Position adäquat zu besetzen.

a) Gesundheitszentren. Die Einrichtung von Gesundheitszentren mit überwiegend präventiven Aufgaben nimmt gegenüber den kurativen Gesundheitsdiensten den Vorrang ein. Bei einer Planung von einem Zentrum für 50000 der Bevölkerung läge der Bedarf bei 400 bis 500 Zentren dieser Art. Zur Zeit beträgt die Zahl der Zentren 78. Der Aufbau hängt von der Anzahl der ausgebildeten „Health Officers", Gemeindeschwestern und Gesundheitsaufseher ab, die ihre Schulung im Health College erhalten. Mit etwa 10 neuen Einheiten im Jahr würde man dem Zuwachs der Bevölkerung gerecht werden können. Die Lokalisation der Gesundheitszentren ist aus Karte 7 ersichtlich.

b) Gesundheitsstationen. Die Gesundheitsstationen sind die kleinsten Einheiten des öffentlichen Gesundheitsdienstes. Sie funktionieren als Außenstellen der Gesundheitszentren, denen sie auch unterstellt sind. In den meisten Fällen sind die Gesundheitsstationen mit Krankenpflegern und nur gelegentlich mit Schwestern besetzt. Die Planung sieht für je 5000 Einwohner eine derartige Einrichtung vor. Der Gesamtbedarf beläuft sich auf 4000 Einheiten, von denen noch nicht ein Viertel vorhanden ist.

c) Schulgesundheitsdienst. Der Schulgesundheitsdienst untersteht dem Erziehungsministerium in Adis Abeba.

In den Provinzen sind etwa 200 Gesundheitspfleger tätig. Sie sind dem Schulinspektor einer jeden Provinz unterstellt. Eine Übernahme des Schulgesundheitsdienstes durch das Gesundheitsministerium ist verschiedentlich angestrebt worden.

4. Übersicht der Gesundheitsdienste in den einzelnen Provinzen (s. Tab. VIII, S. 144)

Adis Abeba. Die Hauptstadt Adis Abeba hat den Status einer Provinz. Wie bereits bemerkt, besteht eine Anhäufung der Gesundheitseinrichtungen in der Landeshauptstadt mit einer Konzentrierung der Ärzte und des ärztlichen Hilfspersonals sehr zum Nachteil der Provinzen. Über die Hälfte der in Äthiopien tätigen Ärzte sind in Adis Abeba eingesetzt. Nur ein geringer Prozentsatz der Ärzte ist selbständig in der freien Praxis tätig. Von den etwa 350 Ärzten in Äthiopien sind etwa ein Fünftel Äthiopier.

Die städtischen Gesundheitsdienste. In der Vergangenheit sind wiederholt Versuche gemacht worden, ein den Anforderungen der Hauptstadt gerecht werdendes Gesundheitsamt aufzubauen. In den Jahren 1952 bis 1956 war der Verfasser mit dieser Aufgabe betraut. Hindernisse für einen sachgemäßen Aufbau waren u. a. die Einbeziehung der Straßenreinigung, der Müllabfuhr sowie der Kadaverbeseitigung in den Aufgabenkatalog des Amtes und nicht zuletzt die unzureichenden Haushaltsmittel. In der Folgezeit blieb die Stelle des leitenden Arztes für viele Jahre unbesetzt.

Die Krankenhäuser in Adis Abeba. Auf dem kurativen Sektor ist die Versorgung der Bevölkerung mit 4,18 Betten auf 1000 der Bevölkerung relativ günstig. Mit der Inbetriebnahme des seit mehreren Jahren fertig gestellten *Prince Makonnen Duke of Harer Memorial Hospital* mit über 500 Betten würde eine weitere Verbesserung erzielt werden. Es ist aber noch nicht absehbar, zu welchem Zeitpunkt und unter welchen Bedingungen die erforderlichen Mittel für die Unterhaltung dieser aufwendigen Einrichtung bereitgestellt werden können. Tab. VIII gibt Auskunft über die in der Hauptstadt vorhandenen Krankenhausbetten.

Menelik II.-Hospital. Das Krankenhaus ist das älteste der Hauptstadt und mit 400 Betten z. Z. das größte im Betrieb. Das angeschlossene Unfallzentrum hat 80 Betten. An das Allgemeinkrankenhaus ist eine Krankenpflegeschule und eine Schule für Apothekenhelfer angegliedert. Träger der Anstalt ist das Gesundheitsministerium.

Princess Tsehai Memorial Hospital. Das Krankenhaus besteht aus einer chirurgischen und gynäkologischen Abteilung mit insgesamt 150 Betten. Eine Schwesternschule untersteht dem Gesundheitsministerium, das auch Träger des Krankenhauses ist.

Auf der gleichen Anlage findet sich das *Ethio-Swedish Pediatric Hospital* mit 45 Betten.

Emanuel Hospital. Das Krankenhaus dient der Behandlung von Geisteskranken und hat eine Kapazität von 262 Betten. Träger ist das Gesundheitsministerium.

Princess Zenebe Work Hospital. Das ehemalige Leprosarium hat eine Station mit 250 Krankenhausbetten erhalten, die vorwiegend für Leprakranke zu Eingriffen auf dem Gebiet der Wiederherstellungschirurgie bestimmt sind. Träger ist das Gesundheitsministerium mit der Unterstützung internationaler Leprahilfsorganisationen.

Gandhi Memorial Hospital. Das Gandhi Memorial-Krankenhaus hat eine gynäkologische und eine geburtshilfliche Station mit einer Kapazität von 60 Betten. Träger dieses Spezialkrankenhauses ist die Haile Selassie I.-Stiftung.

St. Paul's Hospital. Dieses Krankenhaus untersteht der Haile Selassie I.-Stiftung und gewährt als einzige Anstalt kostenlose Behandlung für die Armen der Stadt. Die Bettenzahl ist auf 400 erweitert worden. Als Allgemeinkrankenhaus verfügt es über die wesentlichen Abteilungen mit den dazugehörigen Polikliniken. Der Aufbau und die Unterhaltung werden von einer deutschen konfessionellen Wohlfahrtseinrichtung unterstützt.

Haile Selassie I.-Hospital. Das Krankenhaus hat 200 Betten, Träger ist die Haile Selassie I.-Stiftung mit Unterstützung der deutschen Regierung. Die Anstalt hat den Charakter eines Allgemeinkrankenhauses. Angeschlossen ist eine vom äthiopischen Roten Kreuz betriebene Schwesternschule.

Empress Zeweditu Hospital. Das Krankenhaus hat die Seventh Day Adventist Mission als Träger. Mit über 200 Betten hat es Abteilungen für Innere Medizin, Chirurgie und Gynäkologie sowie eine Schwesternschule.

Ras Desta Hospital. Das Krankenhaus hat 74 Betten und untersteht dem Gesundheitsministerium. Eine Impfstation ist angeschlossen. Das Krankenhaus dient in der Hauptsache der Behandlung innerer Leiden.

Infektionskrankenhaus. Das Krankenhaus hat 40 Betten für die Isolierung von Patienten mit ansteckenden Krankheiten. Es untersteht dem Seuchenbekämpfungsdienst des Gesundheitsministeriums.

Tuberkulose-Krankenhaus St. Peter. Das Krankenhaus ist dem Tuberkulosebekämpfungsdienst des Gesundheitsministeriums angegliedert und wird ausschließlich für die Behandlung von Tuberkulösen verwendet. Die Bettenzahl beträgt 125.

Dejazmach Balcha Hospital. Das Krankenhaus gehört zu den ältesten Krankenhäusern des Landes und wurde als „Russisches Hospital" unter der Regierung des Kaisers Menelik II. gebaut. Die Bettenzahl beläuft sich auf insgesamt 100 für vorwiegend innere und chirurgische Patienten. Die Anstalt wird von der russischen Regierung unterhalten, die auch Ärzte und Schwestern stellt.

Armee-Garde- und Polizeikrankenhaus. In diesen drei Anstalten mit insgesamt 400 Betten und Polikliniken für Allgemeinmedizin, Innere und Chirurgie werden die Angehörigen der jeweiligen Formation mit ihren Familien behandelt. Träger sind die zuständigen Ministerien.

Ausbildung von Ärzten und Gesundheitspersonal. An der Universität Haile Selassie I. besteht seit 1965 eine Medizinische Fakultät, an der Ärzte ihre gesamte Ausbildung erhalten können. Ein geringer Prozentsatz des äthiopischen Ärztenachwuchses studiert im Ausland auf der Basis von Stipendien. Bei der relativ geringen Anzahl von Studienbewerbern ist das Land noch über einen längeren Zeitraum auf fremde Ärzte angewiesen.

Das Gonder Health College gehört zur Haile Selassie I.-Universität und dient der Ausbildung von Leitern der Gesundheitszentren und ärztlichem Hilfspersonal. Über das Land verstreut finden sich in den Krankenhäusern Schulen für Schwestern, Krankenpfleger und Hebammen.

Laboratorien und Forschungsinstitute. Das frühere *Pasteur Institut* von Äthiopien ist durch das *Imperial Central Laboratory and Research Institute* im Jahre 1964 abgelöst worden. Es unterhält die verschiedenen Laboratorien zur Erforschung der übertragbaren Krankheiten des Landes und für Routineuntersuchungen von eingesandtem Material. Im Princess Zenebe Work Hospital hat sich das *Armauer Hansen Forschungsinstitut (AHRI)* für Untersuchungen auf dem Gebiet der Lepra etabliert. Die verschiedenen Disziplinen der Medizinischen Fakultät und die Krankenhäuser unterhalten eigene Laboratorien für Routineuntersuchungen und z.T. für Forschungsaufgaben.

Humanitäre Einrichtungen. Das Äthiopische Rote Kreuz ist dem internationalen Roten Kreuz angeschlossen. Der derzeitige Präsident ist der Kronprinz. Der Sitz der Vereinigung ist Adis Abeba, u. a. betreibt sie eine Schwersternschule und hält laufend Kurse für Erste Hilfe ab. Ein nationales Leprahilfswerk ist ins Leben gerufen worden. Mehrere internationale Hilfswerke unterstützen den Kampf der Regierung gegen die Lepra.

Einrichtungen für Blinde, Krüppel und andere Körperbehinderte werden von Wohlfahrtsinstitutionen des Landes allein oder mit der Unterstützung fremder Organisationen betrieben. Als bedeutendste Wohlfahrtsorganisation unterhält die Haile Selassie I.-Stiftung eine Reihe von Krankenhäusern in der Hauptstadt und mehreren Provinzen des Landes. Für einen beachtlichen Teil der Gesundheitseinrichtungen des Landes sind Missionen die Träger.

III. Einheimische Behandlung und Volksmedizin

Mit diesem Fragenkomplex haben sich besonders Pankhurst [280, 282], Lord [223] und Torrey [391] befaßt und zahlreiche Beobachtungen zusammengetragen. Bei den verschiedenen Stämmen des Landes spielen auch heute noch Heilverfahren eine Rolle, bei denen *Magie* und *Astrologie* die oft drastische Behandlung der „Medizinmänner" ergänzen. Der „debtera", eine Art Katechet, vertreibt geweihte Amuletts und das „Heilige Wasser" für die Behandlung fast aller Leiden. Beiden werden durch die Verbindung mit der Kirche magische Kräfte zugeschrieben.

Einen dem Heilpraktiker vergleichbaren Stand nehmen die „wogesha" bei den Amharen, Tigre und einigen anderen Stämmen ein. Ihre Behandlung ist gesetzlich geduldet. Sie verwenden in erster Linie Heilpflanzen, deren Kenntnis vom Vater auf den Sohn vererbt wird. Aber auch Knochenbrüche, Zahnextraktionen und Wundbehandlung fallen in den Tätigkeitsbereich der „wogesha" oder „hakim". Purgativs pflanzlichen Ursprungs und die Kossobehandlung der Wurminfektionen gehören zu den häufigeren Verabreichungen und sind oft nicht ohne schwerwiegende gesundheitliche Folgen [188].

Bei einigen schweren Leiden wie der Lungentuberkulose werden *Magie* und *Phytotherapie* vereint zur Anwendung gebracht. Der Patient erhält die Wurzeln des Rhabarbers, die in Butter gekocht werden. Gleichzeitig wird ein Hahn oder eine Ziege geopfert und heiliges Wasser auf dem Grundstück versprengt. Bei der Syphilis muß die geopferte Ziege schwarz sein und der Kranke ihr Blut trinken.

Wasser von einer heiligen Quelle, die einem bestimmten Heiligen geweiht ist, stellt einen weiteren Teil der Behandlung dar. Die Kranken müssen in der Quelle baden und größere Mengen des heiligen Wassers trinken. Abgeschlossen wird die Syphilisbehandlung mit einer Schwitzkur von 40 Tagen (!), während der der Kranke große Mengen von Sarsaparilla-Tee trinken muß.

Einer in der Munizipalität von Adis Abeba bis zum Jahre 1958 tätiger „hakim" behandelte mit pulverisierten Pflanzen Formen der colliquativen Tuberkulose oder ähnliche mit einer Lymphadenitis einhergehende Leiden, wobei der „Erfolg" in der Sequestrierung der erkrankten bzw. behandelten Gewebe bestand. Auch durch Täuschungsmanöver und Taschenspielertricks beeindrucken die einheimischen Behandler meist mit nachhaltigem Erfolg ihre Patienten. Sie zeigen dem Kranken große Mengen Würmer, Maden, eine Kröte oder einen Frosch, die sie aus dem erkrankten Herd entfernt zu haben vorgeben. Die heiligen Wasser, fast immer von Mineralquellen stammend, heilen Taube und Krüppel, indem sie sie eine Kröte oder Würmer erbrechen lassen.

Die beste Behandlung der Masern besteht im Volksglauben im Genuß von 15 bis 20 Jahre alter Butter. In den Kopf eines Säuglings eingerieben, bewirkt sie glänzende Augen und guten Verstand. Butter im Munde eines Neugeborenen verhindert eine schrille Stimme. Das Füttern Neugeborener mit Butter ist allgemein verbreitet und führt meist zu schweren Diarrhöen mit Verdauungsstörungen, die in einem nicht geringen Umfange zu der sehr hohen Säuglingssterblichkeit des Landes beitragen.

Der Genuß von Knoblauch soll den Ausbruch der Malaria verhindern. Ein Mensch mit Bandwurm erkrankt nicht an der Amöbiasis.

Die Sonne hat übernatürliche Kräfte. Schwangere, die sich ihr nach dem Essen aussetzen, erleiden eine Fehlgeburt. Wer nach dem Essen in der Sonne weilt, wird krank (eine bei der äquatornahen Lage des Landes in vielen Fällen zutreffende Beobachtung).

Bestimmte Verhaltensweisen oder Versäumnisse resultieren in Krankheit. Derjenige, der einen Fluß am Mittag oder bei Mitternacht überquert hat, und das nach der Benutzung von Parfüm, bekommt Lepra. Bei einigen Stämmen müssen Mitglieder desselben einmal im Jahr Lobpreisungen ausrufen, sonst bekommen sie Lepra und verlieren Teile ihres Körpers. Einer, der einen Leprösen auslacht, bekommt die Krankheit selbst. Wer von einem tollwütigen Hund gebissen worden ist und sich einer Behandlung unterzogen hat, darf keinen Fluß überqueren, wenn die Behandlung nicht wirkungslos sein soll. Einem am Boden liegenden Epileptiker, der dann vom Teufel besessen gilt, darf man nicht helfen, sonst erkrankt man selbst daran. Wer einen Elefanten getötet hat, muß ein Fest zu Ehren des Elefanten geben oder er wird verrückt. Ein Farmer, der versäumt hat, alljährlich ein schwarzes Schaf zu töten, wird den Verlust seiner ganzen Herde erleiden. Die Nägel darf man sich nachts nicht schneiden, sonst stirbt der Onkel. Im Falle des nächtlichen Zähneputzens trifft es den Bruder.

Eine Reihe von *Tabus* bestehen aus religiösen Gründen und werden allgemein beachtet. Das gilt für das Verbot des Essens von Schweinefleisch und auch vom Fleisch des Nilpferdes. Vögel mit Schwimmhäuten an den Füßen sind für den menschlichen Genuß nicht gestattet. Auch Hasenfleisch ist verpönt.

Trotz des weit verbreiteten Aberglaubens und der allgemein üblichen einheimischen Behandlung ist der äthiopische Patient für die Behandlung durch die Schulmedizin sehr aufgeschlossen. Besonders stark ist sein Glaube an die „Morphe", d.i. die Injektion. Er wird im Bedarfsfall die für das vorliegende Leiden am besten geeignete Behandlung wählen. Nicht selten werden mehrere Stellen konsultiert und der Patient entscheidet sich für die nach seiner Meinung beste Behandlungsart. Der Arzt „Hakim" genießt allgemein große Achtung und das Vertrauen in seine Kunst ist groß, auch die eigenen Vorstellungen über Krankheit sind fest verankert und in bestimmten Fällen wird die einheimische Behandlung vorgezogen.

C. Die Krankheiten des Landes

I. Durch Arthropoden übertragene Infektionskrankheiten

1. Malaria (ወባ Wäba) *

Die älteren Untersuchungen über die Epidemiologie der Malaria stammen vorwiegend von italienischen Autoren. Ausführlichere Studien wurden vom Istituto di Malariologia in Rom in den Jahren 1936 bis 1941 durch Lega, Raffaele und Canalis [215] durchgeführt. Coradetti befaßte sich in der Zeit von 1938 bis 1940 mit der *Epidemiologie* der Malaria in der Provinz Welo [89]. Giaquinto- Mira [155, 157] hat sich 1938—1940, 1950 mit der Verbreitung und der Biologie der Anophelen Äthiopiens näher auseinandergesetzt. Brambilla [34] zeigte 1940 die Probleme der Malaria im Raume von Dire Dewa auf.

Im Jahre 1952 untersuchte Covell [91] die Malariasituation südlich des Tana-Sees bei Bahir Dar und schloß weitere Erhebungen in anderen Teilen des Landes im Jahre 1955 an. Auf seine Empfehlungen hin wurde in Zusammenarbeit mit der WHO, UNICEF und USAID ein *Malaria Control Project* für Äthiopien beschlossen und durch Pilot Projects in Kobo Chercher, Dembia und Gambela in den Jahren 1955 bis 1957 begonnen.

Als wichtigstes Ergebnis der damaligen Untersuchungen wurden die Schlußfolgerungen gezogen, daß 1. die Übertragung der Malaria durch die Verwendung von versprühten Insecticiden innerhalb der Behausungen unterbrochen werden kann, 2. der Grad der Endemie in direkter Abhängigkeit von der Entfernung der menschlichen Ansiedlung zum Brutplatz der Anophelen steht, 3. die Übertragungen bald nach den Regenfällen einsetzen und bis November/Dezember andauern und schließlich, 4. daß regionale Malariaepidemien von Zeit zu Zeit auftreten können. Es wurde auch befürchtet, daß das im Lande vorhandene Nomadentum sich als ein Hindernis für die Maßnahmen zur Ausrottung der Malaria auswirken würde.

Als die Untersuchungen, die einer das ganze Land umfassenden Bekämpfungsaktion vorausgingen, noch nicht abgeschlossen waren, wurde in der 2. Hälfte des Jahres 1958 das Land von der schwersten *Malariaepidemie* befallen, die je in diesem Raum Afrikas beobachtet worden ist. Die Zahl der an der Malaria Erkrankten ist auf 3 Millionen und die der Todesfälle auf über 150000 geschätzt worden [143].

Die Epidemie trat in Gebieten auf, die sonst von den alljährlich wiederkehrenden Ausbrüchen verschont blieben. Sie erreichte bisher ungewohnte Höhenlagen von über 2100 m NN *. Am schwersten betroffen wurden die zentral gelegenen Provinzen Shewa, Gojam, Welo und Tigre, aber auch die Hochlande des übrigen Äthiopien blieben bis zu einer Höhe um 2000 m nicht ausgespart.

Das Auftreten der ersten Fälle in ungewohnter Umgebung war so überraschend, daß zunächst von einer neuen Krankheit — adis beshetha — gesprochen wurde. Die mikroskopischen Untersuchungen der Blutausstriche enthüllten des Rätsels Lösung als *Plasmodium falciparum-Infektion*. Die nachträgliche Analyse der Epidemie ergab das Zusammentreffen entscheidender Faktoren, deren gleichzeitiges Vorhandensein eine conditio sine qua non für einen derartig gewaltigen epidemischen Ausbruch ist. Ungewöhnlich hohe Niederschläge, eine sehr ausgedehnte Regenzeit bei abnorm hohen Temperaturen und eine Luftfeuchtigkeit fast bis zum Sättigungsgrad schufen für die Vermehrung der Anophelen extrem günstige Bedingungen. Die Einwirkung von ungewöhnlich großen Anophelenzahlen auf eine Bevölkerung mit einem sehr niedrigen oder ganz fehlenden Prämunitätsgrad ermöglichte den epidemischen Ausbruch, der sich über 6 Monate hinzog und das Land in seiner Entwicklung um Jahre zurückwarf. Die Epidemie fiel in die Zeit der Ernten. Sie konnten nicht oder nur verspätet eingebracht werden. Eine Hungersnot von katastrophalem Ausmaß war die Folge. Besonders betroffen wurden die nördlichen Provinzen und unter diesen am schwersten die Provinz Tigre.

Es hätte dieser schweren Heimsuchung nicht bedurft, um die für das Wohl des Landes Verantwortlichen von der Notwendigkeit zu überzeugen, daß die Malaria als größtes Hindernis für die Entwicklung und den Fortschritt des Landes eliminiert werden muß. Im Jahre 1959 errichtete die äthiopische Regierung mit Order 22/1959 im Zusammenwirken mit der USAID den *Malaria Eradication Service*, eine semi-autonome Organisation im äthiopischen Gesundheitsministerium, die die schnellstmögliche Ausrottung der Malaria zum Ziel hat (Karten 4, 5).

Den Statistiken über die ansteckenden Krankheiten kann entnommen werden, daß die Malaria bis über die Hälfte aller gemeldeten Infektionskrankheiten ausmacht [261]. Die Bevölkerung meidet die niedriger gelegenen Gebiete aus Furcht vor der Malaria, und

* Nach der deutschen Krankheitsbezeichnung folgt in Klammern die amharische Krankheitsbezeichnung in amharischen Schriftzeichen und in phonetischer Wiedergabe. Die Transliteration ist in Übereinstimmung mit den Empfehlungen des Institute of Ethiopian Studies of the Haile Selassie I University durchgeführt worden (siehe Journal of Ethiopian Studies, Vol. II, No. 1, Januar 1964, Adis Abeba).

* Sämtliche Höhenangaben beziehen sich auf Meter über dem Meeresspiegel.

fruchtbarstes Land wird nicht kultiviert oder bleibt brach liegen.

Die *jahreszeitliche Abhängigkeit* des Auftretens der Malaria ist aus einer Zusammenstellung des Antiepidemic Service über einen Zeitraum von 5 Jahren (1959/63) deutlich zu ersehen [261]. Der tiefste Stand der Krankheitsmeldungen fällt in den Monat März, der Höchststand wird im November erreicht. Im September steigt die Malariahäufigkeit rasch an und nimmt epidemische Ausmaße an, um im Dezember genau so schnell wieder auf eine endemische Größenordnung abzufallen (Abb. 22, Rückseite der Karte 5).

Die Zusammenhänge zwischen Regenzeit und den durch sie bedingten Vermehrungsmöglichkeiten für die Vektoren ist aus der Niederschlagstabelle zu erkennen (Tab. I). Die Regenzeit setzt für den größten Teil des Landes im Juni ein und endet im September. Während der täglichen Regenfälle sind alle Wasserläufe, Teiche und Seen ausreichend gefüllt. Zu Beginn der Trockenperiode bestehen immer noch günstige Bedingungen für die Mückenbrut und damit für die Übertragung der Malaria. Die meisten Ansteckungen ereignen sich in den Monaten Juli, August und September.

Stabile Verhältnisse in bezug auf das Auftreten der Malaria bestehen längs der ganzjährig wasserführenden Flüsse im Tiefland. Unbeständig ist die Situation im Hochland und in den Wüstengebieten. Im Südwesten mit Regenfällen über 9 Monate des Jahres können in den Provinzen Ilubabor, Gemu Gofa und in der Provinz Sidamo Übertragungen von April bis zum Dezember stattfinden.

In den *ariden* Gebieten des Tieflandes mit einer kurzen Regenzeit im Dezember und Januar, wie sie im Küstengebiet des Roten Meeres angetroffen wird, kommen Übertragungen der Malaria hauptsächlich im Januar und Februar zustande.

Legt man die 2000 m Höhenlage als obere Grenze des Auftretens der Malaria zugrunde, so lebt die Hälfte der äthiopischen Bevölkerung mit dem Risiko der Malariaansteckung, d.h. über 10 Millionen der äthiopischen Bevölkerung sind von der Malaria bedroht.

Cecchi [64] berichtete 1887 von seinen Reisen, daß die Äthiopier das Auftreten von Fieber auf den Stich der Mücken zurückführten. Grundlegende Studien aus den dreißiger und vierziger Jahren über die *Anophelenfauna* Äthiopiens stammen von Corradetti [82—89], Brambilla [34], Gasperini [148], Giaquinto- Mira [155, 157] und Mara [231, 232]. Sie erfaßten die wichtigsten Überträger der Malaria und beschrieben einige neue Species. Insgesamt waren ihnen 16 Anophelenarten bekannt. Als wichtigster Überträger in den niedrigeren Lagen und im Hochland bis zu 2000 m wurde *A. gambiae* ermittelt. *A. funestus* kommt in Höhen zwischen 1000 und 1500 m vor und wird gelegentlich in ariden Gebieten des Tieflandes angetroffen. Ihre Rolle als Überträger von Malariaplasmodien gilt als gesichert. *A. d'thali* wird als eine saharo-indische Art aufgefaßt und hat nur geringe Bedeutung als Vektor. In Äthiopien kommt er in den ariden Regionen des Hoch- und Tieflandes vor. Regelmäßiger Überträger der Malaria in allen Höhenlagen ist *A. praetoriensis*. *A. turkhudi* kommt nur in weniger hohen Lagen vor und ist relativ selten. Er überträgt die Malaria, wenn überhaupt, nur gelegentlich. *A. mauritianus* wird selten angetroffen und gilt als unregelmäßiger Überträger der Malaria. *A. cinereus* ist in allen Höhenlagen sehr verbreitet, seine Bedeutung als Überträger ist umstritten. *A. christyi* gehört zu den seltenen Anophelenarten in Äthiopien und ist als Vektor ohne Bedeutung. *A. demeilloni* ist sowohl im Tiefland als auch in den höheren Lagen weit verbreitet, aber nur ein mäßiger Überträger.

In Zusammenarbeit mit dem äthiopischen *Malaria Eradication Service* wurden 1963 von Jolivet [202] die in Äthiopien inzwischen bekannt gewordenen 32 Arten der Anophelen in einer Tabelle zusammengefaßt und nach ihrem Vorkommen in den einzelnen Provinzen geordnet (siehe Karte 5). Drei neue Anophelenarten sind während der Vorbereitungsphase der Malariabekämpfung beschrieben worden. Übereinstimmung besteht mit den früheren Untersuchern darin, daß in Äthiopien *A. gambiae* der Hauptvektor für die Übertragung der Malaria ist. *A. funestus* spielt dagegen eine untergeordnete Rolle, nur in Gebieten mit endemischer Malaria in der Nähe von Flüssen, Seen und Sümpfen im Tiefland und in tiefen Taleinschnitten kann diese Anophelenart *A. gambiae* als Vektor übertreffen. *A. pharoensis* gilt als Überträger, ist aber von geringerer Bedeutung, soweit eine epidemische Übertragung in Betracht kommt.

Im Distrikt Yeju der Provinz Welo hat Corradetti [82, 89] die Entwicklung der *Anophelenlarven* besonders untersucht. *A. gambiae* findet sich in allen Höhen, nur bei günstigen Temperaturen und geeigneten Brutmöglichkeiten wird sie in Lagen über 2100 m angetroffen. Durch ihre große Anpassungsfähigkeit an die verschiedenen Oberflächenwässer zur Larvenentwicklung ist sie den anderen Anophelen gegenüber im Vorteil. Nach Corradetti bestehen das ganze Jahr hindurch Herde mit Larven von *A. gambiae*. In der trockenen Jahreszeit, wenn die Anophelenfauna am stabilsten ist, herrscht in Lagen unter 1000 m *A. gambiae* vor. In Höhen zwischen 1000 und 1800 m werden vorzugsweise Larven von *A. cinereus*, *A. coustani*, *A. demeilloni* und *A. praetoriensis* angetroffen. Seltener sind dagegen *A. christyi*, *A. pharoensis*, *A. rhodesiensis*, *A. squamosus* und *A. macmahoni*. Oberhalb von 1800 m enthalten die meisten Mückenbrutplätze ausschließlich Larven des *A. cinereus*, nur gelegentlich finden sich zahlreiche Larven der *A. garnhami*, *A. christyi*, *A. coustani*, *A. demeilloni* und *A. squamosus* (Karte 5).

Mit dem Auftreten der *großen Regenzeit* und der damit verbundenen Ausweitung der Mückenbrutplätze verschiebt sich das Zahlenverhältnis der vorgefundenen Larvenarten nicht unerheblich. Bis zu einer Höhe von 1800 m überwiegen die Larven der *A. gambiae*, zwischen 1800 und 2000 m kann man eine Zunahme der *A. christyi* feststellen. In Lagen zwischen 400 und 700 m im Westen der Provinz Welo wird ein überaus häufiges Auftreten der *A. pharoensis* beobachtet.

Corradetti [87] hat den Entwicklungszyklus der *A. gambiae* 1939 eingehend studiert und die kürzeste Phase bis zum Ausschlüpfen der Imagines mit 9 Tagen in den Monaten August und Spetember ermittelt. Der Anteil der Weibchen überwiegt leicht bei den geschlüpften Imagines. Sie haben eine ausgesprochene Vorliebe für den Menschen als Nahrungsspender, von 214 untersuchten Exemplaren hatten 123 Mücken menschliches Blut in ihren Mägen.

Bei den heißen Quellen von Sodore in der Provinz Shewa untersuchte 1963 Jolivet [202] die natürlichen Lebensgewohnheiten der *A. gambiae* und der *A. pharoensis* gegen Ende der Regenzeit. Zwischen 18 und 20 Uhr betrug der Anteil der in einer Falle mit Menschenködern gefangenen 380 Weibchen von *A. gambiae* 37,8%, zwischen 20 und 24 Uhr 48,6%, in den jeweils folgenden 4 Std bis 8 Uhr früh 8,6% und 4,7%. Bei der *A. pharoensis* war die Situation ähnlich. Nach Eintreten der Dunkelheit bis zur Mitternacht sind die Anopheles am aktivsten, eine relativ große Aktivität besteht aber auch schon während der Dämmerung.

Die für die Bekämpfung der Vektoren unerläßliche Prüfung der Empfindlichkeit gegen die vorgesehenen Insecticide ergab, daß die getesteten Arten *A. gambiae*, *A. pharoensis* und *A. funestus* sehr empfindlich gegen alle chlorierten Kohlenwasserstoff-Insecticide sind. An den besprühten Ruheplätzen innerhalb der menschlichen Behausungen und der Ställe lag die durchschnittliche Mortalität zwischen 45% und 100% in einer Zeit von 3 bis 5 Monaten nach der Behandlung der Innenräume.

Vergleichende Untersuchungen zwischen Gebieten, die mit Insecticiden behandelt worden sind und unbehandelten Behausungen zeigten einen starken Abfall der Parasitenrate bei den Bewohnern des besprühten Gebietes. Es wurde damit bestätigt, daß auch in Äthiopien die Unterbrechung des Malariakreislaufes durch die Anwendung von geeigneten Insecticiden gegen den Vektor möglich ist.

Die *parasitologischen Untersuchungen* des Jahres 1962 an 30 verschiedenen Plätzen des Landes in Höhenlagen bis 2000 m über dem Meeresspiegel durch den *Malaria Eradication Service* ergaben positive Befunde in 1,61% der Blutproben von 143 499 Personen. Ein *Parasitenindex* von über 10 fand sich in Maji in der Provinz Kefa (33,3%), Arba Minch in der Provinz Gemu Gofa (14,3%) und in Gambela in der Provinz Ilubabor (10,9%). Alle drei Lokalitäten liegen im Westen des Landes in einer Region, in der eine verlängerte Regenzeit auftritt. Eine relativ hohe Rate wurde ferner in Mitsiwa in Eritrea mit 9,48% festgestellt. Dieser Wert überrascht, wurden doch bei früheren Untersuchungen weit niedrigere Befunde erhoben. Awash Station (5,5%), Robi (4,76%) und Adamitulu (4,5%), alle in der Provinz Shewa gelegen, waren als Orte mit hoher Endemizität bekannt. Serié [352] fand 1962 bei seinen Gelbfieber-Erhebungen in 10 Ortschaften der Provinz Gemu Gofa in 132 Blutausstrichen 37mal *Plasmodium falciparum*, d. h. in etwa 28%.

Von den drei in Äthiopien angetroffenen *Parasitenarten* überwiegt *Plasmodium falciparum* fast im ganzen Land. Nach einem errechneten Verteilungsschlüssel beträgt die Häufigkeit von *Pl. falciparum* 60%, von *Pl. vivax* 25% und von *Pl. malariae* 15%. *Pl. ovale* ist in Äthiopien nicht beobachtet worden. Mischinfektionen mit mehreren Arten kommen häufig vor.

Jahreszeitliche Schwankungen im Auftreten der einzelnen Parasitenarten und regionale Unterschiede in ihrem Vorkommen sind von früheren Untersuchungen her bekannt. In der Trockenzeit von April bis zum Mai einschließlich sind *Pl. vivax* und *Pl. malariae* genauso häufig wie *Pl. falciparum* oder übertreffen diese Art sogar.

Systematische Erhebungen über die *regionale Verteilung* der Plasmodien sind von italienischen Untersuchern in früheren Jahren angestellt worden. Lega, Raffaele und Canalis [215] fanden am Shebeli 1937 *Pl. vivax* zu 70% und *Pl. falciparum* zu 30% vertreten. Nach Mirra [265] überwiegt in Eritrea *Pl. vivax* mit 75% gegenüber *Pl. falciparum* mit 20% und *Pl. malariae* mit 5%. Im Tiefland tritt *Pl. falciparum* dagegen stärker in Erscheinung. Spadaro [377] fand 1952 in Mitsiwa in 60% der Blutausstriche *Pl. falciparum*, in 40% *Pl. vivax* und niemals *Pl. malariae*. Im Raum von Agordet in Eritrea stellte er ein noch stärkeres Überwiegen von *Pl. falciparum* mit 70% gegenüber *Pl. vivax* fest. *Pl. malariae* war dagegen äußerst selten. Mariani [234] ermittelte 1937 in seinen Erhebungen Prozentsätze von 65 für *Pl. falciparum*, von 30 für *Pl. vivax* und von 5 für *Pl. malariae* im angrenzenden Somalia.

Erhebungen über den *Milzindex* liegen aus verschiedenen Zeiten vor. Ganora [146] beobachtete 1932, daß der Milzindex in den niedrigeren Lagen höher ist als in den übrigen Malariazonen des Landes. De Amelis [99] fand 1938 für Aseb in Eritrea einen Index von 21%. Milzindizes von 10,3% in Dese in der Provinz Welo, von 33,3% in Mojo, von 32,1% in Adamitulo und von 23,5% am Ziway-See in der Provinz Shewa wurden 1938 von Giaquinto- Mira [155] ermittelt. Sehr hohe Werte berichteten 1947 Barbera und Capuano [17] aus Jima in der Provinz Kefa mit 80% und Lega, Raffaele und Canalis [215] aus mehreren Ortschaften der Provinz Harer mit 70—90% im Jahre 1937.

In einer *malariometrischen Erhebung* der WHO im Jahre 1963 in 17 Ortschaften aus 7 Provinzen wurden über 800 Kinder im Alter von 2—9 Jahren untersucht. Die Zahl der Probanden betrug jeweils mehr als 10% der gesamten Einwohnerschaft. Bei der Auswertung der Befunde trat deutlich die Abhängigkeit der Milzindizes von der Elevation zutage. Die höchsten Werte werden in den niedrigeren Lagen angetroffen. In der Provinz Harer schwankten die Zahlen zwischen 8,5% in 1700 m Höhe und 62% in einer Lage von 1200 m. In der Provinz Shewa waren die entsprechenden Werte 5,8% und 66,6% bei 1660 m bzw. 900 m NN. Die gleiche Tendenz wurde auch in den übrigen Provinzen bis auf die Ortschaften in Höhe des Meeresspiegels oder wenig darüber beobachtet. Die bei Erwachsenen erhobenen Befunde standen im Einklang mit den Ergebnissen, die bei den Kindern ermittelt worden sind [404].

Die *hypoendemischen* Zonen der Malariaverbreitung liegen vorwiegend in Höhen über 1600 m bis zu 2000 m und werden in allen Provinzen des Landes angetroffen (Karte 4). Die *mesoendemischen* und *hyperendemischen* Malariagebiete finden sich in einem Bereich von 400 bis zu 1800 m im Verlauf der großen Flüsse und in der Umgebung der Seen. *Holoendemische* Gebiete bestehen hauptsächlich im Westen des Landes in Lagen um 1300 m und darunter mit einer sich fast über das ganze Jahr erstreckenden Regenzeit.

Chand [68] weist 1965 darauf hin, daß die Hälfte der Krankenhausbehandlungen wegen übertragbarer Krankheiten durch die Malaria verursacht wird. Nur einem verschwindend kleinen Anteil der Malariapatienten kann eine adäquate ärztliche Behandlung zuteil werden (Abb. 21). In den meisten Gebieten mit hohem Malariavorkommen ist der Gesundheitsdienst höchst rudimentär. In den ländlichen Bezirken betragen die Arztraten 1 zu 100000 und mehr. Die Behandlung der Kranken erfolgt in der Regel durch medizinisches Hilfspersonal. Nur im Bereich der neu errichteten Gesundheitszentren kann eine mikroskopische Diagnose der Malaria außerhalb der Krankenhäuser gemacht werden. Fehldiagnosen sind deshalb unvermeidlich. Im Falle einer fieberhaften Erkrankung wird zunächst das Vorliegen einer Malaria angenommen. D'Ignazio [118] hat 1947 besonders auf die Differentialdiagnose zwischen der Malaria und dem Rückfallfieber hingewiesen.

Die *Sterblichkeit* der Malaria liegt in nicht-epidemischen Perioden bei 1—2%. Während einer Epidemie steigt sie auf 10 bis zu 25%. Allgemein wird angenommen, daß die Zahl der nicht direkt durch die Malaria verursachten Todesfälle aber als mittelbare Folge derselben noch einmal das gleiche Ausmaß hat. Boccia [27] und Cimmino [76] haben auf den schwereren Verlauf der Malaria bei der einheimischen Bevölkerung gegenüber Europäern hingewiesen. Besonders gefährdet sind Erkrankungen im Kindesalter (Chand [68]). Häufig treffen Malaria und Unterernährung zusammen, und länger andauernde Invalidität ist die Folge. Die Verminderung der Arbeitskapazität wird von Chand [68] auf 20 bis 25% geschätzt. Besonders betroffen ist die Landwirtschaft, Ernteeinbußen sind die Ursache für den reduzierten Ernährungszustand weiter Bevölkerungskreise.

Die *Malariabekämpfung* nimmt in der Liste der Prioritäten des öffentlichen Gesundheitsdienstes den 1. Rang ein. Etwa ein Fünftel des Haushaltes des Gesundheitsministeriums ist für die Malariabekämpfung vorgesehen. Hinzu kommt die internationale Hilfe durch USAID und WHO etwa in der gleichen Größenordnung. Diese relativ beträchtlichen Mittel erlauben eine stufenweise Bekämpfung der Malaria mit dem Endziel der völligen Ausrottung. Seit 1965 läuft das Programm in der Zone A. Das Land ist zum Zweck der Malariaausrottung in 4 Gebiete (Zone A—D) wie folgt unterteilt (Karte 5):

Zone A Eritrea, Tigre, Begemdir, das östliche Welo, der Norden von Harer, das östliche Shewa und der Norden von Arusi.

Zone B Gojam, der Westen von Welo, der Nordosten von Welega, das nördliche Kefa und der Osten von Ilubabor.

Zone C Der Südwesten von Welega, das westliche Ilubabor und der Süden von Kefa.

Zone D Der Süden von Harer und Arusi, Bale und das östliche Sidamo.

Die Ausrottungsaktion läuft in 4 verschiedenen Phasen ab:

1. Die *Vorbereitungsphase* dauert 2 Jahre. In dieser Zeit wird das Land kartographisch erfaßt. Die Malariagebiete werden in die erarbeiteten Karten eingetragen. Die Häuser der Ortschaften werden numeriert und listenmäßig festgehalten.

2. Die *Angriffsphase* dauert 4 Jahre. In dieser Periode wird jedes als Mückenruheplatz dienende Bauwerk in regelmäßigen Intervallen mit einem Insecticid ausgesprüht.

3. Die *Konsolidierungsphase* schließt sich an. In dieser Zeit werden alle Anstrengungen gemacht, noch stattfindende Übertragungen aufzuspüren, die Ursache herauszufinden und auszuschalten. Die Maßnahmen schließen eine Vorbeugung gegen eine Neueinschleppung der Malaria ein und sollen gleichzeitig feststellen, ob die Ausrottung erreicht worden ist.

4. Die *Erhaltungsphase* ist zeitlich unbegrenzt. Die Verantwortung und Zuständigkeit in der Entdeckung neuer Übertragungen und Erkrankungsfälle wird eine Funktion der allgemeinen Gesundheitsdienste. Sie müssen zu diesem Zeitpunkt einen Entwicklungsstand erreicht haben, der die Durchführung dieser wichtigen Aufgabe ermöglicht.

Es ist vorgesehen, daß in der Zone A die Erhaltungsphase im Jahre 1973 erreicht wird. Die anderen Gebiete, Zone B, C und D, werden stufenweise in das Ausrottungsprogramm einbezogen. Die Erhaltungsphase für ganz Äthiopien soll bis 1979 erreicht werden. Solange wird die Malaria auch das vordringlichste Gesundheitsproblem des Landes bleiben.

2. Leishmaniasen (ቁንጫ Quneč̣č̣a) *

Die frühesten Arbeiten über die Leishmaniasis in Äthiopien stammen vorwiegend von italienischen Autoren. Sie haben sich sowohl mit der Leishmaniasis cutanea als auch mit der visceralen Form der Leishmaniasis, der Kala-Azar, befaßt.

Martoglio [244] bezweifelte 1912 das *Vorkommen* der Leishmaniasis visceralis im Hochland von Eritrea, räumt aber die Möglichkeit ihres Auftretens in den tieferen Lagen im Westen des Landes ein. De Marzo [105] beschreibt 1914 als Erster die Kala-Azar in Eritrea. Ferro-Luzzi [134] beobachtete zwischen 1939 und 1943 neun Patienten mit visceraler Leishmaniasis, die alle aus der Tiefebene Eritreas stammten. Auch er hält das Vorkommen der Kala-Azar im Hochplateau für unwahrscheinlich.

Im südöstlichen Äthiopien — vorwiegend in den Grenzgebieten zum Sudan und Kenia —, in den Provinzen Sidamo, Gemu Gofa und Ilubabor kam es in den Jahren 1938—1942 zu größeren *epidemischen* Ausbrüchen von Kala-Azar. Andersen [5] berichtet 1943 über 136 Erkrankungen von visceraler Leishmaniasis, die sich afrikanische Soldaten während des Feldzuges in Äthiopien zugezogen hatten. Vereinzelte Fälle von Kala-Azar sind in den Krankenhäusern von Gonder, Jima, Harer und Adis Abeba im letzten Jahrzehnt behandelt worden, ohne daß ihr Auftreten Anlaß zu epidemiologischen Erhebungen gegeben hätte. Auch im Danakil Gebiet und im Raum von Jijiga in der Provinz Harer sind Erkrankungen von Kala-Azar beobachtet worden (Abb. 25, Rückseite der Karte 5).

Penso [292] beschrieb 1935 den ersten Fall von Leishmaniasis visceralis im benachbarten Somalia. Vorher hatte Sarnelli [329] auf ihr häufiges Vorkommen in Yemen im Jahre 1933 hingewiesen.

Die Ansteckungen der Kala-Azar erfolgen vorwiegend in Lagen unter 1200 m in Regionen mit geringen Niederschlägen (150 bis 950 mm) und mit Jahresdurchschnittstemperaturen, die über 20 °C liegen.

Die Leishmaniasis cutanea (Orientbeule) kommt fast in allen Provinzen des Landes vor (Abb. 25). Die ersten Angaben hierüber stammen 1912 von Martoglio [244] und 1914 von de Marzo [105], die über das Vorkommen der Orientbeule in Eritrea berichteten. Nach Spadaro [377] wird die Leishmaniasis cutanea im östlich gelegenen Tiefland von Eritrea nicht angetroffen, weil die klimatischen Bedingungen dort für den Vektor ungünstig seien. Mariani's Beobachtungen [235] aus dem Jahre 1938, daß die Leishmaniasis cutanea in Adis Abeba nicht autochthon ist, kann aus eigener Erfahrung bestätigt werden. Die in der Landeshauptstadt zur Behandlung gelangten Fälle stammen vorwiegend aus der im Westen gelegenen Provinz Welega. In den Distrikten von Gimbi und Dembidolo ist die Orientbeule weit

---

* Aus „Zeitschrift für Tropenmedizin und Parasitologie" **22**, 235—242 (1971) mit Genehmigung des G. Thieme-Verlages, Stuttgart.

verbreitet (Bucco [47]). Auch in Asosa und Umgebung werden relativ viele Einwohner angetroffen, deren Narben an den unbedeckten Körperteilen höchst verdächtig auf eine überstandene Orientbeule sind. Die Gallas haben eine eigene Bezeichnung für die Orientbeule und sprechen von „finchoftu". Die Amharen nennen die Leishmaniasis cutanea „kuncher" und in Tigrinya heißt die Orientbeule „guzuwa".

Systematische Erhebungen über die *Häufigkeit* der Leishmaniasis cutanea sind nur in einem sehr beschränkten Umfang bisher durchgeführt worden. Bryceson und Nichol [46] untersuchten 1966 die Einwohner zweier kleiner Ortschaften in der Umgebung von Dembi Dolo auf das Vorliegen einer Leishmaniasis. Die Gegend liegt etwa 1900 m hoch. Die mittlere Jahrestemperatur beträgt 15—20 °C und die Niederschlagsmengen erreichen Werte bis zu 1500 mm. Die angetroffenen Befunde ließen die beiden Autoren den Durchseuchungsgrad der Bevölkerung auf 10—20% schätzen. Bei der Leishmaniasis cutanea herrschen Erkrankungen vom Typ der Orientbeule vor, aber es werden auch mucocutane Läsionen angetroffen. Es erkranken alle Altersgruppen, bevorzugt tritt die Leishmaniasis cutanea in jungen Jahren auf und ist am häufigsten im Gesicht lokalisiert. Die meist einzige Läsion beginnt als Knötchen und, wenn sie eine gewisse Größe erreicht hat, kommt es zur Ulceration. Die Krankheitsdauer beträgt 1—2 Jahre, die zurückbleibenden Narben sind gewöhnlich oval in einer Größe von 2 : 3 cm.

Nachdem der erste Fall der Leishmaniasis cutis diffusa in Äthiopien 1960 von Balzer, Schaller, Serié und Destombes [16] beschrieben worden war, wurden in der Folgezeit weitere Erkrankungen dieses Typs zunächst unter Leprakranken [349, 313] und später unter anderen Patienten [45] festgestellt. Die Leishmaniasis cutis diffusa in Äthiopien verhält sich ähnlich wie die 1948 von Barrientos [20], Convit, Kerdel-Vegas [81] (1960) u. a. in Südamerika als neue Erkrankung herausgestellte disseminierte Form der Hautleishmaniasis. Poirier [307] weist 1964 darauf hin, daß die bisher bekannten Fälle von Leishmaniasis cutis diffusa — über 50 an der Zahl — ausschließlich im äthiopischen Hochland beheimatet sind. Im *klinischen Bild* und in der *feingeweblichen Struktur* lassen sich bei der Leishmaniasis cutis diffusa *tuberculoide*, *lepromatoide* und zwischen diesen beiden gelegene *interpolare* Formen unterscheiden.

Entsprechend ist auch das Verhalten im *Montenegro-Test*. Bryceson und Nichol [46] verwandten 1966 in ihren Untersuchungen ein von Leishmania brasiliensis hergestelltes *Leishmanin* und beobachteten positive Reaktionen bei den an Leishmaniasis cutanea erkrankten Probanden. Demgegenüber fallen die Leishmanintests mit einer lepromatoiden Leishmaniasis cutis diffusa negativ aus. Positiv reagieren die Patienten mit einer Leishmaniasis cutis diffusa, die eine tuberculoide Gewebsreaktion aufweisen. Beobachtungen über das Verhalten des Montenegrotests im Falle der Kala-Azar liegen in Äthiopien nicht vor.

Das von Brahmachari [33] in Indien 1922 beschriebene Post-Kala-Azar-Leishmanoid ist in Äthiopien bisher nicht beobachtet worden.

Hervorgerufen werden die Krankheitsformen der Leishmaniasis durch den zu den Protozoen gehörenden Parasiten der Familie *Trypanosomidae* aus der *Gattung Leishmania*. In Äthiopien kommen die *L. donovani* als Erreger der visceralen Leishmaniasis und *L. tropica* als Ursache der cutanen Krankheitsformen vor. Über die Natur des Erregers der Leishmaniasis cutis diffusa sind die Untersuchungen noch nicht abgeschlossen. Es wird vermutet, daß *L. tropica* für alle Manifestationen der Hautformen der Leishmaniasis verantwortlich ist (Bryceson [46]).

Über das *Reservoir* der Leishmanien in Äthiopien ist nur sehr wenig bekannt. Conti [80] fand 1931 in Ginda bei Asmera den ersten Hund mit Leishmanien. Battelli, Coceani und Rossi [24] untersuchten 1934 die Verbreitung der Leishmaniasis unter den Hunden Asmeras. Von 102 Tieren waren 9 mit Leishmanien infiziert. Ferro-Luzzi [134], 1943, neigt dazu, einen Zusammenhang zwischen der Leishmaniasis der Hunde und des Menschen abzulehnen. Die Diskrepanz in der Häufigkeit des Auftretens beider Erkrankungen erscheint ihm zu groß, als daß eine derartige Annahme gerechtfertigt sei.

Als *Überträger* der Leishmaniasis kommen mehrere in Äthiopien auftretende Arten der Gattung *Phlebotomus* in Betracht. Die Phlebotomen leben in oder in der Umgebung der menschlichen Behausungen, wo sie günstige Brutmöglichkeiten vorfinden. Als mögliche Vektoren werden u. a. *Phlebotomus sergenti*, *P. langeroni* var. *orientalis* [243, 286] und *P. longipes* [220] genannt. Es scheint einiges dafür zu sprechen, daß *P. longipes* als Hauptüberträger der Leishmaniasis des Menschen in Betracht kommt, während die in Äthiopien am weitesten verbreitete Sandfliege *P. bedfordi* als Vektor ausscheidet [220].

Zu wenig ist bislang über die *Ökologie* der als Vektoren in Äthiopien in Betracht kommenden Phlebotomen bekannt und weitere Studien sind nötig, um die Zusammenhänge zwischen dem möglichen Reservoir, den menschlichen Erkrankungen und den Vektoren aufzuklären. In *geomedizinischer* Hinsicht ist das unterschiedliche Auftreten der visceralen und cutanen Formen der Leishmaniasis in Äthiopien von Interesse. Die Kala-Azar wird nach den bisherigen Beobachtungen nur in den *tiefer gelegenen ariden Gebieten* des Landes — der äthiopischen „kolla" Zone — übertragen, während die Leishmaniasis der Haut auf dem *Hochplateau*, seinen Abhängen und Tälern in einem Höhenbereich von 1200 bis zu 2200 m auftritt. *Klimatisch* entspricht diese Zone der äthiopischen „woina dega" mit einem Jahresmittel unter 20 °C und Niederschlagshöhen von 950 bis 1500 mm. Die bisher bekannten Fakten erlauben keine Schlüsse zur Erklärung dieses unterschiedlichen Verhaltens im Auftreten der verschiedenen Leishmaniasisformen.

Ohne Zweifel handelt es sich bei der Leishmaniasis in Äthiopien um ein nicht zu unterschätzendes Gesundheitsproblem. Die epidemischen Ausbrüche der Kala-Azar in früheren Jahren können sich jederzeit wiederholen. Die in der Malariabekämpfung vorgenommenen Maßnahmen zur Anophelenvernichtung richten sich auch gegen die Phlebotomen und sind damit geeignet, den Kreislauf *Mensch-Vektor-Mensch* oder *Tier* zu unterbrechen. Andere vorbeugende Maßnahmen wie etwa die Ausschaltung des Tierreservoirs oder der gezielten Vernichtung der Phlebotomen außerhalb der Malariakampagne übersteigen die Möglichkeiten des öffentlichen Gesundheitsdienstes und sind vorläufig nicht vorgesehen.

3. Schlafkrankheit (የንቅልፍ በሽታ Yänqelf Bäššeta)

Bis zum Jahre 1967 galt Äthiopien als ein Land, das frei von Schlafkrankheit war. Auch in der italienischen Literatur von 1905 bis 1940 findet sich kein Hinweis darüber, daß sie in irgendeinem Gebiet des Horns von Afrika vorgekommen wäre [51]. Über das Vorkommen von Trypanosomen bei Tieren und über mögliche Überträger in Äthiopien liegen Untersuchungen vor. So hat Ghidini (1938/1939) für den Menschen als *Vektoren* in Betracht kommende Arten der *Glossinen* beschrieben und auf die mögliche Gefahr der Einschleppung sowie Verbreitung der Schlafkrankheit hingewiesen [152, 153]. Nach Kunert (1956) lag sie in den tieferen Lagen westlich und südlich von Adis Abeba geradezu auf der „Lauer“ [211].

Die ersten beiden Fälle von Schlafkrankheit wurden im Frühjahr 1967 am Akobo westlich von Maji angetroffen [14]. Im gleichen Jahr traten zwei weitere Fälle im Raum Gambela auf. Bis zum Ende des 1. Quartals 1970 betrug die Zahl der bekannt gewordenen Fälle 232, von denen 210 Erkrankte aus am Gilo gelegenen Dörfern und 15 aus Ortschaften am Akobo im äthiopisch-sudanesischen Grenzgebiet stammten.

Die Krankheit nimmt einen schnellen Verlauf. Der Tod tritt in 3 bis 6 Monaten nach Auftreten der ersten Symptome ein. Die zuerst bekannt gewordenen Fälle befanden sich im *Spätstadium* der Erkrankung. Die Befallenen litten an Ascites und einer Anämie von 5 g-% Hb. Im *Frühstadium* stellen sich zentrale Symptome mit Liquorveränderungen ein.

Das Schlafkrankheitsgebiet Äthiopiens liegt im Südwesten des Landes in den Provinzen Ilubabor und Kefa (Abb. 26, Rückseite der Karte 5). Das Zentrum befindet sich im Bereich des Gilo etwa 34° E und 8° N in Höhen von 480 bis 510 m NN in der Provinz Ilubabor. Die Gegend ist schwer zugänglich und nur während der Monate Januar bis April mit dem Geländewagen, wenn überhaupt, befahrbar.

Das Gebiet wird hauptsächlich von den Anuak bevölkert. Sie betreiben an beiden Seiten des Gilo Ackerbau, Fischfang und sammeln Honig. Der Uferstreifen östlich des Flusses ist nur dünn besiedelt. In Rodungen der angrenzenden Waldzone leben Angehörige der Mesengo in kleinen Dörfern und Familiengruppen. Zusätzlich zu einer rudimentären Ackerbaukultur sammeln sie Honig, den sie in nahen Marktflecken zum Kauf anbieten. Unter den Mesengos ist bislang noch kein Fall einer Schlafkrankheit bekannt geworden. Hierbei ist zu berücksichtigen, daß sie sehr abgeschlossen leben. Das Auftreten der Trypanosomiasis bei den Mesengos würde die Ausbreitung ostwärts in die Glossinengebiete des südlichen zentralen Äthiopien bedeuten.

Nördlich vom Baro hat die Landschaft den Charakter einer Savanne. Die vorherrschenden Bäume sind *Acacia* und *Combretum sp.* Im S wird der Wald dichter mit vereinzelten, in Kahlschlägen gelegenen Dörfern. Der Gilo wird vom dichten Galeriewald begrenzt, während südlich davon die Landschaft derjenigen oberhalb des Baro ähnelt. Das *Wildvorkommen* ist reichhaltig, u. a. werden folgende Arten angetroffen: Buschbock *(Tragelaphus scriptus)*, Wasserbock *(Kobus ellipsiprymnus defassa)*, Riedbock *(Redunca sp.)*, Kuhantilope *(Alcelaphus buselaphus)*, Buschducker *(Sylvicapra grimmia)*, Pferdeantilope *(Hippotragus equinus)*, Büffel *(Syncerus caffer)*, Warzenschwein *(Phacochoerus aethiopicus)*, Elefant *(Loxodonta africana)*, Stummelaffe oder Guereza *(Colobus abyssinicus)*, Pavian *(Papio anubis)* und andere Primaten, Löwe *(Panthera leo)*, Leopard *(P. pardus)*, Nilpferd *(Hippopotamus amphibius)*, Krokodil *(Crocodilus niloticus)* [14].

Das *Klima* wird durch die deutlich voneinander abgegrenzte Regenzeit und die Trockenperiode bestimmt. Der Regen fällt zum größten Teil in den Monaten April bis September (s. Tab. I).

Das potentielle Schlafkrankheitsgebiet Äthiopiens ist nicht nur auf die beiden Provinzen Ilubabor und Kefa beschränkt, weil *Glossinen* in allen klimatisch geeigneten Gegenden des Landes vorkommen. Bei ihrer weiteren Ausbreitung müssen die Provinzen Gemu Gofa, Welega und das südliche Shewa als gefährdet angesehen werden.

Von Ghidini [152, 153] ist 1938/1939 die Anwesenheit folgender Glossinenarten beschrieben worden: *Gl. longipennis*, *Gl. brevipalpis*, *Gl. palpalis fuscipes*, *Gl. austeni*, *Gl. pallidipes*, *Gl. morsitans* und *Gl. tachinoides*, von denen *Gl. palpalis fuscipes*, *Gl. tachinoides* und *Gl. morsitans* in der Nähe von Herden menschlicher Trypanosomiasis eine besondere Gefahr bedeuten. In neueren Untersuchungen bestätigten 1970 Ballis und Bergeon [15] die Anwesenheit von *Gl. tachinoides*, *Gl. fuscipes*, *Gl. morsitans submorsitans*, *Gl. pallidipes* und *Gl. longipennis*. *Gl. morsitans* fanden die Autoren im Gebiet des Baro, südlich davon *Gl. pallidipes* und *Gl. fuscipes*. *Gl. tachinoides* ist in der Nähe des Gilo angetroffen worden, *Gl. pallidipes* und *Gl. morsitans* in der näheren Umgebung von Gambela.

Über die Rolle der einzelnen Glossinenarten bei der *Übertragung und Verbreitung* der Schlafkrankheit während der gegenwärtig ablaufenden *Epidemie* ist wenig bekannt. In Gebieten mit einem überwiegenden Vorkommen von *Gl. morsitans* längs des Baro und südlich vom Akobo ist die Schlafkrankheit nur *sporadisch* aufgetreten, wie es bei der Wild-Mensch-Übertragung der Fall zu sein pflegt. Trotz der Einschleppung unbehandelter Fälle blieb die Erkrankungszahl in diesem Gebiet niedrig, während sie am Gilo *epidemische* Ausmaße annahm. Es überwiegen dort *Gl. pallidipes* und *Gl. tachinoides*, im geringeren Umfang kommt *Gl. fuscipes* vor, die nur als gelegentlicher Vektor in Erscheinung treten dürfte. *Gl. pallidipes* kommt am Gilo vor. Sie greift den Menschen zu jeder Tageszeit an. Ihr Vorkommen ist nicht auf die unmittelbare Nachbarschaft des Flusses beschränkt, wie es bei *Gl. tachinoides* längs des Gilo der Fall ist.

Die Trypanosomen wurden durch intraperitoneale Inoculation von Blut in Mäuse und Ratten isoliert. Als Erreger der Schlafkrankheit ist *Trypanosoma rhodesiense* ermittelt worden [14].

Eine *Prognose* über den weiteren Verlauf der Epidemie im Westen Äthiopiens ist zu diesem Zeitpunkt äußerst schwierig. Es muß aufgrund der Verbreitung der als Vektor in Betracht kommenden Glossinen, der für sie günstigen klimatischen und geologischen Verhältnisse, der unzureichenden Bekämpfungsmaßnahmen und der Fluktuation im Grenzgebiet mit einem Auftreten neuer Fälle sowie einer Ausbreitung in bisher von der Schlafkrankheit verschont gebliebenen Gebiete gerechnet werden. Die sehr mühsame Zugänglichkeit des befallenen Gebietes ist ein nur schwer zu überwindendes Hindernis für etwaige Bekämpfungsmaßnahmen des öffentlichen Gesundheitsdienstes.

4. Rückfallfieber (ገርሺ ትኩሳት Agärsi Tekkusat)

In Somalia und später im benachbarten Äthiopien ist das Vorkommen des Rückfallfiebers und seiner Epidemiologie vorwiegend von italienischen Autoren beschrieben worden [9, 92, 235, 237, 238, 301, 331, 364, 417].

Erkrankungen von Rückfallfieber und *epidemische* Ausbrüche desselben sind in der Zeit bis 1940 beobachtet worden in: Aksum, Adwa und Mekele in der Provinz Tigre, Debre Birhan, Debre Sina, Fiche und Adis Abeba in der Provinz Shewa, Debra Tabor und Simen in der Provinz Begemdir, Nekemte in der Provinz Welega, Bonga in der Provinz Kefa und Asmera in Eritrea, wobei diese Aufzählung keinen Anspruch auf Vollständigkeit erheben kann. Nach Bucco [51] erkrankten in den Jahren 1935/36 0,2% der italienischen Soldaten in Äthiopien an Rückfallfieber.

Über die *Häufigkeit* des Rückfallfiebers liegen weder aus früheren Jahren noch aus der Gegenwart verwertbare Statistiken vor. Das Rückfallfieber erscheint in den periodischen Krankheitsmeldungen nicht als eigene Krankheit, sondern wird in der Gruppe der sonstigen übertragbaren Krankheiten miterfaßt. In den Laboruntersuchungen des früheren Pasteur-Instituts von Äthiopien schwankten die positiven Ergebnisse zwischen 2 und 5% aller in den Jahren von 1953 bis 1963 eingesandten Blutausstriche und erreichten absolute Werte bis zu 40 Fällen im Jahr. Aus den vorhandenen Befunden kann lediglich geschlossen werden, daß das Rückfallfieber in allen Provinzen des Landes *endemisch* vorkommt.

In der Auswertung ihres Krankengutes von 11170 Patienten aus der Provinz Harer der Jahre 1961/62 haben Blahos und Kubastova [26] für das Rückfallfieber einen Prozentsatz von 1,5 bei allen zur Behandlung gelangten übertragbaren Krankheiten festgestellt. Dabei machte diese Krankheitsgruppe ein Sechstel aller behandelten Krankheiten im besagten Zeitraum aus. Die Autoren weisen ergänzend darauf hin, daß in den Monaten nach der Berichtszeit zahlreiche Rückfallfieberfälle aufgetreten seien, ihre Anzahl habe die der Malaria übertroffen. Offensichtlich waren die Autoren Zeugen eines *epidemischen Ausbruchs* des Rückfallfiebers in der Provinz Harer. Nach Teclemariam [385] gehört das Rückfallfieber zu den vorrangigen Gesundheitsproblemen des Kembata Distrikts im Südosten der Provinz Shewa.

Beide Formen des Rückfallfiebers, das *durch Läuse übertragene* und das *Zeckenrückfallfieber*, sind in Äthiopien beschrieben worden. Das Läuserückfallfieber ist eine Erkrankung des äthiopischen Hochlandes. Über das Vorkommen des Zeckenrückfallfiebers sind verschiedentlich Zweifel geäußert worden, zuletzt im Bericht der Arbeitsgruppe „Übertragbare Krankheiten" des Äthiopischen Gesundheitsministeriums aus dem Jahre 1965 [262]. Dagegen spricht sich 1955 Sparrow [378] für das Vorhandensein des Zeckenrückfallfiebers im äthiopischen Tiefland aus.

Als Erreger des Läuserückfallfiebers gilt *Borrelia recurrentis*. Das Zeckenrückfallfieber wird von *B. duttoni* verursacht. In Eritrea und im übrigen Äthiopien ist der Erreger des Rückfallfiebers nach Mariani [237] allein *B. recurrentis*, im benachbarten Somalia kommt dagegen nur *B. duttoni* als Ursache des Rückfallfiebers in Betracht. In Äthiopien ist *B. duttoni* noch nicht mit Sicherheit nachgewiesen worden.

Das durch *Läuse* übertragene Rückfallfieber neigt zu *epidemischen Ausbrüchen*, während das *Zeckenrückfallfieber sporadisch und endemisch* aufzutreten pflegt. Die Mehrzahl der Beobachtungen stimmt darin überein, daß das Rückfallfieber in Äthiopien in der kalten Jahreszeit häufiger auftritt als im übrigen Jahr. Es liegen hier ähnliche Verhältnisse wie beim Fleckfieber des Hochplateaus vor. Der Erkrankungsgipfel ist dann am höchsten, wenn die Vektoren, die Läuse, am zahlreichsten vorkommen bzw. ihre größte Dichte erreicht haben. Die Laus, *Pediculus humanus* var. *capitis et corporis* ist im äthiopischen Hochland ein sehr verbreiteter und häufiger *Ektoparasit* des Menschen. Das enge Zusammenleben der Hausgemeinschaften in den meist einräumigen runden Behausungen, insbesondere in der Regenzeit und in der kalten Wetterperiode im Anschluß an die großen Regen, die Art der Bekleidung und die Individualhygiene, um nur einige der augenfälligen Faktoren zu nennen, schaffen die günstigsten Bedingungen für die Vermehrung der Läuse des Menschen. In diesem Sinne ist auch die Beobachtung von Teclemariam [385] zu deuten, daß das Rückfallfieber im Kembata Distrikt der Shewa-Provinz besonders während der Regenzeit auftritt. Das von Blahos und Kubastova [26] 1963 beobachtete vermehrte Auftreten des Rückfallfiebers in der Provinz Harer fällt ebenfalls in die Zeit der Regen und kalten Monate.

Von den *Zecken*, die als *Überträger* von *B. duttoni* in Betracht kommen, werden in Äthiopien *Ornithodorus moubata* und *O. savignyi* angetroffen. Doch sind die Angaben über das Zeckenrückfallfieber im Gegensatz zum benachbarten Somalia äußerst spärlich. Lediglich Sibilla [364] berichtet 1937 über einen Herd mit Zeckenrückfallfieber im Lasta Distrikt (Provinz Welo). Ganz allgemein gilt für Äthiopien, daß das Rückfallfieber in den tieferen Lagen weniger verbreitet ist als im Hochplateau des Landes. Zecken der Gattung *Ornithodorus* finden sich in allen Lagen. Angelini [9] hat sie 1938 im hoch gelegenen Debre Birhan, Musi [271] in Fiche auf dem Hochplateau der Provinz Shewa angetroffen. Preto [311] fand als Vektoren geeignete Zecken in Foghera und Simen, dem Hochland der Provinz Begemdir.

Reitani und Parisi [317] glauben 1923 im Falle der Verbreitung und Übertragung des Zeckenrückfallfiebers weniger an atmosphärische Abhängigkeiten, sondern halten die Lebensweise der Bevölkerung für ausschlaggebend. Sie räumen aber ein, daß starke Wärme und Trockenheit die Bevölkerung im Freien Zuflucht nehmen läßt. Die Menschen schlafen auf der bloßen Erde und sind dadurch mehr den Bissen der Zecken ausgesetzt.

Die Dauer der *Inkubationszeit* des Zeckenrückfallfiebers wird von den verschiedenen Autoren [92, 247, 237] mit 4 bis zu 14 Tagen angegeben. Für das Läuserückfallfieber wird eine Inkubationszeit von 6 bis zu 15 Tagen beobachtet, durchschnittlich liegt sie bei 7 Tagen.

Vorwiegend von italienischen Autoren ist versucht worden, die *klinischen Unterschiede* der beiden Rückfallfiebererkrankungen herauszuarbeiten. Es bestand die Möglichkeit für die Untersucher, das Zeckenrückfallfieber von Somalia mit dem Läuserückfallfieber des äthiopischen Hochlandes aus eigener Anschauung kennen zu lernen und zu vergleichen. Es bleibt offen, ob die angetroffenen Unterschiede des klinischen Bildes ihre Ursache in der Verschiedenheit der Erreger haben oder in anderen, in der Umgebung oder im Wirt vorhandenen Faktoren zu suchen sind.

Das Läuserückfallfieber hat eine größere *Sterblichkeit* als die durch Zecken verursachte Erkrankung. Mariani [237] beobachtete 1951 und Sibilla [364] 1937 in Äthiopien für das Läuserückfallfieber Letalitätsraten von über 20%. Mit der Einführung der Antibiotica ist in den durch den Gesundheitsdienst des Landes versorgten Gebieten ein entscheidender Wandel zum Besseren eingetreten. Doch profitiert hiervon nur ein begrenzter Teil der Bevölkerung. Für das Zeckenrückfallfieber wird eine niedrigere Sterblichkeit angenommen. Die Raten lagen zwischen 1,5 bis 3% in der Vorpenicillinaera und dürften jetzt wesentlich darunter liegen. Eine hohe Sterblichkeit mit 9% wurde 1922 von Rodino [323] während einer Epidemie in Somalia festgestellt.

Unter den obwaltenden Bedingungen ist es äußerst schwierig, die Bedeutung des Rückfallfiebers als Problem des öffentlichen Gesundheitsdienstes richtig einzustufen. Sporadische Infektionen sind keine Seltenheit, mit epidemischen Ausbrüchen von Läuserückfallfieber ist in allen Provinzen des Landes jeder Zeit zu rechnen. Gefährlich sind die Erkrankungen dann, wenn sie außerhalb der Reichweite der Einrichtungen des öffentlichen Gesundheitsdienstes liegen. Gezielte Studien sind erforderlich, um das Ausmaß einer Bedrohung der im Hochland lebenden Bevölkerung durch das Rückfallfieber zu erfahren. Von Interesse wäre auch die Feststellung, ob und in welchem Umfang das Zeckenrückfallfieber in Äthiopien auftritt. Zur Zeit beschränken sich die Bekämpfungsmaßnahmen des öffentlichen Gesundheitsdienstes auf die Behandlung des Einzelfalls und die *Entlausung* des Kranken sowie seiner Umgebung. Entlausungen größeren Stils mit dem Ziel, die Bevölkerung von dem gefährlichen Ektoparasiten zu befreien, sind eine zukünftige Aufgabe der ländlichen Gesundheitsdienste und würden gleichzeitig der Bekämpfung des Fleckfiebers dienen.

5. Fleckfieber und andere Rickettsiosen (ተስቦ በሽታ Tässebo Bäššeta)

Nach den vorliegenden Beobachtungen kommen in Äthiopien 3 Rickettsiosen vor: Das klassische Fleckfieber mit der Brill-Zinsserschen Krankheit, das murine Fleckfieber und das Zeckenbißfieber. D'Ignazio [118] bestätigt 1947 das Auftreten des murinen Fleckfiebers in Adis Abeba, das in den letzten Jahren das klassische Fleckfieber im Bereich der Landeshauptstadt an Bedeutung übertroffen hat. Das Zeckenbißfieber wurde 1943 von Cavazzi [63] in Eritrea und Begemdir beobachtet.

Mariani [236] isolierte 1940 im äthiopischen Hochland 4 Stämme von Rickettsien, von denen 3 als *Rickettsia prowazeki* identifiziert wurden und von denen ein Stamm sich sowohl von der *R. prowazeki* als auch der *R. mooseri* unterschied. Sofia und Spadaro [373] haben 1944 in Eritrea 2 Stämme des Erregers des klassischen Fleckfiebers und 3 Stämme von *R. mooseri* isoliert. Sforza [358] bestätigte 1947 das Vorkommen der *R. prowazeki* und *R. mooseri* in Eritrea, weist aber noch auf eine 3. Art hin, die durch Zecken übertragen wird, die *R. conori*. *R. burneti* ist in Äthiopien noch nicht nachgewiesen worden. Reiss-Gutfreund [315] hat 1961 niedrige *Agglutinationstiter* gegen diese Art bei Schlachthofarbeitern und Haustieren in seltenen Fällen beobachtet. Die gleiche Autorin züchtete *R. prowazeki* aus dem Blut einer Ziege und zwei weitere Stämme aus Zecken der Art *Amblyomma variegatum*.

Mit Hilfe der Weil-Felix-Reaktion wurde versucht, ein klares Bild von der *Epidemiologie* der Rickettsiosen in Äthiopien zu erhalten. Ferro-Luzzi [137] fand 1948 positive Weil-Felix-Reaktionen bis zu einem Titer von 1 : 1280 bei offensichtlich Gesunden. Bei seinen Untersuchungen vor und nach dem Ausbruch einer Fleckfieberepidemie kommt Sforza [360], 1947, zu dem Schluß, daß bei Europäern ein Titer von 1 : 160 für das Vorliegen einer Infektion signifikant, der gleiche Titer bei Einheimischen nur verdächtig wäre. Ein Titer von 1 : 320 ist bei Einheimischen signifikant, aber allein nicht entscheidend. Pistoni [300] stellte 1937 hohe Agglutinationstiter mit OX 19 vom 6. bis zum 8. Tag nach Ausbruch der Erkrankung fest. Codeleoncini [78] hat 1946 bei seinen Untersuchungen nachgewiesen, daß die Agglutinine gegen *Proteus OX* 19 in den Speichel übergehen.

Mariani und Borra [239] haben 1939 beobachtet, daß das Fleckfieber in Gegenden, in denen es vorher nicht bekannt war, *epidemische* Ausbrüche in der klassischen Verlaufsform zeigt, abgeschwächt dagegen in Gebieten in Erscheinung tritt, in denen es seit langer Zeit vorkommt. Die Autoren erklären dieses Phänomen mit einer erworbenen *Immunität* in den ersten Lebensjahren. Der Anteil der gutartigen Erkrankungsfälle bei Kindern beläuft sich auf 20 bis 25%. Die Immunität vermindert sich mit zunehmendem Alter.

Mariani [236] vertritt 1940 die Auffassung, daß aufgrund der *klinischen* und *epidemiologischen* Charakteristica nicht vom Fleckfieber, sondern von Rickettsiosen bei den im äthiopischen Hochland angetroffenen Erkrankungen gesprochen werden sollte. Nicht in allen Fällen ließe sich die Laus als Überträger ermitteln, zudem würden in den an Äthiopien angrenzenden Ländern verschiedene Rickettsiosen des Menschen auftreten.

Nach Bucco [51] sind bereits im vergangenen Jahrhundert Krankheitsformen in Eritrea aufgetreten, bei denen es sich höchstwahrscheinlich um Rickettsiosen gehandelt hat. Izar und Croveri [194] halten die Epidemie von 1920 in Eritrea für einen Fleckfieberausbruch. Das „Fieber von Aksum" wird 1936 von Pellicciotta [290] in die Gruppe der Rickettsiosen eingeordnet. Eingehend hat sich 1937 Pistoni [299] mit der Frage der durch Rickettsien verursachten Erkrankungen in Eritrea befaßt. Bei den epidemischen Ausbrüchen in den Gefängnissen von Asmera und in Adigrat in der Tigreprovinz handelte es sich um Fleckfieber, das im ganzen Lande vorkommt und gelegentlich zu begrenzten Epidemien führt.

Auch aus dem übrigen Äthiopien wird über das *Auftreten des Fleckfiebers* berichtet [31, 94, 147]. Unter den wichtigsten ansteckenden Krankheiten der Provinz Gojam nennt 1965 Georgieff [151] das Fleckfieber an zweiter Stelle nach Malaria. Es ist im Hochland der Provinz, das die Distrikte Mota, Bichena und Debre Markos umfaßt, besonders stark verbreitet. Der Autor weist auf die Schwierigkeiten der Diagnostik hin, die übrigens auch in den anderen Provinzen des Landes bestehen, und hält es für möglich, daß es sich bei einem Teil der „sogenannten" Fleckfieberfälle um Typhus oder Rückfallfieber handeln mag. Bei den in Debre Markos stationär behandelten Fällen nimmt das Fleckfieber mit

6,2% der zur Aufnahme gelangten Erkrankungen den ersten Rang ein.

Unter den in der Provinz Begemdir im Jahre 1958 behandelten Krankheiten stehen nach Chang [70] Fleckfieber und andere Rickettsiosen mit einem Anteil von 0,04% an 15. Stelle. Yoseph [414] weist darauf hin, daß in Äthiopien im Jahre 1960 mehr Erkrankungen von Fleckfieber und anderen Rickettsiosen gemeldet worden sind als in der ganzen übrigen Welt — und das bei rudimentären Gesundheitsdiensten, die nur für einen verschwindend kleinen Anteil der Bevölkerung verfügbar sind. Der gleiche Autor berichtet über einen epidemischen Ausbruch des klassischen Fleckfiebers im Gefängnis von Gonder, bei dem ein Großteil der Insassen erkrankte, und sowohl Kranke wie auch Gesunde hohe Titer in der Weil-Felix-Reaktion aufwiesen.

Nach einer Übersicht des Gesundheitsministeriums über den Zeitraum von 1954 bis 1968 [261] treten das Fleckfieber und andere Rickettsiosen in allen Provinzen des Landes relativ häufig auf, die jährlichen Erkrankungszahlen schwankten zwischen 8573 im Jahre 1954 und 16289 im Jahre 1962 (Abb. 23, Rückseite der Karte 5). Im benachbarten Somalia kommt das klassische Fleckfieber nach den bisherigen Beobachtungen nicht vor, Massa [246] und Lipparoni [22] wiesen 1936 bzw. 1953 jedoch auf das Vorhandensein des Zeckenbißfiebers hin.

Beobachtungen über *jahreszeitliche Abhängigkeit* im Auftreten des Fleckfiebers liegen von Pistoni [299], 1937, und Ferro-Luzzi [137], 1948, für Eritrea und von Mariani und Borra [239], 1939, sowie von Papaioannou [285], 1965, für das äthiopische Hochland bzw. für Gesamtäthiopien vor. Die Autoren stimmen darin überein, daß die Zahl der Erkrankungen nach der großen Regenzeit stark zunimmt. Ferro-Luzzi [137], 1948, hält das Fleckfieber im Hochland von Eritrea für eine Krankheit der kalten Jahreszeit. Diese Auffassung bleibt nicht unwidersprochen.

Mariani [236] weist 1940 darauf hin, daß die kältesten Tage bzw. Nächte in die Monate Dezember und Januar fallen, aber der Genius epidemicus nach dem November eine abnehmende Tendenz zeigt. In den Statistiken des Landes ist in der Tat der November der herausragende Monat im Auftreten des Fleckfiebers und der anderen Rickettsiosen (Abb. 24).

Die *Verbreitung* des klassischen und des murinen Fleckfiebers beschränkt sich nur auf das Hochland, während das Zeckenbißfieber sowohl im Hochplateau als auch im Tiefland vorkommt. Diese Beobachtung machte 1948 bereits Ferro-Luzzi [137] für Eritrea.

Im epidemiefreien Intervall kommt nach Pistoni [302] den Nagern als *Reservoir* besondere Bedeutung zu. Die Annahme findet eine Stütze in den Untersuchungen von Sofia [368], der besonders die Ratten in Asmera zu einem hohen Prozentsatz mit *R. mooseri* infiziert fand. Sforza und Solinas [361] haben 1947 in Eritrea ein Rickettsienreservoir im Hund nachgewiesen. Bei 159 Tieren haben sie bei einem großen Teil positive Weil-Felix-Reaktionen mit *Proteus* *OX* 19 und *OX* 2 ermittelt, signifikante Titer von 1 : 360 fanden sie bei 14 Tieren. Zu ähnlichen Ergebnissen kam 1961 Reiss-Gutfreund [315] bei ihren Untersuchungen an Haustieren, die zum großen Teil hohe Titer aufwiesen.

Auch die *stummen Infektionen* spielen in der Epidemiologie eine wichtige Rolle. In der Umgebung von Fleckfieberkranken fanden sich etwa 3% Gesunde mit positiver Weil-Felix-Reaktion, zum Teil mit steigendem Titer, auch konnten Rickettsien im Blute der Untersuchten nachgewiesen werden, wie Pistoni [300] im Jahre 1937 berichtet.

Die *Inkubationszeit* des klassichen Fleckfiebers wird von verschiedenen Autoren [31, 299, 137] mit 10—14 Tagen angegeben, maximal beläuft sie sich auf 3 Wochen. Das *klinische Bild* wird durch die Fieberperiode bestimmt, die nach Borra [31] zwischen 7 und 25 Tagen andauern kann. Eine verkürzte Fieberdauer wird bei Geimpften und Kindern beobachtet. Das Exanthem ist bei der weniger stark pigmentierten Bevölkerung, wie sie in Eritrea und im übrigen Äthiopien angetroffen wird, deutlich zu erkennen. Die Blutsenkung ist erhöht. Häufig sind Störungen im EKG, wie Cimmino [75] 1943 nachweisen konnte. In etwa 20% der Erkrankten stellen sich *Komplikationen* ein (Ferro-Luzzi [137], 1948), von denen Bronchopneumonie, Otitis media, Parotitis und Endarteritis die häufigsten sind. Noma und Priapismus sind gefürchtete, wenn auch seltene Begleiterscheinungen des Fleckfiebers in Äthiopien. Bezüglich der *Mortalität* der Rickettsiosen in Äthiopien liegen keine verwertbaren statistischen Unterlagen vor.

Auf die *differentialdiagnostische Bedeutung* der unterschiedlichen Exanthemformen weist 1948 Ferro-Luzzi [137] hin. Sowohl beim klassischen als auch beim murinen Fleckfieber stellt sich das Exanthem am 5. Tag ein, bei letzterem ist es papulöser und weniger hämorrhagisch. Gelegentlich tritt es nur flüchtig auf. Von Bedeutung ist ferner die Häufigkeit der Hauterscheinungen an den Handtellern und den Fußsohlen.

Der *Vektor des klassischen Fleckfiebers* ist die *Laus*. *Pediculus humanis* var. *corporis et capitis* sind in Äthiopien weit verbreitet. Die *Kleiderlaus* gilt als der *Hauptvektor* des klassischen und murinen Fleckfiebers. Sie findet sich besonders im Hochland, wo sie bei den Lebensgewohnheiten und in der Bekleidung der Hochlandbewohner günstige Lebensbedingungen antrifft.

Eine wichtige Rolle nimmt der Floh in der Übertragung der Rickettsiosen ein. *Xenopsylla cheopis* überträgt das murine Fleckfieber, kommt aber auch wie andere Floharten als Vektor für das klassische Fleckfieber in Betracht. Die Rickettsien werden mit dem Kot der Vektoren ausgeschieden, und der Mensch auf diese Weise infiziert.

Als *Überträger des Zeckenbißfiebers* kommen in Äthiopien *Rhipicephalus sanguineus* und *R. appendiculatus* sowie *Amblyomma variegatum* in Betracht.

Die *Bekämpfungsmaßnahmen* des äthiopischen Gesundheitsdienstes richten sich in erster Linie gegen die Überträger. Mit ihrer Ausschaltung wird die Kette Mensch-Vektor-Mensch oder Tier unterbrochen. Vorläufig beschränken sich diese Maßnahmen hauptsächlich auf Kranke und auf die Umgebung von erkrankten Personen. Zur Anwendung gelangen Kontaktinsecticide meist in Puderform.

Größere Anstrengungen sind in der Vergangenheit gemacht worden, die Bevölkerung durch *Impfungen* gegen die Infektion mit Rickettsien zu schützen. Ein geeigneter Impfstoff wurde im Lande in ausreichenden Mengen hergestellt. Größere Impfaktionen wurden von Schaller [337] in Adis Abeba in der Zeit von 1952 bis 1956 durchgeführt, in der über 500000 Impfungen verabreicht worden sind. Nachteilig ist der nur für 6 Monate bestehende Impfschutz. Die Massenimpfungen wurden deshalb zweimal im Jahr vorgenommen. Sie dürften auch ein Grund dafür sein, daß bei der gesunden Bevölkerung oft hohe *Agglutinationstiter* angetroffen werden. Nennenswerte Impfschäden kamen nicht zur Beobachtung.

Die Rickettsiosen sind ein bedeutendes Gesundheitsproblem des Landes. Mit epidemischen Ausbrüchen ist bei den obwaltenden Bedingungen besonders in Gemeinschaftsunterkünften und Gefängnissen jederzeit zu rechnen.

6. Gelbfieber

Obwohl bis zum Jahre 1959 kein Vorkommen von Gelbfieber auf äthiopischem Boden gemeldet worden war, hatte die Weltgesundheitsorganisation das Land dennoch auf Grund der geographischen und klimatischen Gegebenheiten in die afrikanische endemische Gelbfieberregion einbezogen. Wiederholt wurden in der Vergangenheit Erhebungen zum Nachweis des Gelbfiebervirus angestellt [65, 66, 67, 227]. Positive Tests fanden sich 1942 in Eritrea und 1955 in Aseb bei Sudanesen, die nach Kriegsende dort geblieben sind [65]. Negativ blieben alle Untersuchungen in den westlichen Provinzen des Landes. Die entomologischen Studien bestätigen die Anwesenheit der als Vektoren in Betracht kommenden *Aedes*-Spezies in Höhen bis zu 2000 m im ganzen Land.

Die äthiopische Gesundheitsverwaltung war bei der WHO bemüht, aus der Zone mit endemischem Gelbfiebervorkommen herausgenommen zu werden, als im Jahre 1959 ein *epidemischer Ausbruch* im Distrikt Benishangul bei Asosa in der Provinz Welega vom Sudan auf äthiopischen Boden übergriff. Klinisch bestand mit dem vorherrschenden meningoencephalitischen Syndrom Übereinstimmung mit dem Krankheitsbild der letzten großen Epidemie des Jahres 1940 in den Nuba-Bergen im Sudan, bei der die Zahl der Erkrankten auf über 15000 geschätzt worden war. Bei dem kleinen epidemischen Ausbruch des Jahres 1959 waren 120 Erkrankungen und 88 Todesfälle gemeldet worden, von denen sich wenige Einzelfälle auf äthiopischem Boden ereigneten (Karte 6).*

Die größte Gelbfieberepidemie, die je in Afrika beobachtet worden ist, wütete in den Jahren 1960 bis 1962 im Südwesten Äthiopiens. Die von der Epidemie betroffene Bevölkerung ist auf 1 Million geschätzt worden; davon war rund ein Viertel der Bewohner mit dem Virus in Berührung gekommen, wie aus den serologischen Stichproben geschlossen werden konnte. Die Zahl der Erkrankten ist auf 100000 geschätzt worden. Die *Mortalität* soll insgesamt über 30% betragen haben, wobei Werte bis zu 80% beobachtet worden sind [352, 354]. Alle Altersklassen waren befallen, bei den Erwachsenen unter 40 Jahren überwogen bei weitem die Männer.

Klinisch entsprachen die Erkrankungen dem klassischen Gelbfieber mit plötzlich auftretendem Fieber über 39 °C, Kopf- und Kreuzschmerzen und oft einer leichten Besserung am 3. Tag. Im weiteren Verlauf stellte sich Übelsein mit Erbrechen ein, das zunächst gallig war und später kaffeesatzähnlich wurde (vomito negro), um in anhaltendes Erbrechen von Blut bei conjunctivalen Subikterus überzugehen. In allen untersuchten Fällen wurde eine hochgradige Albuminurie nachgewiesen, der Tod trat zwischen dem 10. und 12. Tag nach Ausbruch der ersten klinischen Erscheinungen ein. Beim Überleben des 12. Tages bestand gute Aussicht, die Erkrankung zu überstehen. Hyperakute Krankheitsverläufe traten vereinzelt auf, bei denen die Patienten am 3. und 4. Tag in eine urämische Phase gerieten. Meningoencephalitische Symptome wie bei den Erkrankungen des Jahres 1959 im Sudan und im Westen des Landes in der Provinz Welega wurden nicht beobachtet.

Das *Gelbfiebergebiet* Äthiopiens liegt im Südwesten des Landes (Karte 6). Die Epidemie von 1959 griff vom Sudan auf die Provinz Welega über und war im wesentlichen eine Epidemie des Sudan. Die späteren epidemischen Ausbrüche in der Zeit von 1960 bis 1962 hatten ihren Ursprung in der Provinz Gemu Gofa und breiteten sich ausschließlich auf äthiopischem Boden aus. Zusammenhänge mit Gelbfieberherden im S des Sudan sind vermutet worden, Karawanen und Affen wurden angeschuldigt, die Verschleppung des Virus aus dem Sudan in das Omotal verursacht zu haben [357]. Die Ende 1960 einsetzende Epidemie folgte dem Omotal und erreichte den Distrikt Welamo der Provinz Sidamo. In nördlicher Richtung gelangte sie bis in die Nähe der Wälder von Bonga, nach Osten schloß sie das Gebirgsmassiv von Bako ein und nahm die Richtung zum Abaya See. Die Achse der Gelbfieberzone wird vom Mittel- und Oberlauf des Omo und dem Oberlauf der Didesa gebildet. Im Norden und Westen wird das Gebiet vom Hochplateau der Provinzen Kefa, Welega und Shewa begrenzt, im Osten wird das Seengebiet berührt, dem wie ein Schutzwall die Gebirgskette von Gemu Gofa vorgelagert ist. Im S ist eine natürliche Begrenzung durch einen breiten Wüstenstreifen nördlich des Rudolf- und Stefanie-Sees gegeben. Gebiete in einer Höhenlage von über 1600 m blieben vom Gelbfieber verschont.

In *ökologischer* Hinsicht bestehen zwischen den Tälern des Omo und der Didesa wesentliche Unterschiede, die nicht ohne Einfluß auf die Entwicklung und den Verlauf der Epidemie blieben. In seinem Ober- und Mittellauf zwängt sich der Omo durch enge Gebirgseinschnitte und durchfließt eine Zone von 1800 bis zu 1200 m, in der auf dem rechten Ufer zahlreiche Nebenflüsse einmünden, von denen der Gojeb der bedeutendste ist. Das Hochplateau ist durch die Flußtäler stark zerklüftet, die Landschaft hat Savannencharakter und ist relativ dicht bevölkert. Die Einwohner leben von der Landwirtschaft und bauen vorwiegend Mais, Hirse und falsche Bananen an (Kuls [74]).

Die Quellen der Didesa entspringen nicht weit vom Omo. Das sich zum Nil erstreckende Land zeigt eine kärgliche Vegetation. Auf dem rechten Flußufer stromaufwärts steht dichter Wald, auf der linken Seite dagegen findet sich eine trockene Zone mit verkrüppeltem Strauchwerk. In ihrem Unterlauf durchfließt die Didesa eine lichte Savannenlandschaft, die sich bis zum Nil hinzieht. Das Gebiet ist nur dünn bevölkert und überhaupt nicht kultiviert, die Bewohner sind Nomaden.

Die Siedlungen im Gelbfiebergebiet liegen weit verstreut. Die Anwesen sind von falschen Bananen, der *Musa ensete*, umgeben und Anpflanzungen von der

* Die Karte 6 „Gelbfieber-Vorkommen in Äthiopien" wurde mit Beratung von Professor Dr. H. J. Jusatz, Professor Dr. W. Kuls und der Säugetierabteilung des Forschungsinstituts Senckenberg in Frankfurt/Main (Dr. H. Felten und Dr. D. Kock) und unter Verwendung der Angaben von F. O. Höring und H. Höring [177a], P. Serié u. Mitarb. [352-357] sowie von J. Kingdon [205a] zusammengestellt.

Colocasia esculentum reichen bis an die Hütten heran. In der näheren Umgebung finden sich die Felder mit Hirse, Mais und Baumwolle. Bei der Ausbreitung des Gelbfiebers spielen die falschen Bananen eine entscheidende Rolle. Die als *Vektor* ermittelte *Aedes simpsoni* hat ihren Lebensraum in den Bananenpflanzungen, wo gute Brutmöglichkeiten in den Blattwinkeln der Stauden fast über das ganze Jahr hindurch bestehen. Der in unmittelbarer Nachbarschaft lebende Mensch dient den weiblichen Mücken als Nahrungsquelle. Sie saugen das Blut während der heißesten Tagesstunden, ohne die angestammte Umgebung zu verlassen [272].

Aedes simpsoni gilt als Hauptüberträger des Gelbfiebers in Ostafrika. Das trifft auch für Äthiopien zu. *Aedes aegypti*, der Überträger des Gelbfiebers vom urbanen Typ, wurde entweder nicht angetroffen oder war nur in sehr kleiner Anzahl vorhanden. Eine sehr wichtige Rolle im natürlichen Kreislauf des Dschungelgelbfiebers spielt *Aedes africanus*. Sie infiziert den Menschen, wenn er in den Wald eindringt. Unter besonderen Bedingungen verläßt sie auch den Wald und kann den am Waldrand sich aufhaltenden Menschen anstecken.

In der Suche nach dem *Virusreservoir* ergaben die *serologischen* Untersuchungen auf *Arboviren* bei den Affenarten *Colobus*, *Cercopithecus* und *Cynocephalus* positive Befunde, aber auch andere Säugetiere wie Fledermäuse kommen möglicherweise als Reservoir in Betracht. Das Gelbfiebervirus wurde während der Epidemie 1960/62 vom Menschen und von Mücken der Spezies *Aedes simpsoni* isoliert. Positive *Seroprotektionstests* bei ungeimpften Einwohnern wurden im Distrikt Welamo der Provinz Sidamo, in der Provinz Kefa und Gemu Gofa angetroffen. In Ilubabor waren die Tests in großer Zahl positiv, ohne daß die Gelbfieberimpfung hierfür allein verantwortlich gemacht werden könnte.

Die in Äthiopien isolierten *Gelbfiebervirusstämme* zeigten untereinander gleiche antigene Eigenschaften, unterschieden sich aber von den südamerikanischen Stämmen und wiesen auch einige Unterschiede im Vergleich zum westafrikanischen *Asisi-Stamm* auf. In nachfolgenden Untersuchungen wurde bestätigt, daß ein großer Teil der aus dem Gelbfiebergebiet stammenden Seren *Antikörper* gegen das Gelbfiebervirus aufwies, ein kleinerer Anteil Antikörper gegen andere *Arboviren* der *Gruppe B*. In Gegenden außerhalb des endemischen Gelbfiebergebietes wurden dagegen im hohen Prozentsatz der Proben Antikörper gegen andere *Arboviren der Gruppe B* nachgewiesen, während Antikörper gegen Gelbfieber selten waren oder ganz fehlten.

Das Gelbfieber des Menschen endet, wie bereits erwähnt, in einer Höhe von 1600 m. Kein Erkrankungsfall wurde in höherer Lage angetroffen, wenn auch Seren mit neutralisierenden Antikörpern in Dörfern bis zu 1950 m Höhe nachgewiesen worden sind.

Zusammenfassend läßt sich bezüglich der *Epidemiologie* des Gelbfiebers in Äthiopien bemerken, daß die Ausbreitung längs der Flußtäler erfolgte, wo sich eine die *Affenfauna* begünstigende Vegetation findet. Die *Aedes africanus* und *Colobus abyssinicus* sind die Schaltstationen des Dschungelgelbfiebers. *Aedes simpsoni* ist der Hauptüberträger des menschlichen Gelbfiebers in Äthiopien. Sie kann sich bei den *Pavianen* infizieren, die über die von Menschen angebauten Kulturen herfallen. Die Verbreitung der Affenfauna ist für die Gelbfiebersituation in Äthiopien von ausschlaggebender Bedeutung. Gelbfieber vom urbanen Typ ist bisher nicht aufgetreten. Die im Gelbfiebergebiet liegenden Städte und größeren Ansiedlungen blieben verschont.

Die *Bekämpfungsmaßnahmen* gegen das Gelbfieber beschränkten sich auf eine ausgedehnte Impfaktion, um die Ausbreitung auf weitere Gebiete des Landes zu verhindern und die bisher nicht erkrankten Bewohner in der Gelbfieberzone vor einer Infektion zu schützen. Weit über eine Million der gefährdeten Einwohner sind nach der Epidemie geimpft worden. Dennoch kam es im Jahre 1966 zu einem weiteren Ausbruch des Gelbfiebers, an dessen Niederschlagung die WHO maßgeblich beteiligt war. Die Bekämpfungsmaßnahmen des Gelbfiebers wurden von Beginn an mit der WHO abgestimmt, auf äthiopischer Seite waren an der Aufklärung der Epidemie das frühere Institut Pasteur d'Ethiopie unter der Leitung seines Direktors Dr. Serié und der Antiepidemic Service mit Dr. Georgieff und Dr. Papaioannou maßgeblich beteiligt. Dr. Barlow's Verdienst war es, auf die grassierende Epidemie in der Provinz Gemu Gofa aufmerksam gemacht zu haben. Äthiopien bietet sich nach den jüngsten Ereignissen besonders zum Studium der bisher nicht geklärten Fragen auf dem Gebiet der Epidemiologie an. So bedürfen noch die Zusammenhänge des urbanen und ruralen Gelbfiebers, die Frage der Vektoren, des Virusreservoir und die unterschiedlichen Eigenschaften der Erregerstämme einer Aufklärung, um nur einige der vordringlichen Probleme zu nennen.

Das Gelbfieber wird auch in Zukunft zu den wichtigsten Problemen des äthiopischen öffentlichen Gesundheitsdienstes zu rechnen sein und die volle Aufmerksamkeit in der Überwachung der bedrohten Zone erfordern, um neue epidemische Ausbrüche rechtzeitig im Keim zu ersticken.

7. Dengue

Von den durch *Arthropoden* übertragenen Viruskrankheiten ist noch das Dengue-Fieber in Äthiopien zu erwähnen. Aus der jüngsten Vergangenheit liegen jedoch keine Angaben über sein Vorkommen vor. Spadaro [374] hat 1942 die *Verbreitung* des Dengue-Fiebers in Eritrea untersucht und festgestellt, daß die Erkrankung im Raum von Mitsiwa endemisch auftritt. Im übrigen Äthiopien wurde das Dengue-Fieber in Ogaden und Harer von Mennonna [255] 1926 in Asmera von Spadaro [374] 1942 und in Adis Abeba von Bucco [50] 1950 beschrieben. In Dire Dewa war es in den Jahren 1936/37 zu zwei Epidemien gekommen, über die Pelliciotta [291] berichtet hat. Ebenfalls in Dire Dewa hat 1950 Bucco [50] während eines epidemischen Ausbruchs im Jahre 1939 den Kreislauf *Mücke-Mensch-Mücke* eindeutig bestätigen können. In Wag-Lasta und im Distrikt Yeju der Provinz Welo sind Herde des Dengue-Fiebers von Cacciapuoti [60] 1942/43 beobachtet worden, die zu kleineren epidemischen Ausbrüchen Anlaß gegeben hatten.

Dengue-Fieber ist in Äthiopien in *endemischer* Form nur in Gebieten beobachtet worden, die in Höhen unter 1000 m liegen. Bei allen Fällen, die in höheren Lagen behandelt worden sind, konnte ein vorausgegangener Aufenthalt im Tiefland kurz vor dem Ausbruch der Erkrankung festgestellt werden. In den meisten Fällen kam Mitsiwa oder die Danakil-Region als Ort der Ansteckung in Betracht. Im benachbarten Somalia ist nach früheren Berichten [62] das Dengue-Fieber eine häufige Erkrankung.

Der Überträger des Dengue-Fiebers, *Aedes aegypti*, ist in den Gebieten mit endemischem Vorkommen und gelegentlichen epidemischen Ausbrüchen der Erkrankung festgestellt worden. Andere Arten der Gattung *Aedes*, die das Dengue-Fieber ebenfalls übertragen können, sind in Äthiopien weit verbreitet.

Die *Sterblichkeit* beim Dengue-Fieber ist bekanntlich niedrig. In Äthiopien liegen keine Berichte über Todesfälle durch Dengue-Fieber verursacht vor. Im klinischen Bild unterscheidet sich die Erkrankung nicht von der typischen Symptomatologie anderer Länder mit kurzer *Inkubationszeit* (5—8 Tage), Sattelkurve im Fieberverlauf, Leukopenie, Kopf- und Gliederschmerzen, Drüsenschwellungen und meist flüchtigem Exanthem.

Mit gelegentlichem Auftreten des Dengue-Fiebers im äthiopischen Tiefland muß gerechnet werden. Das Fehlen der Berichte über die Erkrankung in den letzten Jahren besagt keineswegs, daß das Dengue-Fieber in Äthiopien nicht mehr vorhanden ist. Besonders sporadisch auftretende Fälle, vielleicht mit atypischem Verlauf, werden eher für Malaria, Grippe, akute Arthritis, für Masern oder Röteln, — je nach der vorherrschenden Symptomatik —, gehalten, als daß bei den diagnostischen Schwierigkeiten des Dengue-Virus-Nachweises diese Erkrankung in jedem Falle in die differentialdiagnostischen Erwägungen einbezogen wird.

Gezielte vorbeugende Maßnahmen gegen die Überträger des Dengue-Fiebers sind nicht vorgesehen. Maßnahmen im Rahmen des Malaria-Bekämpfungsprogrammes und der Gelbfieber-Bekämpfung können sich auch auf die Vektoren der Dengue auswirken.

8. Lymphocytäre Choriomeningitis

Das *Virus* der Lymphocytären Choriomeningitis ist von Reiss-Gutfreund [316] von mehreren Kranken in Adis Abeba sowie von Affen und verschiedenen Haustieren isoliert worden. Das Virus wurde bei Zecken der Spezies *Amblyomma variegatum* und *Rhipicephalus sanguineus* sowie bei *Pediculus humanus* nachgewiesen. Weitere Untersuchungen sind erforderlich, um die Verbreitung der Lymphocytären Choriomeningitis in der Fauna Äthiopiens festzustellen, die Vektoren zu erfassen und die Bedeutung der Krankheit für den öffentlichen Gesundheitsdienst zu erfahren.

II. Durch Wasser und Nahrungsmittel übertragene Infektionskrankeiten

1. Cholera (ኮሌራ Koléra)

Aus den geschichtlichen Aufzeichnungen über Epidemien, die in der Vergangenheit Äthiopien heimsuchten, läßt sich nicht immer erkennen, um welche Seuchen es sich gehandelt hat. An Hand der Schilderungen von typischen Symptomen und Verläufen sind Schlüsse auf bestimmte Krankheiten möglich. Die sehr schwere Epidemie zur Zeit von Zara Yaqob (1434 bis 1468) ist in ihrer Natur bislang ungeklärt geblieben. Sie wütete in der damaligen Hauptstadt Debre Birhan in der Provinz Shewa so verheerend, daß niemand übrig blieb, die Toten zu bestatten [281, 282]. Wenn es sich um Pocken gehandelt hätte, wäre es den Schilderungen wahrscheinlich zu entnehmen. Malaria scheidet bei der Höhenlage des Ortes von 2900 m aus. Ob es die Cholera war, ist nicht mit Sicherheit zu beantworten, sie ist jedoch in Äthiopien seit langer Zeit bekannt.

Die Cholera heißt bei den Amharen „Novemberkrankheit". Hieraus kann geschlossen werden, daß sie vorwiegend nach der Regenzeit aufzutreten pflegte. Es ist die Jahreszeit, in der sich die Oberflächenwässer rückbilden und einen hohen Verunreinigungsgrad aufweisen.

Für die Cholera gab es auch eine traditionelle Behandlung, die in ihrer Art typisch für die magischreligiösen Heilweisen der Vergangenheit ist. Cholerakranke mußten sieben Weintrauben essen, die von einem Priester gesegnet waren [282, 283].

Verkehrswege, Handelskarawanen, Märkte, Wallfahrten und Truppenbewegungen haben von jeher eine Rolle in der *Ausbreitung* der Cholera gespielt. Auf mehreren Wegen konnte sie nach Äthiopien eingeschleppt werden. Im Westen bestanden zahlreiche, zum Teil unkontrollierte Übergänge zum Sudan. Im Jahre 1856 floh die Bevölkerung von der Sudangrenze in das äthiopische Hochland, um einer Choleraepidemie auszuweichen. Aus der Umgebung von Gonder hatten sich die Bewohner aus dem gleichen Grund in die Berge abgesetzt, wie aus der Schilderung von Flad [142] im Jahre 1922 hervorgeht. Im gleichen Jahr (1856) konnte Kaiser Theodorus (1855—1868) sein Vorhaben, eine Rebellion in der Provinz Tigre niederzuschlagen, nicht verwirklichen, weil die Cholera seine Armee desorganisiert hatte. Der Kaiser war gezwungen, mit seinen Truppen Bahir Dar zu verlassen und sich über den blauen Nil nach Gonder zu begeben.

Zehn Jahre später, im Jahre 1866, trat die Cholera erneut im Raum von Bahir Dar auf. Wieder verließ der Kaiser mit seinem Gefolge die Stadt am Tana-See und nahm im Hochgebirge Zuflucht. Die Cholera war in einem Truppenlager ausgebrochen. Ein Heerbann von 100000 Soldaten mit Frauen und Kindern zog ostwärts in die Berge. Viele starben auf dem Weg, wie dem Augenzeugenbericht des deutschen Missionars Waldmeier [395] entnommen werden kann.

Die Flucht in die Berge ist eine von altersher in Äthiopien geübte Maßnahme, um Seuchen auszuweichen. Sie hat ihre Richtigkeit bei der Malaria und dem Gelbfieber, aber auch bedingt im Falle der Cholera. Mit der Trockenheit setzt eine zunehmende Verunreinigung der Gewässer ein, die sich in den tieferen Lagen am stärksten auswirkt. Die Epidemien erloschen jeweils nach einiger Zeit, endemische Choleraherde sind in Äthiopien nicht bekannt geworden. Das Land blieb aber bis zur Jahrhundertwende von Neueinschleppungen aus endemischen Choleragebieten der näheren und weiteren Umgebung nicht verschont.

Durch *Abschließung* von der Außenwelt und *Reisebeschränkungen* innerhalb des Landes schützte sich das Land vor Seuchen und ihre Ausbreitung. Als 1865/66 die Cholera in Mitsiwa auftrat, wurden alle Verbindungen mit der Hafenstadt zu See und zu Lande so lange unterbrochen, bis die Krankheit völlig erloschen war. Der Chronist Meneliks (1865—1913) Gabre Selassie [282] berichtet über die Sperre des Weges von Adal zur damaligen Hauptstadt von Shewa, Ankober, im Jahre 1892, die wegen der Cholera verhängt worden war.

Aus den spärlichen Berichten, die über medizinische Ereignisse wie Choleraepidemie vorliegen, kann der *Seuchenweg* nur in wenigen Fällen rekonstruiert werden.

Die Cholera gelangte sowohl vom Osten über die Häfen des Roten Meeres, als auch aus dem Sudan in das Land. Die dritte Möglichkeit bestand vom Süden her, sie ist aber in keinem Bericht der Vergangenheit erwähnt worden. Die Gefährdung aus dem angrenzenden Kenia muß als gering veranschlagt werden. Die Struktur des Landes mit breiten Wüstenstreifen bot einen natürlichen Schutz vor unerwünschter Migration. Erst in der jüngsten Vergangenheit sind Verkehrswege zum Nachbarland im Süden erschlossen worden.

Im 20. Jahrhundert sind in Äthiopien bis zum Jahre 1970 keine Choleraausbrüche registriert worden, obwohl die Nachbarländer wiederholt Epidemien in ihren Grenzen hatten. Eine besonders hohe Alarmstufe löste die schwere Epidemie von 1947 in Ägypten beim äthiopischen Gesundheitsdienst aus. Die *Quarantänebestimmungen* wurden verschärft und in der Legal Order 104 des Jahres 1947 neu erlassen. Die Pandemie der Sechziger Jahre griff erst im Jahre 1970 aus dem Nahen Osten, vermutlich durch erkrankte Schmuggler eingeschleppt, auf Äthiopien über. Ihren Weg nahm die Cholera über Asayta in der Provinz Welo. Sie pflanzte sich auf äthiopischen Boden längs der Handels- und Karawanenwege in südöstlicher Richtung über Teile der Provinz Harer zur Seenplatte hin fort. Auf dem Höhepunkt der Epidemie waren die Provinzen Welo, Harer, Arusi und Shewa betroffen. Die Zahl der Erkrankten ist in Tausenden zu schätzen. Die täglichen Zugänge in einem ländlichen Krankenhaus an der Seenplatte beliefen sich 1970 auf 40 und betrugen in den ersten Monaten des Jahres 1971 noch 4 Erkrankungen.

Durch schnelles Handeln des Öffentlichen Gesundheitsdienstes unter Heranziehung aller Einrichtungen des Gesundheitswesens gelang es, die Epidemie in wenigen Monaten aufzufangen. Die *Behandlung* bestand in Infusionen und Verabreichung von Tetracyclinen. Vorbeugend wurden *Reihenschutzimpfungen* in allen gefährdeten Teilen des Landes verabreicht. Die Quarantänemaßnahmen waren verschärft worden. *Quarantänestationen* werden in den Häfen Mitsiwa und Aseb sowie auf den Flugplätzen Adis Abeba, Asmera und Dire Dewa unterhalten. Den gleichen Zweck erfüllen die Grenzstationen Teseney, Asosa und Gambela zum Sudan, Moyale nach Kenia, Aysha und Jijiga nach Somalia.

Laut Seuchengesetz, Legislation Notice 156 von 1951, gehört die Cholera zu den übertragbaren Krankheiten der 1. Klasse, für die sofortige telegraphische Meldung angeordnet ist.

Zureisende aus Ländern mit endemischen Choleravorkommen oder aus Ländern, in denen die Cholera kürzlich aufgetreten ist, fallen unter die Quarantänebestimmungen, wie sie international üblich sind.

Für die Einreise nach Äthiopien war die Schutzimpfung gegen Cholera bis zum Ausbruch der letzten Epidemie 1970 nicht erforderlich. Sie wird dann unerläßlich, wenn Cholera in den Nachbarländern auftritt und der Reiseweg diese berührt oder das Land selbst von der Cholera bedroht ist. Eine latente Gefährdung ist durch die Mekkapilger und durch unkontrollierte oder illegale Einwanderer im E, S und W des Landes gegeben.

2. Typhus, Paratyphus und andere Salmonellosen

Typhus- und Paratyphusinfektionen werden aus allen Provinzen des Landes gemeldet. Die Diagnose der Erkrankungen wird fast in allen Fällen auf Grund des klinischen Bildes gestellt. Nur in Einzelfällen wird ein Erregernachweis geführt.

In Adis Abeba sind als Erreger *Salmonella typhi* und *S. paratyphi A* angetroffen worden. *S. paratyphi B* und *S. paratyphi C* kamen bei der einheimischen Bevölkerung nicht zur Beobachtung. Dagegen wurden noch andere Salmonellen isoliert, unter diesen *S. typhi murium*, *S. newport*, *S. hull* und weitere noch zu bestimmende Stämme.

In der Fünfjahresstatistik 1959—1963 des Antiepidemic Service [261] schwanken die monatlichen Indizes zwischen 48,0 bzw. 96 Fällen im Juli und 144,5 bzw. 291 Fällen im November für den Typhus. Bei dem Paratyphus fällt das niedrigste Vorkommen in den Monat August mit einem Index von 58,3 und das stärkste Auftreten wird im Juni mit einem Index von 163,8 beobachtet. Es fällt schwer, aus diesen Werten unterschiedliche jahreszeitliche Abhängigkeiten für beide Krankheitsgruppen abzuleiten. Der höchste Befall wird in der Trockenzeit registriert, für den Typhus zu Beginn derselben und den Paratyphus vor der großen Regenzeit.

Im Durchschnitt sind 3469 Fälle von Salmonellosen im Jahr gemeldet worden, das sind 17,3 auf 100000 der Bevölkerung. Die Typhuserkrankungen übertrafen die übrigen Salmonellen fast um das Dreifache. Größere Epidemien von Salmonellenerkrankungen sind im letzten Jahrzehnt nicht beobachtet worden, von kleineren epidemischen Ausbrüchen blieb keine Provinz verschont.

Das kontinuierliche Auftreten von Typhus-Paratyphuserkrankungen hat seine Ursache in den *Keimträgern* und *Ausscheidern*, die nur zum geringsten Teil durch den öffentlichen Gesundheitsdienst erfaßt sind. Neue Probleme bringt die zunehmende Verstädterung mit sich, bei der die Schaffung der sanitären Einrichtungen, der Wasserversorgung und der Abwässerbeseitigung mit der Bevölkerungszunahme nicht immer Schritt hält. Die Salmonellosen sind und bleiben ein ernst zu nehmendes Problem des öffentlichen Gesundheitsdienstes für die nächsten Jahre.

3. Ruhrerkrankungen

a) Amoebiasis (አሜባ Améba)

Durch die Zusammenfassung der Ruhrerkrankungen aller Formen ist es unmöglich, aus den Statistiken der gemeldeten übertragbaren Krankheiten auf das Vorkommen und die Häufigkeit der Amoebiasis in Äthiopien irgendwelche Schlüsse zu ziehen. Aus Stichproben und gelegentlichen Auswertungen des Patientengutes einiger Krankenhäuser des Landes ist erkennbar, daß die Amoebiasis zu den häufig auftretenden Infektionskrankheiten in Äthiopien zu rechnen ist.

Während der Jahre 1935/36 erkrankten 0,52% der italienischen Soldaten an einer Amoebenruhr. Systematische Erhebungen aus den dreißiger Jahren über den Befall der Bevölkerung mit Amöben haben D'Ignazio und Giaquinto-Mira [120] in den Provinzen Shewa und Sidamo sowie in Dankalia (Provinz Welo) angestellt. In Agere Hiywet (Provinz Shewa) fanden sie 27,33% der Untersuchten mit Entamoeba histolytica befallen, in der Provinz Sidamo waren es 7,24%. In Dankalia wurden bei keinem der Probanden Amöben angetroffen. Mit einer Ausnahme wurden bei allen befallenen Personen Cysten vorgefunden.

In der Provinz Kefa ist die Amoebiasis nach den Beobachtungen von Barbera und Capuano [17] weit verbreitet. In Wog-Lasta (Provinz Welo) stellte Cacciapuoti [59] bei 18,2% der Untersuchten einen positiven Amöbenbefund fest. In Eritrea waren nach Sofia und Ciaravino's Erhebungen [372] 29,85% der Bewohner von Amöben befallen. Bei den vorgenannten Befunden handelt es sich um Untersuchungen bei Personen ohne klinische Erscheinungen. Hohe Befallsraten der Bevölkerung werden allgemein in tropischen Gebieten mit unzureichenden sanitären Verhältnissen angetroffen.

Aus der jüngsten Vergangenheit liegen einige *Stichproben* über das Vorkommen der menschenpathogenen Amöben in verschiedenen Regionen Äthiopiens vor. Sie wurden vorwiegend im Rahmen von Reihenuntersuchungen über den Gesundheitszustand äthiopischer Bevölkerungsgruppen gemacht. Die Erhebungen in Verbindung mit dem „Nutrition Survey 1958" [273], die an 10 Plätzen in 8 Provinzen des Landes durchgeführt worden sind, bestätigten die früheren Ergebnisse bezüglich der Verbreitung und Häufigkeit der Ruhramöben. Die ermittelten Werte schwanken zwischen einem Befall von 18,2% in Teseney an der Grenze zum Sudan in Eritrea und 60% in Kwiha, das im Zentrum der Provinz Tigre liegt. Im Durchschnitt waren 28,4% der Probanden von Amöben befallen. In den Städten Adis Abeba, Gonder und Harer war das Vorkommen mit 20,7 und 28,5% noch relativ niedrig im Vergleich mit den übrigen Orten. Etwas umfangreicher waren die Reihenuntersuchungen des „Demonstration and Evaluation Project" in 10 Ortschaften aus 5 Provinzen. Auch hier fanden sich im Mittel bei 30% der Untersuchten Amöben bzw. Cysten im Stuhl. Der stärkste Befall wurde in Degeh Bur in der Provinz Harer mit 59% positiver Stühle festgestellt.

Chang [70], Wang [397] und Molineaux [268] werteten die *Laborbefunde* des Health College in Gonder und der angeschlossenen Gesundheitszentren aus. In den Jahren 1958/59 betrug der Anteil der positiven *Entamoeba histolytica*-Befunde 15% aller der in Gonder untersuchten Stuhlproben. Bei Schulkindern aus elf Schulen der gleichen Provinz betrug der Anteil der *Amöbenträger* 5%. Bei der Auswertung nach Personengruppen zeigten in den Jahren 1963/64 die Gefängnisinsassen mit 34,2% und die kasernierten Soldaten mit 18,6% den stärksten Befall. Durchschnittlich hatten 12,3% der Untersuchten Amöben im Stuhl, die niedrigsten Befunde fanden sich bei Schulkindern mit 1,5%. Kinder unter einem Jahr haben Amöben selten im Stuhl.

In Harer lag der Anteil der Amoebiasis der Patienten mit Erkrankungen des Verdauungssystems in den Jahren 1961/62 bei 5,2%. Die Rate der positiven Stuhlproben betrug 6,6%. Blahos und Kubastova [26] nehmen aber eine größere Häufigkeit des Amöbenvorkommens an; bei der Routineuntersuchung wird nur ein Teil der Amöbenträger erfaßt.

In der gleichen Größenordnung bewegt sich das Krankheitsvorkommen in Kembata (Provinz Shewa) mit einem Anteil von 5% der intestinalen Krankheiten, wie aus dem Bericht 1965 von Teclemariam [385] hervorgeht.

Mit dem *Vorkommen* und der *Häufigkeit* der Amoebiasis im äthiopischen Hochland befaßte sich 1965/66 Diesfeld [113]. Unter 2030 stationär behandelten Patienten des Haile Selassie-Krankenhauses in Adis Abeba fanden sich 38% Amöbenträger. Bei 10% bestand eine akute Amöbenruhr und 5,6% der Kranken zeigten intestinale und extra-intestinale durch Amöben verursachte Komplikationen. Der gleiche Autor hat an Hand seines Krankengutes eine signifikante Häufung des Auftretens in der Regenzeit festgestellt. Von 1961 Zugängen der Kinderklinik in Adis Abeba hatten 21% der Kinder unter 3 Jahren eine Gastroenteritis. Nach den Erhebungen 1964 von Demissie und Debesai [107] waren Amöben nur in 2% der Fälle die Ursache der Erkrankung, die Anzahl *bakterieller* Infektionen übertraf die durch *Protozoen* um mehr als das Zehnfache.

Auf die *Häufigkeit der extra-intestinalen Amoebiasis* machte 1944 Spadaro [375] aufmerksam. Der Autor beschrieb in Eritrea 50 Fälle mit einem Amöbenbefall der *Leber*. Bei Diesfeld [114] hatten von 142 Erkrankungen der Leber 7,04% der Patienten einen Amöbenabsceß und 3,52% eine Amöbenhepatitis. Bei 30% der Patienten mit Erkrankungen des Magen-Darmtraktes lag in Adis Abeba eine akute Amöbenruhr vor. Rizotti [321] untersuchte 1955 200 mit *E. histolytica* befallene Patienten rektoskopisch und beobachtete bei 12% ulceröse Läsionen, bei 57,5% verschiedene Veränderungen der Schleimhaut. Simonetti [367] wies 1944 auf das Erscheinungsbild der Amöbenappendizitis hin, die nach den Beobachtungen des Autors in Eritrea relativ häufig auftritt. Eine Amöbencystitis beschrieb 1932 Pirani [296] in Eritrea. 1952 fanden Spadaro [377] und 1950 Bucco [49] Amöben im Urin. Placeo [303] sah 1944 einen Fall mit einer Amoebiasis cutanea. Multiple Haut- und Muskelabscesse durch Amöben verursacht beobachtete 1965 Diesfeld [113]. Ein Amöbenabsceß der Orbita wurde von Reiter [318] in Adis Abeba behandelt.

Bezüglich des Amöbenvorkommens hat sich die Situation in Äthiopien gegenüber früherer Jahre kaum verändert. Amöbenträger werden in allen Provinzen des Landes meist häufig angetroffen. In den Nachbarländern Äthiopiens, Somalia, Kenia und dem Sudan sind die Amöben in gleicher Weise weit verbreitet.

b) Bakterienruhr

In den periodischen Meldungen der übertragbaren Krankheiten sind „Ruhrerkrankungen aller Formen" stets zusammengefaßt. Man bekommt nur ein pauschales Bild der klinisch manifesten ruhrartigen Erkrankungen verschiedener Genese in ihrem Jahresablauf. Ein Erregernachweis liegt nur bei einem geringen Teil der gemeldeten Fälle zugrunde. Das Gros der Diagnosen wird auf Grund der vorliegenden Symptomatik gestellt. In der Fünfjahresübersicht 1959—1963 des Antiepidemic Service erkrankten durchschnittlich 4579 Personen im Monat. Im Gegensatz zu Diesfelds Beobachtungen [113] im Jahre 1965 sind die Ruhrerkrankungen aller Formen in den trockenen Monaten Dezember bis Mai am häufigsten. Die von Papaioannou [285] errechneten *Monatsindizes* haben ihre tiefsten Stand mit 85,3 im August und das Maximum mit 119,2 im Mai. Mischinfektionen von Amöben und bakteriellen Erregern der Ruhr sind häufig. Die bakteriellen Ruhrerkrankungen dürften in den Krankheitsmeldungen die Amöbenruhr weit übertreffen. Sie gelten als die häufigste Ursache der Säuglings- und Kleinkindersterblichkeit.

Nach Poggi und Monti [306] wird die *Shiga- und die Flexner-Ruhr* in Eritrea oft angetroffen, in der östlichen Provinz Tigre gehört sie zu den am häufigsten vorkommenden Krankheiten überhaupt. In den bakteriologischen Untersuchungen des früheren Pasteur-Institutes von Äthiopien wurden als Erreger der bakteriellen Ruhr *Shigella flexneri*, *Sh. sonnei* und *Sh. dysenteriae* festgestellt. Bei Kindern unter 3 Jahren, die an einer Gastroenteritis erkrankt waren, fanden 1964 Demessie und Debesai [107] am häufigsten die bakteriellen Erreger der Ruhr als Ursache. *Sh. flexneri* überwog bei weitem, *Sh. dysenteriae 1* und *Sh. boydii* wurden ebenfalls angetroffen.

Als *Reservoir der Ruhrerreger* gilt der Mensch. Die Amöben und bakteriellen Erreger der Ruhr gelangen in den Menschen vorwiegend durch infizierte Speisen und verseuchtes Wasser. Eine wichtige Rolle in der Weiterverarbeitung spielen die Keimträger und Personen im Inkubationsstadium. Die Gewohnheit, mit den Händen zu essen, ist ein weiterer Unsicherheitsfaktor besonders dann, wenn die persönliche Hygiene zu wünschen übrig läßt. Das stärkste Auftreten der Ruhrerkrankungen fällt in die Trockenzeit, in der die Fliegenplage am größten ist.

Eine *systematische Bekämpfung* der Ruhrerkrankungen bzw. der Erreger ist in der Praxis nicht durchführbar. Die Bemühungen sind darauf gerichtet, die sanitären Bedingungen besonders auf dem Gebiet der Beseitigung der menschlichen Ausscheidungen, der Kontrolle von Lebensmitteln und der Zubereitung der Speisen zu verbessern.

Mit dem Ausbau der Laboreinrichtungen der ländlichen Gesundheitsdienste wird es möglich sein, ein besseres Bild von verschiedenen Erregern der in Äthiopien auftretenden Ruhrerkrankungen zu erhalten.

4. Lambliasis

Die Lamblienruhr ist in Äthiopien weit verbreitet. Über die ersten Fälle in Eritrea berichtete 1931 Marmo [241]. Der Autor fand in 4,23% der Stuhlproben *Lamblia intestinalis.* Einen weit höheren Anteil von 35% ermittelte Spadaro [377] bei seinen in den Jahren 1937 bis 1939 durchgeführten Untersuchungen.

In Wog-Lasta (Provinz Welo) wies 1942 Cacciapuoti [59] *L. intestinalis* bei 12% der Untersuchten nach. In Adis Abeba sah 1938 Mariani [235] in 9% der Stuhlproben *L. intestinalis.*

In der jüngsten Vergangenheit wurde das Vorkommen der *L. intestinalis* von Wang [397] mit 4,3% in der Provinz Begemdir und mit über 2% von Diesfeld [112] in Adis Abeba erwähnt. Letzterer fand nur *vegetative* Formen bei seinen Patienten. Einen starken Befall mit 22,3% berichten Blahos und Kubastova [26] aus der Provinz Harer.

Nach den 1944 veröffentlichten Beobachtungen von D'Arcangelo [98] manifestiert sich die Lambliasis hauptsächlich in einer Duodenitis. Etwa in einem Drittel der Fälle besteht eine chronische, meist leichte Colitis. Komplikationen, wenn auch selten, ergeben sich bei einem Befall der Gallenwege.

Wenn auch die Lambliasis kein vorrangiges Gesundheitsproblem ist, muß bei unklaren Magen-Darmbeschwerden und bei Enteritiden besonders bei Kindern in Äthiopien die Lambliasis in differentialdiagnostische Erwägungen einbezogen werden.

III. Durch Kontakt übertragene Krankheiten

1. Treponematosen

Unter die Bezeichnung „Treponematosen" werden vier kliniko-epidemiologische Syndrome zusammengefaßt, die durch morphologisch nicht unterscheidbare Erreger der Gattung *Treponema* hervorgerufen werden (s. Abb. 33).

a) Venerische oder sporadische Syphilis (ቂጥኝ *Quitteññ*). Über das Ausmaß der Syphilis in den Tropen liegen keine gesicherten Statistiken vor. Die gelegentlich durchgeführten Erhebungen können als Anhalt für ungefähre Schätzungen dienen. Besonderer Wert kommt in diesem Zusammenhange den Erhebungen bei Schwangeren zu [167, 188, 250, 342].

Für Afrika wird von Guthe und Willcox [167] eine *Durchseuchung* von 14—33% angenommen. In Äthiopien schwankt der Prozentsatz der positiven Seroreaktionen zwischen 32 und 70% in den verschiedenen Provinzen, wobei die konservative Schätzung des Landesdurchschnitts mit 35% berechtigt erscheint. Das bedeutet, daß etwa 7 Millionen Einwohner des Landes von der sporadischen Syphilis befallen sind. Die Zahl der *Neuerkrankungen* wird auf 150000 im Jahr geschätzt. Aus diesen Zahlen ist ersichtlich, daß es sich bei der Syphilis um eines der wichtigsten Gesundheitsprobleme des Landes handelt.

Daß man es bei der Syphilis mit der venerischen Form zu tun hat, geht aus der Altersgliederung hervor [132, 250, 339]. Erhebungen zeitigten eine Schwankungsbreite von 1,3% bei Schulkindern bis über 80% bei Prostituierten. Von über 103636 von dem VD-Control Service in den Jahren 1957—1961 erfaßten Syphilisfällen waren 1728 Kinder bis zum Alter von 14 Jahren, was einem Prozentsatz von rund 1,7 entspricht. Der größte Anteil an Neuerkrankungen findet sich bei den sexuell aktivsten Jahrgängen von 15 bis zu 35 Jahren.

In der Verteilung der Geschlechter finden sich keine nennenswerten Unterschiede. Auffällig gering ist der Anteil der konnatalen Syphilis. Auch die metaluischen Erkrankungen sind relativ selten. Von 100 syphilitischen Patienten zeigen 8 frühe, 90 latente und der Rest späte oder konnatale Erscheinungen.

Klinisch bestehen bei der *primären* Syphilis keine wesentlichen Unterschiede zum gewohnten Krankheitsbild in den gemäßigten Zonen. Der Prozentsatz der extragenitalen Läsionen liegt bei rund 5%.

Die *sekundären* Manifestationen sind vielgestaltig und bunt, oft üppiger, als man sie in den gemäßigten Zonen anzutreffen pflegt. Dagegen treten die makulösen roseolaartigen Effloreszenzen auf Grund der pigmentierten Haut weniger stark in Erscheinung (s. Bild 57).

Marshall [242] hebt hervor, daß vor 50 Jahren Gummen der verschiedenen Organe häufig bei Afrikanern angetroffen wurden, heute aber kaum noch beobachtet werden. Das gilt auch für Äthiopien. Übereinstimmung besteht in der Meinung, daß die kardiovasculäre Syphilis kein seltenes Ereignis ist. Größere Diskrepanzen bestehen bezüglich der Neurosyphilis. Hall [171] fand signifikante Unterschiede der metasyphilitischen Erkrankungen des zentralen Nervensystems in den Nachbarländern Äthiopiens einerseits und Kenia sowie Uganda andererseits. Progressive Paralysen werden in letzteren häufig angetroffen, dagegen in Äthiopien so gut wie nicht beobachtet. Tabes dorsalis kommt in allen 3 Ländern praktisch nicht vor. Die Malaria als Ursache für dieses Verhalten scheidet aus, da kein Unterschied zu malariafreien Zonen der betreffenden Länder besteht.

Das überdurchschnittlich hohe Vorkommen der Syphilis in Äthiopien erklärt sich weitgehend aus der Promiskuität, der Art des ehelichen Zusammenlebens und der Einstellung weiter Kreise der Bevölkerung den Geschlechtskrankheiten gegenüber [342].

Nach Guthe und Willcox [167] werden 80—97% der *venerischen* Infektionen in Afrika durch die Prostitution weiterverbreitet; eine Größenordnung, die auch für Äthiopien zutrifft. Von Ferreira-Marques und Schaller [132, 342] wurden Erhebungen bezüglich des Gesundheitszustandes bei annähernd 900 Prostituierten durchgeführt. Die Blutuntersuchungen von 642 Frauen ergaben eine Seropositivität von über 80%. Eine primäre Syphilis fand sich bei 6% der Untersuchten, sekundäre Manifestationen bei 8,9% und eine tertiäre Syphilis bei 1,4%.

b) Endemische Syphilis. Der sporadischen oder venerischen Syphilis werden die endemischen Treponematosen, die Frambösie, die Pinta und die endemische Syphilis gegenübergestellt. Armut und Nichtteilhaben am zivilisatorischen Fortschritt, eine Situation wie sie in vielen Entwicklungsländern und auch in Teilen Äthiopiens angetroffen wird, sind von ausschlaggebendem Einfluß für das Auftreten der endemischen Treponematosen. Im Gegensatz zur Frambösie und Pinta spielen klimatische Gegebenheiten bei der endemischen Syphilis eine untergeordnete Rolle. Ein Anstieg der Erkrankung wird in verschiedenen Ländern in der wärmeren Jahreszeit beobachtet. Auffällig ist das überwiegende Vorkommen der endemischen Syphilis in Ländern mit trockenheißem Klima des Nahen Ostens und Teilen Afrikas. In Äthiopien findet sich die endemische Syphilis in Ogaden, einem Teil der Provinz Harer. Diese Subprovinz liegt im Südosten der Provinz Harer und grenzt an Somalia. Die Bevölkerung gehört zu den Somalis und huldigt dem Islam. Das Land fällt in östlicher Richtung ab und zeichnet sich durch ein trockenheißes Klima aus.

Das *Vorkommen* der endemischen Syphilis wurde erst im Jahre 1960 durch Schäuffeles Erhebungen [351] wahrscheinlich (s. Abb. 33). Unter 2078 Erwachsenen fanden sich 2 Fälle mit früher Syphilis und 6 Kranke mit metasyphilitischen Manifestationen. Von 645 Kindern bis zum Alter von 14 Jahren zeigten 17 Schleimhautläsionen. In einer unausgewählten Gruppe von 82 Seroreaktionen waren 57 positiv. Weitere Untersuchungen sind erforderlich, um die interessanten Befunde Schäuffeles zu bestätigen und gegebenenfalls das Ausmaß der Endemie festzustellen.

c) Frambösie. Die oberen Grenzen des Frambösievorkommens liegen in Äthiopien bei Höhen von 1600 bis 1800 m (s. Abb. 33). Sie wird ein ernstes Gesundheitsproblem. Rassenunterschiede spielen keine entscheidende Rolle. Mit dem Vorrücken der Zivilisation wird die Frambösie zurückgedrängt. In Gimera findet sich Frambösie vorzugsweise bei negroiden Stämmen, die weit verstreut in den tropischen Regenwäldern leben. Um 80% der untersuchten „Shangillas" des Distrikts Gimera zeigten bei *Stichproben* positive VDRL-Reaktionen. Der *klinische Index* lag bei 20%, eine Größenordnung, wie sie Mayer [250] bei seinen Erhebungen im Distrikt Maji ebenfalls antraf.

Die *Ansteckungen* erfolgen vorwiegend im frühen Kinderalter (s. Bild 58). Beide Geschlechter sind gleich stark empfänglich. Im Erwachsenenalter erkranken häufiger Frauen durch den engeren Kontakt mit ihren Kindern. Die Brüste werden durch kranke Säuglinge infiziert, die Hüftgegend durch anogenitale Condylomata der dort aufsitzenden Kleinkinder. Eine venerische Übertragung der Frambösie wurde nicht beobachtet.

Das *klinische Bild* ist vielgestaltig. Neben vereinzelten Primärläsionen werden Frambösie vom „major" und „minor" Typ, Osteoperiostitiden, Kontrakturen der Finger und Pigmentveränderungen angetroffen. Durch die bislang fehlende Behandlung kommt es nach einer latenten Phase bei etwa einem Drittel der Fälle zu tertiären Veränderungen. Hauptsächlich werden die Haut und die Knochen befallen. Gummen der Haut, der Knochen, juxtaartikuläre Knoten, die Gangosa, Hyperkeratosen, Gelenksveränderungen und Leukoderma sind die häufigsten Veränderungen der späten Phase. Verkrüppelungen, Entstellung und Verstümmelungen finden sich nicht selten schon bei Personen jugendlichen Alters.

d) Pinta. Die Pinta nimmt unter den Treponematosen eine Sonderstellung ein. In ihrem *Vorkommen* beschränkt sie sich auf die neue Welt mit Mexiko, Zentralamerika, subtropisches Südamerika und Westindien. Das Auftreten ist herdförmig. Die übrigen Vorkommen außerhalb Amerikas werden für pintoide Frambösie angesehen. Ferreira-Marques [132] glaubt nach seinem Aufenthalt in Mexiko annehmen zu können, daß es sich bei einem Teil der Achromien in Äthiopien um Carate oder Pinta handelt. Die Patienten zeigten neben einer Lymphadenopathie und einer positiven Serologie Achromien vom Typ der Pinta Mexikos. Die hohe Zahl der Achromien in Äthiopien ist auffällig.

Bei dem Krankengut der Hautklinik des Princess Zenebe Work Hospitals in Adis Abeba fanden sich unter 4700 Patienten 277 Fälle mit Leukodermien und Vitiligo, was einem ungewöhnlich hohen Prozentsatz von 5,8 entspricht. Adenopathien sind häufig wie auch positive Seroreaktionen, die bei rund einem Drittel der Bevölkerung angetroffen werden.

Die im *histologischen* Präparat vorgefundenen Veränderungen waren bei einer Anzahl der Fälle nicht mit dem Bild einer Vitiligo in Einklang zu bringen. Die Erscheinungen entsprachen teilweise denen der späten Pintide, wie sie von Hasselmann [173], Ferreira-Marques [132] u. a. beschrieben worden sind.

Es bestehen gute Gründe zur Annahme, daß in Äthiopien alle 4 bekannten Treponematosen vorkommen. Weitere Untersuchungen bezüglich der endemischen Syphilis und der Pinta sind erforderlich, um die bisher vorliegenden Ergebnisse zu stützen und das Ausmaß der Endemien festzustellen.

2. Tuberkulose
(ሳምባ ነቀርሳ Yäsamba Näqärsa)

Über die Frage, ob Tuberkulose (Tb) erst in der jüngsten Vergangenheit nach Äthiopien eingeschleppt worden ist, gehen die Meinungen auseinander. Klinik und Verlauf der Tuberkulose sowie der Durchseuchungsgrad der Bevölkerung lassen eher die Annahme zu, daß die Krankheit seit längerer Zeit in Äthiopien heimisch ist.

Die Tb ist in Äthiopien weit verbreitet und nach der Malaria das wichtigste Gesundheitsproblem des Landes. In einigen Gebieten nimmt sie in der Priorität den ersten Rang ein [71, 72].

Statistische Unterlagen über *Prävalenz* und *Inzidenz* der Tb in den einzelnen Provinzen des Landes sind noch sehr spärlich. Aus früheren Zeiten liegen nur wenige auswertbare Daten vor. Fälle von Lungen- und Drüsentuberkulose wurden 1886 von Panara [279] in Mitsiwa, Eritrea, beschrieben. Einen „ausreichend" hohen Prozentsatz an Tuberkulose bei den Einwohnern des eriträischen Hochlandes stellte 1933 Ganora [147] fest. Aus den folgenden Jahren liegen nur sporadische Angaben vor. Sie erlauben den Schluß, daß die Tb in Äthiopien in ihrem Auftreten und in der Verlaufsform weitgehend dem Erscheinungsbild der Tb bei der europäischen Bevölkerung entspricht [51].

Im Jahre 1962 betrug die Zahl der *Neuzugänge* aller Formen der Tb nach den Meldungen der Kliniken und Krankenhäuser des Landes 26485. Die *Inzidenz* der Jahre 1958 bis 1962 schwankte zwischen 8 und 13 auf 100000 der Bevölkerung [261].

Das *Vorkommen* der Tb weist signifikante Unterschiede in den Provinzen und Regionen des Landes auf. Als Landesdurchschnitt wird eine Prävalenz von 1% angenommen — eine Schätzung, die eher als vorsichtig gelten kann. Bei den Somalis im Osten des Landes wurde eine Erkrankungsrate von 3% ermittelt, Schäuffele [351] berichtete aus Ogaden eine Prävalenz von 5%. Bei Reihenuntersuchungen von Soldaten und deren Angehörigen fand Weithaler [398] in Adis Abeba 2% der Untersuchten an einer Tb erkrankt, bei den Kindern waren es sogar 3,7%. Unter dem Krankengut einer Frauenklinik in Adis Abeba litten nach Huber und Boldt [188] im Jahre 1960 von den 13278 untersuchten Frauen 1,3% an einer Tb, davon über 80% Tb der Lungen.

Am Beispiel von Eritrea hat Peery [289] die Abhängigkeit des Tb-Vorkommens von den jeweils vorherrschenden *klimatischen* Bedingungen aufgezeigt. In den Gebieten mit Hochlandklima, wie es in Asmera mit über 2340 m vorliegt, beläuft sich der Anteil der Tb-Kranken von allen ambulanten Patienten auf 1%. Eine höhere Befallsrate an Tb liegt in den mittleren Höhen vor, sie beträgt in Keren, 1392 m, rund 3%. Im trockenen Tiefland, durch Teseney, 585 m, repräsentiert, beträgt der Anteil der Tb nur 0,6%, während im feuchten Tiefland um Mitsiwa 1,5% aller Patienten an einer Tb leiden.

Tuberkulintestungen größeren Ausmaßes sind bis zum Jahre 1953 nicht durchgeführt worden. Bemerkenswert ist die Beobachtung von d'Arcangelo [97] aus dem Jahre 1940, nach der die Erwachsenen in den größeren Ansiedlungen mit weit über 50% den höchsten Positivitätsgrad aufweisen; um 50% positiver Reaktionen finden sich in den mittleren und kleineren Zentren, während auf dem Lande 30—40% der Getesteten positiv reagieren. Chang [70] bestätigte 1962 diesen Sachverhalt für die Provinz Begemdir, in der die höchsten positiven Ergebnisse in der Stadt Gonder und in den größeren Orten der Provinz angetroffen werden. In Eritrea stellte Ferro-Luzzi [138] bei Erwachsenen einen Tuberkulinindex von 40% fest, fand aber unter den im Krankenhaus Beschäftigten 66% positive Reaktoren.

Einen besseren Einblick in die *Durchseuchung* der äthiopischen Bevölkerung gewährte die von WHO und UNICEF in Verbindung mit dem äthiopischen Gesundheitsministerium durchgeführte BCG-Aktion. In den Jahren 1953 bis 1955 wurden in 8 Provinzen 609321 Personen nach Mantoux getestet, von denen 27% positiv reagierten und 48% eine *BCG-Impfung* erhielten. Fast ein Viertel der Getesteten erschien nicht zum Ablesen. Der niedrige Prozentsatz der positiven Reaktoren findet seine Erklärung darin, daß vorwiegend Schulkinder und Personen jugendlichen Alters erfaßt worden sind. Einen besseren Einblick gewährt die Aufgliederung der Schuluntersuchungen nach Altersgruppen (nach Chasles und Octapodas [72], durch Befunde aus Welega [192], Sidamo [180] und Ilubabor [319] ergänzt):

Provinz	Altersgruppen		
	unter 6	7—14	15—19
Adis Abeba	15	37	67
Shewa	14	29	45
Welo	22	31	52
Tigre	15	30	55
Begemdir	16	28	44
Gojam	6	17	32
Harer	15	49	72
Kefa	25	38	61
Welega	5	15	—
Ilubabor	24	58	80
Sidamo	25	50	60

Die niedrigste Zahl positiver Reaktoren fand Hylander [192] in der Provinz Welega, in der er Erhebungen in Nekempte und den umliegenden Ortschaften anstellte. Ein ähnlicher Befund wurde sonst nur in der Provinz Gojam erhoben. In der Provinz Sidamo ist nach Hogetveit [180] die Tb in den dichter besiedelten landwirtschaftlichen Gebieten der Awrajas Sidamo, Welamo und Deresa stärker verbreitet als in der übrigen Provinz. Der höchste Prozentsatz positiver Reaktoren wird von Reynolds [319] aus der Provinz Ilubabor berichtet. Hier sind die im Distrikt Gambela lebenden Anuaks besonders stark befallen. Nach Chasles und Octapodas [72] ist das Problem der Tb in den Provinzen Harer, Kefa und in der Hauptstadt Adis Abeba am bedeutendsten; es besteht eine direkte Abhängigkeit der Zahl der Ansteckungsquellen von dem Prozentsatz der positiven Reaktoren.

Bei *Röntgenreihenuntersuchungen*, die seit 1959 durchgeführt werden, fanden sich in Adis Abeba bei rund 1% der Untersuchten pathologische Lungenbefunde. Anläßlich des Nutrition Survey 1958 [273] machten 15% der Probanden Angaben über eine vorausgegangene Tb. Über dem Landesdurchschnitt dürfte das Tb-Vorkommen bei den Anuaks liegen, bei denen 1963 nach Reynolds [319] bei 12 in 1000 der Patienten der Missionsstation positive Mykobakterienbefunde erhoben worden sind. Im Distrikt Kembata der Provinz Shewa ist die Tb nach Fekadu [130] eines der vordringlichsten Gesundheitsprobleme. Im Gesundheitszentrum von Hosana betrug der Anteil der wegen einer Lungentuberkulose behandelten ambulanten Patienten 2,9%.

Das hohe Tb-Vorkommen in Kembata führen Fekadu [130] und Teclemariam [385] auf die unzulänglichen hygienischen Bedingungen und insbesondere auf die schlechten Wohnverhältnisse mit überfüllten fensterlosen Räumen zurück. Begünstigend auf die *Verbreitung* der Tb wirkt sich die Unsitte des „Borde"-Trinkens, eine Art Talla, aus einem Gemeinschaftsgefäß aus, das in einem Zuge von zahlreichen Personen, bis über 100 sind gezählt worden, benutzt wird. Das gleiche gilt für das Rauchen des „Gaya“, einer örtlichen Tabaksorte, aus einer gemeinsamen Pfeife, die an Markttagen unter besonders vielen Rauchern zirkuliert. Auch die Anuaks reichen ihre Pfeifen von Mund zu Mund, bei ihnen wird nach Reynolds [319] vom 10. Lebensjahre an geraucht. In Kembata wird die Milch grundsätzlich nicht gekocht. Es besteht der Aberglaube, daß die Kühe nach dem Kochen der Milch keine Milch mehr geben. Die Milch wird in Äthiopien meist ungekocht genossen. Über die bovine Tuberkulose liegen nur spärliche Angaben vor. Sie soll bei dem einheimischen Rindvieh relativ selten sein, sie wurde aber bei eingeführtem Vieh wiederholt nachgewiesen. Von 25 Stück einheimischen Viehs waren in Hosana (Kembata) 2 Rinder tuberkulinpositiv. Über 70% der Bevölkerung von Kembata und Umgebung zeigten eine positive Tuberkulinreaktion.

In Eritrea fand Sforza [359] unter 20 Stämmen menschlicher Herkunft einen *bovinen* Stamm. Serié und der Verfasser (1957) beobachteten bei einem gleichzeitig an einer Lepra lepromatosa und einer Tuberculosis colliquativa leidenden Patienten einen *bovinen* Stamm, der sich durch seine besondere Virulenz auszeichnete. Nach Georgieff [151] sind in der Provinz Gojam die *bovinen* Erreger der Tb beim Menschen weit verbreitet.

Die Tb bei Kindern in der Altersklasse von 0 bis 14 Jahren ist mit 172 Neuerkrankungen auf 100000 der Bevölkerung in Äthiopien 5—6mal häufiger als in der gleichen Altersgruppe beispielsweise in Dänemark, wie Hylander [193] feststellte. Der gleiche Autor schätzt die Zahl der an Tb Sterbenden aller Altersklassen auf 20000 im Jahr. Aussagefähige Statistiken über die *Mortalität* der Tb liegen in Äthiopien bislang nicht vor.

Alle *Formen* der Tb werden in Äthiopien angetroffen. Mit über 60% der Erkrankungen sind die Atemwege am häufigsten befallen, um 5% die Knochen und Gelenke und 3% machen die Erkrankungen des Intestinaltraktes aus. Zu 0,5% erkranken das Zentralnervensystem und die Meningen. Der Rest mit über 30% entfällt auf Tb anderer Formen. Über weibliche Genitaltuberkulose liegen Angaben von Heuls und Huber [174] vor. Bei 1125 histologisch begutachteten Sterilitätspatientinnen wurde 45mal oder in 4% der Untersuchten eine Endometritis tuberculosa nachgewiesen.

Über *extrapulmonale* Tb in Eritrea hat Cvitanovitch [93] 1963 berichtet. Die Tb der Knochen und Gelenke ist mit 60% der Erkrankungen die häufigste extrapulmonale Form. Bei der Tb der Knochen überwiegt der Morbus Pott mit 29%. Die tuberkulöse Lymphadenopathie folgt mit 9,1% der extrapulmonalen Erkrankungen. Darmtuberkulose und Tb der serösen Membranen sind mit 6,5% und 6,0% etwa gleich häufig.

Nicht selten sind tuberkulöse Epididymitis mit 5,8% und Tb der Nieren mit 3,9%. In Gonder, Adwa und Mekele behandelte der Autor „zahlreiche“ Fälle von Hauttuberkulose. Von den 4700 Patienten der Hautklinik des Princess Zenebe Work Hospitals Adis Abeba [339] litten 2,1% an Hauttuberkulose. Es überwog bei weitem die Tuberculosis cutis colliquativa. Fälle von Lupus vulgaris wurden nicht angetroffen und dürften in diesem klimatischen Bereich zu den großen Seltenheiten gehören.

Über 2720 bei Routineuntersuchungen in Adis Abeba neu aufgefundene Tb-Fälle wurden von Octapodas [274] an Hand von Röntgenbefunden nach ihrem *Schweregrad* 1963 ausgewertet. Bei rund 28% der Kranken fanden sich minimale Veränderungen, 38% der Fälle waren mäßig und 34% weit fortgeschritten. Bei den Kindern von 0—4 Jahren waren 59% minimal verändert, 30,5% mäßig und 10,5% weit fortgeschritten. Nicht viel anders verhielten sich die Prozentsätze in der Altersgruppe von 5—14 Jahren. Bei den mäßig fortgeschrittenen Erkrankungen handelt es sich um primäre Tuberkulose mit exsudativer perifokaler Reaktion.

Zur *Bekämpfung* der Tb in Äthiopien ist ein Tuberculosis Control Service im Jahre 1960 ins Leben gerufen worden [350]. Er untersteht wie alle spezialisierten Dienste direkt dem Gesundheitsministerium. Vorausgegangen sind größere Reihenuntersuchungen durch die WHO und UNICEF von 1953 bis 1955 und durch das äthiopische Gesundheitsministerium von 1957 bis 1960. Das Tb-Zentrum in Adis Abeba ist zum Tuberculosis Control Demonstration and Training Centre entwickelt worden. Neben der Routinetätigkeit zur Diagnose und Behandlung ambulanter Patienten dient das Zentrum der Ausbildung von medizinischem Personal aller Kategorien. Besonderer Wert wird der Gesundheitserziehung im Kampf gegen die Tb beigemessen. Die BCG-Reihenimpfungen sind auf fast alle Provinzen ausgedehnt worden. Über 1 Million Einwohner sind seit der ersten Aktion im Jahre 1953 nach Mantoux getestet und falls erforderlich mit BCG geimpft worden. Die BCG-Impfung wird bei Neugeborenen in den Kinderkliniken und bei Kindern lepröser Eltern routinemäßig seit mehr als 10 Jahren angewendet.

Die *Behandlung* der Tb-Kranken findet vorwiegend ambulant statt. Für stationär zu behandelnde Kranke sind 295 Betten in Tb-Spezialkrankenhäusern in Adis Abeba (125), Harer (110) und Asmera (60) vorhanden. Weitere Betten von wechselnder Zahl können in den Allgemeinkrankenhäusern des Landes mit Tb-Kranken belegt werden. Ein besonderes Problem sind die chronisch kranken bettlägerigen Patienten. Für diese Dauerpatienten müssen noch Möglichkeiten geschaffen werden. Die von Chasles und Octapodas [72] im Jahre 1963 errechnete Bettenrate von 1 auf 70000 der Bevölkerung ist sehr niedrig und wird dem Bedarf des Landes nicht gerecht.

Angeschlossen an das Tuberculosis Control Demonstration and Training Centre ist ein Tuberculosis Mobile Survey Team. Es dient der Erforschung der Tb-Prävalenz an ausgewählten Plätzen und in bestimmten Personengruppen durch Röntgenreihenuntersuchungen vermittels des Schirmbildverfahrens. Umgebungsuntersuchungen und Infektionsquellenermittlung sind weitere Aufgaben der Einheit, deren Einsatz durch das Zentrum bestimmt wird.

Das Schwergewicht in der Bekämpfung der Tb wird auf die *Integration* der Maßnahmen in den Aufgabenbereich der Gesundheitszentren gelegt. Ihre Aufgabe ist es, die BCG-Impfung durchzuführen, die Infektionsquellen aufzuspüren, die Kontaktfälle zu untersuchen und die Behandlung der Erkrankten ambulant durchzuführen. Die Gesundheitsbelehrung gehört ebenfalls in den Aufgabenkatalog der Gesundheitszentren. Für die Ausbildung des Personals auf dem Gebiet der Tuberkulosebekämpfung ist das Tuberculosis Control Demonstration and Training Centre in Adis Abeba zuständig. Die Grundlagen für die Planung und das Programm sind in enger Zusammenarbeit mit der WHO erarbeitet worden.

3. Lepra (ሰጋ· ደዌ Yäsega Däwé)

Die Lepra gehört zu den ältesten bekannten Krankheiten Afrikas und des Nahen Ostens. In Ägypten gab es Lepra lange vor dem Auszug der Kinder Israels in die Wüste. Äthiopien und Ägypten sind Nachbarländer, die seit Menschengedenken Beziehungen miteinander unterhielten. Die Wege zueinander führten im Osten über das Rote Meer und das Reich der Sabäer, im Westen durch das alte Nubien. Bei Wanderungen der kuschitischen Stämme ist die Lepra in südlicher und westlicher Richtung auf dem afrikanischen Kontinent verbreitet worden, nachdem sie vermutlich mit den Präniloten in das äthiopische Hochland gelangt war [334].

Auch in den ältesten überlieferten äthiopischen *Legenden* nimmt die Lepra unter den Krankheiten eine Sonderstellung ein. Der heilige Gabrechristos wird als Schutzherr der Leprösen heute noch verehrt [338]. Der allgemeine Glaube geht dahin, daß es sich bei der Lepra um eine von Gott gesandte Krankheit handelt.

Auch wird angenommen, daß sie durch *Vererbung* weiter verbreitet wird. Der böse Geist oder Blick werden für das Auftreten der Lepra verantwortlich gemacht. Im Erkrankungsfalle muß der Patient versuchen, die bösen Geister durch Opfer zu beschwichtigen. Der geschlechtliche Umgang mit einer Frau im Freien bringt die Krankheit, ist ein weiterer Glaube, der sich übrigens auch im Fernen Osten findet.

Mittelalterlich mutet der Brauch der „Lalibellas" an. Sie waren ursprünglich Lepröse aus der Provinz Welo, die in Paaren bettelnd durch die Lande zogen. Vor Sonnenaufgang sangen sie mit verhülltem Gesicht an den Türen der Dorfbewohner. Die „Lalibellas" von heute sind keine Leprösen. Sie wollen durch die oben beschriebene Lebensweise verhüten, daß sie von der Lepra befallen werden. Aus dem Brauchtum, den Überlieferungen und der Gedankenwelt ist erkennbar, daß sich die Einwohner des Landes seit langen Zeiten mit der Lepra auseinandersetzen.

Früheren Reisebeschreibungen ist zu entnehmen, daß Lepra besonders im Hochland von Äthiopien verbreitet war [282]. Im gleichen Sinne lauten die Berichte der italienischen Autoren [51]. Agostini [2] und Talotta [383] beschreiben 559 Lepraerkrankungen in Eritrea. 30 Jahre später (1961) schätzte Greppi [164] die Zahl der Leprösen in Eritrea auf 1000, von denen die Hälfte aus anderen Provinzen zugewandert war. Besonders anziehend sind von jeher für Lepröse heiße Quellen und das warme Wasser des Roten Meeres, von denen sich die Kranken Heilung erhoffen. Fadda [128] berichtet 1936 von „sehr" vielen Leprakranken in Tigre, Adis Abeba, Jima und Dire Dewa. Von Mariani [235] wurde im Jahre 1938 das Lepravorkommen in Adis Abeba auf etwas weniger als 0,5% geschätzt.

Der Verfasser versuchte, durch *Reihenuntersuchungen* von Schulkindern einen Einblick in die Durchseuchung der Bevölkerung mit der Lepra zu erhalten. Die Ergebnisse aus 30 Orten in den Jahren 1957 bis 1959 sind in der Tab. IX festgehalten. Schlüsse auf die *Prävalenz* in der Gesamtbevölkerung können aus den Ergebnissen nicht oder nur mit Vorbehalt gezogen werden. Die Kinder, die in Äthiopien zur Schule gehen, stellen bereits eine Selektion dar. Nur etwa 5% der Schulpflichtigen besuchten um 1960 eine Schule.

Der Anteil der *spontan heilenden Leprafälle* unter den Kindern Äthiopiens ist nicht bekannt. Die Erhebungen bestätigten jedoch das besonders hohe Vorkommen von Lepra in den Provinzen Gojam und Shewa. Der *Lepraindex* in Gojam betrug für alle Altersklassen 49 in 1000, fast ein gleich hoher Wert fand sich im westlichen Guraghiland bei Welkite mit 42 in 1000. Ein Index von 25 unter 1000 unter den Schulkindern von Fiche, Salale (Provinz Shewa) spricht für ein sehr hohes endemisches Vorkommen der Lepra in diesem Raum.

Unter Berücksichtigung der Statistiken des seit 1954 bestehenden Leprabekämpfungsdienstes und der an zahlreichen Orten durchgeführten Erhebungen wurde die *Prävalenz* der Lepra in den einzelnen Provinzen geschätzt.

Die Tab. X unterrichtet gleichzeitig über den Anteil der „offenen" Fälle aus dem Jahre 1961.

Die unterschiedliche *Verbreitung* der Lepra selbst in Ländern mit einem sehr hohen endemischen Vorkommen wie Äthiopien macht Schätzungen über das Gesamtvorkommen sehr problematisch. Einmalige Erhebungen zum Zwecke der Feststellung des Vorkommens müssen unbedingt wiederholt werden, wenn ihnen ein Aussagewert zukommen soll. Auch „amtliche" Schätzungen sind mit Vorbehalt aufzunehmen, wie am Beispiel von Äthiopien aufgezeigt werden kann. Vor 1950 schätzte man die Zahl der Kranken auf 9000, danach auf 15000 und schließlich 1954 auf 36000 Lepröse. Daß alle Schätzungen falsch waren, ergibt sich aus der Tatsache, daß 10 Jahre später 80000 Leprakranke registriert waren. Dabei versorgen die herangezogenen Gesundheitsdienste noch nicht einmal die Hälfte des weiten Landes. Man geht sicher nicht fehl, die Rate der von der Lepra Befallenen auf 10 bis 12 in 1000 der Bevölkerung zu veranschlagen. So ist in Äthiopien mit über 200000 Leprösen zu rechnen.

Die geschätzten *Lepraindices* schwanken in den Provinzen zwischen 1 und 25 (Abb. 27 auf Rückseite der Karte 6). Die höchste Prävalenz findet sich in der Provinz Gojam mit 25 in 1000. Sehr hohe Endemieraten mit 10 und mehr in 1000 weisen noch die benachbarten Provinzen Welo, Begemdir und Shewa auf, die ebenfalls zum zentralen Hochplateau des Landes gehören, und die im Seenbereich gelegene Provinz Arusi.

Die unterschiedliche *Verteilung* der Lepra innerhalb einer Provinz wird an dem Beispiel von der Provinz Gojam (Abb. 28) deutlich gemacht. Auf Grund seiner Erhebungen nimmt 1969 Jungk [203] für die Provinz Harer eine Prävalenz von 8—13 in 1000 statt der früher geschätzten 4 in 1000 an.

Price [312] glaubt 1969, eine genetisch bedingte Empfänglichkeit gegenüber der Lepra bei den Amharen nicht ausschließen zu können. Bei den Einwohnern der Provinz Arusi handelt es sich um Angehörige von Gallastämmen. In der Provinz Harer sind nach Jungk [203] die Amharen und Galla in gleicher Weise befallen. Auch die Guraghis und die Kambatas in der Provinz Shewa und die Agau in der Provinz Gojam sind gegenüber Lepra sehr empfänglich, wie die ermittelten Indices beweisen. So fällt es schwer, eine der vielen äthiopischen Rassen als besonders empfänglich herauszustellen. In einem Land wie Äthiopien mit Lepraindices von 5 und mehr in 1000 in den meisten Provinzen ist ein Kontakt mit dem *Mycobacterium leprae* unvermeidlich. Nur ein verschwindend kleiner Prozentsatz der *„offenen"* Leprösen lebt abgesondert, der größte Teil der Kranken nimmt uneingeschränkt am öffentlichen Leben teil. In Äthiopien ist daher auf Grund des hohen

Expositionsgrades mit einer maximalen Erkrankungszahl zu rechnen. Diese Annahme wird durch die Ergebnisse der Schuluntersuchungen in der Provinz Gojam hinreichend bestätigt. Bis über 10% der Bevölkerung können für die Lepra empfänglich sein und während eines Lebensabschnittes an ihr erkranken.

Von 100 Leprapatienten sind 71 männlichen Geschlechts. Bei den Kindern bis zu 12 Jahren ist das Verhältnis der Geschlechter 60 : 40 zu Gunsten der Knaben. Annähernd ein Fünftel der Patienten sind Kinder bis zum Alter von 15 Jahren. Die Auswertung von 4000 Leprafällen des Princess Zenebe Work Hospital in Adis Abeba gibt Auskunft über das *Alter* der Patienten zum Zeitpunkt des Auftretens der Lepra (Tab. XI).

Bis zum Alter von 15 Jahren waren 20% der Patienten an Lepra erkrankt. Über 90% aller Fälle waren vor Erreichung des 40. Lebensjahres leprakrank. Zwei Fälle ereigneten sich bei Kindern im ersten Lebensjahr. Ein starker Anstieg in der Befallskurve fällt in die Jahre der Pubertät. Über 9% der Kranken bekamen ihre Lepra nach dem 40. Lebensjahr (Tab. XI).

Die *Aufgliederung* der Lepra in die verschiedenen Lepra-Typen und -Gruppen bei einer Auswertung von 26195 Fällen im Jahre 1963 zeigt ein Ansteigen der tuberkuloiden Lepra auf Kosten der Lepra indeterminata gegenüber früheren Erhebungen, während die lepromatösen Formen konstant etwas weniger als ein Viertel der Fälle im Landesdurchschnitt ausmachen. Zwischen den Provinzen des Landes bestehen größere Schwankungen, die sich von annähernd 11% der Provinz Tigre bis über 56% in der Provinz Kefa erstrecken. Überdurchschnittliche Raten der „*offenen*" Lepra werden noch in den Provinzen Harer, Welo, Sidamo und Eritrea angetroffen. Späteren Untersuchungen muß es vorbehalten bleiben, diese als vorläufig zu bezeichnenden Befunde zu bestätigen. Ein Vergleich wird jedoch durch das jetzt allgemein angewandte erweiterte Konzept der intrapolaren Lepra erschwert. Sie wird je nach der Stellung der Lepra im Immunitätsspektrum zwischen den beiden Polen in 3 Gruppen unterteilt, so daß es praktisch unmöglich ist, die früheren Befunde mit den jetzigen Statistiken in Einklang zu bringen. Für epidemiologische Zwecke reicht es jedoch aus, den jeweiligen Anteil der „*offenen*" Lepra zu ermitteln. Das sind die Formen, die *Mycobakterien* in größerer Anzahl ausscheiden (Bild 59).

Mit dem Problem der *Erstläsion* bei Lepra in Äthiopien hat sich u. a. 1946 Bucco [48] befaßt. Bei Erwachsenen bestand die Initialläsion in einem solitären maculösen Herd mit Sensibilitätsstörungen bei Fehlen von Mycobakterien. Der Verfasser [338] machte Erhebungen bezüglich der Lokalisation der Erstläsion und stellte seine Ergebnisse denen von Chaussinand aus dem jetzigen Vietnam gegenüber (Tab. XII). Die Gründe für das z. T. sehr unterschiedliche Verhalten dürften in der sehr verschiedenen Lebensweise der beiden verglichenen Kollektive liegen.

Körperschäden durch Lepra weisen rund ein Fünftel der Kranken auf. Lähmungen finden sich nach Price [312] an den Händen, Füßen und Augen im Verhältnis 5:2:1. Vollinvalide durch Lepra sind 3% und Teilinvalide 6% der Kranken. Der hohe Anteil der Körperschäden hat nicht zuletzt seinen Grund in der späten Erfassung der Kranken. Nur ein geringer Prozentsatz der Patienten erschien im ersten Jahr der Erkrankung in Behandlung, wie die Erhebungen bei 2091 Patienten des Princess Zenebe Work Hospital ergaben. So wurden im ersten Krankheitsjahr nur 15% der Leprösen erfaßt. Bei der Hälfte der Kranken verstrichen über 3 Jahre, bis eine Behandlung erfolgte. Mit der Einführung des Leprosy Control Service und der ländlichen Gesundheitsdienste hat sich hier ein Wandel zum Besseren eingestellt. Aber das Ziel der Früherfassung der Leprösen ist noch lange nicht erreicht.

Zur *systematischen Bekämpfung* der Lepra wurde im Jahre 1954 der dem Gesundheitsministerium unterstellte Leprosy Control Service begründet. Er hat seinen Sitz im Princess Zenebe Work Hospital in Akaki, einem Vorort von Adis Abeba. Die im Lande errichteten rund 40 mit einem Krankenpfleger besetzten Leprastationen für ambulante Behandlung der Kranken wurden ab 1962 in die Einrichtungen des öffentlichen Gesundheitsdienstes, den Gesundheitszentren und -stationen integriert. Auf Grund der anfänglichen nicht unüberwindbar erscheinenden Schwierigkeiten wurde dieser Prozeß 1964 vorzeitig abgebrochen. Beeinflußt wurde diese Entwicklung durch die Einrichtung des übernationalen All Africa Leprosy and Rehabilitation Training Centre, ALERT, mit dem Sitz im ehemaligen Leprosarium Princess Zenebe Work Hospital. ALERT wird von einer Reihe Leprahilfswerken verschiedener Länder getragen und befindet sich noch im Aufbau. Der Aufgabenbereich der Institution schließt ein Krankenhaus für Lepra und Rehabilitation, die städtische und ländliche Leprabekämpfung sowie Programme zur Rehabilitation und Wiedereingliederung Lepröser ein. Angegliedert ist seit 1970 das Armauer Hansen Institut (ARHI) zur Erforschung der Lepra und ihres Erregers, für das Hilfswerke aus Norwegen und Schweden verantwortlich zeichnen. Das Princess Zenebe Work Hospital ist mit einer Kapazität von 250 Betten die Hauptlehranstalt von ALERT.

Die sonst noch vorhandenen Institutionen zur stationären Behandlung Lepröser werden vorwiegend von Hilfsorganisationen aus Europa und Amerika unterhalten. Eine der bedeutendsten Einrichtungen ist das Leprosarium des Deutschen Aussätzigen Hilfswerkes, DAHW, in Bisidimo (Provinz Harer) mit 120 Krankenhausbetten, 500 stationären Patienten und etwa 5000 ambulanten Leprakranken. Angeschlossen an das Leprosarium ist eine Poliklinik zur Betreuung der Nichtleprösen in der näheren und weiteren Umgebung. Bisidimo ist die Zentrale der Leprabekämpfung der Provinz Harer mit über 20000 geschätzten Kranken. Von Bisidimo wurden Anfang 1970 über 3000 Patienten durch einen regelmäßigen mobilen Dienst längs der festen Straßen versorgt.

Weitere Leprosarien und Lepradörfer befinden sich in Boru Meda bei Dese (Provinz Welo), in Shashemene, Hosaina und Gindeberet (Provinz Shewa), in Tibela (Provinz Arusi), in Finote Selam (Provinz Gojam) und in Asmera in Eritrea, wo eine Abteilung von 30 Betten dem Allgemeinkrankenhaus angegliedert ist. Ein Leprabehandlungszentrum war auch im ehemaligen Leprosarium der Malteser in Selekleka (Provinz Tigre) vorgesehen. In Auflösung begriffen sind das Leprosarium und Lepradorf von Harer, an deren Stelle die Einrichtungen von Bisidimo getreten sind. Das mit schwedischen Geldern aufgebaute Leprosarium Finete Selam hat seinen Betrieb noch nicht aufgenommen. Die Gesamtkapazität der Einrichtungen zur stationären Behandlung Lepröser liegt bei rund 3000 Plätzen. Sie wird damit den Anforderungen gerecht, liegt doch auch in

Äthiopien das Schwergewicht der Leprabekämpfung in der *ambulanten* Behandlung der Leprösen. Auf lange Sicht führt der Weg an der *Integration* der Leprabekämpfung in die allgemeinen ländlichen Gesundheitsdienste nicht vorbei.

Die Lepra ist in weiten Gebieten Äthiopiens ein bedeutendes Problem des öffentlichen Gesundheitsdienstes, mit dem sich das Land noch viele Jahre auseinanderzusetzen haben wird. Zu einer Ausrottung der Seuche wird es erfahrungsgemäß erst dann kommen, wenn die wirtschaftlichen und sozialen Vorbedingungen für die Hebung des Lebensstandards der gesamten Bevölkerung geschaffen worden sind.

4. Pocken (ፈንጣጣ Fänṭaṭa)

Nach Hirsch [176, 177] sind die bedeutendsten Pockenherde Afrikas die Länder der Nilsenke mit Ägypten, Nubien, Kordofan und das äthiopische Hochland. Die Pocken gehören in der Tat zu den alten Krankheiten Äthiopiens. Mit magischen Kräften und religiösen Übungen versuchte man sich in früheren Zeiten vor ihnen zu schützen [280]. Über ihre ansteckende Natur war man sich frühzeitig im klaren. Eine wichtige und häufig angewandte Maßnahme zur Bekämpfung der Pocken bestand in der Isolierung der Krankheitsherde durch Reisebeschränkung und Straßensperren. König Sahle Selassie (1813—1847) zog sich bei Pockenausbrüchen in seinen Palast zurück und verwehrte allen Reisenden das Betreten des Landes (Krapf [209]). Während einer Pockenepidemie in Harer verhinderten die Bauern der Umgebung jeglichen Zutritt zur Stadt und ließen auch niemanden heraus, wie dem Bericht 1893 von Burton [55] entnommen werden kann.

Die Gallas und Somalis griffen zu drakonischen Maßnahmen, um die Ausbreitung der Pocken zu verhindern (Bruce, 1790 [42]). So steckten die Gallas das Haus eines Pockenkranken an; ganze Dörfer wurden abgebrannt, wenn Pocken darin wüteten, ohne Rücksicht auf die Einwohner. Die Somalis verhielten sich ähnlich. Sie verließen ihre Niederlassungen unter Zurücklassung der Erkrankten, die ein Opfer der Hyänen wurden. Noch im Jahre 1930 sonderten die Somalis die Kranken ab und verbrannten deren Haus und Habe.

Die *Diagnose* der Pocken wird nach dem klinischen Bild gestellt. Verwechslungen mit der sekundären Syphilis und mit Varicellen kommen vor. Es besteht der Eindruck, daß die Pocken sporadisch in einer milden Form auftreten, doch gelegentlich zu schweren Epidemien ausarten. In Adis Abeba werden regelmäßig Fälle von hämorrhagischen Pocken gesehen.

In der Zehnjahresübersicht 1954—1963 des Antiepidemic Service [261] schwanken die jährlichen Erkrankungszahlen zwischen 551 im Jahre 1962 und 2832 im Jahre 1956. Der Jahresdurchschnitt belief sich auf 1571 Pockenerkrankungen oder 7,8 auf 100000. Es handelt sich bei diesen Angaben um Fälle, die in Kliniken und Krankenhäusern zur Beobachtung kamen (Abb. 31). Die Mehrzahl der Pockenkranken wird jedoch nicht erfaßt. Aus den Statistiken kann auf die Häufigkeit und Verbreitung der Pocken innerhalb des Landes kein Schluß gezogen werden. In den Provinzen mit den niedrigsten Ärztraten und den wenigsten Gesundheitseinrichtungen wird das geringste Pockenvorkommen gemeldet. Bei Kindern bis zu 14 Jahren besteht im Befall der Geschlechter kein Unterschied. Bei den Erwachsenen überwiegen die Erkrankungen bei den Männern im Verhältnis von 2,4 : 1.

Im Jahre 1971 belief die Inzidenz der Pocken auf 104 Erkrankungen je 100000 Einwohner bei Schwankungen von 55 in der Provinz Arusi und 459 in Provinz Ilubabor. Insgesamt sind 25976 Fälle gemeldet worden (S.E.P. Ministry of Health, 1972).

In der Fünfjahresübersicht 1959—1963 [261] wird versucht, *jahreszeitliche* Abhängigkeiten des Erkrankungsbefalls festzustellen. Eine signifikante Häufung von Ansteckungen findet in der Regenzeit statt. Der Gipfel liegt im Monat Juli mit einem Index von 183,7 bei einem Maximum von 482 Fällen im Jahre 1961. Etwa ein Sechstel aller Pockenfälle ereignet sich in diesem Monat. Die niedrigste Zahl der Erkrankungen fällt in den Monat Dezember, in dem der Index 25,7 beträgt und sich nur 2,1% der Erkrankungen des ganzen Jahres ereignen (Abb. 32). Der Anstieg der Kurve beginnt im Februar und der Abfall im August, doch werden auch hiervon abweichende Jahresverläufe beobachtet. Wahrscheinlich spielt der verstärkte Kontakt der Menschen untereinander durch das engere Zusammenleben während der Regenzeit eine Rolle bei der Ausbreitung der Pocken.

Bei der weiten *Verbreitung* der Pocken in Äthiopien und ihrer unzulänglichen Erfassung ist es schwierig, meist aber unmöglich, den Seuchenweg festzustellen. Teclemariam [386] berichtete über eine Pockenepidemie im Distrikt Kembata (Provinz Shewa) im Jahre 1960, die mit einer hohen Sterblichkeit einherging. Im Jahre 1965 beobachtete der gleiche Autor in einem Dorf bei Hosaina einen Pockenausbruch mit 30 Fällen, bei dem sich die Ansteckungsquelle nach Dire Dewa verfolgen ließ.

Weitere epidemische Ausbrüche berichtete 1965 Georgieff [151] mit insgesamt 108 Fällen im Gebiet des Tana-Sees. Die Pocken sind hier endemisch, die Bevölkerung verfügt über keinen nennenswerten Impfschutz. Die Kranken werden verborgen. Die Einwohner glauben, durch Übertragung der Pocken von Kranken auf Gesunde den Krankheitsverlauf abzumildern. Häufig nehmen die Pocken einen leichten Verlauf, doch bei Neueinschleppung kommt es zu Massenausbrüchen mit fatalen Krankheitsverläufen. Die von den beiden Autoren beschriebene Situation ist typisch für ganz Äthiopien. Durch das ganze Jahr hindurch werden in allen Provinzen des Landes epidemische Ausbrüche der Pocken meist kleineren Ausmaßes beobachtet. Die Kranken werden nicht isoliert. Bei Reisen durch das Land stößt man immer wieder auf frische oder gerade in Abheilung begriffene Pocken (Bild 60).

Die *Impfung* vom Pockenkranken zum Gesunden wurde früher zwangsmäßig durchgeführt, wie Petit [294] es unter Ras Wube in der Mitte des 19. Jahrhunderts in der Provinz Tigre miterleben konnte. Sie wird auch in der Gegenwart noch praktiziert. Georgieff [151] und Teclemariam [386] berichteten darüber. Von einer an Pocken erkrankten Person wird in der Blüte der Erkrankung Eiter aus den Pusteln entnommen und in den Arm oder Oberschenkel des Impflings durch einen kreuzförmigen Einschnitt meist vermittels einer Rasierklinge eingebracht. Diese Eingriffe sind keineswegs ungefährlich. Die Impflinge können schwer erkranken, und fatale Ausgänge der Impfpocken kommen immer wieder vor. Eine weitere Gefahr droht von der in Äthiopien weit verbreiteten Syphilis. Sie wird auf den

Empfänger übertragen, wenn der Spender gleichzeitig mit den Pocken an einer übertragbaren Syphilis leidet oder beim Spender eine Syphilis vorliegt, die klinisch als Pockenerkrankung imponiert. Varioliforme sekundäre Syphiliserkrankungen (Bild 57) werden besonders von Laien leicht mit den Pocken verwechselt (Bild 60).

In den Jahren 1936 bis 1940 sind in den verschiedenen Provinzen des Landes wiederholt größere Impfaktionen von italienischer Seite durchgeführt worden, so soll in der Provinz Tigre die Hälfte der Einwohner geimpft worden sein (Poggi und Monti [306]). Nach einem kleineren epidemischen Ausbruch sind im Jahre 1937 etwa 200000 Einwohner in Adis Abeba gegen Pocken geimpft worden. Von 1952 bis 1956 wurden in Adis Abeba durch jeweils sechswöchige Impfaktionen über 500000 Impfungen auf freiwilliger Basis verabreicht. Trotz der laufenden Einschleppung der Pocken in den folgenden Jahren ist es zu keinem epidemischen Ausbruch in der Landeshauptstadt gekommen. Der Impfstoff wurde vom Institut Pasteur d'Éthiopie in frischer und auch in lyophilisierter Form hergestellt. Dadurch wurde die weite Anwendung der Impfung im ganzen Land ermöglicht. Impfungen werden im zunehmenden Maße durch die ländlichen Gesundheitszentren verabreicht. Ein Smallpox Eradication Programme läuft mit der technischen Unterstützung der W.H.O. seit Anfang 1971. Über 3 Millionen Impfungen sind bis Januar 1972 verabreicht worden (S.E.P. Weithaler, 1972).

Mit der Legal Notice 149 von 1950 [350] wurde in den Städten die *Impfpflicht* eingeführt. Die Impfung soll vor Ablauf des 1. Lebensjahres vorgenommen und dann in jedem 4. Jahr wiederholt werden. Bisher konnte dem Gesetz noch nicht oder nur in einem beschränkten Umfang genügt werden. Die Legal Notice 156 von 1951 [350] führt die Pocken in der 1. Klasse der übertragbaren Krankheiten auf, für die u. a. die telegrafische Meldung eines jeden Erkrankungsfalles angeordnet ist. Eine Absonderung der Erkrankten, wie sie das Gesetz vorsieht, ist nur in einem sehr beschränkten Umfang möglich.

Als erfolgversprechende Maßnahme zur *Bekämpfung* der Pocken empfiehlt sich die Schutzimpfung. Ihre breite Anwendung im Rahmen der bestehenden Gesundheitsdienste in Verbindung mit einer landesweiten Pockenbekämpfungsaktion, möglichst von einem Spezialdienst organisiert, erscheint durchführbar.

Für die Einreise nach Äthiopien ist der Nachweis einer Pockenimpfung, die nicht länger als 3 Jahre zurückliegen darf, erforderlich. Bei längerem Aufenthalt im Lande sind Wiederholungsimpfungen nach 3, besser nach 2 Jahren ratsam.

5. Trachom (ትራክሆማ Trakhoma)

Bezüglich des Trachoms und der übrigen ansteckenden Augenkrankheiten schließt sich Äthiopien an die große Gruppe der arabischen Länder südlich und südöstlich des Mittelmeerraumes an. Nach Feitelberg [129] (1964) handelt es sich um die gleiche Art des Trachoms, das vielleicht teilweise etwas milder auftritt, sich aber in der Art der Komplikationen kaum von den anderen Ländern unterscheidet.

Auf die unterschiedliche *Prävalenz* des Trachoms bei den verschiedenen ethnischen Gruppen haben Guerra [165] und Läufer [212] hingewiesen. Am stärksten sind die Somalis und Araber befallen. Geringere Raten weisen die Guraghi, Amhara und die im Lande ansässigen Italiener auf. Je höher der soziale Stand desto niedriger ist die Rate der übertragbaren Augenkrankheiten und insbesondere des Trachoms [212]. Etwa 40—50% der Bevölkerung mit mittlerem und niedrigem Lebensstandard leiden am Trachom. In den gehobenen Schichten der Bevölkerung überwiegen die leichteren Erkrankungen.

Nach den Erhebungen von Delon [103] ist in Adis Abeba, Gonder und Harer mit einer Prävalenz des Trachoms von 60—80% zu rechnen. Bei den Kindern der ersten drei Volksschulklassen fand Delon in Adis Abeba Trachom bei 42% und in Gonder sogar bei 77% der Schüler. Bei Läufer [212] waren in Adis Abeba 38,7% der untersuchten Kinder frei von Trachom, in Gonder dagegen nur 16,6%.

Stadium I des Trachoms wurde in Adis Abeba, Gonder und Harer zu gleichen Anteilen angetroffen, während Stadium II in Gonder und Harer besonders häufig vorkam. Ein Viertel der Kinder in Adis Abeba hat normale Augen, in Gonder und Harer dagegen nur ein Zehntel. Vitamin A-Mangel mit Bitot-Flecken und Keratomalacie hat mit 0,3% des Vorkommens in diesem Zusammenhang keine besondere Bedeutung. Blinde Kinder besuchen die Schule nicht, Blindheit auf einem Auge bestand in Gonder bei 1,7% der Schulkinder und betrug im Durchschnitt 1%. Als Zeichen des gutartigen Charakters des Trachoms ist das geringe Ausmaß der Pannusbildung anzusehen, die 2 mm nur in 2% der Fälle übertraf. Pterygium und Trichiasis wurden nur in 0,6% bzw. 0,3% aller Fälle vorgefunden.

An einer Conjunctivitis litten 40,7% der untersuchten Kinder, die höchsten Werte wurden in Harer mit 51,6% und die niedrigsten in Adis Abeba mit 29,5% angetroffen. Rund drei Viertel der Kinder mit aktivem Trachom litten an einer zusätzlichen Conjunctivitis, die bei 22% in mäßiger und bei einigen Fällen in schwerer Form auftrat.

Etwa ein Drittel der 8866 untersuchten Schulkinder hatte kein Trachom, es überwogen die Mädchen mit 37% gegenüber 32% der Jungen [212]. Feitelberg [129] schätzt den Prozentsatz des aktiven Trachoms bei Kindern von 1—8 Jahren auf 40% im Landesdurchschnitt, bei größeren Schwankungen in den verschiedenen Provinzen. Eine hohe Prävalenz besteht im Raum von Gonder in der Provinz Begemdir mit 90%, in Dese in der Provinz Welo mit 60%. Der niedrigste Wert wird für Dire Dewa in der Provinz Harer mit 15% angegeben. Den Landesdurchschnitt für das aktive Trachomvorkommen bei Erwachsenen schätzt der gleiche Autor auf 20%.

Über den Beginn des Trachoms gehen die Meinungen auseinander. Häufig erfolgt die *Ansteckung* des Neugeborenen durch Schmierinfektion durch die Mutter. Bis zum schulpflichtigen Alter hat die Infektion bei dem größten Teil der Kinder bereits stattgefunden. Nach Läufers Erhebungen liegt der Beginn der Erkrankung bei Jungen überwiegend im Alter von 5—7 Jahren und bei Mädchen noch etwas später. Der Prozentsatz der in den Schulen stattfindenden Infektionen soll nur 1,3% betragen [212].

Die in den verschiedenen Höhenlagen der Provinz Eritrea in den Jahren 1953, 1955 und 1956 durchgeführten Untersuchungen ergaben signifikante Unterschiede: Bei Personen aller Altersklassen schwanken die

Werte im Hochplateau zwischen 74,2 und 83,1, im östlichen Tiefland zwischen 69,1 und 74,3% und in den niedrigen Lagen des Westens zwischen 42,0 und 47,9%. Ähnlich verhielten sich die Befunde bei Schulkindern, bei denen im Hochplateau Werte bis zu 91% angetroffen wurden, während in den niedrigen Lagen im Osten der Provinz bis zu 76,9% und im Westen Eritreas maximal 61,8% an Trachom erkrankt waren.

Auch in Eritrea ist das Trachom oft mit einer bakteriellen Conjunctivitis vergesellschaftet, als deren Erreger *Haemophilus aegyptius (conjunctivitidis Koch Weeks)* oder Mischinfektionen von diesem Keim mit *Neisseria catarrhalis* ermittelt worden sind. Die Mischinfektion tritt häufiger auf und löst schwere saisongebundene Epidemien aus, die zur Corneaperforation, Blindheit und anderen Komplikationen führen können.

Die *Bekämpfung* des Trachoms wurde in Äthiopien durch einen von der WHO und UNICEF unterstützten Spezialdienst mit einem Demonstrationszentrum in Adis Abeba durchgeführt und wird jetzt hauptsächlich von den Gesundheitszentren getragen. Zweifellos sind das Trachom und die ansteckenden Augenkrankheiten in Äthiopien ein vordringliches Problem des öffentlichen Gesundheitsdienstes. Eine Lösung ist nur dann denkbar, wenn der Aufbau des Netzwerkes der Gesundheitszentren soweit fortgeschritten ist, daß der größte Teil des Landes davon überzogen wird.

6. Geschlechtskrankheiten

Die Geschlechtskrankheiten gehören zu den wichtigsten Problemen des öffentlichen Gesundheitsdienstes in Äthiopien. Ihre Bekämpfung wird von einem Spezialdienst, dem Venereal Diseases Control Service, mit seinem Sitz in Adis Abeba durchgeführt. Die vorhandenen Möglichkeiten reichen neben der Routinebehandlung der in Adis Abeba anfallenden Geschlechtskranken bestenfalls für gezielte Erhebungen und Bekämpfungsaktionen kleineren Ausmaßes. Eine Verbesserung der Verhältnisse wird von den in die ländlichen Gesundheitszentren integrierten Spezialdiensten auf lange Sicht erwartet.

Prostitution. Nach Guthe und Willcox [167] werden 80—97% der venerischen Infektionen in Afrika durch die Prostitution weiterverbreitet; eine Größenordnung, die auch für Äthiopien zutrifft. Die Prostitution ist in Äthiopien weit verbreitet. In verhältnismäßig jungen Jahren wenden sich die Frauen dem ältesten Gewerbe zu. Fast ein Fünftel der Prostituierten ist 20 Jahre und jünger, über 40 Jahre sind weniger als 10%. Das Gros der Frauen, über 90%, hat eine oder mehrere Ehen hinter sich und ist geschieden. Der Lebenswandel führt zur frühzeitigen Sterilität, so daß mehrere Kinder bei Prostituierten selten sind. Der Bildungsstand ist niedrig, über 90% der Frauen sind Analphabeten.

Trinkgewohnheiten und Prostitution sind eng verbunden. Die Mehrzahl der Prostituierten verdingt sich in Trinkstätten, den Tedj- und Tallabets, und übt gleichzeitig den Beruf der Kellnerin aus. Der größte Teil der Frauen kommt vom Lande. Nicht selten kehren sie mit einem kleinen Vermögen in ihre Heimat zurück und heiraten dort. Anstoß an dem vorher ausgeübten Beruf wird nicht genommen. Auch wechseln die Prostituierten häufig ihre Arbeitsplätze und gehen zeitweilig ehrbaren Tätigkeiten nach. Die Zahl der Trinkstätten wurde vom Geschlechtskrankheitenbekämpfungsdienst auf über 6500 mit einer mehrfachen Anzahl von weiblichen Angestellten bei einer Einwohnerzahl von einer halben Million geschätzt.

Mit Ferreira-Marques [132, 342] wurden Erhebungen bezüglich des Gesundheitszustandes bei annähernd 900 Prostituierten durchgeführt. Die Blutuntersuchung von 642 Frauen ergab eine Seropositivität von über 80%. Eine primäre Syphilis fand sich bei 6% der Untersuchten, sekundäre Manifestationen bei 8,9% und tertiäre Erscheinungen bei 1,4%. Etwas mehr als 66% der Prostituierten hatten eine latente Syphilis.

Von den übrigen Geschlechtskrankheiten wurde die Gonorrhoe bei 53,3% der Prostituierten, das Ulcus molle bei 12% und die Nicolas-Favre-Durandsche Krankheit bei 4,7% der Frauen festgestellt. Bei der Mehrzahl der Frauen fanden sich Mischinfektionen von mehreren Geschlechtskrankheiten. Auf dem weiten Lande längs der Verkehrsadern sind die Verhältnisse noch ärger als in der Hauptstadt mit seiner verhältnismäßig günstigen ärztlichen Versorgung.

Syphilis (Qitteñ). Die sporadische Syphilis nimmt unter den Geschlechtskrankheiten in Äthiopien den ersten Platz ein, sie wurde im vorhergehenden Abschnitt über Treponematosen besprochen (s. S. 43).

Gonorrhoe. Im allgemeinen rechnet man auf einen Syphilisfall ein Mehrfaches an Erkrankungen der Gonorrhoe. In Äthiopien liegt ein umgekehrtes Verhältnis vor. Die *Prävalenz* der gonorrhoischen Infektionen wird auf 7% geschätzt. In den letzten Jahren konnte eine stetige Zunahme der Gonorrhoe festgestellt werden. In Adis Abeba belief sich der Anteil der Gonorrhoe an den gesamten Geschlechtskrankheiten auf 41%, wobei die Infektionen der Kinder weniger als 1% ausmachten [250]. Mit 13,3% ist nach Huber [185] Gonorrhoe die häufigste Ursache der Vulvovaginitis der Mädchen. Erkrankungen des weiblichen Geschlechts werden um ein Vielfaches seltener registriert als beim Mann. Hier wirken sich zweifellos die beschränkten Möglichkeiten in der Erfassung und Diagnostik sowie die fehlende Infektionsquellenforschung zu ungunsten des weiblichen Geschlechts aus. Es muß daher mit einem großen Reservoir unentdeckter Gonorrhoefälle bei den Frauen Äthiopiens gerechnet werden. Als wichtigste Infektionsursachen für die Gonorrhoe sind die im Lande vorherrschende Promiskuität und Prostitution anzusehen.

Der *klinische* Verlauf der Gonorrhoe entspricht weitgehend dem in den gemäßigten Zonen bekannten Bild nach der Einführung des Penicillins. Letzteres gilt in Äthiopien als ein Wundermittel und wird besonders von Laien kritiklos bei allen möglichen Gesundheitsstörungen angewendet. Penicillinresistente Fälle der Gonorrhoe sind auch in Äthiopien noch nicht beobachtet worden.

Die geringe Zahl der *Komplikationen* kann zum Teil der Wirkung des Penicillins zugeschrieben werden. Mayer [250] schätzt die Komplikationen beim Mann auf 3% der Ansteckungen. Sie sind bei der Frau häufiger. Bartholinitiden sah Ferreira-Marques [132] bei seinen Patientinnen, von denen 6,6% an einer Urethritis, Cervicitis oder an beiden litten, jedoch nur selten. Die gonorrhoische Endometritis bleibt meist unerkannt, während sich Salpingitis durch ihre lokalen und allgemeinen Symptome bemerkbar macht. Der Anteil der Gonorrhoe an den Adnexentzündungen ist verhältnismäßig groß. Die häufig anzutreffende Sterilität der Frau, aber auch des Mannes, hat zweifellos ihre Hauptursache in einer vorausgegangenen Gonorrhoe. Mischinfektionen mit Syphilis werden relativ häufig angetroffen.

Lymphogranuloma venereum (Morbus Nicolas-Favre-Durand). Bei den Geschlechtskrankheiten machen die Ansteckungen mit dem Virus der Lymphopathia venerea (*Lymphogranuloma inguinale*) etwa 2% aus [250]. Frauen erkranken seltener als Männer, das Zahlenverhältnis beträgt in Äthiopien 1 : 3. Fälle der Elephantiasis ulcerosa genitoanorectalis, der Esthiomène, sind wiederholt beobachtet worden [188, 342]. Die meisten Patienten befinden sich im Alter von 20 bis zu 40 Jahren, Erkrankungen bei den Kindern gehören zu den Seltenheiten.

Verwechslungen mit dem durch *Klebsiella granulomatosis* hervorgerufenen Granuloma inguinale oder venereum (Donovanosis) und dem Ulcus molle kommen zuweilen vor.

Urethritis und Cervicitis non gonorrhoica. Bei der Frau treten die nicht gonorrhoischen Urethritiden weniger stark in Erscheinung. Ferreira-Marques [132] stellte 1964 bei 4,8% seiner Patientinnen eine nicht gonorrhoische Cervicitis fest, demgegenüber standen 29,1% unspezifischer Urethritiden des Mannes. Als Ursache kommen die in den gemäßigten Zonen üblichen Erreger in Betracht. Bei der Frau sind Trichomonaden und Hefen häufiger Ursache für die Urethritis non gonorrhoica als beim Mann. Beide werden meist als Nebenbefund entdeckt.

7. Sonstige Infektionskrankheiten

a) Influenza (ወረርሽኝ *Wärräršeññ*). Durch seine geographische Lage war Äthiopien in früheren Zeiten meist von den weltweiten Grippeepidemien verschont geblieben. Auch in der jüngsten Vergangenheit hielt sich die Krankheitsbewegung, soweit es die Influenza betrifft, in Grenzen. Die Schwankungen in der Zehnjahresübersicht 1954—1963 [261] lagen zwischen 12127 gemeldeten Erkrankungen im Jahre 1958 und 36535 Grippefällen des Jahres 1963, was Raten von 6 und 17 in 10000 der Bevölkerung entspricht. Einen weiteren Gipfel zeigt die Verlaufskurve im Jahre 1957 mit 15 Erkrankungen auf 10000. Es kam zu einem epidemischen Auftreten, wie es übrigens von Fischer [140] für die gleiche Zeit aus Afghanistan berichtet worden ist. Offensichtlich handelte es sich um die „asiatische" Grippe, die die ganze Welt überzog.

Die weitaus größte Erkrankungshäufigkeit wurde mit Raten bis zu 330 in 10000 des Jahres 1963 aus Adis Abeba gemeldet. Die Lage der Hauptstadt als internationales Verkehrszentrum ist in erster Linie für die Einschleppung der Grippe entscheidend; die hohe Arztdichte und die Konzentrierung der kurativen Dienste haben eine vollständigere Erfassung der Kranken zur Folge, als es in den Provinzen der Fall sein könnte. Eine hohe Rate von 46 in 10000 lag 1966 in Eritrea vor. Die höchsten Erkrankungszahlen wurden in den Monaten Mai und Juni in der Zeit zwischen der kleinen und großen Regenzeit registriert.

b) Pneumonien (*Sal* ሳል). Im Jahre 1962 nahmen die Pneumonien in der Häufigkeit der Infektionskrankheiten die 8. Stelle ein. Die Befallsrate betrug 16 auf 10000. Lobärpneumonien machten unter den Erkrankungen des Respirationstraktes in Diesfelds Übersicht [114] aus dem Jahre 1966 mit 28% den größten Anteil aus. Bronchopneumonien kommen im Verlauf von Infektionen der oberen Rachenwege häufig vor. Im Jahre 1966 wurden in der Provinz Eritrea 4089 Pneumonien und Bronchopneumonien registriert, was einer Rate von 26 auf 10000 der Bevölkerung entspricht. Im jahreszeitlichen Ablauf wurde das niedrigste Auftreten im September/Oktober und der höchste Befall im März/April bei Schwankungen zwischen 197 und 488 Erkrankungen beobachtet.

Von 141 verstorbenen Kindern der Schwedischen Kinderklinik in Adis Abeba hatten 79 oder 56% eine Bronchopneumonie und 15 oder 10,6% einen Pseudocroup [230, 390]. Bei Kindern besonders in den ländlichen Bezirken ist die Lungenentzündung noch immer eine der häufigsten Todesursachen.

c) Meningitis cerebrospinalis ist in Äthiopien in unterschiedlicher Schwere in allen Provinzen des Landes beobachtet worden. Der Norden der Provinz Gojam und die Provinzen Begemdir, Tigre und Eritrea bilden mit dem westlichen Sudan eine zum afrikanischen Gürtel der Meningitis cerebrospinalis gehörende endemische Zone, in der neben sporadischem Auftreten immer mit epidemischen Ausbrüchen zu rechnen ist. Die Epidemien ereignen sich jeweils in der Trockenzeit. Georgieff [151] berichtete über eine größere Epidemie in der Provinz Gojam, die sich 1964 ereignete und in Verbindung mit dem epidemischen Auftreten der Genickstarre in der Provinz Begemdir gestanden hatte. In letzterer wurden 455 Fälle mit einer Mortalität von 8,5% erfasst. In vier Dörfern des Distrikts Baher Dar erkrankten 552 Personen, von denen 302 männlichen Geschlechts waren.

Die Fünfjahresübersicht 1959—1963 [261] weist einen um das Doppelte höheren Befall des männlichen Geschlechts aus. In den verschiedenen Altersgruppen der in den Krankenhäusern behandelten Patienten entfallen auf die Jahre 0—4 ein Drittel der Erkrankungen. Bis zum 14. Lebensjahr sind 54,2% erkrankt, auf die Altersklasse 14—44 Jahre kommen 41% der Befallenen.

Die Meningitis cerebrospinalis kann sich zu einer schweren Bedrohung der Bevölkerung besonders dann auswirken, wenn die therapeutischen und prophylaktischen Maßnahmen nicht rechtzeitig einsetzen. Während der Epidemie in Baher Dar 1964 erhielten über 10000 Einwohner eine Chemoprophylaxe in Form eines Sulfonamides. Die Bekämpfung der Meningitis epidemica fällt in den Aufgabenkatalog des „Antiepidemic Service", einer zentralen Einrichtung des Gesundheitsministeriums.

d) Hepatitis epidemica (የጉበት በሽታ *Yäqubbät Bäššata*) gehört in Äthiopien zu den häufiger vorkommenden Infektionskrankheiten. In der Zehnjahresübersicht 1954 bis 1963 [261] sind die jährlichen Schwankungen in der Häufigkeit des Auftretens nur gering und bewegen sich zwischen 2052 Fällen 1959 und 4186 Erkrankungen im Jahre 1955 bei einer mittleren Häufigkeit von 2933 Infektionen, was einer Rate von 1,4 auf 10000 der Bevölkerung entspricht.

Von den 4653 in Krankenhäusern während der Jahre 1959—1963 behandelten Patienten waren annähernd 70% männlichen Geschlechts, 73% der Erkrankten entfielen auf die Altersgruppe 15—44, über 10% der Befallenen waren Kinder im Alter bis zu 14 Jahren.

Hepatitis epidemica gehört in Äthiopien zu den ernsteren Problemen des öffentlichen Gesundheitsdienstes. Erst mit Verbesserung der Umwelthygiene ist mit einem Rückgang der Infektion auf lange Sicht zu rechnen. Bleibende Leberschäden auf Grund unzureichender Behandlung im Erkrankungsfall sind eine häufige Folge der Infektion.

e) Poliomyelitis. Über lange Zeit hielt sich der Glaube, daß es in Äthiopien keine Kinderlähmung gäbe. Barry (1961) war einer der ersten, der bei einem Teil der von ihm beobachteten Verkrüppelungen und Lähmungen einen ursächlichen Zusammenhang mit der Poliomyelitis annahm [21, 22]. In gemeinsamen Untersuchungen mit dem Pasteur-Institut wurden die Vermutungen bei einem kleineren Patientenkreis bestätigt.

In nachfolgenden *serologischen Erhebungen* in den Provinzen Welo, Tigre, Shewa und Ilubabor wurde das typische Bild der früherworbenen *Immunität gegen alle drei Virustypen* bei Probanden bis zum 10. Lebensjahr mit positiven Reaktionen von 80 bis zu 100% festgestellt [8].

Auch in der Provinz Eritrea ist die Poliomyelitis als endemische Krankheit erkannt worden. Im Jahresgesundheitsbericht 1966 der Provinz wird auf die 1960 durchgeführten Untersuchungen hingewiesen, die Polioantikörper Typ 1 in 85—100%, Typ 2 in 94—100% und Typ 3 in 82—93% der 175 untersuchten Personen ergaben.

In der Schwedischen Kinderklinik in Adis Abeba wurden nach Barry [22] im Laufe eines Jahres mindestens 30 Polioerkrankungen gesehen. In 2 Fällen kam es im Anschluß an Fieber zu Lähmungserscheinungen an den Beinen. Die akute nichtparalytische Poliomyelitis wird in den seltensten Fällen als solche erkannt. In allen bisher aufgetretenen Fällen sind Atemlähmungen nicht beobachtet worden.

Über die Frage der einzuführenden *Schutzimpfung* und der Art derselben ist von seiten des öffentlichen Gesundheitsdienstes noch keine Entscheidung getroffen worden. Man ist sich jedoch der Tatsache bewußt, daß aus dem schlummernden Zustand ein akutes Problem werden kann.

f) Diphtherie gehört in Äthiopien zu den extrem seltenen Infektionskrankheiten. Der Verfasser hat während des 12jährigen Aufenthaltes im Lande keinen Fall einer Diphtherie zu Gesicht bekommen. In Adis Abeba ist das *Corynebacterium diphtheriae* nur in 2 Fällen aus dem Rachen von Kindern mit einer Diphtherie in den letzten Jahren isoliert worden. Bei einem weiteren Kind einer der betroffenen Familie wurde bei der Umgebungsuntersuchung ein positiver Befund erhoben. Über die erste Isolierung von *C. diphtheriae* bei einem äthiopischen Kind berichtete 1963 Debessay [101]. Die Hautdiphtherie ist in Äthiopien bisher noch nicht beschrieben worden. Interessant ist in diesem Zusammenhang das ebenfalls sehr seltene Vorkommen der Diphtherie in Afghanistan, über die Fischer [140] 1968 berichtete.

Nicht ganz im Einklang mit dem Vorhergesagten sind die im Jahre 1966 in der Provinz Eritrea gemeldeten 365 Diphtherie-Erkrankungenen, von denen jedoch nur 24 Patienten stationär behandelt worden sind. Über einen Erregernachweis finden sich keine Angaben [263]. Schick-Tests zur Aufklärung des Diphtherievorkommens in Äthiopien sind eine zwingende Notwendigkeit.

g) Akute Exantheme

Masern (ጉዱፍ *Gudef*) kommen in ganz Äthiopien vor. Über ihre Häufigkeit existieren keine verläßlichen Statistiken, weil die Erkrankung nur in Ausnahmefällen von Ärzten gesehen wird. Aus den Aufzeichnungen der schwedischen Kinderklinik in Adis Abeba geht hervor, daß sie am häufigsten in den ersten fünf Lebensjahren auftreten, eine jahreszeitliche Abhängigkeit läßt sich nicht erkennen. Nur im Falle von ernsteren Komplikationen kommt es zur Einweisung zwecks stationärer Behandlung.

Ihre Häufigkeit ist jedoch nicht bekannt. Die Annahme eines milderen Verlaufs der Masern in den Tropen und damit auch in Äthiopien erscheint nicht gerechtfertigt. Auf die unzulängliche Meldung der Erkrankungen wird im Gesundheitsjahresbericht 1966 von Eritrea im Zusammenhang mit ausgedehntem epidemischen Auftreten und hoher Mortalität besonders hingewiesen.

In der Zehnjahresübersicht 1954—1963 schwankt die Häufigkeit der gemeldeten Erkrankungen zwischen 472 Fällen 1959 und 4366 Fällen 1960 bei einer mittleren Häufigkeit von 2057 Infektionen im Jahr [261].

Scharlach zählt in Äthiopien zu den seltenen Erkrankungen. In der Zehnjahresübersicht 1954—1963 [261] sind in den Jahren 1954 und 1957 überhaupt keine Erkrankungsfälle gemeldet worden. Die größte Anzahl erscheint 1960 mit 693 Erkrankungen. In Eritrea mit einem relativ dichten Netz von Einrichtungen des öffentlichen Gesundheitsdienstes wurden 1966 insgesamt 30 Erkrankungen erfaßt, die zu je 15 Fällen in den Monaten März und Mai aufgetreten waren [263].

Röteln kommen in Äthiopien vor, sind aber selten. Wie bei Masern führt die Erkrankung wegen ihres gutartigen Verlaufs kaum zur Vorstellung beim Arzt. Verwertbare Statistiken über das Vorkommen der Röteln existieren nicht.

h) Keuchhusten (ትክትክ *Tekketekk*) kommt im ganzen Lande vor, im Jahre 1962 rangierte er mit 10444 Fällen an 12. Stelle in der Häufigkeitsliste der ansteckenden Krankheiten.

In der Zehnjahresübersicht 1954—1963 [261] sind nur geringe Schwankungen in der jährlichen Häufigkeit zu erkennen. Sie bewegen sich zwischen 7503 Fällen 1954 und 14679 Fällen 1963, was Raten von 3,6 und 7,3 auf 10000 der Bevölkerung entspricht. Ein kontinuierliches Ansteigen der Krankheitsbewegung ist jedoch nicht zu übersehen. Eine größere Häufigkeit mit einer Rate von 10,3 auf 10000 wurde 1966 in der Provinz Eritrea beobachtet [263].

In der *Altersverteilung* entfallen auf die Gruppe von 0—4 Jahren 72,9% der Erkrankungen mit einem starken Abfall bei steigendem Alter. Keuchhusten ist bei Säuglingen und Kleinkindern eine häufige Todesursache und gilt in Äthiopien als ein ernstes Gesundheitsproblem. Eine Schutzimpfung der gefährdeten Altersgruppen mit einem kombinierten Impfstoff wird von seiten des öffentlichen Gesundheitsdienstes erwogen.

i) Mumps (ጆሮደግፍ *Jorodäggef*) oder Parotitis epidemica kommt in Äthiopien vor. Statistiken über die Häufigkeit der Erkrankung gibt es nicht. Der Arzt wird nur bei Komplikationen aufgesucht, was selten der Fall zu sein scheint.

j) Tetanus (ገትር *Gätter*) kommt in allen Provinzen des Landes vor, aber verglichen mit den großen Seuchen ist der Tetanus auch in Äthiopien eine seltene Krankheit. Statistiken über die Häufigkeit der Erkrankung und ihre Mortalität existieren nicht.

Der Verfasser sah in einem Zeitraum von 10 Jahren unter mehr als 10000 Leprösen des Princess Zenebe

Work Hospital in Adis Abeba 2 Patienten mit Tetanus.

Bei der Häufigkeit der plantaren Ulcera und der sonstigen Verletzungen verbunden mit einer besonders hohen Exposition, würde man mit einem höheren Befall rechnen. Andererseits sprechen die beiden Krankheitsfälle gegen die Annahme, daß die Lepra gegen eine Tetanusinfektion feit.

Wenn auch die Gefahr einer Tetanusinfektion nicht in allen Teilen des Landes in gleicher Weise gegeben zu sein scheint, ist doch zu einer aktiven Immunisierung allgemein zu raten.

k) Gasödem. Die klinischen Manifestationen des Gasödems sind auch in Äthiopien sehr selten. Der Verfasser erlebte 1959 einen Gasbrand mit ausgedehnter Gas- und Abszeßbildung bei einem Patienten mit einer ausgebrannten Lepra. Unter der kombinierten Therapie, zu der das Pasteur-Institut, Adis Abeba, das Gasödem-Serum lieferte, überstand der Patient die schwere Clostridien-Infektion.

Bemerkenswert ist, daß der Patient der einzige Erkrankungsfall unter zahlreichen in gleicher Weise Exponierten blieb. Auch dem als Zentrallabor bis 1964 tätigen Pasteur-Institut sind keine weiteren Fälle bekannt geworden.

IV. Durch Würmer hervorgerufene Infektionen*

1. Schistosomiasis

In der Zehnjahresübersicht (1954—1963) der übertragbaren Krankheiten [261] schwanken die jährlichen Krankheitsfälle an Schistosomiasis zwischen 19 im Jahre 1955 und 4236 im Jahre 1961 mit einem Durchschnitt von 1018 Fällen im Jahr. Hierbei wird kein Unterschied zwischen den beiden Formen gemacht, mit denen Schistosomiasis auftreten kann, der intestinalen und der urogenitalen Form.

In allen Provinzen des Landes mit Ausnahme von Gemu Gofa und Ilubabor sind Erkrankungen an Schistosomiasis gemeldet worden, jedoch kommt die Krankheit nur in umschriebenen Gebieten des Landes endemisch vor (Abb. 29, Rückseite der Karte 6).

Am längsten ist die Schistosomiasis in der Provinz Harer bekannt. Kubasta [210] hält die *Einschleppung* der Krankheit durch die Ägypter für möglich, als sie diesen Teil des Landes in der Zeit von 1875 bis 1885 besetzt hielten. In Ägypten ist die Schistosomiasis seit Jahrtausenden bekannt, und in der Gegenwart ist das Land der bedeutendste Bilharzia-Herd in Afrika. Doch sind noch andere Möglichkeiten für eine Einschleppung der Schistosomiasis nach Äthiopien gegeben, weil die Krankheit in den Nachbarländern Yemen, Somalia, Kenia und Sudan verbreitet ist. Seit Menschengedenken besteht eine ständige Immigration aus dem benachbarten Yemen, in dem die Schistosomiasis endemisch vorkommt. Unter den eingewanderten Yemeniten werden auch in der Gegenwart laufend Patienten mit einer Schistosomiasis angetroffen. Unter Kubastas [210] Kranken waren 8 Yemeniten, die sich die Schistosomiasis in ihrer Kindheit oder Jugend im Yemen zugezogen hatten.

Auch ist eine Einschleppung der Krankheit durch die Anwesenheit von Soldaten aus Libyen in den Jahren 1935/36 denkbar. Doch ist Schistosomiasis vor dieser Zeit in Äthiopien an verschiedenen Plätzen angetroffen worden. Satta [330] beschrieb 1934 die ersten Fälle in Eritrea. Später sind Erkrankungen von Diena [110] und von D'Amico [96] bei Einwohnern Mitsiwas festgestellt worden, die aus Segeneyti in Eritrea stammten. Ferro-Luzzi [136] beobachtete 1948 weitere Herde in Eritrea mit einem z. T. sehr hohen Befall der Bevölkerung. Aus der Provinz Harer berichtete bereits 1937 Giovannola [158] über Fälle von Schistosomiasis und Cacciapuoti [58] aus Wog-Lasta in der Provinz Welo. Weitere Erkrankungen sind in den folgenden Jahren in Hamsien in Eritrea, in den Provinzen Gonder und Gojam beobachtet worden.

Die *Schistosomiasis intestinalis* ist am weitesten verbreitet und wird in allen als endemisch bekannten Bilharzia-Herden angetroffen bis auf einen Herd am unteren Lauf des Awash bei Gewani in der Provinz Harer, wo von Russel [327] im Jahre 1958 die *Schistosomiasis urogenitalis* beobachtet worden ist. Einzelfälle der urogenitalen Schistosomiasis werden in den größeren Krankenhäusern des Landes gelegentlich angetroffen. Ihr Ursprung läßt sich meist auf außerhalb Äthiopiens gelegene Quellen wie Ägypten, Somalia oder Yemen verfolgen.

Als Erreger der Schistosomiasis des Menschen kommen in Äthiopien *Schistosoma mansoni* und *S. haematobium* vor. In einer neueren Untersuchung von 1958 anläßlich einer Ernährungsstudie [273] wurde *S. mansoni* in Harer, Gonder und Teseney in Eritrea vorgefunden, aber in keinem Fall *S. haematobium.* Nur Russel [327] stellte bei 48% im Urin von 189 Probanden in Gewani am unteren Awash *S. haematobium* fest. Im Raum von Adwa fand Lemma [217] als alleinigen Erreger der menschlichen Schistosomiasis *S. mansoni.* Daneben stieß er bei seinen epidemiologischen Erhebungen auf *S. bovis* und anderen Schistosomen von Tieren. Im Gonder trat *S. mansoni* in den Jahren 1958/59 in 1,8% aller zur Untersuchung eingesandten Proben auf, d.h. in 382 Fällen. *S. haematobium* wurde in keinem Falle gesehen. In Adis Abeba sind sowohl *S. mansoni* als auch *S. haematobium* in den Krankenhäusern festgestellt worden, doch überwog stets *S. mansoni* bei weitem.

Über die *Zwischenwirte* der Schistosomiasis, verschiedene Süßwasserschnecken, sind sowohl in früheren Jahren, vorwiegend von italienischen Autoren, als auch in der jüngsten Vergangenheit eingehendere Studien gemacht worden. Bereits 1934 wurde von Satta [330] im Fluß Dada in Eritrea *Biomphalaria* festgestellt. Durch das Auffinden von Cercarien führte der Autor den Nachweis, daß *Biomphalaria pfeifferi rueppelli* (Dunker) als Zwischenwirt im Kreislauf der Schistosomiasis in Betracht kommt. Die gleiche Art wurde 1937 von Giovannola [158] in der Provinz Harer nachgewiesen. Sie ist als Zwischenwirt der *S. mansoni* bekannt. Cacciapuoti [58] fand 1942 in Wog-Lasta (Provinz Welo) ebenfalls *B. pfeifferi rueppelli* und verschiedene Arten von Bulinus. Neuere Untersuchungen über die als Zwischenwirte in Betracht kommende Schneckenfauna liegen von Brown [38, 40] und Lemma [217] vor. Brown [38] hat 1964 die in Äthiopien vorkommenden Zwischenwirte der menschlichen Schistosomiasis zusammengestellt: Von der Species *Biomphalaria pfeifferi* kommt die Subspecies *B. pfeifferi rueppelli* (Dunker) vor. Sie ist im Hoch-

* Aus „Zeitschrift für Tropenmedizin und Parasitologie" 22, 36—49 (1971) mit Genehmigung des G. Thieme-Verlages, Stuttgart.

plateau weit verbreitet. In der Provinz Begemdir erreicht sie Höhen bis zu 2660 m. Aus der Species *Biomphalaria sudanica* wird *B. sudanica* (Martens) in einigen Seen des südlichen Grabenbruchs in Äthiopien angetroffen (Abb. 30, Rückseite der Karte 6).

Bulinus africanus ist durch die Unterart *B. africanus ovoides* (Bourguignat) im nordöstlichen Plateau, durch *B. ugandae* Mandahl-Barth am Margareten-See und durch *B. truncatus sericinus* (Jickeli) im Hochplateau vertreten. In der Provinz Begemdir erreicht letztere Höhenlagen bis zu 2945 m. *B. abyssinicus* (Martens) wurde ursprünglich im Tiefland des südlichen Äthiopien beschrieben und in Somalia von Mandahl-Barth [228] ebenfalls aufgefunden. *Bulinus*-Arten sind im Awasa-See als lebende Schnecken angetroffen worden. Nach Burch [54] handelt es sich um *B. truncatus sericinus* und eine nicht näher bezeichnete Art.

Von der *Bulinus forskali*-Gruppe ist die Art *B. forskali* (Ehrenberg) über weite Gebiete verbreitet. Die höchste Lage, in der sie angetroffen wurde, beträgt 1870 m im Tana-See. *B. scalaris* (Dunker) beschränkt sich auf einige Herde in den Provinzen Kefa und Begemdir. Andere Arten dieser Gruppe sind nur noch an einem Platz in der Provinz Begemdir beobachtet worden. Lemma [217] fand 1965 im Raum von Adwa in der Provinz Tigre verschiedene Arten von *Biomphalaria*, die zum Teil infiziert waren und Cercarien ausschieden. Es wird allgemein angenommen, daß *Biomphalaria*-Arten als Zwischenwirt für *S. mansoni* in Betracht kommen.

Giovannola [158] infizierte *Biomphalaria sp.* bei Harer mit Miracidien aus Eiern, die von Patienten mit intestinaler Schistosomiasis stammten. Ferro-Luzzi [136] fand 1948 im Hochplateau von Eritrea Schnecken, die auf natürlichem Weg infiziert worden waren. Brown [38] stellte bei *Biomphalaria*, die er nördlich von Adis Abeba gesammelt hatte, eine hohe Empfänglichkeit für einen ägyptischen Stamm von *S. mansoni* fest.

Mit Ausnahme von *B. ugandae* ist *B. africanus* empfänglich für *S. haematobium; B. africanus ovoideus* kommt als Zwischenwirt für *S. haematobium* in den Regionen in Betracht, in denen die *Bulinus truncatus*-Gruppe ausfällt. Den Arten der *B. truncatus*-Gruppe kommt große Bedeutung als Zwischenwirt von *S. haematobium* zu. Die nördliche Begrenzung des Vorkommens von *B. africanus* befindet sich im Sudan und in Äthiopien. Die Ursache, daß *S. haematobium* in Eritrea nicht vorkommt, möchte Ayad [12, 13] mit der Unempfänglichkeit der lokalen *Bulinus*-Arten für diese Art begründen. Nicht ohne Einfluß dürften auch die niedrigen Temperaturen im Hochland von Eritrea auf den Entwicklungszyklus der *S. haematobium* sein. Bis eine Untersuchung der äthiopischen *Bulinus*-Arten nicht das Gegenteil ergibt, so wird von Brown [38], Wright [411] und Lemma [217] vorgeschlagen, sollen alle Arten der weit verbreiteten *B. truncatus*-Gruppe als potentielle Zwischenwirte der Schistosomiasis angesehen werden.

Bulinus- und *Biomphalaria*-Arten sind nach den vorliegenden Daten im Tiefland selten, das gilt sowohl für Eritrea als auch für das südliche Äthiopien. Die *ökologischen* Bedingungen sind für eine ungestörte Entwicklung zu ungünstig. Viele Gewässer bestehen nur während der Regenzeit und kurze Zeit danach. Die permanenten Flüsse wie der Takaze, Gash, Dawa Parma und Ganale Doria fließen schnell über felsige Flußbetten. Auch finden sich keine Schnecken in den steil angelegten Brunnen der Borana in der Provinz Sidamo. Die Seltenheit der Süßwasserschnecken in den ariden Gebieten des Landes ist ein Hindernis für die Ausbreitung der Schistosomiasis. Dieser Zustand kann sich schnell ändern, wenn mit der Schaffung von Bewässerungsprojekten günstigere Lebens- und Entwicklungsbedingungen für die als Zwischenwirte in Betracht kommenden Schnecken entstehen.

In Höhen über 2700 m sind Bulinus- und Biomphalaria-Arten selten. Die klimatischen Bedingungen, besonders durch die niedrigen Temperaturen in der Nacht, sind sowohl für den Zwischenwirt als auch für die Entwicklung der Parasiten so ungünstig, daß sie nicht zur Ausreifung kommen. Schattenspendende Bäume an den Flußufern beeinträchtigen nach Browns Beobachtungen [38] das Gedeihen der Schneckenfauna. In der Nähe der menschlichen Niederlassungen sind die Ufer abgeholzt mit dem Ergebnis, daß sich die Schnecken ansiedeln und ausbreiten können.

Bei zu niedrigen Temperaturen können die menschlichen Schistosomen, wie bereits erwähnt, ihren Lebenszyklus nicht vollenden. Es hat den Anschein, daß sich die beiden in Äthiopien vorkommenden Schistosoma-Arten ihrer Umgebung gegenüber verschieden verhalten. Das würde die Abwesenheit von *S. haematobium* im Hochland erklären. Die am höchsten gelegenen Plätze mit einem Vorkommen von *S. mansoni* liegen in der Umgebung vom Tana-See in einer Höhe um 1870 m und im Plateau südlich von Asmera in 2270 m. Nach Woldemariam [401] liegen diese Gebiete im Bereich der 18 °C-Jahresisotherme bzw. zwischen den 16 °C- und den 18 °C-Isothermen. Der Schluß ist berechtigt, daß niedrige Temperaturen das Auftreten der Schistosomiasis im Hochplateau beeinträchtigen. Unterhalb der 16 °C-Isotherme sind keine autochthonen Schistosomiasis-Infektionen beobachtet worden.

Über die *Häufigkeit* der Schistosomiasis in Äthiopien liegen nur sporadische Untersuchungen vor. Die eingangs zitierten Statistiken geben die wirkliche Situation höchst unvollständig wieder. Das ist zur Genüge aus der Diskrepanz der gemeldeten Fälle in den Jahresstatistiken von 19 Erkrankungen im Jahre 1955 und 4236 Fällen im Jahre 1961 ersichtlich. Diese Unterschiede finden keine epidemiologische Erklärung und sind durch die mangelhafte Erfassung der übertragbaren Krankheiten bedingt. Stichproben, wie sie in verschiedenen Gebieten des Landes durchgeführt worden sind, erlauben jedoch einen Einblick in das Seuchengeschehen. In Marab bei Segeneyti in Eritrea fand 1948 Ferro-Luzzi [136] 38,4% der Erwachsenen und 20% der Kinder mit *S. mansoni* infiziert. Buck, Spruyt, Wade, Deressa und Feyssa [52] untersuchten 1965 das Vorkommen von *S. mansoni* in Adwa (Provinz Tigre) unter Anwendung eines Hauttests bei 802 Personen und von Stuhlproben bei 459 Probanden. Sie erhielten 80,7% positive Hauttests und 61,4% positive Stühle. Die männliche Bevölkerung war häufiger infiziert als der weibliche Anteil. Das höchste Vorkommen der Infektionen mit *S. mansoni* wurde im Alter von 20 Jahren erreicht. Chang [69] fand 1961 in Gorgora nördlich vom Tana-See in der Provinz Begemdir einen Befall der Schulkinder von 20% mit *S. mansoni*.

In den Statistiken des Ministeriums über die Sterblichkeit nimmt sich Schistosomiasis mit einem Todesfall auf 1000 Erkrankte recht harmlos aus. Weiteren Untersuchungen muß es vorbehalten bleiben, das wahre Ausmaß der gesundheitlichen Gefährdung der äthiopischen

Bevölkerung durch die Schistosomiasis und ihre Komplikationen festzustellen. Auf die klinischen Unterschiede der beiden Erkrankungen kann hier nicht eingegangen werden. Zu erwähnen wäre lediglich das Auftreten der Cercariendermatitis, die durch das Eindringen der Schistosomen des Menschen in die Haut verursacht wird. Sie tritt in Form von Juckreiz und maculopapulösen Efflorescenzen auf, die rasch wieder abklingen. Heftigere Reaktionen werden durch beim Baden in die Haut eindringende Cercarien anderer *Schistosomatidae* wie der Gattung *Trichobilharzia* beobachtet, deren Wirte Wasservögel oder Säugetiere sind. Die Cercarien sterben im falschen Wirt, dem Menschen, schnell ab, lösen aber meist eine massive Dermatitis aus. Sie ist dadurch charakterisiert, daß sie bei im Wasser watenden Personen genau mit dem erreichten Wasserspiegel abschneidet. In den Seen des Grabenbruchs kommen Dermatitiden durch nicht humane Cercarien häufig vor.

Die Bedeutung des Problems für den öffentlichen Gesundheitsdienst des Landes ist nicht zu unterschätzen. In den bereits als endemisch bekannten Herden im Gebiet des Tana-Sees in den Provinzen Gojam und Begemdir, im Raum von Aksum und Adwa (Provinz Tigre), in Harer und Umgebung sowie in Gewani in der Provinz Harer ist die Schistosomiasis eines der vordringlichsten Gesundheitsprobleme. Das Vorkommen der als Zwischenwirt in Betracht kommenden Schnecken in einem weiten Höhenbereich ermöglicht eine rasche Ausbreitung der Schistosomiasis im Falle der Einschleppung von menschenpathogenen Schistosomen.

Durch die laufende Malaria-Bekämpfungsaktion sind die Kräfte des Landes auf dem Gebiet des öffentlichen Gesundheitsdienstes so angespannt, daß nur geringe Bekämpfungsmöglichkeiten größeren Stils gegen andere Seuchen bestehen. Deshalb ist auch nur ein begrenzter Teil der prophylaktischen Maßnahmen zur Ausrottung der Schistosomiasis bei dem derzeitigen Entwicklungsstand der Gesundheitsdienste durchführbar. Lemma [217] schlug 1965 für Adwa in der Provinz Tigre mit einem Einzugsbereich von mehr als 10000 Einwohnern die Einrichtung eines Zweiggesundheitsamtes vor. Mit dieser Einrichtung soll erreicht werden, daß die menschlichen Ausscheidungen auf hygienische Weise beseitigt werden, und daß der Bau von Latrinen zu diesem Zwecke verstärkt betrieben wird. Das Zentrum muß imstande sein, eine zuverlässige Diagnostik der Stuhl- und Urinproben durchzuführen. Die Zwischenwirte sind zwecks späterer Bestimmung zu sammeln. Eine Spezialkraft für die Untersuchung und Erforschung der Zwischenwirte ist ebenfalls vorgesehen. Die Gesundheitsbelehrung ist eine weitere wichtige Aufgabe des Gesundheitszentrums im Rahmen eines derartigen Projektes, das auch auf einen Parasitologen nicht verzichten kann. Die Massenbekämpfung und Behandlung der Bevölkerung müßte unter der Leitung eines Arztes stehen. Die chemische Bekämpfung der Schneckenfauna wäre die letzte Phase des an sich sehr erstrebenswerten Projektes. Durch ständige über Jahre sich erstreckende Überwachung wäre der Erfolg einer derartigen Aktion zu sichern. Von praktischer Bedeutung für die Schneckenbekämpfung kann Lemmas Beobachtung [218] sein, nach der „Endod", die getrockneten Früchte einer wild wachsenden Pflanze, *Phytolacca dodecandra*, eine starke molluscicide Wirkung haben soll. In einer Verdünnung von 1 : 100000 tötet „Endod", das zum Waschen der Kleider anstelle von Seife verwendet wird, Schistosomen übertragende Schnecken innerhalb von 24 Std.

Die mit der Entwicklung der Landwirtschaft einhergehende Entstehung neuer Biotope für die Wasserschnecken und die Migration von Personengruppen aus endemischen Gebieten mit Schistosomiasis in wirtschaftliche zu erschließende Plätze birgt das Risiko einer Einschleppung und Verbreitung der menschenpathogenen Schistosomen in sich. Der im Aufbau begriffene Tourismus würde durch das Auftreten der Schistosomiasis im Seengebiet des Grabenbruches besonders beeinträchtigt werden. So ist die Schistosomiasis in verschiedener Hinsicht ein ernstes und nicht zu unterschätzendes Problem des öffentlichen Gesundheitsdienstes in Äthiopien für die kommenden Jahre.

2. Filariasis

Äthiopien gehört nach seiner Lage im Horn von Afrika und nach seiner Höhenlage eigentlich nicht zu einem Prädilektionsgebiet einer Filarienverbreitung. Trotzdem kommen Filarien in Äthiopien zur Beobachtung, sie sind insbesondere in Gebieten anzutreffen, in denen ein relativ hoher Prozentsatz in der Bevölkerung mit Anschwellungen von Körperteilen angetroffen wird, die die Bezeichnung Elephantiasis tragen. Bei den Patienten der Poliklinik des Princess Zenebe Work Hospital trat Elephantiasis bei 6,4% auf. Dieser hohe Prozentsatz erklärt sich aus der Tatsache, daß dieses Hospital in den Berichtsjahren von 1954—1963 als zentrale Behandlungsstelle für Elephantiasis diente. Erkrankte, besonders aus den im W gelegenen Provinzen, suchten in der Hauptstadt ärztlichen Rat. In der Mehrzahl waren es Erwachsene, die an den Symptomen der Elephantiasis erkrankt waren. Von wenigen Fällen abgesehen bestanden Veränderungen an den unteren Extremitäten. Deutlich überwog das männliche Geschlecht mit rund 70% der Erkrankungen. Bei den aus dem zentralen Hochland stammenden Patienten lag eine Elephantiasis nostras vor.

Im W in Lagen von 1800 m und niedriger sind die Voraussetzungen für den Filarienkreislauf Mensch–Vektor–Mensch in jeder Hinsicht erfüllt. Bei der im tropischen Regenwald lebenden negroiden Bevölkerung der Provinzen Kefa, Ilubabor und Gemo Gofa ist die Elephantiasis ein häufiges Leiden. Beide Geschlechter sind in den Gebieten mit hohem endemischem Vorkommen gleich stark befallen. Nicht selten trifft man auf die Elephantiasis scroti und vulvae mit monströsen Bildungen und gelegentlich auf die Elephantiasis penis oder mammae. Da sich die Krankheit nur langsam entwickelt, können Kinder bereits infiziert sein, ohne klinische Erscheinungen zu zeigen. Im Distrikt Gimera der Provinz Kefa in 10° N wurden an mehreren Plätzen Erhebungen über die Prävalenz der Elephantiasis angestellt. Unter 397 „Shankillas", die in die Ortschaften kamen, weil Markttag war oder die zufällig anwesend waren, fanden sich bei 47 Personen oder 11,9% Veränderungen im Sinne der Elephantiasis. Von den Patienten mit einer Elephantiasis der unteren Extremitäten waren fast die Hälfte der Befallenen Frauen, von 40 Fällen 19. Elephantiasis scroti wurde in 5 Fällen gesehen, bei zwei Patienten lag eine Elephantiasis penis et scroti vor. Bei diesen Untersuchungen wurden in keinem Fall Mikrofilarien nachgewiesen, was nicht zu überraschen braucht. Auch in den Umgebungsuntersuchungen bei Tag und Nacht gelang der Nachweis der

Mikrofilarien im Blut nicht. Es ist schwierig, in der sehr verstreut lebenden Regenwaldbevölkerung eine ausreichende Anzahl von Blutentnahmen in der Nacht zu bewerkstelligen. Es ist eine Frage der Zeit und Gelegenheit, in dieser Gegend die Erreger der endemischen Elephantiasis nachzuweisen. In Blutausstrichen von Angehörigen der „Saysay" im westlichen Welega [389] fanden sich Präparate mit Mikrofilarien, bei denen es sich mindestens in einem Ausstrich um *Wuchereria bancrofti* handeln könnte [39]. Auch aus Aira im Südwesten der gleichen Provinz ist das Vorhandensein von *W. bancrofti* berichtet worden [208].

Bekämpfungsmaßnahmen gegen die endemische Elephantiasis sind bisher noch nicht eingeleitet worden. Sicher ist, daß die endemische Elephantiasis in den westlichen Provinzen des Landes ein ernst zu nehmendes Problem des öffentlichen Gesundheitsdienstes darstellt.

3. Onchocerciasis

Die ökologische Situation in den westlichen Provinzen ließ die Anwesenheit der Onchocerciasis vermuten. Im Jahre 1940 wurde das Vorkommen der Onchocerciasis durch die italienische wissenschaftliche Mission [195] dann auch bestätigt.

Die Vegetation, das Klima sowie Flüsse, die das ganze Jahr über Wasser führen und Strudelbildungen aufweisen, bieten günstige Voraussetzungen für den Kreislauf Mensch–Simulien–Mensch und damit für die Verbreitung dieser Filarien. Bonga in der Provinz Kefa war der erste Herd, in dem die Onchocerciasis nachgewiesen worden ist.

In den nachfolgenden Erhebungen, besonders von Giaquinto-Mira [156], wurde das Vorkommen der Onchocerciasis in weiteren Ortschaften in den Wäldern der Provinz Kefa festgestellt. Die Prävalenzraten lagen zwischen 17% in Bonga und 52% in Menchira. In Gjebtal ermittelten 1949 D'Ignazio und Giaquinto-Mira [120] ein Vorkommen von *Onchocerca volvulus* in 5,7% der Bevölkerung.

Über die Herkunft der in Jima beobachteten Onchocerciasisfälle stellte Oomen [277] Erhebungen an. Die 230 Kranken mit positiven Befunden stammten aus 46 Ortschaften fast ausschließlich der Provinzen Kefa, Gemu Gofa und Welega. Für den nordwestlichen Distrikt der letzteren schätzt Torrey [389] die Prävalenz unter den „Saysay", einem „Shankilla"-Stamm, auf 54% und mehr.

Über die *Klinik* der Onchocerciasis in der Provinz Kefa hat u. a. Oomen [275] berichtet. Im Vordergrund stehen die Veränderungen der Haut. Bei 34% der Kranken bestand eine Pachydermie, 30% hatten maculöse Efflorescenzen und 25,7% eine maculöse Dyschromie. Eine scrotale Elephantiasis lag bei 5% und eine solche der unteren Extremitäten bei 2,7% der Kranken vor. Unter ihren ersten Patienten in Bonga beobachteten die italienischen Autoren Fälle von Blindheit. Bei den Kranken von Oomen [275] war die Beteiligung der Augen von geringerer Bedeutung, als sie Torrey [389] von den „Saysays" berichtet. Bei 65% der Kranken über 40 Jahre fanden sich Augenveränderungen, die mit Onchocerciasis ursächlich in Einklang gebracht werden können.

In seinen für die Malaria routinemäßig durchgeführten Blutausstrichen fand Torrey [389] relativ häufig Mikrofilarien im peripheren Blut. Brown [39] hält in einem Fall das Vorhandensein von einem seltenen, nicht periodischen Typ der *Wuchereria bancrofti* für möglich, schließt aber nicht aus, daß es sich bei den fraglichen Präparaten um *O. volvulus* oder um eine neue Art von Mikrofilarien handeln könnte. Weitere Untersuchungen sind zur Klärung dieses sehr interessanten Befundes dringend erforderlich.

Über die Anwesenheit von *Simulium damnosum* im Omo- und Didessa-Tal hat Giaquinto-Mira [156] im Jahre 1939 erstmalig berichtet. Der Vektor ist im SW im Verlauf der Flußtäler weit verbreitet. Systematische Erhebungen über Simulien und Maßnahmen zu ihrer Bekämpfung sind bisher noch nicht erfolgt. Die obere Grenze der Verbreitung liegt bei etwa 1800 m. Die nördliche Begrenzung des Onchocerciasis-Vorkommens bildet das Niltal, das die beiden Provinzen Gojam und Welega trennt. Im S liegt die Grenze am Unterlauf des Omo in der Provinz Gemu Gofa, im W reicht sie bis an den Sudan heran, während im E die Seenplatte den Abschluß bildet. Durch die Saisonarbeiter der Kaffeeanbaugebiete ist mit einer weiteren Ausbreitung und Verschleppung von *O. volvulus* zu rechnen. Im SW ist Onchocerciasis ein ernst zu nehmendes Problem des öffentlichen Gesundheitsdienstes.

4. Durch Darmhelminthen hervorgerufene Infektionen

Infektionen des Darmtraktes durch Helminthen gehören in Äthiopien zu den häufigsten Krankheiten. Diese Aussage findet jedoch keine Bestätigung in den Krankenstatistiken des Gesundheitsministeriums. In der Fünfjahresübersicht 1958—1963 [261] beträgt der Jahresdurchschnitt der durch Würmer verursachten Krankheiten rund 80000, was einer Incidenz von 4 auf 1000 der Bevölkerung gleichkäme. Auch in den Häufigkeitsanalysen der Krankenhäuser und Kliniken werden die Wurmerkrankungen meist unterbewertet. Da praktisch jeder Patient von Würmern befallen ist, wird dieser Tatsache kein besonderer Wert beigemessen, es sei denn, daß die Wurmerkrankung der Grund des Krankenhausaufenthaltes oder des Klinikbesuches darstellt. Ein Wurmbefall wird in der Regel selbst mit einheimischer Medizin oder in besonderen Fällen unter Hinzuziehung eines Heilkundigen behandelt.

Der *Wurmbefall* der Bevölkerung Äthiopiens gehört zu den stärksten Vorkommen in der Welt. Von der geographischen Lage her haben neben den kosmopolitischen Helminthiasen die auf die Tropen und Subtropen beschränkten Wurminfestationen äußerst günstige Bedingungen für ihre Entwicklung. Hinzu kommen der Mangel an sanitären Einrichtungen in Stadt und Land besonders auf dem Gebiet der Wasserversorgung und der Fäkalienbeseitigung sowie die fehlende Durchdringung des hygienischen Gedankengutes bei weiten Kreisen der Bevölkerung in bezug auf die Bekämpfung der Wurmkrankheiten.

Offensichtlich sind die verschiedenen Wurmarten in Äthiopien sehr weit verbreitet, es bestehen jedoch größere örtliche Schwankungen im geographischen Vorkommen der Wurmarten (Tab. XIV). Das geht auch aus den Untersuchungen von Torrey [389] bei den Saysay am Blauen Nil in der Provinz Welega, von Kubasta [210] in der Provinz Harer, von Hinz [175] in den Provinzen Shewa und Welega hervor.

Ein größerer Aussagewert kommt der Auswertung von den 20676 Einsendungen des Health College

Gonder der Jahre 1958/59 zu [70], in denen bei allen Patienten Stuhl und Urin routinemäßig auf Parasiten untersucht worden sind. In Tab. XV sind die Ergebnisse vergleichbaren Befunden aus Bahir Dar [36], aus Harer [26], aus Bisidimo [203] und aus Adis Abeba [114] gegenübergestellt.

Die Patienten des Haile Selassie Hospital in Adis Abeba rekrutieren sich aus sozial besser gestellten Bevölkerungskreisen, während in den übrigen Orten eher ein Querschnitt der Gesamtbevölkerung vorliegt. Bei den von Huber [188] in Adis Abeba an 786 Schwangeren gemachten und 1968 veröffentlichten Erhebungen handelt es sich um Soldatenfrauen, deren Befunde sich den im Lande angetroffenen Werten annähern. *Ascariden* wurden zu 24%, *Trichuris trichiura* zu 7,8%, *Strongyloides stercoralis* zu 6% und *Taenia saginata* zu 6,6% beobachtet, *Ancylostoma* zeigt mit 1,4% eine geringe Prävalenz. Es wirkt sich offensichtlich die Lage Adis Abebas von 2400 m jenseits der oberen Grenze des Ancylostomavorkommens aus. Bei den übrigen Orten wird der Einfluß der erhöhten Exposition der ländlichen Bevölkerung und der Lage unter 2000 m deutlich. Gonder nördlich und Bahir Dar südlich vom Tana-See zeigen bis auf das Trichurisvorkommen weitgehende Übereinstimmung.

Über den *Mehrfachbefall* von Darmparasiten liegen Untersuchungen aus Gonder [70], Harer [26] und Adis Abeba [112] vor. Mehrfachinfektionen sind in Äthiopien sehr häufig, wie die Befunde der zum Vergleich herangezogenen Plätze zeigen:

Häufigkeit des Befalls	Gonder [%]	Harer [%]	Adis Abeba [%]
Einfach	58.1	37.1	63.0
Doppelt	31.0	44.4	28.0
Dreifach	9.0	16.3	7.2
Vierfach u. mehr	1.9	2.2	1.8

Gonder und Adis Abeba zeigen weitgehende Übereinstimmung der Befunde. Ein ähnlich hoher Mehrfachbefall mit Darmparasiten wie in Harer wird von den Say-Say am Blauen Nil und von den Galla in Aira aus der Provinz Welega berichtet [175, 389].

Der Einfluß des Alters, Geschlechts und des Lebensstandards ist von Molineaux [268] in Gonder untersucht worden. Eine Altersabhängigkeit besteht bei *Ascaris*, *Trichuris* und *Ancylostoma* für beide Geschlechter, für Schistosoma und Strongyloides für das männliche Geschlecht (Tab. XIII). Der sozial-ökonomisch schwächste Anteil der Bevölkerung zeigt den stärksten Befall mit *Ascaris* und *Ancylostoma*. *Ascaris* und *Trichuris* werden in Gonder häufiger beim weiblichen Geschlecht angetroffen, während die Ancylostomiasis und die Schistosomiasis vorwiegend eine Erkrankung der männlichen Bevölkerung ist. Die Unterschiede stellen sich erst nach Erreichung des 10. Lebensjahres ein und sind expositionsbedingt.

a) Taeniasis. Zu Beginn des 16. Jahrhunderts wird von Alvarez [4] berichtet, daß der Genuß rohen Fleisches in Äthiopien weit verbreitet sei. Der Zusammenhang zwischen dem Verzehr des rohen Rindfleisches und der Bandwurmerkrankung des Menschen ist schon im 17. Jahrhundert von Almeida klar erkannt worden [3]. Ludolphus [224] weist 1682 ebenfalls auf die Sitte des Verzehrs von rohem Rindfleisch hin. Vom Leibarzt Meneliks (Mérab [256]) stammt der Ausspruch: „Tout Abyssin hônet l'a, l'avait ou l'aura", womit der Bandwurm gemeint war.

Zweifellos ist die Durchseuchung der äthiopischen Bevölkerung mit dem Rinderbandwurm (*Taenia saginata*) eine der höchsten der Welt. Es gibt kaum Statistiken, aus denen die wirkliche Höhe des Bandwurmvorkommens hervorgeht. Erfaßt wird nur ein Bruchteil des Vorkommens, weil der Äthiopier wegen einer Bandwurmerkrankung in der Regel keinen Arzt aufsucht, sondern sich selbst mit „kosso", einem aus Blüten der *Hagenia abyssinica* oder *Brayera anthelminthica* zubereiteten Trunk mehrfach im Jahr behandelt. Die Wirksamkeit der *Flores kosso (Hagenia abyssinica)* ist seit langer Zeit bekannt, und ihre Anwendung bis heute weit verbreitet. Ein weiteres einheimisches Wurmmittel ist Enkokko (*Memordia feotida*), eine Pflanze mit roten Früchten von der Größe einer Kirsche, die getrocknet in einem Aufguß verwendet werden. Wegen der Schwierigkeit einer genauen Dosierung der selbst bereiteten pflanzlichen Wurmmittel kommt es nicht selten zu schweren Intoxikationen, zuweilen auch mit letalem Ausgang [188].

Aus einigen Provinzen liegen Befunde über den Bandwurmbefall der Bevölkerung von italienischer Seite vor. Bei 42,3% der untersuchten Stuhlproben in Dese und bei 47,9% der Stuhluntersuchungen in Wag Lasta der Provinz Welo fand 1942 Cacciapuoti [59] *Taenia saginata*. Einen geringen Befall ermittelten D'Ignazio und Giaquinto [120] in Agere Hiywet, dem früheren Ambo, in der Provinz Shewa.

Neuere Untersuchungen liegen aus mehreren Provinzen vor. Anläßlich des Nutrition Survey [273] wurden bei 9,1% der Probanden in Dese (Provinz Welo), bei 6,4% in Adis Abeba und bei 9,5% in Harer ein Taenienbefall festgestellt. In der Provinz Begemdir fand Wang [397] bei Schülern einen Taenienbefall bis zu 16%. Die Gefängnisinsassen waren zu 11,8% und die Soldaten zu 7,4% mit *Taenia saginata* infestiert.

Bei der Auswertung ihrer Befunde von 5431 Stuhlproben in Harer fanden 1963 Blahos und Kubastova [26] bei 10,7% der Patienten Taenien. Allen Zahlen kommt nur ein bedingter Wert zu, sie wurden meist in einmaligen Untersuchungen ermittelt, doch ist der Schluß erlaubt, daß die Taeniasis durch den *Rinderbandwurm* in Äthiopien sehr weit verbreitet ist.

Solange das Fleisch von Rindern in roher Form genossen wird, ist in absehbarer Zeit mit keiner Abnahme des Taenienbefalls der äthiopischen Bevölkerung zu rechnen. Der Rinderbestand ist in einem sehr großen Ausmaße mit *Cysticercen* durchseucht. Es ist Aufgabe des öffentlichen Gesundheitsdienstes, durch gesundheitserzieherische Maßnahmen einen Wandel zum Besseren herbeizuführen. Das gilt auch für die unkontrollierte Anwendung des „Kosso".

Taenia solium spielt in Äthiopien als Krankheitserreger keine Rolle. Schweinefleisch wird aus religiösen Gründen weder von den Kopten noch von den Mohammedanern genossen.

b) Ancylostomiasis. Die Ancylostomiasis wird in den Krankenhausstatistiken der meldepflichtigen Krankheiten gesondert berücksichtigt. In der Fünfjahresübersicht 1958/1963 [261] sind im Jahresdurchschnitt 12350 Patienten wegen einer Ancylostomiasis gemeldet worden. Die Zahl an der durch Ancylostomainfestation Verstorbenen wird mit 3 pro Jahr angegeben. Diese Zahlen sind weit von der Wirklichkeit entfernt, wie aus den Ergebnissen von Reihenuntersuchungen und Einzelstatistiken einiger Krankenhäuser geschlossen werden kann.

Quantitative Erhebungen über den Hakenwurmbefall wurden von Hinz [175] in Aira (1500 m) in der Provinz Welega und in Wonji (1500 m) in der Provinz Shewa durchgeführt. Von insgesamt 191 Schülern beherbergten 89,4% *Ancylostoma*, 20,9% *Ascaris lumbricoides* und 8,4% *Trichuris trichiura.* Mit zunehmendem Gewicht nahm die Zahl der infestierten Schüler ab, das betraf auch den Infestationsgrad, d.h. bei den jüngsten Schülern war der Prozentsatz der Infestationen und der Infestationsgrad am höchsten.

In Wonji wurde ein wesentlich geringerer Befall der Schüler mit *Ancylostoma* festgestellt. Auch war hier das Verhältnis von Alter und Wurmbefall umgekehrt. Mit zunehmendem Alter nahm die Zahl der Infestierten und der Infestationsgrad zu. Der Autor begründet dieses Verhalten mit der besonderen Situation auf der Zuckerrohrplantage und der Tatsache, daß die Ancylostomiasis erst vor einigen Jahren in Wonji eingeschleppt worden ist. In allen Fällen ist *Ancylostoma duodenale* nachgewiesen worden. Bisher ist *Necator americanus* weder in Aira noch in Wonji festgestellt worden. Bei den Arbeitern der Zuckerplantage Wonji betrug der Ancylostomabefall 27,3%, während in Aira das Krankenhauspersonal zu 56,6% und die Patienten zu 83,3% einen Befall mit *Ancylostoma* aufwiesen.

In Eritrea hat dagegen Ferro-Luzzi [135] bei seinen Patienten nur *Necator americanus* angetroffen. Bei 700 eritreischen Patienten fanden Sofia und Ciaravino [372] annähernd 19% positive Befunde. Einen noch höheren Befall mit *Ancylostoma duodenale* erhoben D'Ignazio und Giaquinto [120] in der Provinz Kefa mit 26,5%. Aus Jima berichteten Barbera und Capuano [17] über viele Erkrankungen an Ancylostomiasis besonders bei Kindern mit tödlichem Ausgang.

Wenn auch zwischen Wurmträgern, das sind Personen mit nur wenigen Würmern ohne klinische Erscheinungen, und dem klinischen Befall unterschieden werden muß, ist doch Ancylostomiasis in fast allen äthiopischen Provinzen in Lagen bis zu 1800 m ein ernst zu nehmendes Gesundheitsproblem. Die fäkale Bodenverunreinigung ist so verbreitet, daß dann erst mit einem Rückgang der Wurmdurchseuchung gerechnet werden kann, wenn die allgemeine Hygiene und die sanitären Verhältnisse sich entscheidend gebessert haben.

c) Ascariasis. Die Ascarideninfestation gehört zu den häufigsten Wurmerkrankungen in Äthiopien. Nach den Erhebungen anläßlich des Nutrition Survey [273] sind die Kinder bis zu 10 Jahren mit 58% die am stärksten befallene Altersgruppe. Höhere Befallsraten ermittelte 1965 Wang in der Provinz Begemdir und Semien bei Erwachsenen [397] verschiedener Berufsgruppen mit 63,4% und bei Schülern mit 74%.

Die Altersabhängigkeit des Befalls mit Ascaris, Trichuris und Ancylostoma hat Molineaux [268] bei seinen Untersuchungen in Gonder für beide Geschlechter aufgezeigt (Tab. XIII).

Über die weite *Verbreitung* der *Ascariden* und *anderer intestinaler* Würmer besonders bei Kindern berichteten Plowden [305] und Mérab [256], der Leibarzt Kaiser Meneliks. In vereinzelten Arbeiten italienischer Autoren wird auf die hohe Wurmdurchseuchung der Bevölkerung hingewiesen [59, 116, 120].

d) Trichuriasis. Trichuris trichiura ist neben *Ascaris lumbricoides* die beim Menschen am häufigsten vorkommende Wurmart in Äthiopien. Beim Nutrition Survey [273] wurde sie mit 47,5% der untersuchten Proben noch häufiger als Ascaris angetroffen. In den verschiedenen Provinzen schwankte die Häufigkeit zwischen 9,1% und 80%. In der Abhängigkeit vom Alter bestanden die gleichen Verhältnisse wie bei *Ascaris.* Für das Überwiegen beim weiblichen Geschlecht in den Jahrgängen über Vierzig hat sich bislang keine Erklärung gefunden (Tab. XIII). Die Zahl der mit *Trichuris* infestierten Personen in Äthiopien wird auf 10,2 Millionen geschätzt.

Der Entwicklungszyklus der Ascariasis und der Trichuriasis bis zur Aufnahme der reifen Eier ist der gleiche. Der Befall von beiden Wurmarten kann als Parameter für den Standard der sanitären Verhältnisse einer Bevölkerungsgruppe dienen. Eine geringe Prävalenz beider Erkrankungen wird dort angetroffen, wo die Bevölkerung eine sanitäre Beseitigung der Fäkalien betreibt und die Grundsätze der persönlichen Hygiene beachtet. Das relativ niedrige Vorkommen der Trichuriasis im Leprosarium von Bisidimo in der Provinz Harer mit nur 1,9% [203] findet seine Erklärung in der dort ausgeübten Fäkalienbeseitigung. Über das Wurmvorkommen von 1964—1966 bei 870 Stuhlproben von Leprösen in Bisidimo gibt Tab. XV Auskunft.

5. Andere Wurmkrankheiten

Strongyloides stercoralis wird in allen Teilen des Landes angetroffen, doch liegen die Werte fast immer unter der 10%-Grenze. Der Befall kann unbemerkt bleiben oder auch unter dem Bild einer Duodenitis in Erscheinung treten. Der Entwicklungszyklus verläuft wie bei der Ancylostomiasis. Die *Larven* dringen durch die nackte Haut, und Barfüßige sind besonders gefährtet. Gerade in den niedrigeren Lagen werden von der Landbevölkerung kaum Schuhe getragen. Am Beispiel von Bisidimo wird der Unterschied zur Epidemiologie zur Ascariasis und Trichuriasis deutlich. Während der Ascaris- und Trichurisbefall relativ niedrige Raten aufweist, ist die Prävalenz von *Ancylostoma* mit 31,9% und von *Strongyloides stercoralis* mit 11,8% sehr hoch. Hier wirken sich u. a. die schlechten sanitären Bedingungen in der unmittelbaren Nachbarschaft begünstigend auf die Verbreitung von *Ancylostoma* und *Strongyloides* aus.

Trichostrongyliasis kommt in allen Provinzen des Landes vor, wobei Befallsraten von 5% selten überschritten werden. Anläßlich des Nutrition Survey 1958 [273] wurden die höchsten Vorkommen in Teseney (Provinz Eritrea) mit 9,1% und in Jima, (Provinz Kefa) mit 10% angetroffen. Im Mittel betrug die Prävalenz 2,2%. Wenig ist über die Klinik und Pathologie der Trichostrongyliasis bekannt. Die Übertragung erfolgt durch Fäkalien verunreinigte Lebensmittel.

Hymenolepis nana ist weit verbreitet, wenn auch weniger häufig als *Taenia saginata.*

Trematoden-Eier mit Deckel, die denen der *Fasciola hepatica* entsprechen, werden gelegentlich nachgewiesen. Demisse [106] hat einen Fall von einer Erkrankung durch *Fasciola hepatica* bei einem 8jährigen Jungen veröffentlicht.

Fälle von *Echinococciasis* werden immer wieder in allen Teilen des Landes beobachtet. Hunde sind als Wirt das Hauptreservoir des *Echinococcus granulosus.* Die häufigsten Zwischenwirte sind Schafe und Rinder.

Menschliche Infektionen durch Trichinen *(Trichinella spiralis)* sind bisher in Äthiopien nicht in Erscheinung getreten. Schweine, die Hauptüberträger sind, werden nur im geringen Umfang gehalten. Der Genuß des Schweinefleisches ist sowohl den Kopten als auch den Mohammedanern untersagt.

Die kurze Übersicht von den Darm-Helminthiasen in Äthiopien läßt das Ausmaß der Wurmverseuchung im Lande und ihre Auswirkung auf den Einzelnen erkennen. Betroffen sind alle Einwohner jeder Altersklasse, Kinder in der Entwicklung sind am schwersten beeinträchtigt. Der negative Einfluß der Wurmkrankheiten auf den wirtschaftlichen Fortschritt des Landes ist ein Faktor, der bei Planungsvorhaben bezüglich der Entwicklung des Landes nicht übersehen werden darf.

Besondere Maßnahmen zur Bekämpfung des Wurmbefalls konnten bisher nicht eingeleitet werden. Es bleibt eine vordringliche Aufgabe des öffentlichen Gesundheitsdienstes, der Bodenverseuchung durch menschliche Fäkalien sowie ihrer Verwendung zur Kopfdüngung entgegenzuwirken und die Grundregeln der Individualhygiene zu propagieren.

V. Anthropozoonosen und Zoonosen

Hierunter werden bei Tieren vorkommende Infektionskrankheiten verstanden, die auch auf den Menschen übertragen werden. Für Äthiopien sind besonders Tollwut, Brucellose und Milzbrand von größerer Bedeutung für den Gesundheitsdienst und werden deshalb in einer Gruppe abgehandelt, obwohl sie sich in ätiologischer und epidemiologischer Hinsicht sehr unterschiedlich verhalten.

1. Tollwut (የውሻ በሽታ Yäwešša Bäšseta)

Aus älteren Aufzeichnungen geht hervor, daß Tollwut seit langem in Äthiopien vorkommt und gelegentlich in epidemischer Form auftrat [284]. Es war bekannt, daß die Übertragung der Erkrankung durch den Biß eines tollwütigen Tieres erfolgt und die Inkubationszeit sich über einen längeren Zeitraum erstrecken kann. Eine Reihe von Kuren der überlieferten Medizin findet z. T. noch heute Anwendung [322, 382].

Berichte der Reisenden des frühen 19. Jahrhunderts enthalten Hinweise über das Auftreten und die Verbreitung der Tollwut im Lande. Rüppel [326] beschreibt 1840 einen tollwütigen Hund in Adowa. Rochet d'Hericourt [322] weiß von einem tollwütigen Hund, der drei andere Hunde und einen Soldaten in Debre Tabor gebissen hatte, 1849 zu berichten. Nach Plowden [304], 1863, war die Krankheit in Gojam häufiger als sonstwo in Äthiopien. Die erste bekannt gewordene Epidemie von Tollwut ereignete sich im Jahre 1903 in Adis Abeba. Sie dauerte wenige Monate und klang von allein wieder ab [102]. In Eritrea hat sich eine „beeindruckende" Epidemie vor der italienischen Besetzung ereignet. Die Tollwut blieb endemisch im Lande und flackerte wieder in den Jahren 1925/26 zu epidemischen Ausmaßen auf [77].

In der Gegenwart ist Tollwut im ganzen Lande endemisch. Da alle Haustiere für das *Virus* empfanglich sind, ist der Mensch dauernd gefährdet. Das Hauptreservoir sind streunende Hunde und Hyänen.

Seit Jahren richtet sich die *Bekämpfung* der Tollwut in der Hauptstadt gegen herrenlose Hunde. Ihre Zahl wird auf 15000 geschätzt. 1200 Hunde sind früher durch Gifthappen jährlich getötet worden [337]. Mit den nach Adis Abeba ziehenden Karawanen gelangen zahlreiche Hunde in die Stadt, so daß sich ihre Gesamtzahl trotz Maßnahmen des Tollwutbekämpfungsdienstes nie fühlbar verringerte.

Im Jahre 1941 sind in Adis Abeba monatlich um 100 Personen wegen Bissen von tollwütigen Hunden behandelt worden [18]. In den Jahren nach 1950 hat sich diese Zahl noch wesentlich erhöht. Im Jahre 1956 waren es über 3000 Personen, die sich in der städtischen Klinik einer Schutzbehandlung unterziehen mußten [337]. *Todesfälle* kommen immer wieder zur Beobachtung, meist in Fällen, bei denen die Impfung zu spät oder nicht erfolgte.

Die Tollwutbekämpfung ist ein wichtiges aber nur schwer zu lösendes Problem des städtischen Gesundheitsdienstes der Hauptstadt.

2. Brucellose

Als Erster hat Rho [320] im Jahre 1894 auf die Übereinstimmung einer fieberhaften Erkrankung in Mitsiwa, Provinz Eritrea, mit dem Maltafieber hingewiesen. In der Folgezeit ist das Auftreten der Brucellosis aus fast allen Teilen des Landes gemeldet worden. In der Zehnjahresübersicht 1954—1963 [261] schwanken die jährlichen Erkrankungszahlen zwischen 6 Fällen 1955 und 933 im Jahre 1957 bei einer mittleren Häufigkeit von 415 Infektionen im Jahr. Die Verbreitung im Lande ist sehr unterschiedlich. Ein überdurchschnittlich hohes Vorkommen wurde aus den Provinzen Arusi, Begemdir, Harer und Shewa gemeldet [262]. In Asmera macht die Brucellose 3% der Zugänge der inneren Abteilung des Itegue Mennen Hospitals [263] aus.

Auch die spärlichen *serologischen* Untersuchungen lassen auf eine unregelmäßige Verteilung der Brucellosis schließen. Im Jahre 1938 wurden in Asmera beim Schlachtvieh, aus Ziegen und Rindern bestehend, positive Reaktionen auf *Brucella melitense* in einem Prozentsatz von 2,24 ermittelt [61, 74]. Positive Befunde der Seroreaktionen gegen *B. melitense* und *B. abortus* wurden in Agere Hiywet (Provinz Shewa) und in Dankalia (Provinz Welo) 1949 beobachtet. Der höchste Befall mit 12% wurde in dem im südlichen Shewa gelegenen Ort Durame bei 444 untersuchten Rindern erhoben [120, 262].

Nach dem *kulturellen* Nachweis von *B. melitense* 1934 in Eritrea wurde später auch *B. abortus* gezüchtet [51], so daß aus der Brucella-Gruppe *B. melitense* und *B. abortus* mit Sicherheit in Äthiopien angetroffen werden.

Zum gegenwärtigen Zeitpunkt steht bei der Brucellose die Erkrankung des Viehs im Vordergrund des Interesses. Der Mensch ist durch den Genuß der Milch und ihrer Produkte sowie durch den Umgang mit infizierten Tieren gefährdet. Zur Bekämpfung der Brucellose kommt in Äthiopien in erster Linie das Abschlachten des positiv reagierenden Viehs in Betracht. Als *vorbeugende* Maßnahme für die Bevölkerung wird die *Pasteurisierung* der Milch empfohlen. Weitere epidemiologische Erhebungen sind dringend erforderlich, um das Ausmaß der Gefährdung von Mensch und Tier zu ermitteln.

3. Milzbrand

Die Erkrankung tritt sowohl im Hochland als auch in den tieferen Lagen des Landes auf. Die durch Anthrax verursachte Mortalität des Jungviehs wird im südlichen Äthiopien auf 5% des gesamten Bestandes geschätzt [295]. In dem Kapitel „Hautkrankheiten“ wird kurz auf den Milzbrand eingegangen (s. S. 62). Für die Massenbekämpfung hat die Schutzimpfung durch ihre relativ kurzfristige Immunität nur einen begrenzten Wert. Die Infektionskette wird durch die rechtzeitige Erkennung der Infektion und die sichere Beseitigung der infizierten Kadaver unterbrochen. Durch die nachteilige Auswirkung auf den Export von Fleisch und Häuten kommt dem Milzbrand eine große wirtschaftliche Bedeutung zu.

4. Zoonosen (የንሰሶች በሽታ Yänsesocč Bässeta)

Äthiopien gilt als eines der viehreichsten Länder der Erde. Der Gesamtbestand des gehaltenen Viehs ist nicht bekannt. Die Schätzungen bewegen sich in der in nachstehender Tabelle wiedergegebenen Größenordnung [259]:

Tierart	Anzahl in 1000	Tierart	Anzahl in 1000
Rindvieh	23 000	Maultiere	1 193
Schafe	22 500	Pferde	1 193
Ziegen	16 560	Kamele	879
Esel	3 513		

Der Wohlstand Äthiopiens beruht zu einem großen Teil auf seiner Viehzucht. Der Nutzeffekt wird jedoch durch Tierkrankheiten sehr beeinträchtigt. Fehl- und Unterernährung sowie falsche Zuchtmethoden werden neben dem oft seuchenhaften Auftreten übertragbarer Tierkrankheiten für die schweren Verluste im Viehbestand verantwortlich gemacht. Petrov [295] hält 1964 die Schätzung der Mortalität durch Krankheit beim Vieh von 7% für zu niedrig.

Parasitäre Tierkrankheiten sind wegen ihres schleichenden Verlaufes für den Veterinär ein schwierigeres Problem als explosiv auftretende Tierseuchen, zu deren Bekämpfung notfalls alle verfügbaren Kräfte mobilisiert werden können. Die nachstehende Aufstellung über die in Äthiopien aufgefundenen Tierkrankheiten stützt sich im wesentlichen auf Petrovs Erfahrungen aus dem Jahre 1964.

Die Rinderpest, *Pestis bovina*, und die Lungenseuche der Rinder, *Pleuropneumonia contagiosa bovum*, sind die beiden wichtigsten Tierseuchen. Sie sind weit verbreitet und verursachen große Verluste unter den Rindern. Wegen der wirtschaftlichen Bedeutung hat die Bekämpfung dieser beiden Seuchen den Vorrang vor anderen Maßnahmen. Der zur Verwendung gelangende Impfstoff wird im Lande hergestellt und in ausgedehnten Impfaktionen verabreicht.

Die Maul- und Klauenseuche, *Aphthae epizooticae*, ist endemisch im Lande und hat eine weite Verbreitung. Sie tritt in einer relativ milden Form auf. Ein ernsteres Problem sind die Schafspocken, *Variola ovina*, die unter den befallenen Herden schwerste Verluste verursachen.

Die *bovine Tuberkulose* wird beim einheimischen Vieh äußerst selten angetroffen. Das importierte Zuchtvieh untersteht einer strengen Kontrolle und wird im Erkrankungsfall abgeschlachtet. Dennoch kommt es gelegentlich zu Infektionen des Menschen durch den *Typus bovinus*.

Wurmverseuchung des Viehs ist weit verbreitet. *Fasciola hepatica* befällt Rinder, Schafe, Ziegen und im geringeren Umfang andere Tiere und verursacht mehr Schäden als jede andere Krankheit.

Weit verbreitet sind die durch *Zecken* übertragenen Krankheiten wie das Texasfieber, Babesiasis, die Gallenseuche, Anaplasmiasis und die Herzwasserkrankheit, Rickettsiosis ruminantium. Die durch *Glossinen* übertragene Trypanosomiasis ist besonders häufig bei Kamelen. Sie wird aber auch bei dem Rindvieh angetroffen. Als Erreger sind verschiedene Trypanomosenarten identifiziert worden.

Auf dem Gebiet der Veterinärmedizin wird in Äthiopien mehr getan als die spärlichen Veröffentlichungen erkennen lassen. Dennoch bedarf es noch großer Anstrengungen, um für das Land und seine Bevölkerung einen adäquaten Nutzen aus dem enormen Bestand von über 65 Millionen Stück Vieh ziehen zu können.

VI. Hautkrankheiten (የቆዳ በሽታ Yäqoda Bässeta)

Die Struktur und Lage des Landes, die große Variationsbreite des Klimas sowie die Vielzahl und Buntheit der ethnischen Gruppen sind von ausschlaggebender Bedeutung für das weite Spektrum der Hautkrankheiten des Landes. Aus früheren Jahren liegen nur spärliche Berichte über das Vorkommen der Hautkrankheiten in Äthiopien vor. Die Russische Rote-Kreuz-Mission des Jahres 1896 hatte unter ihren 13363 Kranken 16,6% Hautpatienten registriert [281]. Zu den häufigeren Erkrankungen gehörten die entzündlichen Reaktionen verschiedener Genese, Pilzerkrankungen, Lepra, benigne und maligne Tumoren sowie Ulcus tropicum. Relativ oft ist mit annähernd 3% der Dermatosen die Diagnose „Lupus“ vermerkt worden. Hier dürfte es sich vorwiegend um Lupus erythematodes discoides chronicus gehandelt haben, gehört doch *Lupus vulgaris* in dieser geographischen Region zu den großen Seltenheiten.

In Tab. XVI sind 9114 Dermatosen ausgewertet worden, die in den Jahren 1959 bis 1963 bei 6100 Patienten der Hautpolikliniken des Princess Zenebe Work Hospital in Akaki an der Stadtgrenze von Adis Abeba behandelt worden sind. Die männlichen Patienten überwogen mit 55% gegenüber 45% der Frauen. Rund ein Viertel der Patienten waren Kinder im Alter bis zu 14 Jahren. Die Mehrzahl der Hautkrankheiten kam aus Adis Abeba und der näheren Umgebung. Fast ausschließlich waren es Angehörige der Stämme der Amharen, Galla, Tigre und Gurage, die die Klinik aufsuchten, so daß die helleren Hautfarben vorherrschten. Weiterhin sind die Ergebnisse von *Reihenuntersuchungen* bei über 7200 Schulkindern der Provinzen Gojam, Shewa, Begemdir und Kefa und von zahlreichen Erkundungsreisen in die entlegenen Gegenden des Landes berücksichtigt worden.

Bei über 80% der Patienten bestanden *Infektionskrankheiten der Haut*. In den Reihenuntersuchungen der Schulkinder fiel der Prozentsatz noch höher aus (Tab. XVII). Das Vorhandensein mehrerer Affektionen der Haut war die Regel.

1. Infektionskrankheiten der Haut

Syphilis. Bei den Patienten der Hautklinik betrug das Vorkommen der Syphilis 33,5% und entsprach somit dem Landesdurchschnitt. Auf die sporadische Syphilis, Framboesie, endemische Syphilis und Pinta ist im Kapitel „Treponematosen“ näher eingegangen worden (S. 43).

Pyodermien. Infektionen der Haut durch *Eitererreger* — Strepto- und Staphylodermien — treten unter hygienisch ungünstigen Bedingungen vermehrt auf. Unter den Patienten der Poliklinik waren die Hälfte dieser Fälle Kinder bis zu 14 Jahren. Beide Geschlechter waren annähernd gleich häufig befallen. Impetigo contagiosa und Pityriasis sicca faciei lauteten die Diagnosen in den meisten Fällen. Bei den Erwachsenen waren die Männer doppelt so häufig erkrankt wie die Frauen. Hier spielt die erhöhte Exposition des männlichen Geschlechts und vielleicht auch eine größere Anfälligkeit eine Rolle. Furunkel, Karbunkel, Folliculitiden einschließlich der Folliculitis nuchae sclerotisans und Ekthyma simplex streptogenes wurden häufig vorgefunden. Insgesamt waren 7,1% der Patienten an einer Pyodermie erkrankt.

Bei den Schulkindern zählten die Pyodermien zu den sehr häufig vorkommenden Dermatosen, wie aus den Untersuchungen in den Provinzen Gojam, Kefa, Begemdir, Tigre, Welo und Shewa hervorging (Tab. XVII). Bis zu 15% der Knaben und 8% der Mädchen litten an einer *Staphylo-* oder *Streptokokkeninfektion* der Haut. Besonders zahlreich waren Erkrankungen der trockenen Streptodermie und Sekundärinfektionen bei der noch häufigeren Skabies. Das vermehrte Vorkommen der Schmutzkrankheiten besonders in den höheren Lagen und ihr Zusammentreffen mit Lepra sei am Rande erwähnt.

Ulcus tropicum (የ ቆላ ቁስል Yäqolla Qusel). Der tropische Phagedaenismus ist in Äthiopien weit verbreitet. In den meisten Provinzen des Landes gehört Ulcus tropicum zu den häufiger vorkommenden Erkrankungen der Haut. In den tiefer gelegenen Gebieten der tropischen Regenwaldzone im Westen des Landes wird Ulcus tropicum am häufigsten angetroffen. Eine jahreszeitliche Abhängigkeit des Vorkommens wird hier im Gegensatz zu den höher gelegenen Gebieten mit begrenzten Regenzeiten nicht beobachtet. Im Osten des Landes ist die Erkrankung seltener und findet sich vorwiegend im Verlauf der größeren Flußtäler.

In der Poliklinik belief sich der Prozentsatz der an Ulcus tropicum Erkrankten auf 2,3. Der größte Teil der Befallenen stammt von einer ländlichen Umgebung der tieferen Lagen. Die männlichen Patienten überwogen im Verhältnis 77 : 23. Hier wirken sich die unterschiedlichen Lebensweisen aus. Die Männer sind Verletzungen an den Beinen im stärkeren Maße ausgesetzt. Bei den in den westlichen Provinzen in niederschlagsreichen Regionen lebenden „Shankillas“ ist dieser Unterschied nicht vorhanden. Beide Geschlechter sind sehr exponiert und den Erregern, *Borrelia vincenti*, *Fusobacterium* und *Bacterioides-Arten*, in gleicher Weise ausgesetzt. Fast alle Einwohner erkranken im Laufe ihres Lebens an Ulcus tropicum, wie u. a. aus der Art der Narben an den unteren Extremitäten geschlossen werden kann. Mangel in der Ernährung besonders von Eiweiß und Vitaminen, wie er bei der Mehrzahl der Stämme im W angetroffen wird, ist ein begünstigender Faktor für das Auftreten des Ulcus tropicum.

Unter der städtischen Bevölkerung finden sich die tropischen Ulcera sehr selten, dagegen werden Unterschenkelgeschwüre in Verbindung mit dem varicösen Symptomenkomplex und mit Diabetes mellitus relativ häufig angetroffen und nicht selten mit Ulcus tropicum verwechselt.

Noma. Dieses Krankheitsbild wird in verschiedenen tropischen Ländern angetroffen. Auch in Äthiopien sieht man hin und wieder Überlebende mit entstellenden Narben oder Zerstörungen im Mundbereich, die auf einen überstandenen Wasserkrebs schließen lassen. Allgemein wird von einem höheren Befall der Mädchen gesprochen. Die geringe Zahl der in Äthiopien beobachteten Nomafälle erlaubt hierüber keine Aussage. Ihr Auftreten im Anschluß an schwere Infektionskrankheiten, u. a. nach Pocken, wurde bei zwei Fällen in Gonder beobachtet.

Das Zusammentreffen von Mangelschäden durch die Ernährung mit schweren anderen Erkrankungen und verschiedenen Krankheitserregern wurde auch bei den wenigen äthiopischen Fällen konstatiert. Immer bestand eine gangränöse Stomatitis mit dem Krankheitsbild des Cancrum oris. Die Noma pudendi wurde nicht beobachtet.

Andere bakterielle Erkrankungen der Haut

Milzbrand. Die Pustula maligna wurde wiederholt bei Angehörigen des Schlachthofes, bei Abdeckern und einmal bei einem Tierarzt des Schlachthofes angetroffen. In allen Fällen nahm die Infektion einen günstigen Verlauf (siehe auch S. 60).

Tuberkulose. An einer Tuberkulose der Haut litten 2,1% der Patienten. Lupus vulgaris wurde unter den Kranken nicht beobachtet; bei fast allen Befallenen lag eine Tuberculosis cutis colliquativa vor. Erythema induratum Bazin und Tuberculosis papulo-necrotica wurden nur sehr selten angetroffen (siehe auch S. 46).

Lepra. Der Prozentsatz der Patienten mit Lepra betrug in der Poliklinik 7,9. Der hohe Anfall findet seine Erklärung darin, daß alle Verdachtsfälle zwecks Klärung der Diagnose durch die Hautklinik geschleust wurden. An anderer Stelle ist gesondert auf die Lepra eingegangen worden (S. 47).

Viruskrankheiten der Haut

Durch *Viren* verursachte Hauterkrankungen wurden bei 1,6% der Kranken der Poliklinik angetroffen. An Molluscum contagiosum waren 0,23% der Personen erkrankt. Der größte Teil entfiel mit 63% auf Kinder. Verrucae vulgares und Verrucae planae juveniles werden relativ häufiger gesehen. Nur wenige Patienten suchen wegen dieser Bildungen die Klinik auf, ihr Anteil betrug 0,55%. Wiederholt wurden monströse Formen beobachtet, die an Verrucosis der Kälber erinnerten. Fast in allen Fällen bestand ein Kontakt mit der Viehzucht.

Condylomata acuminata kommen bei beiden Geschlechtern vor. Blumenkohlartige Wucherungen bis zu Faustgröße wurden wiederholt gesehen. Fehlende Behandlungsmöglichkeiten und Indolenz dürften sich hierbei ursächlich auswirken.

Herpes simplex ist häufiger, als es nach dem Prozentsatz von 0,27 der Erkrankten den Anschein hat. Wegen einer derartigen Bagatellerkrankung wird der Arzt in der Regel nicht aufgesucht. Die Diagnose wurde daher auch meist als Nebenbefund registriert. Der Zoster wurde bei 0,12% der Kranken angetroffen.

Die *Varicellen (ኩፍ ኝ Kuffeññ)* gehören zu den häufigeren Erkrankungen der Kinder. In einem Land wie Äthiopien ist die differentialdiagnostische Abgrenzung zu den Pochen häufig erforderlich.

2. Mykosen

a) Dermatomykosen. Wie allgemein in den Tropen zählen auch in Äthiopien die Mykosen der Haut zu den häufigsten Dermatosen. Über die Natur der als Erreger in Betracht kommenden Pilze lagen bisher nur spärliche Mitteilungen vor. Durch neuere Untersuchungen in den Provinzen Gojam, Shewa und Harer wurde ein Einblick in das Vorkommen der als Erreger von Dermatomykosen in Betracht kommenden pathogenen Pilze gewonnen [37,347].

Der prozentuale Anteil der an einer Dermatomykose leidenden poliklinischen Patienten belief sich auf 7,8 (Tab. XVI). *Die Schulkinder* der im NE gelegenen Provinzen Gojam und Begemdir, der im W gelegenen Provinz Kefa und der Provinz Shewa zeigten einen weit höheren Befall, bei den Mädchen zwischen 15 und 25%, bei den Knaben schwankten die Prozentsätzen zwischen 22 und 27% (Tab. XVII). Signifikante Unterschiede im Vorkommen fanden sich bei den verschiedenen Altersstufen. Die Veränderungen zeigten sich meist auf dem behaarten Kopf in Form schuppender Herde unterschiedlicher Größe, aber auch die glatte Haut war oft befallen. Interdigitale Mykosen wurden bei den barfußgehenden Schulkindern selten gesehen. Bei den *Reihenuntersuchungen* sind nur die klinisch eindeutigen Befunde registriert worden. Bei systematischer Fahndung nach Pilzen ist mit einem noch höheren Befall zu rechnen. Die nachträglich angestellten mykologischen Untersuchungen mit Hilfe der Kultur bestätigten die klinischen Befunde und gaben Aufschluß über die als Erreger in Betracht kommenden Pilze.

Tinea versicolor zählt in Äthiopien zu den häufig auftretenden Mykosen der Haut. Bei den Patienten der Hautklinik betrug ihr Anteil ein Viertel der Mykosen. In den feuchtwarmen Regionen im westlichen Äthiopien ist Tinea versicolor eine der häufigsten Hautkrankheiten überhaupt. Im Hochland und in den trockenen Gegenden des Ostens wird sie oft in Verbindung mit einer Lungentuberkulose gesehen.

Zum ersten Male wurde *Trichophyton concentricum* in Äthiopien nachgewiesen. Das Ausgangsmaterial — Hautschuppen — stammt von Patienten, die in Orten in Höhenlagen von 1100 m im Osten des Landes und von 1800 m im Nordwesten leben. *Tr. concentricum* ist temperaturabhängig und bevorzugt feuchtwarmes Klima. In Baher Dar in einer Lage von 1800 m sind die Nächte durch die wärmeregulierende Wirkung des Tana-Sees mild, so daß der Pilz auch noch in dieser Höhenlage günstige Umweltbedingungen vorfindet. In Lagen über 1800 m ist *Tr. concentricum* weder in Äthiopien noch anderenorts bisher beschrieben worden. Der zweite Fundort befindet sich in der Provinz Harer im Leprosarium Bisidimo, das unmittelbar an einem das ganze Jahr hindurch wasserführenden Fluß liegt.

Tr. violaceum ist der am häufigsten kultivierte Pilz. Bei den Schulkindern ist er die Ursache für Tinea capitis und corporis. In nachfolgender Tabelle sind die Ergebnisse der bisherigen Erhebungen bezüglich des Vorkommens der pathogenen Pilze in Äthiopien aus 470 Proben von Hautkranken wiedergegeben:

Pilzart	Zahl der Stämme
Trichophyton violaceum	88
Trichophyton concentricum	4
Trichophyton mentagrophytes	3
Trichophyton Schönleinii	1
Trichophyton Quinckeanum	1
Insgesamt	97

b) Systemmykosen. Mycetom oder Maduramykose wird besonders in den Regionen Äthiopiens angetroffen, die kurze Regen- und lange Trockenzeiten haben und den Charakter der Steppenlandschaft zeigen. Die dornige Vegetation wirkt sich begünstigend auf die Infektion mit den verschiedenen Erregern der Maduramykose aus. Am häufigsten mit über 90% sind die unteren Extremitäten befallen, in vereinzelten Fällen wurden Erkrankungen an anderen Körperstellen beobachtet. Im überwiegenden Maße erkranken Männer an der Maduramykose. In Eritrea hat Sofia [369, 370] *Madurella Tozeuri* und *Glenosporium Khartoumensis* als Erreger dieser Systemmykose nachgewiesen. Del Vecchio [104] beschrieb einen Fall von Streptotrichosis. In Adis Abeba wurden sowohl *Aspergillus sp.* und *Nocardia sp.* wiederholt aus dem erkrankten Gewebe gezüchtet. Im benachbarten Somalia hat Gelonesi [149] *Aspergillus mycetomi Villabruzzi* und *Mucor mycetomi* von Kranken isoliert. Über die anderen Systemmykosen liegen noch keine verwertbaren Erfahrungen vor. Äthiopien bietet sich auf Grund seiner Lage und Struktur der klimatischen Bedingungen und der zahlreichen ethnischen Gruppen mit ihren recht unterschiedlichen Lebensgewohnheiten als ein dankbares Studienobjekt zur Erforschung der Mykosen an. Die bisher vorliegenden Kenntnisse auf diesem Gebiet sind noch sehr rudimentär.

3. Parasitosen der Haut

Scabies (እከክ Ekäk) ist in Äthiopien weit verbreitet. Unter den Patienten der Hautklinik betrug die Befallsrate 9,4%. Der Anteil der Kinder belief sich auf über 70%. Häufig wurden sekundäre Infektionen und ekzematöse Veränderungen der befallenen Haut gesehen.

Während die im Hochland gelegenen Gebiete keine nennenswerten Unterschiede im *Vorkommen* der Scabies zeigen, ist die Bevölkerung in den niedriger gelegenen Gegenden im E und W weniger stark befallen. Unter den Kindern der Somali und Danakil im östlichen Teil der Provinz Welo fanden sich nur vereinzelte Krätzefälle und Pyodermien. Die infestierten Kinder stammten fast ausschließlich aus Familien, die vom Hochland zugereist waren. Auch bei den Nuern im W war das geringe Vorkommen von Scabies auffällig. Die Angehörigen dieses Stammes schlafen auf täglich frisch zubereiteten Aschebetten. Das geringe Vorkommen oder Fehlen der Lepra ist in diesem Zusammenhang zu erwähnen. Weiteren Untersuchungen muß es überlassen bleiben, wieweit Hautinfektionen als Wegbereiter der Lepra eine Rolle spielen. Frick [144] bestätigte übrigens das geringe Vorkommen der Krätze unter den Wüstenbewohnern der Provinz Harer.

Der Prozentsatz der in den einzelnen Provinzen vorgefundenen Scabiesfälle schwankt zwischen 11 und 57. Die höchsten Befallsraten wurden in der Provinz Gojam mit 57% bei den Jungen und 31% bei den Mädchen vorgefunden (Tab. XVII). Diese Provinz zeigt auch die stärkste Lepraprävalenz mit über 20 in 1000 der Bevölkerung.

Tungiasis. Sarcopsylla penetrans oder *Tunga penetrans* gehört zu den häufigsten stationär parasitären Insekten Äthiopiens. Das Auftreten des Sandflohs ist an bestimmte Temperaturen gebunden, die auch den Larven zusagen müssen. Die obere Grenze des Vorkommens liegt bei 1800 m. In den mittleren und niedrigen etwas trockeneren Lagen ist der Sandfloh ein häufiger Parasit, der sich nicht selten in Form von Sekundärinfektionen sehr unangenehm bemerkbar machen kann. Bei debilen und entkräfteten Personen finden sich Sandflöhe gehäuft und auch an Körperstellen, die nicht zu den Prädilektionsstellen dieses Parasiten gehören. Dabei können mit Keratoma palmoplantare papulosum zu verwechselnde Krankheitsbilder auftreten. Barfußgehen, Sitzen und Ruhen auf dem bloßen Erdboden wirken sich begünstigend für den Sandflohbefall aus.

Andere Parasitosen. Läuse, Flöhe, Wanzen und *Zecken* sind weit verbreitete Plagegeister in Äthiopien. Im Hochland ist die Pediculosis capitis und P. vestimentorum besonders häufig. Die Kleiderläuse sind *Vektoren* des Rückfallfiebers und des Fleckfiebers. *Phtiri pubis* kommen vor, spielen aber aufgrund der unterschiedlichen Schambehaarung eine geringere Rolle als in der gemäßigten Zone. Die Frage, ob Flöhe das Fleckfieber übertragen können, ist noch nicht eindeutig geklärt.

Die *Creeping eruption* wird durch *Larven* verschiedener *Fliegen-* und *Bremsenarten* sowie einiger *Nematoden* hervorgerufen. Unter *Larva migrans* wird ein von den Larven des *Ancylostoma brasiliense*, dem Hunde- und Katzenhakenwurm, verursachtes Krankheitsbild verstanden. Es wird im benachbarten Somalia häufiger gesehen, kommt aber in Äthiopien ebenfalls vor.

4. Hauterscheinungen bei Stoffwechselstörungen

Xanthelasma palpebrarum wird relativ häufig bei der städtischen Bevölkerung in der zweiten Lebenshälfte beobachtet. Ärztlicher Rat wird hierfür selten in Anspruch genommen. *Necrobiosis diabeticorum* wurde wiederholt, wenn auch nicht oft, gesehen. Calcinosis kommt gelegentlich vor, etwas häufiger sind Gichtknoten (Tophi) bei älteren Personen der wohlhabenden Klassen. Im Gefolge des Diabetes werden eine Reihe von Hautmanifestationen beobachtet, die nicht als spezifisch anzusehen sind, wie Candidainfektionen, Furunkulose, tropische Ulcera und Gangrän. Auch hier ist die besser gestellte Bevölkerung stärker befallen. Myxödema circumscriptum preatibialis symmetricum wird in Gegenden mit gehäuftem Kropfvorkommen des zentralen Hochlandes und in den westlichen Provinzen angetroffen.

5. Ubiquitäre Dermatosen

Ekzemgruppe (ቼፌ Čefé) Hier sind das seborrhoische Ekzem und das endogene Ekzem und Dermatitis bekannter Genese zusammengefaßt worden. Diese Gruppierung erlaubt Vergleiche mit Untersuchungen anderer Länder und läßt erkennen, daß ihr Vorkommen in der Größenordnung dem in Ländern der gemäßigten Zone entspricht. Bei der städtischen Bevölkerung ist im Vergleich zu früheren Jahren eine Zunahme der Kontaktekzeme und der allergischen Reaktionen festzustellen. Bei 23% der Klinikpatienten, die vorwiegend aus Adis Abeba stammten, lag eine Erkrankung der Ekzemgruppe vor.

Erythemato-squamöse Dermatosen. Insgesamt waren an den in dieser Gruppe zusammengefaßten Dermatosen 3% der Hautpatienten erkrankt. Das Vorkommen der *Psoriasis* ist mit 1,6% der Erkrankten relativ hoch und steht nicht im Einklang mit der vielfach vertretenen Meinung, daß diese Dermatose in Afrika und in den Tropen selten sein soll. Die männlichen Patienten überwiegen mit 61 zu 39.

Dagegen gilt das Auftreten von *Lichen ruber planus* in den Tropen als häufig. In Äthiopien waren es 1,1% der Hautkranken, die an dieser Dermatose litten. Etwa gleich groß ist die Prävalenz in Amerika und in Europa.

Pityriasis rubra pilaris wurde bei 0,1% der Patienten gesehen, geringfügig häufiger war *Pityriasis rosea.* Die Formen der *Parapsoriasis* kamen nur in einigen wenigen Fällen vor.

Pigmentstörungen. Pigmentstörungen aller Art wiesen insgesamt 12,0% der Patienten der Hautklinik auf. Die Hyperpigmentierungen machten dabei mit 6,5% über die Hälfte der Veränderungen aus. Sie setzten sich aus chloasmaähnlichen Veränderungen und Hyperpigmentierungen durch innere Erkrankungen oder Arzneimittel sowie Epheliden in der Hauptsache zusammen. Die Berloque Dermatitis ist vereinzelt beobachtet worden.

Leukodermie und Vitiligo. Mit 4,3% der Dermatosen zählt *Vitiligo* zu den häufigeren Erkrankungen der Haut. Die Leukodermien aus exogener oder endogener Ursache und als Folge entzündlicher Dermatosen sind bei 1,2% der Patienten beobachtet worden. An totalem *Albinismus* litten 2 Knaben und 1 Mädchen.

Aknegruppe. Akne gehört auch in Äthiopien mit 5% der Hautkranken zu den häufiger vorkommenden Dermatosen. In der Statistik der Hautklinik überwogen die weiblichen Patienten. Bei den Reihenuntersuchungen der Schulkinder waren beide Geschlechter etwa gleich stark befallen. In der Provinz Gojam und Shewa fanden sich bei 7% der Schulkinder männlichen Geschlechts und bei 6% Mädchen die höchsten Werte. Bei den Jugendlichen in der Pubertät wurden Erkrankungsraten von über 20% beobachtet.

Sogenannte Kollagen-Erkrankungen. Für Äthiopien trifft nicht zu, daß *Erythematodes* in den Tropen zu den extrem seltenen Dermatosen gehört. Mit 1,1% der Hautpatienten entspricht die Häufigkeit dieses Leidens etwa der in den gemäßigten Zonen. Frauen erkrankten in Äthiopien häufiger als Männer, das Verhältnis ist 63:37 zugunsten der Frauen. Vereinzelte Erkrankungen bei Kindern sind ebenfalls beobachtet worden. Von 52 Fällen des chronischen discoiden Erythematodes exacerbierten 2 Fälle bei Frauen akut mit letalem Ausgang.

Die dissemierte Form des chronischen Erythematodes (Kaposi) und der akute viscerale Erythematodes (Kaposi-Libman-Sacks) wurden ebenfalls angetroffen.

Vereinzelte Fälle von zirkumskripter *Sklerodermie* (Morphea) en bandes oder en plaques sowie en coup de sabre fanden sich ebenfalls unter den Hautpatienten. Die diffuse Sklerodermie wurde in 2 Fällen gesehen.

Dermatomyositis kommt in Äthiopien sehr selten vor, unter den Patienten der Hautklinik befand sich kein Patient mit diesem Leiden.

Cutan-vasculäre Reaktionen. Urticaria, Quincke-Ödem, Urticaria papulosa infantum (Strophulus) wurden bei 0,9% der Klinikpatienten angetroffen. Bei letzteren kommen Insektenstiche als Ursache in Betracht. Wieweit noch an eine Virusätiologie zu denken ist, kann hier nicht erörtert werden. Strophulus wurde sowohl bei einheimischen als auch bei landesfremden Kindern häufig gesehen. Neben Mücken und Fliegen sind Flöhe, Läuse und Wanzen weit verbreitetes Ungeziefer.

Auch bei der nicht seltenen *Cercariendermatitis*, die nach dem Baden in mit *Schistosoma sp.* verseuchten Gewässern auftritt, beherrscht die urticarielle Reaktion das Krankheitsbild. Die Seen südlich von Adis Abeba im ostafrikanischen Graben sind häufige Ansteckungsquellen für Touristen und Wochenendausflügler aus Adis Abeba. Tierpathogene Schistosomen sind die Erreger dieser stark juckenden Dermatose, während die Schistosomiasis des Menschen hier noch nicht in Erscheinung getreten ist (S. 56).

Lichtdermatosen. Chronisch polymorphe Lichtexantheme wurden wiederholt bei der einheimischen Bevölkerung beobachtet. *Cheilitis exfoliativa actinica* wird gelegentlich angetroffen. Am stärksten war unter 0,8% der Lichtdermatosen *Porphyria cutanea tarda* vertreten. Betroffen waren vorwiegend Männer mittleren Alters. Alkoholabusus, Leberschäden und andere gesundheitliche Störungen standen in einem ursächlichen Zusammenhang mit den verschiedenen Erscheinungen an der dem Licht exponierten Haut. Saisonmäßige Schwankungen, wie sie in den gemäßigten Klimazonen angetroffen werden, wurden in Äthiopien nicht beobachtet. Auch während der Regenzeit ist die Einstrahlung immer noch stark genug, um das Krankheitsbild zu unterhalten.

Vereinzelte Kranke mit *Xeroderma pigmentosum* wurden sowohl in Adis Abeba als auch gelegentlich in den Provinzen gesehen. Die Krankheit nimmt in dieser Lage und bei dem Klima einen besonders ungünstigen Verlauf und führt in den meisten Fällen frühzeitig zum Tode.

Erytheme. Erythema exsudativum multiforme und *Erythema nodosum* gehören in Äthiopien zu den weniger häufigen Krankheitsbildern der Haut, sie wurden etwa zu gleichen Teilen bei insgesamt 0,2% der Klinikpatienten angetroffen. Während bei *E. nodosum* die Frauen stärker befallen waren, überwog beim Vorkommen des *E. exsudativum multiforme* das männliche Geschlecht.

Das zur Lepra gehörende *Erythema nodosum leprosum* ist hier nicht berücksichtigt worden. Es handelt sich bei dieser Erkrankung um eine akute Episode im Krankheitsverlauf der lepromatösen Lepra. Im Gegensatz zum *E. nodosum* erkranken beide Geschlechter gleich häufig an diesem unter die Leprareaktionen fallenden Krankheitsbild, das auf Grund des hohen Lepravorkommens kein seltenes Ereignis darstellt.

Hyperkeratosen. Hyperkeratotische Hautkrankheiten wurden bei 1,1% der Patienten der Klinik angetroffen. *Keratoma palmare et plantare*, Hyperkeratosen verschiedener Genese und *Ichthyosis vulgaris* kommen in Äthiopien relativ häufig vor. *Dyskeratosis follicularis*, Morbus Darier, ist nur sehr selten gesehen worden. *Keratosis suprafollicularis* oder *Lichen pilaris* dagegen ist eine besonders bei Patienten mit heller Hautfarbe verbreitete Störung, wie auch *Keratosis senilis* die helleren Elemente stärker zu befallen scheint. *Cornu cutaneum* und *Akanthosis nigricans* werden gelegentlich gesehen, letztere bevorzugt bei Frauen.

Naevi. Unter Naevi sind die ektodermalen und mesodermalen Naevi zusammengefaßt. Sie wurden bei 0,35% der Hautkranken angetroffen. Zur Beobachtung gelangten alle auch in Europa vorkommenden Formen. Das *Klippel-Trenaunay-Syndrom*, der *Naevus varicosus osteohypertrophicans*, wurde bei zwei männlichen Patienten im mittleren Alter und das *Lymphangioma circumscriptum cysticum* bei einem jungen Mädchen gesehen. Zu den naevoiden Erkrankungen wird die *Dermatosis papulosa nigra* gerechnet. Bei Äthiopiern mit negroidem Einschlag wird diese Anomalie nicht gerade selten beobachtet.

Tumoren der Haut. Unter den gutartigen Tumoren waren Fibrome, Lipome und Keloide die häufigsten Neubildungen. *Neurofibromatosis Recklingshausen* wurde sowohl in der generalisierten Form, die mit Lepra lepromatosa verwechselt werden kann, als auch lokalisiert mit monströser Lappenbildung wiederholt gesehen.

Unter den bösartigen Geschwülsten der Haut überwogen die Basaliome. *Ulcus rodens*, *Basalioma planum cicatricans* und das pigmentierte Basaliom wurden wiederholt gesehen. Spinaliome und Melanome kommen gelegentlich vor, wie auch die Präcancerosen *Morbus Bowen* und die Eythroplasie (Queyrat), *Morbus Paget* und die *Melanosis circumscripta praeblastomatosa*. Bei einem Knaben von 12 Jahren mit einer Lymphogranulomatosis maligna bestanden Hautveränderungen mit knotigen Infiltraten aus typischem Granulationsgewebe. Sarkome der Haut wurden wiederholt beobachtet, in einem Falle mit der Lokalisation an der Unterlippe bei einem 4jährigen Knaben.

6. Sonstige Dermatosen

Von den granulomatösen Hautkrankheiten kommen Granuloma anulare und Morbus Besnier-Boeck-Schaumann vor, wobei die großknotige Form mit Lepra verwechselt werden kann. Reticulosis cutis wurde in einem Falle in Gonder diagnostiziert. Uricaria pigmentosa ist wiederholt bei jugendlichen Personen angetroffen worden. Mykosis fungoides mit klassischem Verlauf wurde einmal bei einer älteren Frau verfolgt. Sarcoma idiopathicum multiplex haemorrhagicum Kaposi wurde gelegentlich aber nur bei männlichen Patienten gesehen. Elephantiasische Bildungen an den unteren Extremitäten und Tumoren in der Mundhöhle fanden sich neben typischen Tumoren der Extremitäten. Die Erkrankung wird in Afrika häufiger beobachtet, als es in Europa der Fall ist.

Neben den bisher genannten Dermatosen wurden in Äthiopien noch angetroffen: Adenoma sebaceum, Epidermolysis bullosa dystrophica, Akrocyanosis crurum puellarum (Klingmüller), der varicöse Symptomenkomplex, Alopecia areata, Lichen sclerosus et atrophicans, Cutis laxa, Induratio penis plastica, und das Melkersson-Rosenthal-Syndrom. Die Aufzählung erhebt keinen Anspruch auf Vollständigkeit. Einige Krankheiten wurden nicht erwähnt, weil sie entweder in Äthiopien nicht vorkommen oder der Beobachtung entgangen sind. Zu diesen gehört u.a. die Acrodermatitis chronica atrophicans (Herxheimer). Im wesentlichen werden fast alle Dermatosen der gemäßigten Zonen auch in Äthiopien angetroffen, hinzukommen noch weitere Erkrankungen, deren Verbreitungsgebiete auf die Tropen und Subtropen beschränkt ist.

VII. Kosmopolitische Krankheiten

Die Ära der modernen Medizin in Äthiopien wurde mit der Tätigkeit der Mission des Russischen Roten Kreuzes im Jahre 1896 eingeleitet [281]. Die Auswertung der in einem halben Jahre in den beiden Städten Adis Abeba und Harer behandelten 26419 Patienten vermittelt einen Eindruck von der Häufigkeit der verschiedenen Krankheiten, wie sie die Mission vorfand (Tab. XVIII).

Im Vorkommen der verschiedenen Krankheitsgruppen bestand eine weitgehende Übereinstimmung an beiden Einsatzorten bis auf die Gruppe der Erkrankungen der Sinnesorgane. Fast drei Viertel der Krankheiten dieser Gruppe wurden in Harer registriert, wobei die Augenkrankheiten besonders stark überwogen.

Die Anteile der einzelnen Krankheitsgruppen am Krankheitsgeschehen lassen sich aus der Fünfjahresübersicht 1958/63 [343] ersehen, in der alle Krankheitsfälle der Krankenhäuser und Kliniken erfaßt sind. Zur Auswertung gelangten rund 6,5 Millionen Fälle (Tab. XIX).

Der Prozentsatz der Infektionskrankheiten ist wesentlich größer, als es in dieser Übersicht zum Ausdruck kommt. In den einzelnen Gruppen werden zusätzlich weitere Infektionskrankheiten erfaßt, so daß sich ihr Anteil auf rund drei Viertel aller gemeldeten Krankheiten beläuft.

Aufschlußreicher als die Generalübersicht ist die Auswertung von Krankenhausstatistiken, wie sie von Harer [26] und Adis Abeba [114] vorliegen (Tab. XX).

1. Herz- und Kreislaufkrankheiten

Die Kreislauferkrankungen machten in Adis Abeba 7,9% und in Harer 7,2% aus. Auffällig ist die extreme Seltenheit von Herzinfarkten. In Adis Abeba fanden sich bei fast 2000 Elektrokardiogrammen in keinem Fall Zeichen für die Diagnose Herzinfarkt [114, 115]. In Harer waren von den 11170 Patienten eine alte Frau und ein Inder an einem Herzinfarkt erkrankt. Auch scheint die Coronarsklerose mit Angina pectoris sehr selten zu sein. Rheumatische Herzerkrankungen sind dagegen häufig und übertreffen die degenerativen Herz- und Gefäßerkrankungen. Unterschiede im Vorkommen des Hochdruckes mit und ohne Herzbeteiligung bestehen offensichtlich zwischen Adis Abeba und Harer. Im letzteren wurde bei einem Drittel der Patienten mit Kreislaufstörungen eine Hypertension angetroffen, wobei der Anteil von jugendlichen Individuen auffällig hoch war. In der Fünfjahresübersicht 1958/63 [343] machen die Hochdruckkranken bei den Krankheiten des Kreislaufs rund 16% aus. Auf die niedrigsten systolischen Blutdruckwerte der Äthiopier im Vergleich zu Amerikanern und Europäern ist hingewiesen worden. Neben konstitutionellen und ethnischen Faktoren sind es die Umweltbedingungen und Lebensgewohnheiten, die die Blutdrucklage beeinflussen können. Späteren Untersuchungen bleibt es vorbehalten, die Auswirkung der Verstädterung und Modernisierung mit den Änderungen der traditionellen Lebensweisen auf den Blutdruck zu ermitteln. Es gibt Anzeichen, daß bei Äthiopiern in entsprechender Stellung und Verantwortung die gleichen Zivilisationsschäden vorliegen wie bei Europäern oder Amerikanern.

Mit Hilfe des Schirmbildverfahrens untersuchten Parry und Gordon [288] im Tuberkulose-Center Adis Abeba das Vorkommen von Herz- und Kreislauferkrankungen bei der äthiopischen Bevölkerung. Zur Auswertung gelangten Befunde von 94850 Probanden mit 558 Erkrankten. Weibliche Patienten waren mit 0,66% gegenüber 0,55% des männlichen Geschlechts häufiger betroffen. Mit zunehmendem Alter wird bei beiden Geschlechtern ein Anstieg der pathologischen Befunde registriert. Mit 34,8% war die rheumatische Herzerkrankung das häufigste Leiden. Die Verteilung der ermittelten Herz- und Kreislaufleiden sind in Tab. XXI wiedergegeben.

2. Magen- und Darmkrankheiten

Es besteht eine weitgehende Übereinstimmung in der Häufigkeit der verschiedenen Krankheitsgruppen. Sowohl in Harer als auch in Adis Abeba machten die Erkrankungen des Gastrointestinalsystems den größten Teil der zur Behandlung gelangten Krankheiten aus. An beiden Plätzen überwogen die parasitären Darmkrankheiten. Relativ häufig kamen Durchfälle vor, deren Ätiologie nicht geklärt werden konnte. Gastritis und Ulcusleiden wurden bei dem männlichen Geschlecht häufiger beobachtet als bei Frauen. In Adis Abeba waren es besonders Schüler, Studenten, Lehrer oder Angestellte, die an diesen Leiden erkrankt waren. Das Verhältnis männlich zu weiblich betrug 12 : 1. Der unterschiedliche Befall der Geschlechter läßt sich wohl kaum allein auf die Eßgewohnheiten der äthiopischen Bevölkerung mit ihren stark gewürzten Speisen zurückführen. Pylorusstenosen, Megasigma- und Megacolonbildungen kommen relativ häufig vor. Letztere führen nicht selten zu Volvulus und Obstruktionsileus. Unter den malignen Tumoren rangieren in Adis Abeba die des Magens mit 13,1% an dritter Stelle.

3. Krankheiten der Respirationsorgane

Etwa den gleichen Anteil hatten die Erkrankungen der Atemwege mit 20,3% in Adis Abeba und 21,3% in Harer. In Adis Abeba waren die Lobärpneumonien mit 28,1% der häufigste Krankheitsbefund, während in Harer Infektionen der oberen Luftwege mit 37% am stärksten in Erscheinung traten. Asthma bronchiale und asthmoide Zustände gehören zu den häufigeren Krankheitsbefunden wie auch die Lungentuberkulose, obwohl für deren Behandlung an beiden Orten Tb-Spezialkrankenhäuser vorhanden sind. In der Fünfjahresübersicht überwiegen mit 32% die akuten Infektionen der oberen Luftwege vor der Grippe mit 14% und den Lobärpneumonien mit 10%.

4. Krankheiten des Stoffwechsels

a) Diabetes mellitus. Bei den Stoffwechselerkrankungen tritt *Diabetes mellitus* weniger stark in Erscheinung als allgemein angenommen wird. Bei den Patienten des Haile-Selassie-Krankenhauses, die dem sozial besser gestellten Personenkreis entstammen, wurde bei 2,6% der Kranken ein Diabetes mellitus festgestellt. Die Hälfte der Patienten war jünger als 30 Jahre und ein Viertel unter 20 Jahre alt. Das Fehlen schwerer Stoffwechselentgleisungen wird auf die relativ fettarme Ernährung zurückgeführt [114]. In Harer war das Vorkommen des

Diabetes mit 0,5% der Erkrankungen wesentlich niedriger und meist von leichter Natur [26]. In der Fünfjahresübersicht [343] belief sich der Anteil der Diabetiker auf nur 0,08%. Die karge Lebensweise der Äthiopier an der unteren Grenze des Existenzminimums ist hier nicht ohne Einfluß.

b) Endemischer Kropf. Obwohl der Kropf in Äthiopien weit verbreitet ist und in einigen umschriebenen Gebieten fast die gesamte Bevölkerung befällt, liegen nur vereinzelte Erhebungen über das Vorkommen des endemischen Kropfes vor [170, 269].

Seit dem Aufbau der Gesundheitszentren auf dem Lande wird diesem wichtigen Problem mehr Augenmerk geschenkt. In den meisten chirurgischen Abteilungen der Krankenhäuser gehören Strumektomien zu den alltäglichen Eingriffen. In Gonder hat von Bassewitz [23] in wenigen Jahren über 600 große und größte Kröpfe erfolgreich operiert.

Bei orientierenden Erhebungen in Gebieten der Provinzen Ilubabor und Kefa fanden 1955 Chabaud [65] und Schaller 1957 über drei Viertel der weiblichen Bevölkerung durch den Kropf 2. und 3. Grades (Einteilung nach Perez) verunstaltet. Bei seiner Studie über das Kropfvorkommen in der Provinz Welo 1967 zeigte Popov [309], daß in den niedrigen Lagen kein Kropf vorkommt und sein endemisches Auftreten in Dese, Kembolcha, Bati, Were Ilu, Chaffa und Hayk nur geringfügig ist. In den ärmeren und abseits gelegenen Dörfern werden dagegen große und monströse Kröpfe häufig angetroffen. Die ländliche Bevölkerung ist stärker als der in Städten lebende Personenkreis befallen, eine Beobachtung, die für das ganze Land gilt.

In den Gebieten mit hohem endemischen Kropfvorkommen erkranken die Einwohner bereits in jungen Jahren. Der Beginn der Kropfbildung liegt bei Popovs Erhebungen [309] zu 30% im Alter von 3 bis zu 10 Jahren, bei 41% zwischen 10 und 20 Jahren und bei 9% nach dem 30. Lebensjahr.

In der Provinz Begemdir wird der Gipfel der Erkrankungen bei den männlichen Einwohnern mit 40% im Alter von 5 bis zu 15 Jahren erreicht. Bei Frauen nimmt die Häufigkeit auch jenseits der Pubertät zu. Im 3. und 4. Dezennium sind 90% der weiblichen Einwohner Kropfträger [170]. Riesenkröpfe werden bei Kindern unter 10 Jahren beiderlei Geschlechts gesehen.

Frauen erkranken häufiger als Männer. In der Provinz Welo ist das Verhältnis 4:1 [309]. Der Kropf 3. Grades wird bei Männern seltener angetroffen. Molineaux und Tekle Mariam Ayele [269] fanden 1963 bei ihren Untersuchungen in der Provinz Begemdir keine nennenswerten Unterschiede im Befall der Geschlechter im Kindesalter. Erst nach dem 15. Lebensjahr wird der bevorzugte Befall des weiblichen Geschlechts deutlich.

Die Mehrzahl der Kröpfe 1. Grades ist weich und diffus. Mit zunehmender Krankheitsdauer wird der Kropf härter und knotig. Die Hälfte der Kröpfe 3. Grades sind knotig und von fester Konsistenz. Über das Ausmaß der durch den Kropf hervorgerufenen Komplikationen liegen keine nennenswerten Befunde vor. Lediglich Popov [309] beobachtete eine Malignität bei zwei seiner 157 Operationsfälle und sah in 3 Jahren weitere drei maligne Tumoren der Thyreoidea. Thyreotoxikosen scheinen jedoch selten zu sein.

Über die *Ursache* des Kropfes in Äthiopien ist wenig bekannt. Die ärmere, in abseits gelegenen Ansiedlungen lebende Bevölkerung des Hochlandes und der Gebirgstäler ist im stärkeren Maße befallen. In Äthiopien sind zwei Arten von Kochsalz im Handel, das aus dem Roten Meer gewonnene Seesalz und Salz aus Lagern im Lande.

Der *Jodgehalt* der beiden Salze beträgt 0,12 bzw. 0,14 auf eine Million und ist viel zu niedrig, um in einer Mangelsituation dem Körper ausreichend Jod zuzuführen. In Jima wurde der Jodgehalt der Nahrung untersucht und als ausreichend befunden, so daß auch an kropffördernde Stoffe in der Nahrung gedacht werden muß. Der äthiopische Kohl — gomen — wird hierzu gerechnet [269].

Kropfvorbeugende Maßnahmen durch jodiertes Salz sind bisher noch nicht eingeleitet worden, obwohl der Befall der Bevölkerung auf 5% geschätzt wird, so daß mit über 1 Million Kropfträger zu rechnen ist. Über die Verbreitung der Kropfgebiete mit hohem endemischen Vorkommen gibt Abb. 34 (Rückseite der Karte 7) Auskunft.

c) Avitaminosen und Mangelkrankheiten. Reine Avitaminosen sind unter den Patienten der Hautklinik nicht beobachtet worden. Doch finden sich eine Anzahl von Hauterscheinungen, die mit einem Mangel von Vitaminen und anderen für die Ernährung wichtigen Stoffen in einem ursächlichen Zusammenhang stehen und besser unter den Begriff Mangelkrankheiten zusammengefaßt werden. Pellagra und pellagroide Krankheitsbilder, durch Mangel von Nikotinsäureamid (PP-Faktor) verursacht, werden in den Maisanbaugebieten angetroffen.

Hypovitaminosen. Bei den im Rahmen eines größeren Nutrition Survey im Jahre 1957 durchgeführten Erhebungen in mehreren Provinzen des Landes fanden sich gehäuft Veränderungen an den Lippen, der Zunge, dem Gaumen und an der Haut, die erfahrungsgemäß das Fehlen oder den Mangel von bestimmten Vitaminen anzeigen. In ausführlichen Analysen wurden die Vitaminwerte der Nahrungsmittel ermittelt, wobei sich zeigte, daß das Vitamin A in suboptimalen Mengen und das Vitamin C in verschiedenen Regionen des Landes in zu geringen Mengen einverleibt wird. Entsprechend waren auch die klinischen Befunde. Bei 6000 Kindern im Gebiet von Adis Abeba wurden etwa 2% der Untersuchten mit Bitotschen Flecken angetroffen. Niedrige Vitamin C-Werte fanden sich bei 37% der Kinder. Folliculäre Hyperkeratosen wurden bei rund 10% der Männer und 3% der Frauen angetroffen. Signifikante Unterschiede fanden sich in den verschiedenen Altersgruppen. Es lassen sich diese Hauterscheinungen nicht einseitig als Vitamin A-Hypovitaminose auffassen. Folliculäre Hyperkeratosen werden auch bei Vitamin C-Mangel und anderen Dermatosen beschrieben. Cheilosis wurde bei über 6% der männlichen und annähernd im gleichen Prozentsatz bei den weiblichen Patienten beobachtet. Die nasolabiale Seborrhoe war bei den Männern 5mal häufiger als bei den Frauen. Trockene, wenig fettende Haut im Sinne der Asteotosis oder auch Xerosis wurde bei 17,8% der Männer und bei 12,7% der Frauen registriert.

Kwashiorkor wird in zunehmendem Maße auch in Äthiopien festgestellt. Betroffen sind bei dieser Erkrankung die Kinder nach dem Abstillen in der Umstellung auf künstliche Ernährung. Eiweiß- und Vitamindefizit sind die Hauptkomponenten dieser als Mangelkrankheit aufgefaßten schweren gesundheitlichen Störung der Kleinkinder.

5. Sonstige Erkrankungen

a) Krankheiten der Knochen und Bewegungsorgane. Bei den Erkrankungen der Knochen und Bewegungsorgane stehen die Krankheiten des rheumatischen Formenkreises im Vordergrund. Die degenerativen Erkrankungen der Wirbelsäule und der großen Gelenke waren in Adis Abeba auffällig selten [114], während in Harer alle Arten der Arthrosen zu den häufiger vorkommenden Leiden zählten [26]. An Muskelrheuma und nicht näher spezifizierten rheumatischen Erkrankungen litten 2,4% aller in der Fünfjahresübersicht erfaßten Patienten. Hier dürfte ein ursächlicher Zusammenhang zwischen dem Hochlandklima mit seinen kalten Nächten, den Regenzeiten und dem Krankheitsgeschehen bestehen.

b) Krankheiten durch äußere Verletzungen. Die Verkehrsunfälle durch Motorfahrzeuge machen mit 6% einen geringen Prozentsatz aus. Häufiger sind Unfälle durch Verbrennungen mit 7%, Verletzungen durch Gewalttätigkeit mit 23% und durch andere Ursachen mit 43%. Fast jeder Äthiopier macht von dem Recht, Schußwaffen zu besitzen, Gebrauch. Das erklärt das relativ hohe Vorkommen von Schußverletzungen mit 2%. Fast gleich häufig sind Verbrühungen. In 2,6% kommt es zu Vergiftungen. Auch Selbstmorde und selbst beigebrachte Verletzungen sind mit 1,2% der Krankheiten durch äußere Verletzungen keineswegs selten [121, 343].

c) Krankheiten des Urogenitalsystems. In der Fünfjahresübersicht beträgt der Anteil der akuten und chronischen Nephritiden rund 23% der Nieren- und Harnwegserkrankungen. In Adis Abeba betrugen sie über die Hälfte und in Harer ein Drittel dieser Gruppe. Steinleiden sind relativ häufig und wurden bei rund 3% der Krankheiten des Urogenitalsystems beobachtet. Bei etwas über 2% der Kranken lag eine Prostatahyperplasie vor.

d) Krankheiten des Nervensystems und der Sinnesorgane. Es entfallen 78% auf entzündliche Affektionen der Augen und 11% auf Otitis media und Mastoiditis. Der Frage der Multiplen Sklerose in Äthiopien gingen 1960 Georgi und Hall [150, 171] nach und kamen zu dem Schluß, daß diese Erkrankung bei Äthiopiern aber höchstwahrscheinlich nicht auftritt. Auch in Kenia und Uganda soll die Multiple Sklerose bei der einheimischen Bevölkerung gleichfalls nicht beobachtet worden sein. Dieser Feststellung stehen 965 gemeldete Fälle der Fünfjahresübersicht 1958/63 gegenüber, hinter denen sich vermutlich andere Krankheiten wie Parkinson, Spinaltumoren und Syphilis verbergen mögen [343]. Relativ häufig werden Epilepsien beobachtet, sie machen 4% der Krankheiten dieser Gruppe aus. Bei den Geisteskranken überwiegen mit 53% die Psychoneurosen und Störungen der Persönlichkeit. Ein Drittel der über 9100 erfaßten Fälle waren Psychosen, während 15% der Geisteskranken an Schwachsinn leiden.

6. Neoplasmen

Die Neoplasmen machen in der Fünfjahresübersicht 0,8% der erfaßten Erkrankungen aus. Bei der Hälfte handelt es sich um gutartige oder nicht näher definierte Neubildungen. Bei den Patienten des Haile-Selassie-Krankenhauses in Adis Abeba betrug der Anteil der malignen Tumoren 5%, von denen 24,5% Carcinome der Leber waren. Der Häufigkeit nach folgen gynäkologische Tumoren mit 15,6%, Magencarcinom mit 13,1%, Leukosen mit 10,6%, Lymphosarkom mit 7,8%, Bronchialcarcinom mit 5,7% und Morbus Hodgkin mit 4,9%. Unter den 17,8% anderen Malignomen fanden sich Knochensarkome, Gallenblasencarcinome, Hirntumoren, Rektum- und Pankreascarcinome, Pleuraepitheliome und Hypernephrome [114]. Wenn auch die Zahl der ausgewerteten Fälle mit 122 gering ist, so gewährt sie doch einen Einblick in das Vorkommen der verschiedenen malignen Tumoren. Über ihre Häufigkeit gibt die Fünfjahresübersicht 1958/63 [343] Auskunft, bei der 28729 Fälle zur Auswertung gelangten (Tab. XXII).

Das Vorkommen der Malignome ist viel größer, als es in den Statistiken zum Ausdruck kommen kann. Zur Meldung gelangen nur Fälle, die in den Fachabteilungen der Krankenhäuser diagnostiziert werden. Die Möglichkeiten hierfür sind sehr unterschiedlich verteilt und fast ausschließlich in den wenigen größeren Plätzen des Landes gegeben. Das führt auch dazu, daß häufig sehr fortgeschrittene und z. T. monströse Neoplasmen angetroffen werden, die keiner Behandlung mehr zugänglich sind.

Geomedizinisch bemerkenswert ist das Vorkommen eines Falles von Burkitt-Tumor, für dessen Ursache ein Virus und als Vektor Mückenarten angenommen werden [114].

VIII. Frauenkrankheiten und Geburtshilfe (የሴቶች በሽታ Yäsétočč Bäššeta)

Über Schwangerschaft und Geburt in Äthiopien haben Huber und Boldt [188] ausführlich berichtet. Die Frühehe ist im Lande noch weit verbreitet. Nach Jaeger [197] heiraten in der Provinz Begemdir 88,5% der Mädchen im Alter unter 15 Jahren, fast 20% sind jünger als 10 Jahre. In Adis Abeba und den übrigen größeren Städten werden Kinderehen jedoch immer seltener. Auffallend früh führen Kinderehen zu Schwangerschaften. Man stößt immer wieder auf Frauen, die nach der ersten Ovulation und vor der ersten Menstruation schwanger werden. Schwangerschafts- und Lactationsamenorrhoe können während der fertilen Jahre abwechseln, ohne daß es zu einer richtigen Menstruationsblutung kommt. Dafür tritt eine frühe Menopause ein.

Nach Huber [188] liegt der Zeitpunkt der *Menarche* bei 12,8 ± 0,14 Jahren, was sich mit Consolis Angaben aus dem Jahre 1941 mit 12—13 Jahren deckt [79].

Störungen der *Menstruation* fanden sich bei 24,5% der ausgewerteten Fälle. In Äthiopien besteht die Volksmeinung, daß es ohne Defloration zu keiner Regelblutung kommen kann. Ein Mädchen, das vor der Hochzeit schon menstruiert, wird nicht mehr als Virgo angesehen und verliert an Heiratswert.

Die weibliche *Circumcision* ist noch weit verbreitet. Sie wird als Excision der Klitoris — Klitorektomie — und als Infibulation praktiziert. Bei letzterer werden nicht nur die Klitoris und Teile der kleinen Labien entfernt, sondern letztere auch blutig angefrischt und die Wundfläche vernäht. Eine kleine perineumnahe Öffnung erlaubt den Abfluß von Urin und Menstrualblut. Die weibliche Beschneidung wird von altersher durchgeführt und entspricht dem Eingriff beim Manne.

Die weibliche Circumcision wird bei den verschiedenen Stämmen unterschiedlich gehandhabt. Bei den christlichen Amharen wird bei neugeborenen Mädchen die Klitorisamputation meist 40 Tage nach der Geburt vorgenommen. Die mosaischen Fellaschas excidieren die Klitoris zwischen der 1. und 2. Lebenswoche (Leslau [221]). Die Kafitschos führen die Beschneidung nach 4—12 Monaten aus, während die Galla den Eingriff meist nach dem 8. Lebensjahr vornehmen (Haberland [168], Huntingford [190]). In Eritrea sind es die Stämme an der Grenze des Sudans, die die Infibulation bei den jungen Mädchen durchführen. Die Defibulation wird in der Hochzeitsnacht meist von einer heilkundigen Frau vorgenommen (King [205]).

Als Beweggründe dieser Eingriffe werden u. a. Bewahrung der Keuschheit vor der Hochzeit, Verhinderung der Masturbation und Nymphomanie, Erleichterung der Sexualhygiene, Steigerung der Fertilität und ästhetische Gründe angeführt.

Nur ein geringer Prozentsatz der Schwangeren kann in Krankenhäusern unter ärztlicher Leitung oder mit Hilfe einer geschulten Hebamme entbinden. Eine einheimische Hausgeburt wird von Huber und Boldt [188] geschildert. Erstaunlich niedrig ist die Mortalität der Placentalösung bei protrahierten Retentionen.

Über *Beckenmaße* haben Huber und Boldt [188] vergleichende Untersuchungen angestellt und sie mit den von Sibthorp und Allbrook [365] bei Bantufrauen gefundenen Werten sowie mit den Maßen bei Europäerinnen verglichen:

Beckendurchmesser	Äthiopierin	Bantu-Frau	Europäerin
	[cm]	[cm]	[cm]
D. spinarum	21.7	21.5	26
D. christarum	25.6	25.4	29
D. trochanterica	28.5	.	31
Conjugata externa	18.6	.	20
Conjugata vera*	11.2	9.9	11
D. transversa	12.8	11.2	12.5

* röntgenologisch

Die Äthiopierin hat im Durchschnitt ein eher allgemein verengtes Becken, das als brachypelvisch zu bezeichnen ist. Die Maße der Neugeborenen liegen nach den gleichen Autoren unter den Werten der in Deutschland geborenen Kinder:

	Geburtsgewicht	Länge	Kopfumfang
Äthiopien	3057,6 g	48,9 cm	35,2 cm
Deutschland	3397,5 g	53,4 cm	38 cm

Störungen der Schwangerschaft. Nach Huber und Boldt [188] kommt die Hyperemesis gravidarum auch in Äthiopien vor. Sie nimmt aber in der Regel einen leichten Verlauf. Bei 5662 untersuchten Schwangeren war bei 1,6% eine Behandlung erforderlich. Ptyalismus gravidarum kommt gelegentlich zur Beobachtung. Die Eklampsie ist selten, aber es muß mit ihrem Auftreten gerechnet werden. Der Prozentsatz liegt bei 0,17%. Nicht häufig sind die Pyelitis und Cystitis gravidarum. Huber hat in seiner langjährigen Tätigkeit nur einen Fall eines tödlich verlaufenen Volvulus in der Schwangerschaft beobachtet.

Ektopische Schwangerschaften sind dagegen relativ zahlreich. Huber [184] hat bei 5013 Geburten 2,6% derselben angetroffen, bei Boldts über 6500 Geburten betrug der Prozentsatz 0,89. Hydramnion sahen Huber und Boldt in 0,53% bzw. 0,1% der Geburten, Blasenmolen in 0,1% bzw. 0,2% ihrer Kranken.

Der Anteil der Aborte lag bei 12—14% der Schwangerschaften und zeigt eine ansteigende Tendenz. Als Hauptursache des Abortes wird Syphilis angesehen. Eine Schwangerschaftsunterbrechung ist in Äthiopien strafbar.

Frühgeburten der 29. bis zur 32. Schwangerschaftswoche traten bei 2,9% bzw. 3,5% der Schwangeren auf. Auf 43 Normalgeburten kommt eine Zwillingsgeburt, in Europa beträgt das Verhältnis 80 : 1. Steißlagen bewegen sich mit 2,9% an der unteren Grenze der Norm. Placenta praevia sahen Huber in 0,32% und Boldt in 0,46% ihrer Patientinnen.

Uterusrupturen werden relativ häufig beobachtet. Sie schwanken zwischen 1:250 und 1:835 der Gesamtgeburtenzahl der verschiedenen Autoren. Ursache ist meist ein enges Becken. Die Mortalitätsziffer mit 6% liegt weit unter dem afrikanischen Durchschnitt.

Relativ häufige Komplikationen sind die postpartalen Blasen-Scheide- und Mastdarm-Scheidefisteln. Die Verletzung kommt bei 0,5 bis 1% der Gebärenden vor. Hamlin und Nicolson [172] schätzt die Zahl der täglich in Äthiopien anfallenden Fisteln auf 10 bei 300000 jährlichen Entbindungen.

Über 40% der äthiopischen Frauen beenden ihre Schwangerschaften frühzeitig oder verlieren ihre Kinder vor Beendigung des ersten Lebensjahres.

Über *gynäkologische Erkrankungen* bei Mädchen bis zu 14 Jahren haben Huber und Boldt [188] berichtet. Die Vulvovaginitis war mit 60,3% bei 1000 Mädchen die häufigste Erkrankung. Als spezifische Erreger überwogen die Gonokokken. Es folgen die Treponemen, Trichomonaden, Hefen, Oxyuren und Amöben. In wenigen Fällen wurden Variolavirus, Bilharzien und Pneumokokken als Ursache festgestellt. Bei dem größten Teil der Vulvovaginitiden (75%) waren Schmutz- und Schmierinfektionen, Ekzeme, chemische und mechanische Reize als Ursache gefunden worden.

Tumoren. In Äthiopien sind Myome die häufigste gutartige Neubildung am weiblichen Genitale [188]. Von den Erkrankten war nur ein Drittel älter als 30 Jahre. Bei den bösartigen Geschwülsten überwiegen mit 84% die Gebärmutterkrebse, die sich zu 80% aus Carcinomen des Collum und zu 4% aus solchen des Corpus zusammensetzen. Die Ovarialcarcinome machen 8,6% aus. Es folgen der Häufigkeit nach Brustkrebs mit 4%, Vulva- und Tubenkrebs mit 1%, Chorionepitheliom und Krebs der Vagina mit je 0,7%.

Die relativ häufige Sterilität der Frau und des Mannes wird in erster Linie auf die starke Verseuchung mit den Geschlechtskrankheiten Syphilis und Gonorrhoe zurückgeführt. Nach Merab [256] waren zur Zeit Menelik II. 15—20% der äthiopischen Ehen steril. Auch in den neueren Untersuchungen werden Geschlechtskrankheiten als Hauptursache der Sterilität bezeichnet.

D. Das Land und seine Krankheiten, geomedizinisch betrachtet

Aus den vorausgegangenen Ausführungen geht hervor, daß Äthiopien in geographischer und ethnischer Hinsicht eine *Sonderstellung* auf dem afrikanischen Kontinent einnimmt. Das Land erhebt sich vom Meeresspiegel bis zu einer Höhe von über 4620 m. Fast alle in den Tropen möglichen Landschaftsformen finden sich in diesem Lande, das im Horn Afrikas eine besondere Lage einnimmt und durch seinen ausgesprochenen Hochlandcharakter vom tropischen Afrika deutlich unterschieden ist.

Entsprechend seinem Aufbau ist die Variationsbreite des Klimas ebenfalls sehr weit, das hauptsächlich von der Höhenlage und der Art der Niederschläge abhängig ist.

Zusammenfassend kann festgestellt werden, daß sich auf einem relativ kleinen geographischen Raum alle wesentlichen Komponenten finden, die für das Vorkommen der ausschließlich umweltbedingten Tropenkrankheiten von ausschlaggebender Bedeutung sind. In bezug auf die Reichhaltigkeit seiner Nosologie ist Äthiopien ohne Beispiel in den Tropen, kommen doch neben den meisten Tropenkrankheiten und den ubiquitären Krankheiten auch solche Erkrankungen vor, die früher in den gemäßigten Zonen heimisch waren und jetzt in vorwiegend tropische Gebiete zurückgedrängt worden sind und deshalb den Tropenkrankheiten zugerechnet werden.

Obwohl die in der Gesundheitsverwaltung Äthiopiens vorliegenden Statistiken über das Auftreten der verschiedenen Krankheiten sehr lückenhaft sind, kann doch durch sie in Bezug auf die *geographischen Bedingungen der Umwelt* andeutungsweise ein Eindruck vom tatsächlichen Seuchengeschehen vermittelt werden. Allerdings tritt eine Reihe bemerkenswerter Erkrankungen statistisch überhaupt nicht in Erscheinung, weil eine Erfassung durch den Gesundheitsdienst noch nicht möglich ist. So finden sich z.B. über Gelbfieber keine Zahlen in den periodischen Krankheitsmeldungen der betroffenen Provinzen aus den Jahren 1959 bis 1966. Ähnlich ist die Situation bezüglich der nicht seltenen Erkrankungen durch Filarien, Leishmanien und Pilze, um nur einige Beispiele zu nennen.

Mit der zunehmenden Einrichtung der Gesundheitszentren in den ländlichen Gebieten und der Straffung der Gesundheitsverwaltung auf der Provinzebene ist der Anfang zu einer gründlicheren Erfassung der im Lande auftretenden Krankheiten gemacht worden. Brauchbare statistische Unterlagen können jedoch erst dann vorliegen, wenn das geplante Netzwerk von Gesundheitszentren und Stationen annähernd realisiert worden ist. Zur Zeit ist dieses Netz erst in einem Bruchteil des Landes durch Einrichtungen des öffentlichen Gesundheitsdienstes verwirklicht worden.

Aus den vorliegenden Statistiken geht hervor, daß über drei Viertel der gemeldeten Krankheiten infektiöser Natur sind (siehe Tab. VII). Die Aufstellung über die 12 häufigsten ansteckenden Krankheiten bzw. Krankheitsgruppen aus dem Jahre 1962 ist nur als eine Art Orientierungshilfe gedacht. Wesentliche Unterschiede im Krankheitsvorkommen haben sich im letzten Jahrzehnt nicht ergeben, soweit eine Beeinflussung durch Maßnahmen des öffentlichen Gesundheitsdienstes in Betracht kommt. Mit der Verbesserung des öffentlichen Gesundheitsdienstes geht aber eine gründlichere Erfassung der Krankheiten einher, die sich statistisch bereits in einer Zunahme der gemeldeten Krankheiten niederschlägt.

Etwas vollständiger sind die Unterlagen über Adis Abeba und Asmera, den beiden größten Städten des Landes mit einer relativ hohen Arztdichte und einer relativ großen Zahl von Krankenhausbetten, die weit über die Hälfte des gesamten Bestandes des Landes ausmachen. Aber gerade in geomedizinischer Hinsicht ist diese Konzentration von geringer Hilfe für die Beurteilung des übrigen Landes. Beide Städte mit ihren Einzugsgebieten liegen in der „kalten“ Zone, die nosogeographisch eher Gebieten der gemäßigten Zone anderer Erdteile entspricht.

Größere Unterschiede im Vorkommen und in der Häufigkeit der einzelnen Erkrankungen bestehen innerhalb des Landes entsprechend den geographischen, klimatischen und ethnischen Gegebenheiten. Diese geomedizinisch bedingten Unterschiede lassen sich am besten am Beispiel der Malariaverbreitung und am Gelbfiebervorkommen aufzeigen.

Wesentlich für die Beurteilung der geomedizinischen Situation sind z.B. die Oberflächenwässer als Brutplätze der übertragenden Mückenarten und deren Umgebung als Lebensraum der Imagines. Gerade die fruchtbarsten Gebiete des Landes sind in der Vergangenheit durch von Arthropoden übertragene Krankheiten entvölkert worden und haben bis in die Gegenwart brach gelegen. Hierbei ist die Bedeutung der Erkenntnisse über die Abhängigkeit des Vorkommens einer Seuche von Geofaktoren deutlich zu erkennen.

Wenn auch Äthiopien durch seine natürlichen Grenzen weitgehend von seinen Nachbarstaaten getrennt ist, so haben dennoch die Krankheitsvorkommen in den angrenzenden Ländern eine nicht zu unterschätzende Bedeutung für die Gesundheit der Äthiopier und für das äthiopische Gesundheitswesen. Die Kontroverse über die Möglichkeit der Einschleppung des Gelbfiebers aus dem benachbarten Sudan ist noch nicht abgeschlossen. Bei der geringen Arztdichte von einem Arzt auf mehrere hunderttausend Einwohner in den ländlichen Bezirken der Provinzen ist manchmal die Entdeckung einer Seuche ein zufälliges Ereignis.

Bei der Bekämpfung der durch Arthropoden übertragenen Krankheiten wie der Malaria und des Gelbfiebers ist eine enge Zusammenarbeit der betroffenen Staaten in den Grenzgebieten unerläßlich, wenn Rückschläge durch Neueinschleppung der betreffenden Krankheiten vermieden werden sollen. Die Flußtäler mit ihrer ursprünglichen oder von Menschenhand gestalteten Vegetation erfordern die besondere Aufmerksamkeit der überwachenden Institutionen des öffentlichen Gesundheitsdienstes. Das gilt für den Shebeli an der Grenze im Osten nach Somalia, für den Omo im Süden nach Kenia, für den Akobo, Baro und den Nil im Westen zum Sudan, um nur einige wichtige Gebiete zu nennen.

Ein weiterer geomedizinischer Gesichtspunkt ist erst in jüngster Zeit bei der Betrachtung des Landes und seiner Krankheiten zu beachten. Ein sehr hoher Anteil der äthiopischen Bevölkerung, etwa 95%, lebt auf dem Lande. In absehbarer Zeit wird sich an dieser Situation nur wenig ändern. Aber die mit der Entwicklung des Landes einhergehenden Veränderungen auf dem landwirtschaftlichen Sektor bringen neue gesundheitliche Probleme durch die Binnenwanderungen der Bevölkerung und durch die dadurch hervorgerufene Schaffung von neuen Brutplätzen für krankheitsübertragende Insekten mit sich. So sind frei gewesene Gewässer durch hinzugezogene Arbeitskräfte mit Bilharzien verseucht worden. In den Kaffeeanbaugebieten im Westen des Landes hat sich die Onchocerciasis durch die Schaffung von Brutmöglichkeiten für die Simulien ausgebreitet.

Für eine nosogeographische Betrachtung werden deshalb die ansteckenden Krankheiten auch weiterhin eine Vorrangstellung in Äthiopien einnehmen. Kaum weniger bedeutungsvoll sind die Gesundheitsschäden durch Mangelkrankheiten und durch traditionell gebundene Lebensweisen der Einwohner. Hinzu kommen die landeseigentümlichen Gesundheitspraktiken der Landbevölkerung, weil sie nicht ohne Einfluß auf den Gesundheitszustand der äthiopischen Bevölkerung sind und es auch in Zukunft noch sein werden.

Diese wenigen Hinweise mögen genügen, um zu weiteren geomedizinischen Untersuchungen anzuregen. Es scheint, wie wir darzustellen versucht haben, kein Land in Afrika für eine geomedizinische Analyse der Krankheitsvorkommen geeigneter zu sein als Äthiopien.

A. The Land and its Inhabitants

Ethiopia is situated in the north east of the African continent, to the south of the extensive arid belt which divides tropical Black Africa from the heartlands of the Arabo-islamic world in the subtropical zone of North Africa. Extending from practically 18° to just short of 4° north, most of the Ethiopian territory lies in the same latitude as the Sudan to the west; from the aspect of both natural and cultural landscapes it presents a manifold and graduated progress from zones of extreme aridity to humid tropical forests, from the habitat of nomads to that of African forest cultivators. In spite of some comparable structural features and the occurrence of analogous contrasts between north and south, neither the nature of the country nor its historico-cultural position and character permit Ethiopia to be regarded as part of the Sudan; this area of about 1.2 million sq. km, and probably far in excess of 20 million inhabitants already, constitutes one of the largest and most populous African states. Even in modern times it occupies a very distinctive and special place in the pan-African framework; a place which has evolved in the significant context of its position vis-a-vis neighbouring empires as well as in terms of a number of characteristics of its own natural endowment.

Over the course of history its *location* resulted in close connections not only with the north, with Egypt and the Mediterranean region as well as contact with the Sudan and East Africa, but close, and at times very close, relations also developed with the Near East, particularly with the south-western part of the Arabian peninsula across the Red Sea. Evidently already in the very early ages of history, Ethiopia was instrumental in the process by which influences from Asia reached the African continent. They have spread further from Ethiopia, but the country has scarcely developed into an effective innovation centre diffusing cultural flows, but instead has acted as a place of permanence, of continuity, the characteristics of which have been shaped decisively by influences from the various spheres already mentioned.

It is far from easy to determine in how far the special position of the country can be attributed to the particular role played by the *natural endowment*, but as it has been and continues to be significant in many developmental processes, it cannot be ignored. The largest and most densely populated part of Ethiopia consists of a much accidented highland block, almost everywhere separated from the lowlands by steep slopes. As maps of climate, soil and natural vegetation demonstrate at first glance, the natural features of this country set in a tropical highland diverge considerably from the conditions prevailing in the same latitudes elsewhere in Africa. The north of the country, for instance, is significantly more humid than the corresponding zone in the neighbouring Republic of Sudan, and the plant cover, conditioned by climatic prerequisites, discloses the possibilities of highly varied land usage of the highland districts by man. These highlands rise like islands from the surrounding arid, and at times even desert-like, zones. Part of the arid zone lies within the borders of the Ethiopian state: to take a single example one could cite the area, at times attaining a width of hundreds of kilometres, which lies between the eastern edge of the mountains and the coast.

The Highlands have always been the core area of an empire which looks back over a long *history*, yet is now counted, like the majority of African states, among the developing nations. Since the middle of the first millenium B.C. the indigenous population had mixed with Semitic immigrants from southern Arabia, and from that time the Aksum Empire grew up in the northern part of the Highlands. It is referred to in many historic sources and is still traceable in numerous archeological documents; it experienced its golden age in the fourth century A.D. Already by that time Christianity was spreading in the empire, and it became the official state religion, remaining such until the present day amidst islamic empires and islamic-oriented ways of life. In the course of a most fluctuating history following the end of the Aksumite Empire, Ethiopia succeeded in preserving internal independence despite numerous attacks from outside and several serious crises inside; it remained the only part of Africa to experience no more than a few years of foreign domination (1935—1941) during the final phase of colonialism. A long period of isolation of the country from the very regions with which it had enjoyed such close contacts in the earlier phases of its history, continues to exert lasting effects in many spheres of life and renders at least some of the development processes required more difficult now.

However much it might seem appropriate to attribute overriding importance in the development and stability of the Ethiopian state as well as the formation of the present cultural landscape to the characteristics of the environment, it would be wrong to see the role of natural factors, which will be considered below in terms of the special aspects of medical regional geography, as being other than those of a host of possibilities and obstacles which presented themselves to the inhabitants when shaping and maintaining their country, and which must be taken into account in all future developments.

I. Surface Configuration and Geological Structure

The total area of Ethiopia comprises 1,184,320 sq. km, half of which rises above 1,200 m, more than a quarter above 1,800 m and 5% reaches heights of 3,500 m

[115, 116]. The highest mountains lie north of Lake Tana in Simen*, where the summit height of Ras Dashan is put at 4,550 m [134]. Other mountains rising above 4,000 m are to be found east of Lake Tana, in the Province of Gojam, and in the south-eastern part of the Highlands.

Despite these considerable absolute heights, many parts of the country fail to convey the impression of high mountain scenery; many mountain ranges and summit forms have the character of hill country, and most of the large mountains can be climbed without particular difficulties. In place of the precipitous mountain chains and isolated peaks rising abruptly from all sides to one point so familiar in alpine scenes, in extensive areas of the country even at considerable altitudes it is the plains which dominate as major landforms. For all their extensiveness, these plains are scarcely dissected at all but rather are intersected by broad, flat valleys and generally shallow slopes (Photo 2). They are crowned by occasional massifs, towering high above them like huge domes. Only at the highland margins and where the great river system of the Nile (Abai), Takaze or Omo have penetrated deep into the highland area steep, and at times nearly vertical, slopes are encountered; these slopes, which are as a rule stepped, can drop far below 1,000 m to the narrow valley bottoms or to the peripheral lowland districts (Photos 1, 3, 8). Whilst traffic across the plateau is scarcely hampered by serious obstacles, at least during the dry season, considerable difficulties arise in overcoming the deeply-incised valleys and crossing the highland escarpments. Frequently diversions requiring days rather than hours by mule are required to cross from one plateau to the next. Due to the difficulties of the terrain there are scarcely any traffic routes following the valleys, where excessive heat and the risk of malaria add to the enormous hazards of travel. This is a situation totally different from that in the mountain ranges of Europe and Asia where the valleys are the very places preferred for settlement and communications. Here that role is taken over by the plateau.

In some parts of the country, however, the plateaux have in large part been removed by erosion, so that only occasional steep—and thus not readily accessible—massive rocks have remained, separated by virtually untraversible terrain, and have formed natural strongholds, which, in the course of history, have often played an important role as places of refuge for the highland population. In Ethiopia they are known as "Amba" (singular) and are especially characteristic of the northern part of the country.

In this way considerable regional differences exist between the various parts of the highlands. The *major division* of the Highlands results above all from the rift system running in a predominantly north to north-easterly direction. This is the continuation of the East African Rift Valley, which establishes the connection with the syncline of the Red Sea. West of the rift zone lies by much the larger part of the Highland, attaining its maximum east-west extension at about 9° north and tapering like a wedge to the north and south. Both sides terminate at steep slopes. The highland block situated to the east of the rift is a different case, with a tilted block sloping gently towards the Indian Ocean in the south east and facing the rift with its steep scarp-slope.

It has often been customary to call the two unequal parts of the Ethiopian Highlands the Ethiopian Plateau and the Somali Plateau (or Central Plateau and Eastern Plateau). But this distinction seems to be inadequate, since there are also considerable differences between the northern and southern sectors of the western highland block. Neither in individual mountains nor in larger mountainous units does the southern part attain the same heights as the north; its topographical formation is more disturbed, more accidented, and above all its plateau character is much less pronounced than in the north. Although an unambiguous division between both the parts is not everywhere possible, a cuesta, several hundred metres high runs a considerable distance practically from east to west and this offers itself as such a demarcation line; the Entoto, a group of mountains just north of the capital, are part of it. Büdel [15] termed the north of the Ethiopian Highland the Amhara Highland, and the south west the Kaffa Highland, and although these descriptions are based on anthropo-geographical aspects, it appears to be useful to continue with these terms, since new names for the large morphological units could scarcely be expected to establish themselves at this stage.

A number of deeply incised valley systems, above all those of the Abai (Photo 5, 8) and Takaze rivers, divide up the *Amhara Highland* into many larger or smaller plateau blocks, from which earlier volcanic massifs, already altered by erosion, rise to heights of more than 4,000 m: the Massif of Ras Dashan in Simen, the Choke Mountains in Gojam or the Guna Massif in Begemdir to name but a few. The plateaux themselves which surround these massifs are in the main found to attain more than 2,000 m and often as much as 2,500 to 3,000 m; the only larger morphological unit in the highland region to fall below the 2,000 m contour is the Basin of Lake Tana, 3,100 sq. km in extent, situated almost at the centre of the Amhara Highland, the surface of which lies at a height of nearly 1,800 m.

The deep valleys constitute considerable obstacles when crossing the Amhara Highland in a north to south direction; there is one place which facilitates this, and this is at the eastern edge of the Highland forming the watershed between the Nile tributaries and the endoreic Rift region. Thus it is here that the most important of the traffic routes run to connect the northern provinces with the modern centre of the empire, which in the course of history had long been restricted to the northern highland. A second road connection between the capital and Eritrea leads across the Lake Tana basin. In the course of this route, however, three large valleys must be traversed in which the height range exceeds 1,000 m within a few kilometres.

Just one glance at the general map (Map 1) shows the east to west connections to be almost more difficult than those from north to south. This is because in advancing westward from the main watershed deep gorges are soon encountered almost everywhere; these prove to be extremely difficult to cross and any attempt to avoid them necessitates long diversions.

The *Kaffa (Kefa) Highland* in the south west is also divided into a number of more or less isolated mountain

* The new spelling of the geographic names is employed according to the Amharic transliteration into English which has been recently introduced by the Imperial Mapping and Geographic Institute Adis Abeba.

regions. A function similar to that of the Abai and Takaze rivers is carried out here by the river Omo running into Lake Rudolph, and the Didesa river, a tributary of the Abai. Between the upper valley of the Omo, running mainly in a meridional direction, and the rift zone in the east there is a series of rather narrow but high mountain ranges, beginning with Gurage, among which the Gamu Massif stands out particularly. South of the middle section of the Omo valley, which runs in a east to west direction, the Ari Highlands reach a considerable height. West of the river Omo, larger units form the highlands of Janjero, Kefa, Gore, Gimirra and Maji. All of them are much divided and less easily accessible than some parts of the Amhara Highlands, a fact which must be attributed to an especially active tectonic dismemberment of this region. This has certainly not been without its effect on the development of a very great compartmentation of this region, even in respect of the cultural geography.

Only when approaching the *Somali Highland* or better the *Somali Plateau* from the west or north west does a considerable, albeit in parts rather easier, ascent have to be overcome. From this side there is no deep valley incised beyond the crest region; again, the edge of the highland block constitutes the watershed between the rift region and the now south east flowing river systems of Uebi Shebeli and Juba, although, due to positional relationships which differ from those in the north, here the watershed has not been used as a modern communications route. Even in the earlier times it played a more important role for traffic only in its northern section. In the section of the Somali Plateau facing the rift valley, large parts of the highland rise far above 3,000 m —mostly in the form of extended ridges, although at times like shields rising from all sides. Between these in the High Arusi, in the Sidamo Highland east of Lake Abaya and even south of Harer and Asbe Teferi, there are very extensive and little dissected plains at altitudes often in excess of 2,000 m, offering conditions favourable to settlement and agricultural land use. A division of this highland region into individual blocks has not occurred to the same degree as in west Ethiopia; the larger rivers, following the general direction of the slope to the south east, have by no means cut so deeply as the Abai or Omo, with the result that the crossing of their valleys likewise presents fewer communications difficulties between the different parts of the highlands than is the case particularly in the Amhara Highland.

A clear-cut delimitation of the highland districts of the Somali Plateau towards the south east is impossible. Heights in excess of 2,000 m are fairly frequent, particularly in the western part, and if one sets the lower limit of the highlands at about 1,200 m in accordance with climatic, plant-geographical and anthropo-geographical criteria, then, according to calculations made by Smeds, the Somali Plateau covers 185,000 sq. km, equal in size to the combined area of Austria and Hungary.

Among the *lowland regions* of Ethiopia, the Rift Zone, already mentioned above, constitutes by far the most important unit. In its details there is considerable variety, although here a few comments on the most important components of this tectonic trough will have to suffice. One component is the southern sector which abounds in great lakes, the other is the Danakil Lowland (Dankalia), which opens funnel-like to the north east as a continuation of the comparatively narrow south Ethiopian Rift. The floor of this rift rises by 600 m from south to north, attaining an altitude of 1,800 m south east of Adis Abeba. Besides extensive plains covered by lacustrine and fluvial deposits the topography is characterised by numerous recent volcanic cones (Photo 6), the most impressive of which is the 3,000 m high Zakwala mountain near the capital. The Rift Valley Zone, just like the Danakil Lowland is a region of interior drainage. In spite of carrying considerable quantities of water from the highlands into this area, the Awash river, in this very dry and hot part of the country, fails to break through to the coast and seeps away in a shallow depression near the border of the state. Besides a fair number of recent volcanoes another chain of mountains, consisting of limestone and volcanic rocks rising to over 2,000 m and running parallel to the coast, rises from the plains of the Danakil Lowland. Inland it is accompanied by a depression which dips more than 100 m below sea-level. Volcanic activity apart, very strong and recent tectonic movements are of especial significance for the region's present topography.

If one accepts the term lowland as being frequently no more than a relative description here as in the Rift Zone—since not infrequently these are parts of the country situated at altitudes of 1,000 m or more—then a lowland strip, in parts fairly wide, occurs even in the west and south, albeit just within the borders of Ethiopia. In contrast to the Rift Zone, which is gaining more and more importance for the contemporary development of the country's communications and economy, these are areas off the beaten-track, not easily accessible from the core areas of Ethiopia, yet in terms of natural endowment capable of offering numerous incentives to economic development.

Apart from the tectonic movements, which need not be described in detail here, the *lithological circumstances* are of particular importance in the formation of macro-regional relief differences within the country. At the same time, the geological bedrock is also naturally of great importance for the soil formation and thus the economy of the country, as well as last but by no means least the hydrological conditions; these latter are of particular interest here and rather more attention will be devoted to them.

The accompanying geological map (Fig. 1) [26, 71, 87] demonstrates that a very large part of the country is occupied by volcanic sheets. These are predominantly basaltic lavas alternating with tuffs, mostly deposited horizontally and at times attaining a thickness far in excess of 1,000 m; in Simen they are even said to be 3,000 m thick. The northern limit of the unbroken trap-sheets lies in the Amhara Highland south of the Takaze valley, and in the south they extend within the Highlands to about six degrees north, occuping the greater part of the Kaffa Highland and the western part of the Somali Plateau with their respective maximum elevations. Around them there are further, and in parts quite considerable, areas in which lavas mask the rocks of the deeper substratum, as for example in Eritrea just south of Asmera where there are several massive mountain stocks located in front of the western edge of the highland, or in the south on both sides of the Rift Zone, which then continues into Kenya.

In the north-western part of the Highland and in the region of the Somali Plateau the volcanic sheets rest on mainly Mesozoic sedimentaries. In the Rift Valley, and especially in the Nile Valley itself, these have been dissected; at the western and eastern edge of the Amhara Highland too (Photo 1), they are exposed, and beyond this they occupy a large part of the Somali Plateau, where even Tertiary sediments can be found in the most easterly parts of the country.

The base of the Ethiopian Highland is composed of crystalline rocks, which are exposed chiefly in the northern part of the country in the Tigre and Eritrea provinces, throughout the west and south and in the highlands of the Harer Province as well. Thus the surface of the crystalline basement manifests considerable altitudinal differences, the highest elevations being found in the vicinity of the main rift zones.

As for the details, this survey must be supplemented by the following points: the trap sheets are classified by geologists mainly on the basis of differences in the composition of their material [26, 87]. Their formation certainly took place over a relatively long geological period, during which between various lava eruptions also intensive weathering processes occurred so that former weathered sheets and tuff strata deposited between the basalts cause frequent changes in the slope conditions of the vally sides and at times extensively developed terraces in the valleys (Photo 8). The eruption of extremely fluid lava has probably taken place predominantly from fissures, although in some parts at least the outpouring has come from central volcanoes of Hawaiian type.

The earlier volcanic period has been followed by a more recent phase persisting well into the present, the formations of which may be termed volcanics of the Aden Series. In the Highlands these are only of greater importance in the Gojam Province, although they do occupy a considerable part of the Rift Zone. Although from the geological and petrological aspect the lavas of the Aden Series cannot be distinguished at once from the earlier Trap Series, this can be done on the basis of morphological evidence. The very best examples for this purpose can be found in the immediate neighourhood of the capital: the dome-shaped Managasha (rhyolite) and the well shaped cone of the Zakwaa (phonolite and tuff) mentioned above could be instanced, as could the recent, now water-filled, exlosion craters of Debre Zeyt.

In connection with volcanic landforms the *thermal springs* must be mentioned. These are numerous in the rift region and have always played an important role in folk medicine; in terms of the future energy supplies for the country they have to be regarded with greater attention. A general sketch map (Fig. 2) shows the main features of distribution: besides the rift region, the area around Lake Tana and part of the Kaffa Highland are singled out by the occurrence of numerous hot springs. The inventory available so far is almost certainly incomplete; in the Danakil Lowland particularly there may well be many fumeroles and mineral springs still undiscovered. Indeed, the existence of such springs was one of the reasons for the selection of the site of the capital itself.

The *sedimentary rocks* exposed amongst other places in the Nile Valley, are predominantly sandstones and limestones, the latter being of some importance to the economy of the country, i.e. cement production. They are classified as belonging in the main to the Jurassic and Cretaceous formations and are deposited immediately upon the pre-Cambrian *basement rock*, itself composed of a multitude of different rock types. Here the surface features present a picture that is varied in several respects, insofar as numerous inselberge have been formed, and the valley shapes do not have those abrupt edges so characteristic of the basalt areas and the Mesozoic strata. But here too the plains often constitute the major landform elements, and here too it is the horizontal lineament which prevails over the vertical.

Concerning the *geological history* of the Ethiopian region it might just be added that an apparently long period of tectonic inactivity led to intensive degradation of the pre-Cambrian basement before the Mesozoic sediments were laid down. Then the transgression took place, and in the upper-Cretaceous another phase of degradation set in, substantiated by weathered lateritic sheets overlain by basalts in certain places. The marked uplift of the entire complex occurred during the late Eocene; during the Oligocene at least the majority of the trap sheets were formed, and in the Miocene the subsidence of the rift system took place.

As far as the climate is concerned, probably conditions of degradation approximating to those of the present time have been dominant since the late Tertiary; in the Pleistocene there was no significant glaciation sufficient to have caused fundamental alteration of landforms in the Highlands [91].

The widespread distribution of the volcanic sheet is already sufficient to justify the conclusion that as far as large parts of the country are concerned, significant *mineral resources* are not to be expected [5, 64, 130]. Such resources are more likely to occur in the crystalline basement, and in fact most of the mineral raw materials known so far and already exploited in part originate in the basement complex. It seems unnecessary to list them here, however, since hardly any extensive and rich deposits have so far been discovered. The same holds true for the gold and platinum, which continue to crop up in reports on Ethiopia; they have indeed been known since ancient times and have been mined, but output has never risen beyond a modest level. Likewise, rich iron deposits are lacking in the country, but at least there are quite a number of modest deposits of limited quality, especially in Eritrea. Of the non-metallic raw materials one ought perhaps to mention the rather larger deposits of lignite, albeit widely scattered, and inserted in the traps, which act as a substitute for coal. The search for oil has so far continued without major success, and in summary these circumstances could scarcely be described as favourable for any industrialization of the country.

Less important for the economy as a whole than for the immediate supply of population and for livestock are the salt deposits which occur widely in the Danakil Lowlands. Even in modern times the salt trade follows the old caravan routes leading to the remotest parts of the Highlands, the salt being offered in handy bars in the markets in the same form as they were formerly used as currency. In contrast to the salt deposits those of potash, which occur in the same area, are valued highly in terms of the future development of the country. Towards the end of the current Five Year Plan (1973) it is estimated that planned output of potash for export will be valued at Eth. $ 45 million—this should bring about considerable improvement in the balance of trade [5, 33].

II. Climate and Waters

Attention has already been drawn in the introduction to the great importance of the climate for both the conditions of settlement and the economic development of Ethiopia. This is because the existing conditions are much more favourable in many respects than those in the adjacent territories of North East Africa. By comparison with contiguous areas, the Highland thus distinguishes itself above all as an area of much greater moisture, where, in accordance with the latitude, the seasons are far more determined by the change of the rainy and dry periods than by differences in monthly mean temperatures. Although such differences in temperature are by no means without significance in the northern as well as in the higher parts of the country, they are far exceeded by the diurnal fluctuations in temperature; amplitudes of 15° or even 20° centigrade are not at all rare, whilst the differences between the coolest and warmest months of the year remain within the range of 5 °C or less (annual range of Adis Abeba = 2.8 °C, of Gonder = 4.3 °C and of Aseb = 9.2 °C) [9, 35, 123].

Besides a number of significant regional contrasts, as for example between the coastal districts of the Red Sea and the Western parts of Ethiopia or between the Kaffa Highland and the Somali Plateau, the differences between highland and lowland, present in all climatic zones, are obviously of especial importance for the development of vegetation, for agricultural exploitation and also for the distribution of disease instigators. This is expressed not only in the natural plant cover or in the varied ways of soil utilization, but also is frequently underlined to a marked degree by the differentiation of a multitude of cultural landscape elements; individual groups of the population have clearly preferred certain altitudes for their settlement and economy, and have thereby transformed these from natural to cultural landscape each in their characteristic fashion. In the different languages spoken in the country there are generally common terms for these altitudinal steps. Best known are the Amharic terms of *Kolla, Woina Dega* and *Dega:* Kolla refers to the lower, normally dry parts of the hill country up to a height of about 1,800 to 2,000 m and susceptible to malaria, Woina Dega to the relatively warm and mostly well-watered zone up to about 2,500 m, and, lastly, Dega to the even higher areas, which may be noticeably cool but which are, nevertheless, still settled in most parts.

It is not possible at present to provide a detailed survey of the climatic situation in all parts of the country, because the network of observation stations—in any case on the whole somewhat widely-spaced—has frequently been reorganised. The effect has been that for certain places only very short series of measurements are available, whilst others, especially in the thinly populated parts of the country, suffer from considerable gaps in the network itself. Conclusions on humidity conditions must, for these reasons, often be derived from observations of the natural vegetation; alternatively certain indications of temperature conditions dominant within a region can be gained by observing particular cultivated plants or communities of such cultigens.

Even the attached Map 2 of the *mean annual precipitation* totals embodies many an uncertainty in the drawing of isohyets and will have to undergo a number of corrections in future. Nonetheless, it does still provide a survey, in principle correct, of the distribution of annual precipitation over a large area. On the one hand it shows a close correlation between the quantity of rain and the altitude of the weather stations, but on the other hand it also points out the considerable difference between the specially humid south west and the far drier north and east of the hill country. Whilst the annual total of precipitation remains largely below 600 mm in the Eritrean Highland and the mean number of precipitation-days does not exceed 50 to 60, both sides of the Takaze valley already show an increase to more than 1,000 mm, reaching an average of 120—150 days with precipitation, with over 1,600 mm in the higher parts of the Begemdir, Gojam and Welo provinces. Well above 2,000 mm in annual precipitation is received by extensive areas of the Kaffa Highland (Gore 2,273 mm, 180 days with precipitation). However, the annual amounts of rain in the hill country on both sides of the southern Ethiopian Rift Zone remain, comparatively speaking, rather small, and here only the Gemu hill country west of Lake Abaya is somewhat more humid than the highlands of Arusi and Sidamo on the eastern flank of the Rift.

In the main it is the large valleys which are the relatively dry regions within the Ethiopian Highland, examples being those of the Nile, Omo and Takaze, together with the relatively narrow Rift Zone of southern Ethiopia, this latter being occupied by several lakes. It is unfortunate that at the present time these areas generally lack observation stations. Nonetheless, the conclusions to be drawn from the existing vegetation are so clear that one can assume that there exists a quite considerable precipitation gradient on contiguous plateaux. In addition to this the vegetation frequently indicates humidity differences between both sides of a valley, dependent upon their exposition to rain-bearing winds. An important role in the precipitation deficit of the valleys and the Rift Zone may well be played by the pronounced diurnal wind systems, the influence of which leads to the dissolution of cloud, strong heating-up and dessication over these furrows so deeply cut into the mountains [128, 129].

Lastly the greater part of Dankalia and the south east of the country can be described as distinctly arid. Of the weather stations situated near the Somali border some do not even receive as much as 200 mm of precipitation. So too, the most southerly parts of the country near Kenya are arid zones; the precipitation total available renders rainfall agriculture problematic to say the least, and the water supplies of man and beast are by no means guaranteed.

However, in terms of rainfall effectiveness, it is not only the mean annual total which is significant, but also the *seasonal distribution* of rainy and dry periods. Fig. 3 —the result of an investigation by E. Beyer [9]—stresses the essential differences which exist. The percentage share of annual precipitation in each season, independent of the total precipitation, is given here, and a season is termed a rainy period if, in the months concerned, more rain falls than might be expected were the annual precipitation to be spread equally over all the months. As a result the seasonal division has been arrived at as follows: 1. Winter from November to February; 2. Spring from March to May; 3. Summer from June to August; 4. Autumn from September to October.

During the summer months from June to August, the larger part of the country—i.e. the Western Highland block, the northern part of the Rift Zone, Dankalia (save for the coastal region in the north west), and the northern part of the Somali Plateau—receives so much rain in terms of the above definition, that it can be described here as a rainy period. At the same time in the highland north and east of Lake Tana, in the larger part of Dankalia and even in the south-westernmost area of Ethiopia this is the only rainy season. However, in the west of the country autumn must also be included. By contrast, in the entire south east, as well as in the Eritrean coastal area, summer is dry. The share of the annual precipitation due during these months remains at the level of only a few per cent. In the south east precipitation falls in spring and autumn, but in the coastal region of the Red Sea a rainy season can only be recorded in winter.

Between those parts of the country having a rainy season which occurs chiefly during the summer months and those regions with rain in spring and autumn, there is a transitional zone running from south west to north east and crossing the Rift Zone at about the position of Lake Abaya, in which the rainy season includes spring, summer and autumn. A further transitional zone of districts experiencing seasonal variation of their rainy periods is situated on the eastern slope of the Eritrean Highland. These districts benefit from the summer rains which affect the Highlands, as well as from the winter rains of the Rift Zone of the Red Sea. The result is that some stations between Asmera and Mitsiwa return a distribution of precipitation throughout the year, a situation particularly favourable for the development of vegetation. The significance of fogs, which are commonplace in this region, should also be mentioned [38, 125, 128].

Mean monthly and annual precipitation totals for selected stations have been compiled and are included in table one in the appendix, but it should once more be stressed that precipitation actually falling within a particular year can differ considerably from the average value. Obviously this is of greatest importance in those parts of the country in which the total amount of precipitation is in any case small, and the rainy season limited to a short period of the year. Thus in the course of 44 years of observations at Agordat, which has a mean value of 329 mm, a minimum figure of 34.1% and a maximum figure of 216% of the mean total of precipitation has been measured. In Asmera, with a mean total of 544 mm over 64 years of observation, the corresponding figures are 48.7% and 168.4%; for Adis Abeba (mean value of 1,256 mm over 42 years), 74.6% and 151.7% and for Gambela (mean value of 1,301 mm over 60 years), 59.9% and 136.7% respectively [9]. A decisive fact for agriculture, and thus for the nutritional circumstances of the population, is often whether the start of the rainy season occurs at the normal point in time or is significantly delayed. In the latter eventuality, catastrophic shortages must be expected at harvest time—shortages which have been repeatedly and minutely described in travel reports on Ethiopia. The chief places to be affected are the distinctively grain-producing areas such as those in the north of the country, as well as the southern marginal areas of the Highland.

No less significant for settlement and agriculture in some regions of Ethiopia than precipitation are the *temperature conditions*, as already outlined above. These have a decisive influence upon precipitation effectiveness (cf. the climatic diagrams Fig. 4—9 and Tab. 2). *Mitsiwa* and *Agordet* are both situated in Eritrea and may be taken as sample stations fo r the lowland. In both cases the lowest monthly means (24.9 °C and 24.5 °C) occur in winter, but are still so high that this can scarcely be called a cool season. Nevertheless, the situation in *Mitsiwa*, which is much harder for the population to endure, will be elucidated by the fact that there, even in the winter months, the mean minima remain at 21 °C—and this together with a very high atmospheric humidity—while in *Agordet* temperatures fall to about 16 °C. Agordet, which is situated within the summer rainfall region, reaches its highest monthly average in May, just before the onset of the rainy season, while in Mitsiwa the hottest and closest season due to high humidity is the summer when the monthly averages of July and August amount to more than 34 °C and the mean maxima reach almost 40 °C.

As examples of the stations in the Kolla, i.e. the lower regions of the hill country, *Wenji* in the Awash vally (1,500 m) and *Dila* in the Sidamo Province (1,600 m) will serve the purpose. In Wenji an annual range of 4,8 °C (from 18.5 °C in December to 23.2 °C in June) has been recorded. Again, as in all areas of summer rains in Ethiopia, the time of the highest temperatures occurs before the main falls in the months of July and August, during which temperatures fall as a result of the thicker cloud cover. Already during winter the mean minima fall to about 11 °C, with the mean maxima still remaining at over 26 °C at the same time. Perfectly comparable conditions occur in Dila. Here the annual range amounts to a mere 4.2 °C. In this case, however, July presents an even lower mean temperature than the winter months, and the time of the greatest heat is March (23.1 °C monthly mean and 32.4 °C mean maximum).

At heights of over 2,000 m—that is, in the Woina Dega—the mean annual temperature remains below 20 °C, and the mean minima usually fall below 10 °C. Thus the *Maychew* station on the border between the provinces of Tigre and Welo (2,300 m) experiences its highest monthly mean of 20.3 °C in June, whilst the mean monthly temperature for January reaches only 13.8 °C. The mean minima of 3.8 °C occurs in January and remains below 6 °C from October to February, with the result that normally it is noticeably cool during those nights.

On the whole the Woina Dega is probably the altitudinal zone with temperature conditions most favourable for man, since there the sultriness-limit is not normally exceeded; on the other hand, a degree of warmth is maintained sufficient to permit outdoor life, at least during daylight hours, to be carried on with only light clothing. However, the selection of cultivated plants imposes considerable restrictions as compared with the warm Kolla and the tropical lowland. This cannot solely be attributed to the general lack of warmth, but also to the impossibility of guaranteeing frost-free conditions. Particularly unfortunate localities of less than 2,000 m may even be struck by frost on occasion due to the cold air pockets forming under conditions of nocturnal radiation during the dry season. Nocturnal minima of below freezing point are by no means uncommon at the upper limit of the Woina Dega and in the Dega, but here too, their occurrence is restricted to the dry season and depends greatly on topographic conditions. Data relating to this are still so scanty that to date not even a remotely adequate picture of the extent of frost hazard in various parts of the country can be worked out. Nevertheless, the results of a series of observations at Maychew, resulting from thirteen years of observations (1953—1965), seen to be worth quoting as an example: the following absolute minima were recorded over that period.

J	F	M	A	M	J	J	A	S	O	N	D
—4.0	—1.0	0.0	2.0	3.0	6.0	8.6	6.0	3.0	0.3	—3.5	—5.5

At present there are only very few stations in the Dega and in all cases only a short run of measurements is available. As a result, for the time being at least, no precise statements can be made on the climatic conditions of this altitudinal zone. If the weather is bright, a considerable degree of warmth is attained during the day, but during the rainy season it may be disagreeably cool for weeks on end, with skies covered by a thick blanket of cloud. Even at a height of 2,500 to 2,600 m the temperature scarcely rises above 10 °C with the result that it is by no means pleasant either to remain out of doors or to stay inside the draughty houses erected after the traditional manner of building in most parts of the country. Notwithstanding this, there are scarcely any signs of adaptation either in dress or house construction to the rather extreme climatic conditions of the higher parts of the hill country, which in northern Ethiopia is permanently inhabited up to an altitude of almost 4,000 m. *Goba* (2,727 m) in the Bale Province may be taken as an example of an observation station in the Dega: here the annual mean temperature amounts to 13.9 °C, the coolest month, November, having 12.2 °C and the warmest month, June, only 15 °C. Thus the annual fluctuation only reaches 2.8 °C in diurnal changes, the mean value of which lies around 15 °C. Here, too, the absolute minima, measured over a period of 13 years of observations, fall below zero.

Although not actually settled, but used at times for pasture, the highest zone is sometimes referred to as Choke and here precipitation sometimes falls as snow, although nowhere in Ethiopia do enduring snow-cover or even glaciers occur. Evidence of former glaciation derives from the cooler climatic phase of the Pleistocene [52, 91].

The *hydrographic conditions* of the country are to be seen in close connection with the climate. The most important river systems have already been mentioned when outlining the topography, and among these the system of the river Abai embraces by far the largest catchment area, totalling 178,700 sq. km. Inside Ethiopia the mainstream has a length of almost 1,000 km and carries an average annual volume of water of around 1,400 cb. m/sec at the Ethiopian border. In April at the time of the lowest water-level the flow is only about 120 cb. m second, but in August this rises to more than 5,500 cb. m [82]. Similarly marked are the fluctuations in the water-level of the other great rivers, especially those with their catchment area in the northern part of the Highland. No longer do all of them carry water throughout the year. Above all it is in the numerous tributary valleys that the river beds remain empty during the dry season. Such is the case with some of the right-hand tributaries of the Nile, which have short courses and drain the Gojam Highland.

Not only the main rivers but also the minor streams in the humid south west of the country carry water throughout the year with only comparatively small fluctuations. It is here that the only navigable waterway in the country, the Baro, occurs; Gambela, which is still situated in the lowland (650 m), can be reached from the White Nile. Another well-filled river in the Kaffa Highland is the Omo, which like the Awash drains into a dry inland basin—in this case the depression of Lake Rudolph.

In the region of the Somali Plateau the Shebeli river (Uebi Shebeli) has the largest catchment area, totalling some 114,000 sq. km. The average discharge, however, remains far below that of the Abai, or for that matter of the Baro river. Here again great fluctuations in the water-level have been observed, with peaks in the discharge occurring in May/June (more markedly) and in September/October, in accordance with the rainy seasons of this part of the country.

Whilst the river mentioned so far have scarcely been utilized for the purposes of irrigation, nor been controlled by man, the *Awash* in particular has become more and more significant in the water economy of recent times. Rising as it does in the Shewa Highlands west of Adis Abeba, this river has a quite considerable catchment of over 70,000 sq. km, although only a small part of this is situated in highland regions well supplied by precipitation. Having lost a considerable part of the highland waters on the way through evaporation or seepage, the Awash still conveys a mean volume of 160 cb. m a second into Lake Abe—a lake without any outlet. In order to control the very uneven discharge (the volume of discharge falls below one cubic metre a second during the driest season at the Awash station), and in this way to utilize the water for irrigation purposes and electricity generation, a water reservoir of 225 sq. km has been built south east of the capital. This has had the effect of bringing about one of the few permanent interventions in the natural discharge conditions so far achieved in the whole of Ethiopia.

In the west the lake formed by the Koka Dam (Photo 40)—Lake Gelilea—exteads as far west as the Mojo-Dila road, flooding extensive areas former used by cattle herders. The construction of further reservoirs in the Awash Valley is planned [33, 100].

So too, the Abai, the country's main river has long been the subject of plans for the utilization of its waters. However, to date no significant projects have been completed or even started with the exception of a small electricity plant constructed near its exit from Lake Tana at the Nile Falls (Photo 4) and a larger one (Fincha) in a tributary valley of the Nile north-west of the capital. Now as in earlier times here and in other great rivers enormous quantities of water, carrying a wealth of sediments, leave the country and make an essential contribution to the maintenance of life in the Nile oasis.

Natural conditions in many parts of the country are not exactly favourable for large-scale irrigation projects. However, much greater possibilities exist for the utilization of the water power for the production of electricity.

In terms of the questions under discussion here it should be pointed out that in large parts of Ethiopia, and even in the Highlands, the smaller rivers dry out during the dry season, with the result that a perennial water supply cannot be guaranteed for man and beast. Wells, which are at times artfully constructed, are therefore sunk, particularly in areas under more intensive husbandry and smaller storage basins are made through communal efforts by the population, from which the herds can be supplied. The needs of people themselves are mainly met from springs or from ground-water lying near the surface in the dry river beds. Water supplies for the capital are catered for by the drinking water storage units built in the vicinity.

To characterize the hydrographic conditions further the fact should be noted that most highland rivers have a strong but uneven fall, interrupted by numerous breaks of slope, which thus alternate the stream velocity and transportation capacity markedly. In some parts, just before the breaks of slope with their waterfalls and rapids, the streams become braided and irregular in their channels. Such braiding is, however, especially frequent where the rivers enter the lowlands and degenerate into swamps which often develop into breeding grounds for malaria carriers.

The large *lakes* of the country should also not be overlooked, although at present they are of importance to a relatively small part of the population and the economic potential and tourism offered in some parts (such as fisheries) has scarcely been utilized. The first to be mentioned is Lake Tana, some 3,165 sq. km in extent [20, 25, 40, 89]. It is situated at an altitude of about 1,800 m practically at the centre of the Amhara Highland and fills a shallow basin which has been dammed by recent volcanic activity. The lake is fed mainly by the "Little Nile" flowing in from the Gojam Hills. Its greatest depths are little more than 14 metres, so that the total volume of water impounded here is by no means exceptionally large, and it has often been over-estimated in the past. In accordance with the annual precipitation cycle, fluctuations in the surface level of the lake occur, with a minimum in May/June and a maximum in September. But these remain within narrow limits (130—190 cm) and only rarely lead to extensive flooding of the shores, which are mainly flat and occasionally covered by papyrus swamps. Its altitudinal position places Lake Tana in the border region of the Kolla and Woina Dega under temperature conditions attributed more to those of the Kolla than the Woina Dega and suitable, amongst other things, for the life conditions of certain germs. The water temperatures in the shore zone fluctuate between about 19 °C and 24 °C during the course of the year, while daily fluctuations even in the surface stratum rarely exceed 1° to 2°, even where the diurnal range of air temperature far exceeds 10 °C [89].

Altogether there are seven large lakes in the area of interior drainage in the southern Ethiopian Rift Zone [131]. They endow this area with a special charm, and while in former times they were used mainly by cattle herders, in recent times, since a good all-weather road has been built to open up the Rift Zone as an important economic development area, they have attracted more and more tourists. This is particularly the case with the more northerly lakes. The surface levels of these lakes falls from north to south—Lake Awasa being an exception—with rising water temperatures increasing the chances of development of varied organic life, albeit at the same time greatly influenced by the composition of the water itself. Some lakes have a relatively high salt content.

Lake Abaya [101, 131], the largest of the southern Ethiopian lakes, occupies an area of 1,160 sq. km, roughly twice the size of Lake Constance. Like Lake Tana it is relatively shallow; its elongated expanse boasts several islands, some of them inhabited. The shores are mostly covered by dense reed or papyrus growth, and at the mouths of the larger tributaries, which have pushed forward their deltas into the lake, extensive swamps have formed, and are sizeable to feed some herds of hippopotamus even at the present. Apart from the tributaries, floating islands of reeds, driven to the north eastern banks by the prevailing westerly winds, add to the continual silting up of the lake. Just like its neighbour in the south, Lake Chamo (551 sq. km), from which it is divided by a narrow land bridge only, Lake Abaya contains sweet water of a yellowish and opaque colour with a high plankton content.

Among the lakes in the northern part of the Rift Zone, Lake Shala (409 sq. km) occupies a special position as the one containing most salt. According to Italian investigations [131] one litre of water contains 16.8 gm. of residues, an amount double that found in the smaller and shallower Lake Abaya situated a few kilometres to the north and well known for its great population of water birds. Unlike the other lakes, Lake Shala proved to be of considerable depth, and Vatova put these at 250 m in the eastern part of the basin. The water of Lake Langano (230 sq. km) is only slightly brackish and it is generally preferred for bathing and weekend visits; Lake Ziway (434 sq. km) and Lake Awasa (129 sq. km) both contain sweet water.

More rather smaller lakes are to be found in the Amhara Highland north of Dese. In addition there are, in different parts of the country, craters created by most recent volcanic activity which have become waterfilled (Photo 7), as at Debre Zeyt near the capital and on the summit of the Zakwala for example. In the eastern arid lowland there are, finally, several salt lakes which fluctuate greatly in size. Near the Kenyan border the Chew Bahir, the subject of considerable variations in its presentation on maps, deserves special mention. This is a shallow basin, fed mainly by the Sagan river, which carries water only seasonally. According to the situation of precipitation and water supply, the extent of the lake varies extraordinarily and it apparently even dries out completely on occasion. Just as in the case of the Kenyan Lake Rudolph, this lake lies in a region enjoying less than 400 mm of precipitation annually subject, nevertheless, to a very extensive form of pastoralism.

III. The Vegetation Cover

Reflecting as it does the climate as well as the wideley varying conditions of rock and soil, Ethiopia's natural vegetation cover presents so great a range that it is possible to do no more than present a rough outline here. At the same time it must be stressed that the vegetation encountered in the individual parts of the country nowadays can by no means be explained solely by the natural factors effective in the location concerned, but has, to a greater or lesser degree, been modified and re-formed by man's intervention. Thus the scarcity of woodlands noted in many districts having higher population density is certainly a result of forms of soil utilisation and animal husbandry which have been practiced for a long time, just as the composition of some types of woodland—and savanna—has undergone strong transformation as a result of unbalanced utilisation, burning and felling.

As to the extent of forest which exists in Ethiopia at the present time—any definition of which naturally encounters some difficulties—only a few, rather crude, estimates are available. According to these the percentages of the total surface under forest remains clearly far below 10% and at the same time far below the extent of potentially forested area, comprising, as it does, chiefly the higher parts of the mountains. The accompanying vegetation Map 3 is based essentially on the work of R. E. G. Pichi-Sermolli [98]. It represents the actual distribution of forest and open plant associations only in a very inadequate manner; at this scale it presents something closer to a survey of the distribution of the more important, climatically-determined vegetation zones, within which the plant associations in their details are, due to changing edaphic conditions, very differently composed, and additionally may be considerably modified by clearing, burning, grazing and cultivation. An attempt to represent the cultivated land separately had to be abandoned due to the lack of suitable data.

The survey of the macro-regional vegetational units may begin with the *arid regions*. Here, in the territory of the desert and semi-desert of Dankalia and the Eritrean lowlands, the vegetation cover usually remains very sparse. Between widely separated bushes and occasional small trees, large parts of the soil remain uncovered at least for the greater part of the year.

Among the woodlands which occur in the semi-desert are included species of *Acacia*, *Balanites*, *Commiphora* and *Cadaba* besides *Maerua*, *Zizyphus* and some others. In addition to these, numerous succulents from the genera *Euphorbia*, *Aloe*, *Sansevieria* and *Adenium* can be found where the location is favourable, i.e. predominantly on stony ground. Only in the dry valleys are there denser vegetation covers such as substantial groups of doum palm trees *(Hyphaene)* tamarisks or even *Calotropis procera*.

The areas described as deserts or semi-desert serve the local nomads as pastures for sheep, goats and camels, being unfitted to cattle grazing.

With increasing humidity, which also generally means with increasing altitude, formations occur which are described collectively by the term *thorn savanna*. They are widely distributed especially in the eastern stretches of the Somali Plateau, as well as in the Eritrean Lowlands and in parts of Dankalia. They are mostly open woodland, composed of xerophilous species or groups of widely spaced trees with a layer of shrubs and herbs, at times rather dense and rich in species, but breaking into leaf for a short period only. Again, acacias play a dominant role. However, they are accompanied by numerous other, normally thorny, plants, many succulents and a variety of climbers and creepers, with the result that away from numerous cattle tracks the crossing of such areas may prove to be difficult. A rather more humid variety of savanna, used mainly as cattle pasture, occurs chiefly in the southern Ethiopian lake region and on the edge of the Southern Highlands; it boasts trees reaching heights of 6, 8 and more metres, often forming an almost closed canopy of foliage with their broad, leafy crowns (Photo 15). Beside the "umbrella acacias", the at times remarkably pure groves which are probably the result of selection due to intense grazing, sizeable candelabra euphorbias occur, especially where there is a rocky substratum. In some places they may well dominate the vegetational picture. Other woody plants frequently encountered in this zone are *Entada abyssinica*, *Balanites*, *Dichrostachys*, *Grewia* and *Gardenia lutea*.

The *mesophytic deciduous forests*, containing large and often almost pure bamboo groves *(Oxytenanthera)*, are also part of the lowland region, i.e. the Kolla; they chiefly occur in the western fringe zone of the Highlands, but also in many deeply incised mountain valleys in the transitional zone between xerophytic woodlands and the montane forests. This is a vegetational type which physiognomically varies considerably from the formations so far mentioned; it is characterized by smaller and medium-sized trees, often resembling the habitus of apple or pear trees, usually with thick, cracked bark and broad, mainly coarse, leaves. During the dry season they stand bare, and in the blistering heat they create a lifeless, at times almost ethereal, impression. Taking the name from the most typical representatives, the term *Combretaceae zone* or *Combretaceae belt* is used in this case. It is a zone which can be traced far beyond Ethiopia, especially in the Sudan where there are similar humidity conditions. Besides several species of *Combretum* the following are typical representatives: *Terminalia sp.*, *Piliostigma thonningii*, *Stereospermum kunthianum*, *Protea* and *Ficus* species. A further characteristic of these deciduous shrubs in places where they grow rather loosely grouped and the trees fail to touch each other's crowns, are high and almost impenetrable growths of grass, amongst which, inter alia, *Hyparrhenia* species are well represented. Even in thinly settled areas they continue in the main to be burnt down in the dry season in order to create more favourable grazing conditions for animals or better conditions for the preparation of new field plots. Bamboo groves occurring under the same climatic circumstances and reaching a height of 6 to 8 m, scarcely show any undergrowth at all, however. For the population groups who live here they provide excellent building material as well as raw materials for numerous tools and handicraft products (Photo 17).

Largely *evergreen degraded forests* are to be regarded as typical in the higher parts of the Kolla and the lower range of the Woina Dega, especially in S.W. Ethiopia and in the mountains on both sides of the Lake Region. Here, as in the region of the montane savanna, which will be discussed below, the original composition of vegetation has been altered by man to an extent which is obviously very marked. In southern Ethiopia extensive cultivated areas of sedentary hoe cultivators (ensete farmers) are to be found in this vegetational zone, whereas the present woodlands and bushes are mainly restricted to terrain affording only difficult access, such as the steeper slopes and deeply incised valleys, although even here there are numerous signs of utilization, especially that of fuel extraction. *Carissa edulis*, *Euclea kellau*, *Dodonaea viscoa* as well as species of *Rhamnus* and *Rhus* are frequently represented in the woodlands.

In northern and central Ethiopia the area between the altitudes of about 1,800/2,000 m and 2,600/3,000 m is largely occupied by the so-called *montane savanna;* there can be scarcely any doubt that the present very open formations with only occasional trees have frequently taken the place of former forests. That the conditions for the growth of forests are by no means unfavourable from a climatic point of view is well demonstrated by the small "ecclesiastical" woods particularly characteristic of the Christian north of Ethiopia, and where, among the larger trees, sizeable examples of *Juniperus procera*, *Podocarpus gracilior* or *Olea chrysophylla*, as well as eucalyptus trees, can be found. Numerous smaller trees, too, as well as shrubs can be seen in the undergrowths, although no special care or attention is given to them. On the large open areas adjacent to areas of "montane savanna", which are used as pasture or as cultivated fields, the place of large trees is more often taken by relatively small single specimens of *Acacia abyssinica*, *Gymnosporia* and *Apodytes*; these are almost always marked by traces of the axe, a fact which points to the great lack of timber in the many densely populated highland districts.

It must therefore be confidently assumed that the *montane forests*, which can still be encountered today and among which, due to different humidity conditions, several distinct types can be recognised, present but modest relics of a once large forest region in the highland, and are, in many cases, suffering further rapid reduction through recent clearances (cf. W. E. M. Logan [83]) *. So far there is no reafforestation worthy of mention, apart from the broad belt of eucalyptus plantations which surrounds the capital (Photo 14, 18).

The evergreen montane forest in its dry variation occurs chiefly in the north-western and western part of the Somali Plateau in areas receiving an annual precipitation of about 1100 to 1300 mm. Among these forests with a high proportion of coniferous trees are characteristic, the main species being *Podocarpus gracilior* and *Juniperus procera*. While *Podocarpus* appears to make great demands upon warmth and humidity, and thus prefers well-watered latitudes at about 2,000 m (rarely above 2,400 m), forests in which *Juniperus* is often totally dominant can be found up to heights of 3,000 m, as for example in the inner mountain lands of the Somali Plateau. The amount of moisture available here is already noticeably less than on the eastern flank of the Rift Valley, or even in the Kaffa Highland. Forests too, in which *Mimusops kummel*, along with *Millettia ferruginea* and *Albizzia schimperiana*, play a dominant role, can still be considered as relatively dry and may be distinguished from the humid montane forests of south west Ethiopia. They are not as dense and are of a less varied composition than the latter, and are widely distributed; this is especially so in the western part of the North Ethiopian Highland, as, for example, in the western highland districts of the Gojam Province.

Finally, in the humid montane forests a certain relationship with the rain forest of the tropical highland becomes apparent. Here too, a more or less pronounced arrangement in storeys is worth noting, in which some species reach heights of 30—50 m, a second stratum forming a homogeneous roof of leaves at a height of 20—25 m, and a third layer of rather smaller trees remains about 7—8 m high. The literature [83, 98] cites species of *Pouteria*, *Morus mesozygia*, *Bosqueia phoberos* and *Manilkara butugi* as the most important representatives of the humid montane forest. These are joined by *Ekebergia rueppelliana*, *Pygeum africanum*, *Syzygium guineense* and many other species, some of which can still be found in the less humid montane forests.

Finally, in the undergrowth, are to be found *Teclea nobilis*, *Galiniera coffeoides* and coffee bushes, which still play a part in the gathering economy. The spontaneous occurrence of ensete also deserves mention; its natural habitat is limited to damp valleys but in southern Ethiopia it is widely cultivated. The only humid tree fern growing in Ethiopia, *Cyathea manniana*, is also chiefly to be found in the humid montane forests, the latter's appearance being completed by a rich growth of epiphytes (ferns, orchids and mosses) and the occurrence of numerous lianas.

The distribution of such humid forests is almost entirely limited to the south west of the country, and in that area to altitudes of between 1,200 and 2,300 m; only small areas of such forest can be found on the eastern side of the Rift Valley in the Sidamo Province.

Apart from large scale regional differences there are distinctive step-like vertical zonations in the composition of all the montane forests, although for reasons of scale these could not be represented in the vegetation map. Thus the lowest of these steps, at an altitude of between 2,300 and 3,200 m is often followed by a very clearly marked second step, at which mountain bamboo *(Arundinaria alpina)* is very common and frequently even forms pure bamboo groves. Above this there are lower woodlands composed of only a few species and containing *Hypericum*, *Hagenia* (Photo 13) and *Schefflera*, turning to a *belt of Ericaceae* at an altitude of about 3,000—3,300 m. Tree heathers *(Erica arborea)*, widely known in the Mediterranean region, may occur as sizeable trees, 4 to 6 m in height, although they generally form dense shrubs. They also contain the first representatives of the highest vegetation step—lobelias *(Lobelia rhynchopetala)*, which vary in height, and numerous *Helichrysum* species being the most striking of the plants (Photo 11). Profitable use is made, at least seasonally, of even the highest parts of the country, which lie below the recent snow-line; cattle are driven on to the high pastures in the region beyond the line of permanent settlements, which latter attains an altitude of more than 3,800 m in Simen.

This arrangement of the vegetation in steps or gradations depicted here repeats itself at the scale of smaller units in a multitude of modifications throughout the country. Again and again, especially when one crosses the great valleys, one is impressed to see how totally different is the plant cover manifested in the dry valleys as compared to the middle and upper parts of the slopes, and how clearly the change is usually marked

* It is of interest to note how rapidly even a tree savanna can be completely destroyed and soil destruction be encouraged from the impressive example of the northern section of the south Ethiopian Rift Valley between Mojo and Shashemene over the past fifteen years; vast areas were totally cleared for charcoal production without any attempt at reafforestation.

between forest and bush formations dominating the appearance of the steeper slopes and that of the neighbouring high plateaux.

This is especially typical for the northern Ethiopian mountain country. Here the plough has destroyed the natural plant cover within the settled areas to a degree evidently far greater than in the hoe-cultivated areas of the south. These southern areas, although likewise unable to retain larger woodlands, continue to present fairly considerable stocks of trees in spite of high population density—a fact which might, among other things, also be of importance for fauna and thus for the distribution of disease carriers.

To complement the general map three vegetation profiles (Figs. 10—12) have been added: one of Eritrea, a second of the northern slope of the Somali Plateau at Harar and a third of the southern Ethiopian Rift Valley region. With the aid of these profiles it is hoped to facilitate the interpretation of the map, many details of which had to be omitted. It was not possible to indicate in the map the occurrence of numerous edaphically-determined formations, which result in a small-scale mosaic of the plant cover within the large vegetational zones. One might take the single example of the change between seasonally flooded plains and shallow ridges in the region of the great highland plateaux, which can be observed again and again (cf. A. Semmel [107]). Scarcely a tree, with the exception of an acacia here and there, can be detected in the plains with their clayey black soils and thick grass cover, whereas the neighbouring slopes with their red or red-brown soils, and especially when steeper and not agriculturally utilized, usually carry dense bush in place of the former forests. Today it is seldom that a larger tree has survived.

Apart from the value of the natural plant cover as an indicator of varied climatic and environmental conditions, even in places where only remnants exist, the great economic importance of the different formations must of course be stressed, and that chiefly under the aspect of agricultural utilization (pasture potential). Any utilization of the existing forests and different savanna timbers in the form of a regular forest economy, however, is only carried on at a very limited scale and the development of a forestry economically arranged is still very much in its infancy in Ethiopia. Thus the few larger and generally inaccessible forests which do exist scarcely contribute to the supply of fuel and building materials of such vital importance for the existence of towns. This role is mainly filled by the eucalyptus plantations near the towns which were mentioned above, the first of which were begun in about 1900.

For the inhabitants of many parts of the country who are still engaged in the subsistence economy and especially so in southern Ethiopia, wild plants not only provide material for building and various tools and the like, but also play, in certain parts, an essential role in nutrition and popular medicine even now, and not only in times of emergency. Well known for the latter purpose are numerous drugs used against worms or against diarrhoea. Amongst these are the blossoms of *Hagenia abyssinica*, or the *kosso* tree, which can be found in the upper level of the montane forest and is often cultivated, becoming in the process possibly the most widely known representative of the Ethiopian plant cover (Photo 13).

IV. The Population

The size of the present-day population is not known with any certainty, since to date no census has ever been carried out. It is safe to assume, however, that large parts of Ethiopian manifest a population density which is, by African standards, considerable, and for this reason one of the crucial centres of population density on the African continent is located here. The figure for 1967, which was published by the Central Statistical Office in Adis Abeba, was one of 23.7 million inhabitants. The *de facto* total population can be accepted as deviating in no significant manner from the estimation, since sampling and the interpolation of many different sources has, in the interim, permitted a marked improvement on what were formerly somewhat rough and ready estimates. Thus, after Nigeria, Ethiopia is the most heavily populated state in tropical Africa and is far ahead of the Congo (Kinshasa-Zaïre) and the Republic of Sudan. All the sample surveys carried out so far emphasise the fact that in recent times the population has increased considerably, and that the annual rate of increase runs at a high level, even if it lags remarkably behind that of Latin American and some West African developing countries. Estimates for the recent years indicate a figure in excess of 20‰, the result of a high birth rate at a time of a still high but decreasing death rate. The number of children under 15 years of age shows a correspondingly large share (42.8%) of the total population differentiated by age, and there are few (3.9%) old people over 60 years.

Taking the population as a whole there is generally a well balanced division between the sexes, although among the town-dwellers there are apparently considerable deviations from this in favour of women (see below). It is scarcely feasible to comment on any further structural characteristics of the population as a whole, since no census has yet been conducted, and the figures cited above are based merely on estimates and serve to give nothing more than a general orientation. This would be an appropriate point at which to mention that the proportion of the population employed in the primary sector of the economy is very high—probably between 80 and 90%—and that the number of people living in towns can scarcely exceed 2 million, 650,000 of whom live in Adis Abeba.

1. Distribution of Population

Bearing in mind the circumstances outlined above, it is only possible to survey the distribution of population within the country in the broadest terms, with the knowledge that specific details will certainly require numerous corrections. As a start the following table based on data drawn from Ethiopian statistics on the population of the individual provinces, may provide a framework of reference (s. Tab. p. 83).

According to these figures, the density of population in the provinces of Arusi, Shewa, Welo, Tigre and Gojam, is considerably in excess of the average for the country; the provinces of Bale, Kefa, Sidamo, Eritrea and Ilubabor belong to the thinly populated group. Figure 13 provides a synopsis of population density on the basis of sub-provinces (Awraja). However, these mean density values should not be taken as implying very much, since all the provinces and sub-provinces contain districts more varied in both endowment and

Province	Surface area in 1000 sq.km	Estimated population 1967 (in thousands)	Population density
Arusi	23.5	1,110.8	47
Bale	124.6	159.8	1
Begemdir	74.2	1,348.4	18
Eritrea	117.6	1,589.4	14
Gemu Gofa	39.5	840.5	21
Gojam	61.6	1,576.1	26
Harer	259.7	3,341.7	13
Ilubabor	47.4	663.2	14
Kefa	54.6	688.4	13
Shewa	85.2	3,326.1	39
Adis Abeba	0.2	644.2	3221
Sidamo	117.3	1,521.9	13
Tigre	65.9	2,307.3	35
Welega	71.2	1,429.9	20
Welo	79.4	3,119.7	39
Total	1,221.9	23,667.4	19

settlement density than may occur among neighbouring administrative units. Taking into account the present state of knowledge of the country, any attempt to represent this cartographically would have to be abandoned. Instead some typical conditions involving population distribution will be considered here, such as examples which demonstrate close links with the forms of economy and way of life of particular population groups described below.

Probably the highest densities in the country are attained in those areas of southern Ethiopia under hoe cultivation, especially in the hilly country of the Sidamo and Gemu Gofa Provinces which flank both sides of the Lake Region. Population densities of 100 to 200 and more persons per square kilometre have been recorded in various sample surveys of limited areas [72, 113], and as such these are conditions typical of larger districts within the ensete cultivation area. That this was the case was confirmed, *inter alia*, by a more comprehensive sample survey conducted in Welamo (Sidamo Province) by the Ethiopian authorities in 1960. In the areas of hoe cultivation in the south, the altitudinal zone between about 1,800 and 2,500 m is clearly preferred for settlement, i.e. the woina dega. This area offers conditions climatically particularly favourable for the cultivation of the staple crops combined with living conditions more beneficial to man than those of the hot lowlands or the cool upland regions of the mountains.

In terms of population density the majority of centres of ensete cultivation further west will probably not lag far behind the figures typical of the hill country of the Lake Region. In that area as well a clearly-marked gradation of population distribution according with the altitudinal zones is repeated; the lowlands belonging to the tribal groups concerned can barely be described as inhabited, and that often only seasonally, and the highland above 3,000 m—which implies land above the limit of ensete cultivation—remains uninhabited as well. The greatest population density is mostly encountered at an altitude of about 2,000 m.

Some areas of hoe cultivation situated on the southern flank of the highland in which millet is cultivated continuously (for example at Konso, south of Lake Shamo), also belong to the densely populated part of the country, although here the number of inhabitants per square kilometre will scarcely exceed 100.

By contrast with the parts of southern Ethiopian regions cited above, the population density in the northern Ethiopian areas of plough cultivation generally remains lower, even if the agriculturally usable acreage shows the same proportional relationship to the entire surface area. Cereal cultivation, which is here predominant, requires a large superficial area to guarantee the basic existence of a family, with the result that probably on average not many more than 50 to 70 inhabitants per square kilometre can live*, on the assumption—and this rarely is the case—that there exists no other basic income outside agriculture. Again the woina dega is the zone of the greatest population concentration, but admittedly the dega zone, too, often has remarkably dense settlement. The upper limit of permanent settlement occurs in Simen at an altitude of about 3,800 m [134], and is not much below this in other northern provinces.

Areas of an especially low population density are those in which the inhabitants still live wholly or predominantly from extensive, and non-market oriented, stock rearing: examples of this are the Borana country in the south of the Sidamo Province, the eastern parts of the Somali plateau and particularly the hot and arid Danakil Lowland. Without exception only a few inhabitants per square kilometre are encountered and some of the districts are only occasionally visited by the herds. It is difficult in any case to apply the term population density in the tribal areas of the herding peoples in cases where even at the present time considerable migrations occur and stable, permanently inhabited settlements are absent.

Between the extremes of the population density in the ensete areas on the one hand and the tribal areas of certain cattle-herders on the other there are, besides those mentioned, numerous further gradations. As has already been stressed, these must be viewed in close association with the prevailing economic systems, although influences from other directions, which affect the present population distribution, must not be overlooked. In the first place one must mention population decrease due to the hostilities which persisted until the turn of the last century and have, even at the present time, by no means died out everywhere; so, too, losses among the population attributable to the slave trade and diseases should be noted—these latter have affected mainly the inhabitants of the more humid lowland districts in the west and south west of the country. Until about 1900 there were even migrations involving entire tribal groups, and considerable changes in the distribution of population were thereby effected; one might instance belligerent herding tribes who drove other sedentary groups off their lands into hitherto scarcely settled areas of poor accessibility. Frequently there appears to be no immediate connection between the natural endowment of a district and its population density for this reason—a fact impressively demonstrated in the districts occupied by hoe cultivators and cattle herders whose settlement and economic spheres extend over very different altitudinal zones in the western part of the Somali Plateau. Here in the woina dega and dega, the densely populated and intensively utilised districts of the ensete farmers are immediately contiguous with the vast pasture districts of the Galla herders, although in the

* cf. inter alia the investigations of D. R. Buxton [17].

latter, despite an apparent absence of people, there is no change in the natural landscape.

As a consequence of recent forms of mobility, a concentration of population in the larger towns of the country has been noted, together with a move towards those developed regions set up in Ethiopia so far where agricultural and industrial projects have been inaugurated. The latter are to be found chiefly in the eastern lowland between the country's capital and Dire Dewa, i.e. along the river Awash and the southern Ethiopian Rift Valley Zone—in both cases in areas particular favourably placed for the communications links which modern industries demand.

Although employing rather dated estimates, themselves subject to many shortcomings, J. Staszewski [117], in a reasonably informative analysis of population distribution according to altitudinal zones, concluded that in 1940, out of the total population of Ethiopia excluding Eritrea, almost 50% lived in altitudes above 2,000 m and only 9.3% below 1,000 m. Today this situation has probably undergone no fundamental alteration, although numerous observations permit one to assume that the higher mountain land, especially in the case of those parts of the country poorly opened-up by transport, is no longer the zone of relatively greatest pupulation increase due mainly to migration. On the contrary, special localities attractive to the population have now developed in the Kolla in favourably situated parts of that altitudinal zone. Formerly that area was avoided by the majority of the country's inhabitants for a variety of reasons; namely, climatic conditions little suited to the growing of many important cultigens, the spread of malaria and the insecurity.

2. Population Groups

Ethiopia has on occasion been described as a living ethnological museum because of the extraordinarily large numbers of ethnic groups assembled within the borders of the present state and the manner in which they have often preserved until the present day a remarkable independence of language, culture and economy. A noticeable change in this respect has only begun to operate very recently as a result of the penetration by transport facilities, education and the introduction of new forms of economy and the drift to the towns. These have induced a loosening of tribal ties and their associated social order.

In this context a survey of population groups (see Fig. 14) must be restricted to a few relatively crude data based mainly on the hitherto best-known *linguistic differentiation* (this section is derived mainly from the work of M. L. Bender [6], E. Cerulli [19], V. L. Grottanelli [41—43], E. Haberland [45], E. Hammerschmidt [48], F. J. Simoons [111] and personal communications by V. Stitz).

The most important, and numerically probably the largest of all the population groups in Ethiopia is that of the inhabitants of the northern highlands, the Amhara and the Tigre or Tigray, often described as the true Abyssinians. Together they comprise the chief representatives of the *Semitic*-speaking stratum of the country, a people who probably migrated from Southern Arabia mainly in the period from the 7th to the 4th centuries B.C. Obviously in many cases inter-marriage took place with antecedent Cushitic settlers. Today only a few examples in groups living in northern Ethiopia have been able to preserve their own language (see below).

When in the course of history the political centre of the empire, which had become Christian in the 4th century, drifted to the south the *Amhara* (Photo 19) largely took over the leadership role in the state. Their language (Amharinya) is still the official language of Ethiopia, and numerous elements of their culture, as for instance habits of dress and eating, are now being adopted by other peoples, especially those in south and south-west Ethiopia. In this the process follows the pattern of numerous influences, which in former periods of Ethiopian history have found their way from north to south [46]. The area settled solely by the Amhara includes the highland districts of the Begemdir-Simen and Gojam Provinces as well as large parts of Welo and Shewa. Larger groups of Amharic population are also met in the southern parts of the country either in towns where they chiefly man the administration, or in peasant colonies resulting from land-grants made to deserving warriors at the turn of the century.

The *Tigre*, northern neighbours of the Amhara, live in the province of that name and in the Eritrean Highland. They, too, due to temporary or permanent migration, have left their tribal areas; in recent years many Tigre have taken up modern manual occupations (especially in the building trade), and have thus made themselves indispensable in the rapidly expanding towns. *Tigrinya*, the language of the Tigre, is essentially confined to both of the most northerly provinces; originating in the highland it has spread quickly among the various tribes of the contiguous lowland districts.

Another much smaller population group, consisting of several tribes (Mensa, Marea and Habab, *inter alia*) scattered over an extensive area—i.e. in large parts of the Eritrean Lowland—is counted among the Semites; their language, *Tigre*, is closely related to Tigrinya and indeed is often described as "lowland Tigrinya". These people are Moslem cattle herders who practice various forms of stock raising but no distinctive form of nomadism.

South west of the country's capital, isolated from the other Semitic groups, live the *Gurage*, a group totalling about 500,000 people. Over recent decades many of them have settled outside their tribal area, chiefly as urban traders and labourers. In particular Adis Abeba has a large Gurage colony, the members of which maintain close contact with one another. The Gurage are semiticised Cushites (see below); in terms of their economic system they belong to the hoe cultivators of the south, and are widely known among them for their particularly careful and intensive agriculture.

Finally one ought to mention Harari, the language spoken by the predominantly Moslem inhabitants of the old commercial town of Harer, as a further example within the Semitic languages and used by a sizeable group.

Besides the Semites, the *Cushites* form the second major group among the peoples of Ethiopia. According to their spatial distribution four sub-groupings can be distinguished: the northern, central, eastern and western Cushites. By far the largest of these are the eastern Cushites, whose principal members are the *Galla* (language also named Galinya) (Photo 20, 24). Estimates place their numbers between 5 and 8 million. As a result of the investigations carried out by Haberland [45] it can be assumed that up to the beginning of the 16th century in all probability the Galla inhabited the highlands in the modern Bale Province. From this area they pushed far into the north (Welo Province), west (Welega Province) and south (southern parts of Sidamo and bordering areas in Kenya) by means of marches of conquest. When they came into contact with the Amhara there to a large extent they adopted their way of life and economy, and became in the process sedentary farmers having taken over various cultigens as well as the plough. Only among the Galla living in the highlands of the Somali Plateau and its peripheral districts—particularly on the southern border of the country—can one still find large groups existing solely on stock raising. The *Borna* who live on both sides of the Kenya/Ethiopia border, as well as sections of the Arusi and Guji, belong to them. The majority of the eastern Galla are Moslem, whereas the northern and western Galla are predominantly Christian.

The nomadic *Somali* are also eastern Cushites; they are to be found in the south-eastern part of Ethiopia, and particularly in areas within the Harer Province. Data on their numbers show considerable discrepancies, fluctuating between 500,000 and 1 million. Their northern neighbours are the *Danakil*, who are found in the lowlands around the lower Awash and in the coastal regions of the Red Sea. Their language is known as *Afar*. In the west the territory of this cattle-herding group extends to the edge of the highland, and in the north it borders on that of the related *Saho*, who are to be found in the lowlands of eastern Eritrea and Tigre.

Lastly there is a group of eastern Cushitic tribes which populates the southern Ethiopian Lake Region. These peoples are cultivators but manifest their connection with the cattle-keeping groups mentioned above in their language as well as in a number of other cultural traits. The *Sidamo*, who live north-east of Lake Abaya and total some hundreds of thousands, deserve special mention, as do the Darasa of the rather humid hill country south of Dila, the Hadiyya west of the lakes, and the Konso, who live in large villages south of Lake Shamo.

The term *western Cushites* is applied to a large number of cultivating peoples and tribes in the south western part of the Highlands who had developed a number of petty kingdoms before the Amharic conquest and had a remarkable high level of material and intellectual culture. Probably the best known of these is the Kingdom of Kaffa (Kefa), which F. J. Bieber [10] has described in great detail. Of similar importance was the Welamo Kingdom north-west of Lake Abaya where remarkably high population density occurred (Photo 21). Today about 600,000 people speak Welamo, thus making it one of the most widely spoken languages of south-west Ethiopia. In the mountain country of the Gemu-Gofa Province there are very many rather small tribes frequently numbering less than a few thousand persons. Among others the Dorze belong to this group, and have acquired a reputation as excellent weavers far beyond their home district. Like the example of the Gurage, a sizeable number of them has settled in the capital.

A detailed investigation of the culture of many western Cushitic groups is still lacking, although the fundamental issues concerning relationships seem to have been already clarified (cf. H. Straube [120]).

The central group of Cushites includes the *Agau* scattered in several isolated localities in northern Ethiopia. As has already been noted, they are regarded as the original inhabitants of this part of the Highlands prior to the Semitic immigration, but they are now in most respects assimilated to the culture of the Amhara and Tigre and manifest no noticeable racial differences. Even their language is dying out.

Finally, the *northern Cushitic* group ought to be mentioned, the members of which, as far as Ethiopia is concerned, are mainly the Bedja-speaking nomadic Beni Amer found in north-western Eritrea.

Apart from these peoples there remains a multitude of ethnic and linguistic groups of somewhat variable size. They are chiefly to be found in the west of the country, and more specifically in the lowlands. Any amalgamation of these peoples and tribes into a third main group of population in Ethiopia must be attempted with considerable circumspection, if only because the linguistic associations are matters of great complexity. Even the collective term "*Nilotic Tribes*", for all its wide use [42], is controversial—although this is not the place to go into the problems connected with it. However, the fact may be of interest that most members of this group are clearly differentiated from the inhabitants of the eastern and highland Ethiopia by physical characteristics of a more or less negroid sort. The Amhara usually call them all Shankala, without enquiring whether they are—to name but a few peoples belonging to this third group—one of the *Kunama* from the west of Eritrea, one of the *Gumuz* people from Gojam (Photo 23), or one of the *Anyuak* groups from Welega. The settlement areas of the *Shankala* extend in parts from the western slope of the highland or the western plains eastwards into the great and deeply incised river valleys, but remain throughout in the altitudinal zone of the Kolla. As a result the climatic altitudinal gradation corresponds closely to a vertical ethnic stratification.

In conclusion the *foreign groups* who live in Ethiopia ought to be mentioned. Their total numbers is small, although it is not without significance for the economic life of the country. Apart from a few thousand Europeans and North Americans, many of whom are employed as commercial representatives or even as doctors or teachers and characteristically remain in the country for only short periods, the most numerous group of foreigners in the country is that of the Yemeni (26,200 in 1967). They are predominantly traders and live almost exclusively in towns, and as such are to be found particularly in the smaller provincial places where their stores play an important role in the distribution of industrial goods, particularly of the imported sort. The second largest group is that of the Italians (16,600 in 1967), whose occupational activities are far more varied—as for example, commerce, trade, catering, transport—but all the other minorities involve considerably smaller numbers than this.

3. Important Medical Data of the Population of Ethiopia*

(K. F. Schaller)

*a) Blood groups in Ethiopia**. Studies of the distribution of blood groups A, B, 0, and of the *Rhesus factor*

* Literature see Part B and C.

conducted in Adis Abeba by Huber [188] in 1954 and by Ghose [154] in 1963 yielded mean values which largely coincide with the results of an evaluation performed in Bahir Dar in the years 1963—1969 by Brinkmann [35]

Blood type	Adis Abeba		Bahir Dar	
	Number	%	Number	%
0	1902	40.8	790	39.4
A	1403	30.2	622	31.0
B	1183	25.3	492	24.5
AB	173	3.7	102	5.1
Rh+	2773	87.7	1666	83.1
Rh—	388	12.3	340	16.6

These distribution figures, typical for the central Ethiopian high plateau, have been compared with other figures compiled in Western Africa and with German standard figures [188].

Blood groups observed in Ethiopia, Congo and Germany according to Huber and Boldt (1968)

Blood type	Ethiopia	Congo	Germany
0	40.8	54.4	40
A	30.2	24.3	44
B	25.3	20.2	13
AB	3.7	1.1	3
Rh+	87.7	96.4	85
Rh—	12.3	3.6	15

Coombs tests, conducted in Adis Abeba in the years 1956 to 1965, showed 6 positive cases each among 91 Ethiopian women and among 160 European women or, expressed in percentage figures, 6.6 against 3.75 per cent. Thus, it appears that Ethiopian women, in contrast to Bantu females, possess a higher degree of Rhesus immunity than their European counterparts [188].

b) Blood Pressures. Clinical investigation revealed long ago that Ethiopian patients predominantly manifest low blood pressures. The 1958 Nutrition Survey [273] established that the slightly reduced nutritional condition of the population is accompanied by blood pressures of 99/58 mm in fifteen year olds which, in adults of 25 years and more, rise to about 117/72 mm. Corresponding values for women are somewhat lower. Only 1% of males between 25 and 44 years of age and 2.5% of men 45 years and older who were tested showed blood pressures higher than 140/90. Corresponding values observed among women were 1.2 and 2.1%. None of the pregnant or nursing women had a high blood pressure.

In 1966 Diesfeld [115] arrived at the same conclusions in his study on blood pressures of high plateau dwellers. Blood pressures were recorded, both by the diastolic and the systolic method, from 344 men and 110 women between the ages of 16 and 70, all of whom had healthy circulatory stystems. In all age groups lower values were ascertained than are normally encountered in Europe or the United States.

Of Ethiopian patients, the physique of 85% was of the asthenic, 9% of the athletic and 6% of the rotund, or pycnic, type. At 168 cm and 55 kg for men and 165 cm and 52 kg for women, heights and weights were below European average figures.

c) Haemoglobin values. The *haemoglobin values* of the Ethiopian population are naturally subject to greater fluctuations. Altitude, infectious diseases and nutrition are all decisive factors in this. Systematic investigations into the haemoglobin values of individual tribes, age groups and sexes are available only to a limited extent. Jäger [196] examined schoolgirls in Gonder, and Huber and Boldt [188] compared their findings with values for Ethiopian females determined in the Begemdir Province.

Haemoglobin in Sahli %	Gonder Jäger	Adis Abeba	
		Boldt	Huber
Up to 50	0.2	1.0	4.6
60	4.6	2.1	3.6
70	24.8	3.4	24.2
80	33.9	17.7	49.2
90	21.0	46.4	16.8
100	14.4	27.8	1.2
over 100	1.1	1.6	0.0

Slight and moderately severe *anemias* are relatively frequent; however, the discrepancy in data for Adis Abeba as given by Huber and Boldt [188] is noticeable.

In the Nutrition Survey [273] carried out in 1958, it was possible to demonstrate the dependence of haemoglobin concentration on altitude. At altitudes of 1,000 m above sea level the mean haemoglobin concentration amounted to 12.8 g% per 100 ml, at 1,800 m above sea level to 14.1 g%, and above 2,000 m to 14.2 g%. The lowest value of 11.7 g% was noted in Gambela, which is situated at about 600 m above sea level and shows an especially high parasitic infestation in the population.

Among men the mean haemoglobin concentration amounted to 14.4 g%, and among women to 13.2 g%. Among persons below the age of 15 the values of 13.7 g-% were the same for both sexes. Women aged between 25 and 44 showed the lowest haemoglobin concentration of 12.6 g-%.

d) Serum Proteins. By means of the paper electrophoresis method Weithaler and Maruna [399] in 1967 examined the serum fluids of 43 healthy test persons between 17 and 24 years of age and found, compared to Western Europeans, distinctly higher *gamma globulin values* accompanied by a reduction of the *albumin content.*

Comparison of Ethiopian and European averages of essential serum protein fractions [399, 413].

	Ethiopia	Europe
Total protein-%	7.6 ± 0.2	7.2 ± 0.4
Albumin rel. %	48.1 ± 1.9	54.6 ± 4.0
Alpha^1-globulin rel. %	5.1 ± 0.5	5.2 ± 1.1
Alpha^2-globulin rel. %	9.9 ± 0.7	8.9 ± 1.3
Beta-globulin rel. %	11.2 ± 0.6	11.7 ± 1.5
Gamma-globulin rel. %	25.9 ± 3.0	19.6 ± 2.1

Among suckling infants Woodruff and Hoerman [402] found in 1960 11.86 rel.% of gamma globulin, while non-breast-fed infants showed an average of 15.79 rel. %. The gamma globulin rate among school age children was established as 23.68 rel. %.

Numerous reports have been published on the higher *serum globulin levels* of Africans as compared to Europeans, which are attributed to the Africans' more extensive exposure to infections of the most varied origins. In 1968 Johansson, Melbin and Vahlquist [200] determined, for the first time, the immune globulins of Ethiopian children of pre-school age. IgG and IgD levels were significantly higher than those of Swedish children of the same age who served as a comparison group; in regard to IgD, levels were five to six times higher. Mean values of Ethiopian IgG-levels were in the range between 1422 and 1684 mg/100 ml. With respect to IgA and IgM, only minor differences were observed, with values applying to Ethiopian children of 70.6 to 87.3 mg/100 ml and 74.5 and 86.0 mg/100 ml, respectively. As to IgD, 63% of the children displayed levels of more than 8 mg/100 ml, against 2% of their Swedish counterparts.

In regard to IgE, the contrast with the Swedish group was even more marked. Here, the Ethiopian figures exceeded the Swedish data sixteen to twenty-five times, with mean values of 2480 to 3150 ng/ml. The levels of children who suffered from verified cases of ascariasis, were 28 times higher, with an average of 4400 ng/ml. These findings support the assumption that the production of IgE is influenced by infections. No differences between sexes were observed.

Serum cholesterin, determined as a result of the Nutrition Survey of 1958 [273], was found to be around 113 mg% in children below the age of ten. With advancing years a rise of the serum cholesterin level is observed, reaching an average of 140 mg% in the age group between 40 and 50. The low cholesterin concentrations were found to apply equally to both sexes, only pregnant women showed higher values, with an average of 174 mg%.

V. Economic Conditions and the Nature of Settlement

That agriculture continues to form the most important basis of life for the Ethiopian people has already been shown. In any comparison with agriculture all the other fields of economic activity lag far behind where the number of people is concerned, and the spatial distribution of these others is confined in the main to urban settlements, where, *inter alia*, the first industrial plants have been located.

In reviewing the economic position of the country one is prompted to begin with the traditional forms of soil exploitation and stock-raising that are still widely practised and amongst which, in accordance with the natural conditions of the country and the great number of ethnically-distinct population groups, manifold differentiations can be identified. In very general terms it is possible to attempt a tripartite spatial division: namely into those areas in which the plough is used, those under hoe cultivation and those purely or predominantly connected with stock-raising. An exact definition of these areas is not, however, possible since the various economic types and modes of life—and hence the distinctive but characteristic settlement patterns associated with them—may be found today in close proximity within a limited area, or even, where economic types are concerned, combined within single concerns.

1. Regions of Plough Cultivation

The core area of plough cultivation in Ethiopia is the north of the country, i.e., those parts of the highlands inhabited by the Amhara and Tigre; although the conditions of occupancy vary greatly, by far the most common are the extremely modestly equipped peasant holdings. Here the main concern is directed to the cultivation of cereals, legumes and oil seeds, chiefly for subsistence purposes, and the choice of cultivated plants is individually governed by the prevailing edaphic and climatic conditions.

Most highly prized of all the *cereals* is teff (Photo 27), a species of grass that attains a height of only a few decimetres and has an extremely small seed (2,500 to 3,000 grains constitute a single gram). It grows best in the *Woina Dega*, but outside Ethiopia it is cultivated only in southern Arabia, and there only to a limited degree. Teff flour is used in the same way as flour from any other sort of grain to make a porous, thin flatcake *(Injera)*; it constitutes the most important staple food-stuff and continues to enjoy a popularity as great as ever, even though in the larger towns it has had to compete with wheaten bread and has been partially displaced. Under existing conditions of cultivation the yields per acre under teff apparently do not differ significantly from those of wheat; under favourable conditions they attain 10 dz/ha, although normally they remain below this level. The special advantages of teff cultivation must be seen in reduced losses during milling and in the fact that it can be stored more easily than other kinds of grain. The upper limit of potential teff cultivation lies about 2,600 m, but in the highlands at greater altitudes wheat and above all barley take up a large part of the cultivated area. Whereas oats is of only secondary importance and rye is not grown at all, various sorts of millet are of importance in some of the warmer parts of the highlands, and amongst these finger millet *(Eleusine coracana)*, used mainly for brewing beer, is most important.

Among the *legumes* cultivated at the scale of field-crops, peas, chick-peas, lentils and horse-beans should be mentioned; similarly among the various oil-seeds *nug (Guizotia abyssinica)* and linseed should be singled out. With these plants one has completed the list of the most important vegetable food-stuffs of the inhabitants of the northern Ethiopian region of plough cultivation. Cultivation of tuberous plants is either absent or happens only in exceptional cases. Coleus-growing among the Agau groups is one such example, and another is the more recent cultivation of potatoes in the vicinity of larger towns and near the upper limit of cultivation in Gojam. Albeit the conditions for these are decidedly favourable in the higher parts of the hill country. Similarly, the production of fruit and vegetables is of very small importance in the rural areas. Only seldom is any specialisation to be found beyond the level of domestic gardening, under suitable conditions, and in the main with the help of irrigation, larger fields are planted with onions or paprika, both of which play an important role in the Ethiopian cuisine. Kale *(Brassica carinata, B. nigra)* is the only vegetable frequently encountered at higher altitudes, whilst peaches and lemons are most common among the fruits. Production remains on such a limited scale, however, that even in country markets these products combine to be rarities akin to the bananas grown in some places in the kolla.

Cultivation on the arable land occurs chiefly in the form of a field economy, but without the use of fertilizers; the field are prepared for sowing by repeated ploughing with a hook (Photo 26)—a method which demands a particularly high input of labour. This is exclusively a task for the men. But in weeding, which is an operation of particular importance in teff cultivation, and in harvesting, which is done with sickle and takes place over a longer period according to the sowing date, women and children are also employed.

Although the individual farmer cultivates only a few hectares, the requisite tasks in the fields, together with the threshing, take up a great deal of his time; this time is, moreover, already curtailed by a multitude of religious holidays, not to mention his visits to the market, his participation in village forums, court cases and so on.

Everywhere cultivation is linked with a considerable amount of stock-rearing, principally the *keeping of cattle*. This situation is necessary because the indispensable draught-oxen must be reared, but at the same time it provides an opportunity—although rarely is any rational advantage taken of it—to improve the nutritional base. Frequently the practice is extended beyond the economically justifiable limit or reasonable demand on the grounds that cattle ownership commands a high status in the social scale of values, not only among herding peoples but also among the Ethiopian cultivators. Thus the available pastures are as a rule overstocked—there is practically no fodder production—and the few remaining woodlands are degraded and in many localities the soil is exposed to devastation. It is self-evident that the productivity of the cattle remains extremely low under these conditions.

One cannot overlook the fact that a considerable part of the northern Ethiopian arable area has reached or even exceeded the limit of the capacity of the earth to sustain the population under these conditions, and that in consequence measures to improve the traditional economy are indispensable, especially since the population is simultaneously showing rapid increase. What difficulties may arise, however, can only be hinted at in the above discussion.

There are some significant differences in the traditional style of *settlement* of the Amhara and Tigre, as well as of the Agau groups living among them; the northern parts of the country (Eritrea and Tigre) in particular are characterized by the larger village settlement, whereas often loosely-knit groups of farm-steads, often in the form of hamlets, dominate in the south, and even the isolated farm (Photos 28, 29) is to be found [54, 119]. In addition there are a number of different types of buildings, amongst which rectangular and double-storied houses in Tigre, as well as the round huts (tukul) most commonly found in the Amhara area, deserve particular notice. An example of the spatial arrangement in a round hut is given in Fig. 18.

In this case it concerns a building the outer walls of which are made from poles and wattle. However, in addition to the greater permanence of these latter, stone buildings have the added advantage of providing greater protection against the weather. In rural areas, however, the traditional way of house building is now being superseded more or less rapidly by the constructional methods common in urban settlement (see below).

The form of cultivation and stock-rearing described above has now spread far beyond the northern Ethiopian Highland, particularly to the west of the country in the Welega Province and in the north western highlands of the Somali Province. In both cases the Galla are the principal exponents of plough-based cereal cultivation. This system has tended to spread southwards in the Lake Region over recent years and especially so in areas which have hitherto served as pasture land.

2. Regions of Hoe Cultivation

On account of the considerable differences in the intensity of cultivation and the combinations of particular staple crops, any attempt at presenting a synopsis of all those areas in which cultivation with the hoe or digging-stick predominates meets with greater difficulties than is the case with areas under the plough. For a very large part of the inhabitants of southern Ethiopia—according to the estimates of S. Stanley [118], a figure in excess of five million—*ensete* cultivation constitutes the decisive foundation of existence; elsewhere it is millet, grown in a variety of ways, which supports the inhabitants of the lowlands or the lower regions of the hill country.

Ensete belongs to the *Musaceae* family. In contrast to other species of banana it is not the fruit which is eaten in this case but rather the robust two-metre high stem, together with the tubers. A staple food is made from them by various processes, and it is served at practically every main meal (Photo 32). One process involving fermentation is widely employed, and in this method the tissue, which is mainly composed of starch, is cleaned of all fibres, placed in a leaf-lined soil pit and can be stored thus for months at a time.

The great merit of ensete is that a very small plot with very few plants is sufficient to guarantee a full year's subsistence requirement for one person. The labour input involved in the cultivation of these plants is comparatively low and, given the particular processing methods, long-term storage is possible; the effect of this is to protect the population from the recurrent food-shortages, resulting from drought or the depredations of locusts, which occur in cereal cultivation.

It should, of course, be admitted that ensete is not immune to pest attack; indeed it is prone to fungoid diseases which can sometimes destroy entire plantations, but to date scarcely any published work has appeared on this particular subject. As a staple crop ensete has received far too little attention, although it is difficult to conceive of a situation in the near future in which it could be replaced by any other crop capable of supporting a similarly high density of agricultural population such as is characteristic of the majority of contemporary production areas [74].

The most favourable conditions for ensete cultivation are found at altitudes between 1800 and 2600 m. In fact cultivation does extend to about 3000 m, at which height it is prevented by frequent frosts; similarly lack of humidity and excessive temperatures limits cultivation in the kolla at about 1600 m. In all typical cases the ensete plantation, fertilized by cow dung and ashes, is located in the immediate vicinity of the dispersed huts (Photos 33, 34). Although they are not far from the dwellings, plots of cereals, legumes and various tubers like yams, sweet potato and coleus (compare with

Fig. 17) are only found on the outer limits. Within such plots mixed cultivation is commonplace.

It is impossible to explore in detail here the differences which occur in the combination of ensete with other crops in particular areas of cultivation. In fact these are quite considerable even within a single tribe's settlement area if it extends over several altitudinal zones. The exchange of products is conducted by means of a dense network of food markets, in which even ensete foods are traded despite the fact that every family is involved in their production. Obviously, differences in variety and preparation plan an important role in any evaluation of the food.

Most ensete farmers combine cultivation with intensive cattle-raising. By way of contrast with cultivated areas under the plough in northern Ethiopia, in this instance there is a fairly important relationship between the two, since the manure accumulated by the overnight stalling of the cattle, is used on the fields. In addition, the liquid manure is channelled into the plantation. These plantations remain in the same place for many years, so that several generations of ensete, with an average maturation period of 3 to 5 years, will be grown in them. Only after a longish interval is the plantation shifted to another corner of the property and the house newly built.

A part of the cattle kept by the ensete farmers is collected together in large herds and grazed in the more remote pastures of both the highlands and lowlands according to seasonal changes; in some cases a system like that practiced in the Alps has developed (Sidamo), which makes use of those areas located beyond the upper ensete cultivation line and not permanently settled.

Another very remarkable group among the hoe cultivators is made up of certain tribes living on the edge of the highlands. As far as southern Ethiopia is concerned, the celebrated Konso [47, 72, 93], and the Baria and Kunama in the west of Eritrea are representative of this Kind, although the latter introduced the plough some time ago. Here very intense *millet cultivation* (millet as staple) is to be found, carried out at least in the vicinity of larger, more densely settled villages, as permanent cultivation on fertilized and at times irrigated terraces. In contrast to the ensete farmers, who, though acquainted with the principle of communal help scarcely practice it in their agriculture because they have no need to do so, communal labour in the fields plays an important role among the millet cultivators, especially in the maintenance of the artfully-constructed terraces; in the villages quite a number of institutions such as assembly areas and men's houses, serve to regulate the life of a community in which each person depends greatly on the next.

Within the villages of the Konso people, which are often surrounded by walls and number well over a thousand inhabitants, families live in a single farmstead made up of several buildings, including living and sleeping huts as well as stalls. Some of the animals—largely in order to obtain their manure—are kept in the village throughout the year, whilst others, herded by the younger members of the family, graze in the outlying districts several kilometres distant from the village boundaries.

It ought to be noted that villages are preferably situated on ridges and single hills and that they do not have a well of their own at their disposal. In order to obtain from springs and wells the water necessary for man and beast, women often have to cover distances of more than a kilometre and involving considerable differences in altitude. In the outlying districts of the settlement small storage tanks similar to those used in some other parts of the country, are installed and, as a rule, these at least ensure the water supply throughout the year [47, 72].

Quite distinct from the situation of the groups just described is the economy of certain peoples living at the western edge of the highland. Here even today shifting cultivation can be observed. It is a system which uses, if only for short periods, fields cleared by burning the forest vegetation, and the field rotation often requires the simultaneous transfer of the settlement (Gumuz). In these cases as well millet (sorghum) forms the staple crop, supplemented by a largish number of subsidiary crops like sesame, beans, cotton or even ginger, itself an important trade product. The settlements consist of a few dwelling huts only, with special sheds for smaller animals (goats) and stores erected nearby.

3. Regions of Predominant Stock Farming

The distribution of areas in which stock raising predominates ought to be viewed in close connection with the distribution of herding peoples in Ethiopia. It should be stressed that their settlement areas (see para IV) are by no means restricted solely to those parts of the country in which conditions suited to arable farming are absent or at least difficult. But some herders have recently converted to arable farming, however, mostly following the example of the Amharic plough cultivation and usually in places where conditions for cultivation are especially favourable or, for an even more important reason, where grazing possibilities have been markedly reduced by loss or restriction of pastures originally in the possession of the tribe. As it would require a very detailed description of the individual regions, it is not possible to go into the details here of the different forms of purely pastoral economy still to be found. Whereas the period preceding the Pax Amharica witnessed repeated belligerency between pastoralists and agriculturalists, and resulted mainly in a shift of boundaries disadvantageous to the living space and economically-exploited area of the agriculturalists, modern times have seen the pastures available to the herders clearly demarcated and increasingly reduced, at least in those places where the space is believed to be needed for other, more profitable forms of exploitation. This holds good for the greater part of the southern Ethiopian Rift Valley Zone where the former pasture area used extensively by the Arusi and other Galla groups, has not only been taken over by farmers for their grain fields, but also by large companies as sisal (Photo 39) plantations, farms, or as modern cattle ranches with enclosed pastures. Only a few decades ago the Galla used to visit these areas with their stock in the course of their regular and seasonally-determined migrations. They erected huts and cattle fences often intended solely for the duration of their halt. These have now been replaced by the dispersed farmsteads of the agriculturalists, numerous street villages and even urban settlements.

Those parts of the country still predominantly used under traditional forms of pastorialism are mainly the

Danakil Lowland, the lowland of Eritrea and the south and east of the Somali Plateau. The forms of stock raising met here are nomadism, transhumance, and sedentary pastoral economy, but there are numerous modifications and intermediate forms which render classification difficult. The settlement forms are also correspondingly varied and they range from the shelter or tent merely used for short periods to the permanent dwelling house, which may be isolated or found within a larger village community (Borana). An example of a Galla house is given in Fig. 19.

4. Agricultural Crops for the Export Market and the Beginnings of Modern Development in the Agrarian Sector

Any attempt to determine the volume of agricultural produce reaching the market from numerous smallholdings would appear to be a task as yet impossible to achieve. However, it is certain that the major part of plant and animal foodstuffs produced on individual farms is required to meet the needs of the farmer's family itself, and that the proportion available for sale is usually qualitatively as well as quantitatively rather modest. Nevertheless, some commodities, which are of decisive importance in the economy as a whole, and particularly for export, come predominantly from peasant farms engaged in traditional modes of production such as have already been described. For decades *coffee* has been the commodity occupying by far the most important place in the Ethiopian export (Photo 37).

The main coffee producing areas are located in the humid south and south west of the country, and are concentrated in the provinces of Kefa, Welega, Ilubabor and Sidamo [106]. In addition there is a further important area of cultivation around Harar and in the Chercher Mountains to the west of it. Coffee is grown occasionally in the northern provinces as well, especially in Gojam, but considered in terms of the overall production it plays an insignificant role. Although Ethiopia has been known for a long time for its coffee—how much significance is to be attached to its so-called wild coffee groves is a matter of debate—only over recent decades has there been any marked expansion and a concurrent qualitative improvement (cf. export value in 1968—U.S. $ 61.2 million in total exports of $ 106.4 million).

Above all the areas favoured by good transport links are those able to participate in the "coffee business", which in turn allows the population involved to obtain cash and to invest in house building or the purchase of industrial products. Within the context of small acreage farming one may commonly observe the displacing of other cultivated plants—particularly ensete—in favour of coffee; considered in terms of guaranteeing to meet the population's demand for basic foodstuffs in any given economic situation this is a development that must be viewed with some concern. Extending as it does over several weeks, the harvest often attracts a large number of migrant labourers, craftmen and traders to the areas of cultivation. Not only does this lead to the rapid spread of information and innovations, it may also be of medical significance for the areas concerned.

Although they all lag far behind coffee where financial returns are concerned, amongst the other agricultural products some are of significance: legumes, sesame seed, skins and furs and, even to a small extent, meat (the value of meat exports in 1968 was U.S. $ 2.2 million). In the main these are produced in areas of traditional cultivation and animal husbandry.

Recent policies aimed at the improvement and expansion of agricultural production have resulted in some progress, the most notable of which has affected the domestic market. This is not of course the place to go into detail about the many projects aimed at increasing yields per acre, at intensifying animal husbandry and above all at achieving a general improvement in living conditions among the rural population. (One example might, however, be quoted; namely the Chilalo Project successfully initiated with Swedish aid—vide D. Karsten [67], 1970). Nonetheless, certain large-scale enterprises of supra-regional importance demand special mention, as for example the laying-out of sugar cane plantations on the Awash river south-west of Nazret (Photo 38), the opening up of irrigation schemes in parts of the Awash valley, chiefly for cotton production, the establishment of large cattle ranches and experimental agricultural stations. To take one example, the steadily rising domestic demand for sugar in Ethiopia has been met from internal production since 1963, and home production of cotton has also led to the easing of an export balance which has been in deficit for a long period.

5. Nutrition* (K. F. Schaller)

A study initiated by the Nutrition Survey of 1958 and conducted on nearly 6,200 persons in 52 locations, yielded valuable findings on the nutritional situation in various regions of the country [273]. It was found that the population of the high plateau was better fed than the inhabitants of lower regions, threatened by drought and sickness.

Religions, with fast days and taboos, influence eating habits and thus the nutritional condition of the faithful to a considerable extent. Coptic Christians refrain from eating meat and animal products on Wednesdays and Fridays. In addition, they observe periods of fasting extending over several weeks, so that a total of 150 fast days accumulate over a year. The adherents of Islam strictly observe the month of Ramadan. Also, the taboos of various tribal creeds restrict the populations's diet.

The daily *calorie requirement* of an adult Ethiopian, calculated on the basis of geographical location, climate and occupational activities, is put at approximately 2,900 calories. Actually, the average adult absorbs only 2,500 calories in food, leaving a deficit of 400 calories. Compared to the Medico-Actuarial Standard tables, as used in the United States, the average weight of the Ethiopian population stands at 82 per cent, with 12 out of 100 persons having a standard weight of only 70% or below. Skin fold measurements yield extremely low values and fail to show an upward trend usually observed with advancing age [273].

Approximately 70% of calorie requirements are derived from carbohydrates, 18% are obtained from fats, and 12% from proteins. Table III shows the quantities and composition of staple foods consumed by the individual per day in Ethiopia.

The *reduced nutritional condition* of the population is not only the result of a low-calorie daily diet, but is also attributable to specific deficiences caused by crop

* Literature see Part B and C.

failures. A lack of storage facilities prevents the overcoming of sudden emergencies. Starvation type oedema is found in cases where insufficient food supply coincides with malaria.

Marked dietary variations exist both within different tribes and population groups and between tribes, depending on the type of economy. Food distribution is also liable to major variations within individual families, between different age and social groups. Thus, as a rule, the head of a family or the parents take precedence over the rest of the family in the allotment of food. *Protein deficiencies* are observed to a particularly high degree in small children during the period from weaning to pre-school age. Half of all infants and one fourth of children of pre-school age show serum albumin values of less than 3.0 g per 100 ml and the children's growth pattern follows similar trends. An adequate growth rate is observed up to the age of 5 to 6 months, then a slow-down occurs. Children from one to three years of age not infrequently display symptoms of pre-kwashiorkor and kwashiorkor.

Livestock, estimated at 65 million head, and fowl put at 65 million, would permit a higher meat consumption than the estimated annual portion of 14 kg per inhabitant. In many areas, an individual's prestige rests on the size of his herds. This leads to an overvaluation of quantity at the expense of quality. High losses among the livestock due to diseases have been dealt with (see Zoonosis). The number of cattle slaughtered annually is given as 2.3 million, that of goats and sheep as 9 million. A favourable influence on the protein supply is obtained from Teff, or *Erogrostis abyssinica*, a grain abundant in the high plateau region, whose prominent feature is a high amino acids content. Fenugreek, Abish, *Trigonella foenum graecum*, also has a high protein content and is widely used as baby food.

Considering the intake of *vitamins*, the values ascertained for vitamin A are below the optimum, as verified by clinical symptoms. In some regions of the country a vitamin C deficiency exists. Vitamin D deficiencies are rather common. Approximately 30% of children of pre-school age suffer from mild cases of rickets. Table IV presents the vitamin and mineral content of Ethiopian staple foods.

Calcium and iron are absorbed in sufficient quantities. The intake of iron at a rate of 100 mg to 500 mg is particularly high and may be explained, to a large extent, by the consumption of Teff. This grain contains 90 to 105 mg of iron per 100 g (see Table IV).

In connection with nutrition, "khat", or *catha edulis*, should be mentioned. Adults of Harer Province, in particular, like to chew the (freshly plucked) leaves of this shrub. The stimulating effect is attributed to alkaloids *cathine*, *cathidine* and *cathinine*, the first of which having been identified as an ephedrine derivative. *Cathine* is said to curb appetite. Consumed in adequate quantities, khat has certain nutritive qualities. At 161 mg in 100 g khat's vitamin C content is particularly high. In addition, 1.8 mg beta carotene, 15 mg Niacin, 290 mg calcium and 18.5 mg iron are present in 100 g of khat.

The most *important beverages* are Tedj and T'alla. Tedj is produced from honey; its alcohol content is comparable to that of wine. T'alla is a sort of beer brewed from oats, millet and maize with "gesho", or *Rhamnus prinorides*, as an admixture. Its alcohol content is low so that consumption of T'alla—contrary to that of Tedj—does not produce intoxicating effects.

Conditions in Ethiopia allow the provision of a healthy diet for its inhabitants. Efforts are under way to improve, above all, the diet of infants and children of pre-school age. An Inter-ministerial Council on Nutrition has been set up. A research project for dealing with problems of children's diets is being conducted by the Ministry of Health, with support from Sweden. Free meals at schools and school gardening programme are to serve as means for preventing deficiency diseases.

Only a co-ordinated effort by agriculture, education and public health can offer hope for any solution of the vital problem associated with food supply.

6. The Remaining Branches of the Economy

The development of industry is still in its infancy. Even if one takes into account the changes that have taken place over the last decade, in particular the fact that less than 50,000 people were employed in industry in 1967 illustrates how industrial employment can offer a livelihood to only a minute percentage of the population. In addition it should be emphazised that these industrial concerns are concentrated in only a few places. In this regard the capital is pre-eminent and is followed by Asmera and Dire Dewa; there is then a comparatively large gap between these centres and certain places in the vicinity of Adis Abeba and a few provincial towns like Bahir Dar on the southern shore of Lake Tana. The most important branches of industry are textiles, which employ about a third of all industrial workers (with plant in Akaki near Adis Abeba, Dire Dewa, Asmera and Bahir Dar), cement, leather and foodstuffs and luxury goods; in terms of both the workforce and output the latter occupies the first place. In addition to certain larger enterprises there are also numerous small undertaking, such as the many grain- and oil-mills scattered throughout the country, which are included in this category [67].

A much larger percentage of the population is counted among the different branches of handicraft, some of which trace their origins to ancient traditions. Since ancient times there have been smiths, potters and even weavers among several population groups of the country, and these have now—particularly in urban settlements—been joined by new groups especially tailors, carpenters, masons and mechanics. In connection with the traditional crafts it ought to be noted that smithing, pottery and tanning—it would be more accurate to describe this latter as the processing of skins and furs since the arts of tanning are scarcely developed—were, or in some circumstances still are, in the hands of socially-despised groups. In general members of these groups did not own land but were instead temporarily allocated enough to provide for their subsistence; such people usually settled in groups separated from the farming population, and within the tribal life special tasks, such as providing bands at times of mourning or filling the office of executioner, were entrusted to them. Even to day the special position of the artisan group within the social fabric is in part accentuated by the impossibility of marriage between their own clans and those of the farmers.

Amongst most of the Ethiopian peoples it is only the weavers who have not become socially separated from the cultivators. They have been, often continue to be, cultivators at one and the same time, owning their own land, caring for it and in the main practicing their craft during agriculturally-slack periods. In particular the weavers of southern Ethiopia are still of great significance as their products are now as ever still in great demand in country markets and even those of the capital. The urban population generally persists in wearing traditional—and, increasingly, Amharic—clothes; on festive occasions at least, as every visitor to the country will have noticed, these are preferred to European clothing. By contrast with weaving the other traditional crafts are steadily dwindling before the spread of cheap industrial products. In many instances they have completely disappeared and only in isolated cases have former blacksmiths converted to such newly created tasks as the repair of motor vehicles.

Another remarkable feature of the weaver's craft ought to be mentioned—namely that numerous migrant weavers are included within its ranks, particularly in certain tribal areas of the Gemu Highlands to the west of Lake Abaya. At times such as that of the coffee harvest they remain in the capital or some other town and are thus able to dispose of their wares, some of which have been ordered in advance, without the intervention of middlemen. Another especially mobile group includes most of the artisans involved in "modern" trades and in particular the tailors and carpenters. They too move to different parts of the country according to the season in order to obtain more substantial orders where there is seasonally-increased spending power, and in doing so they are not averse to undertaking journeys on foot which take them across several provincial boundaries and thus involve many hundreds of kilometres of travel. Although no exact investigations into the development of modern crafts have yet been made, numerous observations seem to point to the fact that there is considerable variation among the different population groups in regard to their readiness to become artisans. Thus there are noticeably few Amhara who follow a modern trade—a fact which might well be explained in terms of the traditional way of life of these agriculturally-orientated people who were so often employed in war service in former times. In the urban settlements of northern Ethiopia particularly one finds that many of the artisans now living there originate from tribal groups located far away in the west and south of the country.

Finally, in this limited review of the different branches of the economy, the commercial sector should be mentioned since a considerable part of the population earns its living, or at least supplements its earning, from it. It has already been mentioned in the paragraph on population that foreign groups (Arabs, Indians) participate in this. In more recent times with the expansion of trade more and more of the inhabitants of Ethiopia have turned to this activity, whether in the form of running a small shop or restaurant or merely participating in some occasional business. As in many comparable countries this part of the teriary sector is now undoubtedly over-populated.

7. Urban Settlements

The foregoing statements have probably already suggested that the existing urban settlements are largely incapable of providing an adequate economic base for their inhabitants. Generally only a small percentage of the resident population is engaged in production—as noted above only a few towns offer industrial workplaces—and whereas the majority of the inhabitants make their living from trade and some are employed in the administration, teaching and the health service, very many have to rely upon casual labour [56, 75].

The greater part of the "towns" found in modern Ethiopia are of relatively recent origin, i.e. they have sprung up in the second half of the last century or even since the beginning of this one. In the old Ethiopia only a small number of the widely scattered settlements could be described as towns. Amongst these were Aksum in the Tigre Province, serving as a spiritual centre, Gonder, north of Lake Tana, a periodic royal residence, and Harer, an important Islamic commercial metropolis [136].

The reasons for the lack of a distinctive urban civilization and a closer network of urban settlements in earlier times must be viewed chiefly in the context of the special historic situation of the country. From the decline of the Aksumite Empire it found itself in a state of far-reaching isolation from the outside world and had to weather frequent attacks from the outside. The social order was determined by a military-feudal hierarchy, within which activities in trade and commerce—the essential foundations for the development of towns—enjoyed little status. Military requirements and the changes of rulers led to frequent transfer of the seats of power and centres of administration; and even the exhausting of resources in the vicinity of such seats often enforced their abandonment.

It was only in the second half of the 19th century, together with the beginnings of the modern Ethiopian state, that, as a result of the growing number of permanent settlements with urban functions, some fundamental changes in the settlement pattern occurred. Even the present capital is one of those newly created settlements. Increasing connections with foreign countries, the establishment of diplomatic relations with numerous states, great commercial expansion, as well as changes in transport and communications, had all necessitated the setting up of a fixed capital with its permanent facilities. What was valid for Adis Abeba applied to the smaller settlements in the provinces as well. There too, a gradually-consolidating net of settlements of a new type sprang up. In Ethiopia such cases are called "Katama". Yet for all practical purposes this term should not simply be rendered as "town" since it includes all those settlements which, with the existence of a few shops, some public bars or perhaps a local administrative office or police station, find themselves at best only at the very start of development towards full town status, although in both outward appearance and function they differ unmistakably from traditional settlements.

The present spatial distribution of these "urban" settlements shows rather close links with the existing modern transport routes. Here one encounters katamas at relatively short intervals, although they often lack any significance as "central places" for a particular tributary area, fulfilling instead the role of a staging post on the road. Away from the trunk roads, even in densely settled areas, the larger katama settlements are often widely separated.

A review of the rank-size of such places results in a feature characteristic of urban settlements in numerous developing countries: namely that there is a wide gap between the number of inhabitants in the largest towns and the remainder. While the population of Adis Abeba in 1967 is quoted as 644,000 and Asmera, the second largest town, still numbers 178,000 persons, the next towns in size in the country have 50,000 or less inhabitants. These figures alone clearly illustrate the paramount importance of the capital and the altogether weak development of other towns capable of meeting the demands placed on regional centres.

Ignoring both the largest towns of the country, the remainder present a relatively great uniformity in their external appearance, such variations as there are being confined to the inner core. The majority of buildings are one-storied houses with corrugated iron roofs, so-called "Chika Houses" (Photo 41 and Fig. 20). Frequently erected on a stone base, the wooden superstructure is clad with a mixture made of clay, straw and cow-dung; the interior often consists of one room only, but at times there are two or even three and more, the floors of which in the main consist of trodden clay. Of course the advantage of this method of construction consists above all in its relatively low costs, and more substantial cash outlay is mainly required for doors, windows and roof.

The prevailing building method results in considerable expansion of the settlements, at the centre of which a large market place is usually to be found, used either on a daily basis or for certain days of the week. The outer residential areas are often broken up by dense eucalyptus groves, sometimes, as in the case of Adis Abeba, merging into a wide forest belt on the outskirts of the town. It is only in this way that the high demand for fuel and building timbers in the deforested parts of the highlands can be met without incurring prohibitive transport costs.

As for the composition of the urban population, a few statements, which would have been impossible only a few years ago, can at least be made on the basis of investigations conducted by the Central Statistical Office. In accordance with the generally high influx into the towns, the proportions of age and sex of the urban population at times diverges from that of the national average or that of the rural population. Apart from children under the age of five, it is often the middle-agegroups, above all those between 25 and 40 years of age, that are especially strongly represented, whereas the percentage of old people remains extremely low. This is a situation encountered in many other African countries as well. However, significant deviations from this manifest themselves in the composition of population according to sex in many of the towns examined to date. Where most of the young towns in Africa show a distinct preponderance of male population, particularly among young adults, Ethiopia often presents the reverse of this situation. An analysis of migration movements has shown that such a surplus of females can be attributed in the first place to the immigration of unmarried, divorced or widowed young women to whom the towns offer some chance of employment in domestic service or often in greater numbers in public bars and refreshment stalls—the latter being the establishments in which indigenous drinks like tedj (hony wine) and t'alla (beer) are sold, whereas the public houses offer the products of the drinks industry. A considerable part of the income of the women employed in these places derives from prostitution.

Concerning the ethnic differentiation of the urban population it should be noted that this only in part reflects the composition of the inhabitants of the region concerned. In the southern parts of the country a rather large percentage of Amhara and in parts of Tigre too, can be found at any given time, and so too in the towns of the North there are numerous members of population groups differing from those in the surrounding rural area. In Gonder for example, only 86.6% of the population call Amharic their mother tongue, whilst 10% speak Tigrinya and the rest is taken up by Galla, Gurage and other Ethiopian groups. In Nekemte in Welega Province (home of the Galla) classification according to mother-tongue revealed the following population compositions:

Galla	59.8%	Tigre	1.7%
Amhara	34.6%	others	1.9%.
Gurage	2.0%		

That towns play a significant role in creating contacts between the various population elements as well as in the increased bridging of tribal differences, can at least be indicated by these data.

Within the framework of this regional study in medical geography an insight into the housing and supply conditions of the urban population must be of special interest. Here, too, only a few comments based on official investigations can be made, which, in turn cannot be expected to convey more than a rough idea of prevailing conditions. In the following table, published in 1968 by the Central Statistical Office, data for a few medium-sized towns selected from different parts of the country have been compiled:

Town	1	2	3	4	5	6	7	8	9
Adwa	12,450	15.9	39.4	44.7	78.4	68.4	1.3	30.3	75.6
Asela	13,360	15.4	43.8	40.8	61.9	25.9	—	74.1	61.2
Aseb	10,727	51.6	31.5	16.9	90.8	97.9	1.5	—	90.3
Debre Markos	20,720	17.3	49.6	33.1	72.1	1.5	48.4	50.1	58.9
Debre Zeyt	21,220	17.6	45.6	36.8	61.1	61.7	14.7	23.6	34.8
Dila	10,860	11.9	48.0	40.1	47.3	—	68.0	32.0	42.2
Jima	29,420	12.6	43.8	43.6	46.8	31.4	30.3	38.3	48.1
Mekele	22,230	16.3	42.5	41.2	75.9	75.4	1.6	23.0	41.1
Sodo	10,430	12.4	40.3	47.3	71.7	24.4	11.3	64.3	77.7

1 = Population in 1967
2 = Percentage of households with 1 person
3 = Percentage of households with 2 and 3 persons
4 = Percentage of households with 4 and more persons
5 = Percentage of households in one room
6 = Percentage of households with water supply Piped water
7 = Percentage of households with water supply Well
8 = Percentage of households with water supply River
9 = Percentage of households without toilet.

These recorded figures demonstrate with great clarity the existing problems, which must be seen in conjunction with the unsatisfactory ownership conditions, housing and plots, with which town development planning is confronted.

Apart from the improvement of conditions of supply and housing in existing urban settlements, which are often very difficult and rather costly, and effective only when carried out in conjunction with the creation of numerous new and permanent workplaces, the planning of new towns in some of the country's development areas requires attention. The new town of Tabor on

Lake Awasa in the northern part of the Sidamo Province may serve as an example; it already has a population of 5,000. Located in a place favourable for communications, the intention is to develop it into a new centre of what was formerly a thinly populated area in the southern Ethiopian Lake Region used only for extensive cattle grazing. In the environs of Tabor conditions are favourable for a variety of agricultural produce, part of which can be processed in the town; in addition tourism might be of some importance for the further development of this settlement. Another new town situated farther south is Arba Minch, the provincial capital of Gemu Gofa. Characteristically, here too a lowland site, readily accessible to traffic, has been chosen. In former times it was avoided because of malarial infestation and visited for short periods only by the highland population when work on the outfields there had to be carried out. Chencha, the old provincial capital, situated at an altitude of 2,500 m amidst a densely settled area of ensete cultivation, is a typical example of the kind of position preferred in the southern provinces especially when choosing urban sites in former times; namely high plateaux or even isolated mountain peaks, from which the surrounding territory could be well surveyed and where the climatic conditions corresponded most closely to those of the area of origin of the settlement's Amharic founders. It is understandable that further development of settlements in such localities faces many difficulties, but at the same time one should not overlook the fact that high population densities will often require effective "central places" in the future if they are not increasingly to become doomed problem areas.

B. Constitution and Health Administration

I. The Constitution of Ethiopia

On 15 July, 1931, Emperor Haile Selassie I presented a *constitution* to his Empire, in which the rights and obligations of the Ethiopian citizens were laid down. With its two chambers, the governmental system has the character of a *constitutional monarchy*. In the revised text of 4 November, 1955, the powers and prerogatives of the Emperor, the legislative institutions and the exercise of government are newly defined.

The rights and obligations of the people safeguard religious freedom, free speech, freedom of the press, freedom of movement and choice of residence throughout the entire Ethiopian Empire. The Ethiopians may organize themselves in associations and hold peaceful meetings.

All Ethiopians are equal before the law. House searches and arrests can be made only if sanctioned by law. The citizens are obliged to respect the Emperor and the constitution and to defend both the Emperor and the Empire against all enemies.

The deputies of the *Parliament* are elected by direct suffrage for terms of four years. Each constituency of about 200,000 inhabitants is represented by two deputies with a minimum age of 25.

The *Senate* is composed of members who have performed special services for their country. Their minimum age has been fixed at 35 years. Every second year one third of the Senators are replaced by new ones. They are selected by the Emperor.

Bills can be proposed by the Houses of Parliament, by the Emperor, or by at least 10 members of one of the Houses. When a bill has been approved by both Houses, it is submitted by the Prime Minister to the Emperor for his signature. Every law is published by the Minister of Pen in the Negarit Gazeta.

The entire responsibility for the destiny of the country rests with the Emperor, who also directs governmental and administrative affairs. The Crown Council has only an advisory role and is convened whenever the Emperor deems it necessary.

The Ministers form the *Council of Ministers*, which is responsible to the Emperor for all deliberations and recommendations. The obligations and rights of the Ministers conform with Article 27 of the revised Constitution, and are laid down in special decrees. As far as public health is concerned, "Order" No 4 of 1948 is applicable, which provided for the establishment of a Ministry of Health. Altogether there are 19 ministries (Table V).

The *executive power* of the Ethiopian government rests with the ministries in Adis Abeba. The Governors-General and Governors are appointed by the Emperor. They exercise supervision over provincial and district level administrative facilities and, like the police, come under the Minister of the Interior. The country is made up of the following 14 provinces:

Adis Abeba	Ilubabor
Arusi	Kefa
Bale	Shewa
Begemdir	Sidamo
Eritrea	Tigre
Gemu Gofa	Welega
Harer	Welo.

By the charter of 1954 the capital Adis Abeba received the character of a province. The provinces, Teklay Gizat in Amharic, are subdivided as follows:

	in Amharic	Number	Head
Sub-provinces	Awradja	92	Governor
Districts	Wereda	392	District Governor
Sub-districts	Mektl Wereda	1,103	Sub-district Governor
Municipalities	Masiagadjabet	128	Kantibah

In rural life, the *Chiqashum*, at the lowest administrative level, no longer holds the important position of former years. The influence of this dignitary, comparable to a village mayor, is restricted to close co-operation with the ecclesiastical representatives of the diocese and to the role of a mediator between the political authorities and the rural population.

II. The Health Administration

From 1908, the year when the Ministry of the Interior was established, until 1948, public healt came under this Ministry, where it formed an own department. In 1948, when the Ministry of Public Health was established, the Minister's obligations and duties were laid down. The functions of the newly created ministry include, among others, the study of the health situation in the country; recommendations on measures for improving health standards; supervision of physicians, other medical personnel, and all facilities concerned with health, such as hospitals, clinics, laboratories and pharmacies. The *Minister of Public Health* is advised by a Health Advisory Board in all technical matters. This applies in particular to the preparation of bills which the Ministers will submit to Parliament. Instruction and education in the field of medical science and hygiene are also the responsibility of the Minister of Public Health. He exerts an influence on the Medical Faculty of the Haile Selassie University, founded in 1961, and the allocation of scholarships for physicians and related professions. The organization chart of the Ministry of Public Health can be seen from Table VI. It was developed within the framework of the second five-year plan, 1963—1967, and has so far only partly been put into practice.

1. Centralized Services and Projects

The aim of health planning is the institution of decentralized public health services, primarily designed to prevent disease. On a long-term basis, the plans of the Ministry provide for health centres at a rate of one centre for 50,000 inhabitants, and health stations at a rate of one station for 5,000 inhabitants.

The existing centralized services and projects are planned in such a way that they can be integrated, at the appropriate time, into the general health services. At present, the following centralized health services or projects are still in existence:

Anti-epidemic Service	Malaria
Quarantine	Tuberculosis
Trachoma and other communicable eye-diseases	Venereal diseases
Leprosy	Child nutrition.

The Anti-epidemic Service. The activity of this specialized service, which has been in existence since 1948, includes control of a number of diseases, as far as they appear in epidemic form, e.g.:

Plague, cholera, smallpox, yellow fever, typhus, relapsing fever, pandemic influenza, meningitis cerebrospinalis, poliomyelitis, dysentery, and typhoid fever.

The Anti-epidemic Service includes an isolation ward with 40 beds in Adis Abeba.

The Quarantine Service. The Quarantine Service has its headquaters in the health services department of the Ministry of Public Health. Stations are maintained in the harbours of Aseb and Mitsiwa as well as on the airports of Asmera, Adis Abeba and Dire Dewa. There are also quarantine posts at the border crossing-points at Teseney, Asosa, Moyale and Jijiga. Quarantine service is carried out in accordance with the international regulations.

Trachoma Control. The health services department of the Ministry maintains a special service for controlling trachoma and other communicable eye-diseases, located at the Menelik II Hospital in Adis Abeba. The project is supported by WHO and UNICEF; it is maintained in the form of a demonstration and training centre, with the aim of integrating control of trachoma and other communicable eye-diseases into the general health services.

Leprosy Control. The project ALERT, African Leprosy Rehabilitation and Training Centre, was established in 1965; it is operated by several leprosy relief organizations together with the Ethiopian Ministry of Health. It serves to train personnel to be employed in Africa for leprosy control. Close contacts are maintained with the Ethiopian leprosy control service, which aims at integrating the measures for the eradication of leprosy into the general health services.

ALERT has its headquarters at the Princess Zenebe Work Hospital in Akaki, a suburb of Adis Abeba. At the same location is the Armauer Hansen Research Institute, AHRI, which is sponsored by Norway and Sweden.

Malaria Control. Control of malaria is the objective of a specialized service of the Ministry of Public Health, established under Legal Order No. 22 of 1959. The efforts made by Ethiopia to eradicate malaria are supported by WHO, USAID and an inter-ministerial advisory committee. Only after the maintenance phase has been reached, which will probably take 10 years, malaria control will be integrated into the general health services. The project's headquarters is in the Ministry of Public Health; its field stations are, with changing locations, in the provinces of the country. It is the most important of Ethiopia's centralized health services.

Tuberculosis Control. The tuberculosis control service comes under the health services department of the Ministry and has its headquarters in Adis Abeba. It maintains a tuberculosis demonstration and training centre in Kolfe, a municipal district of Adis Abeba. Attached to the project is the St. Peter's Tuberculosis Hospital in Adis Abeba with 125 beds, and the Teferi Makonnen Hospital in Harer, with 110 beds. Outpatient treatment of tuberculosis is the responsibility of the rural health centres, which are advised and supervised by the project.

Venereal Diseases Control. Controlling venereal diseases is the responsibility of a specialized service of the Ministry, which maintains, in Adis Abeba, a clinic for demonstration and training purposes. The project is responsible for the integration of measures for controlling venereal diseases in the health centres of the country.

Child Nutrition. A special research project, dealing with the nutrition of Ethiopian children, is, in cooperation with Sweden, operated in the Ethiopian-Swedish Children's Clinic. It comes under the Ministry of Public Health and has its headquarters at the Princess Tsehai Memorial Hospital in Adis Abeba. The supervisory staff is provided chiefly by Sweden.

2. Basic Health Services

a) Hospitals. The majority of the available hospital beds is in Adis Abeba, where there are 4.18 beds per 1,000 inhabitants. The main agency of the 8,882 beds in the country is the Ministry of Public Health; other supporting agencies are the Haile Selassie I Foundation, the Ministry of Defense, the Ministry of the Interior, and, to a considerable extent, the missions (Table VIII).

Of the various provinces, Eritrea has, with 1.54 beds per 1,000 inhabitants, the highest rate. The average rate for Ethiopia is 0.37 beds per 1,000 inhabitants.

Hospitals Supporting Agencies and number of beds

Supporting Agency	Number of beds
Ministry of Health	5,949
Haile Selassie I Foundation	1,001
Ministry of Defense	328
Ministry of Interior	163
Ministry of Mines and State Domains	60
Missions	1,109
Others	272
total	8,882

b) Provincial Hospitals. After Adis Abeba, the towns of Asmera, Gonder, Harer and Dire Dewa, as well as the province of Eritrea are relatively well provided with hospital beds. Less than 1,700 hospital beds are available for the remainder of the country's approximately 20 million inhabitants, so that not even one bed is available for every 10,000 inhabitants. For the provinces, a 200-bed hospital type has been developed, but they are still partly under construction.

The provincial hospitals maintained by the Ministry of Public Health and the Haile Selassie I Foundation are normally located in the capitals or larger towns of the provinces. As far as the locations of the missionary hospitals are concerned, other considerations were decisive in most cases. Various hospitals are operated jointly by the Ministry of Public Health and the missions. For the planning of hospital matters the Ministry of Public Health is responsible.

3. Provincial Health Administration

As a part of the decentralization process the position of the provincial health officer is of primary importance. He is in charge of the public health services of his province, and he is directly responsible to the Governor General for all activities of the public health service. So far it has not been possible to fill these positions adequately in all provinces.

a) Health Centres. The establishment of health centres with predominantly preventative tasks has priority over the curative health services. On a planning basis of one centre for 50,000 inhabitants, 400 to 500 centres of this kind would be required; at present 78 centres exist. The build-up depends on the number of trained health officers, community nurses and sanitarians, all of whom are trained at the Gonder Health College. Approximately 10 new units per year would be adequate for the annual population increase. The localization of the health centres can be seen from Map 7.

b) Health Stations. The health stations are the smallest units of the basic health service. They function as out-stations of the health centres, to which they are also subordinate. In most cases the health stations are manned with male dressers and only in exceptional cases with nurses. Plans envisage one such institution for every 5,000 inhabitants. The total requirement amounts to 4,000 units, of which not quite one fourth is in existence.

c) School Health Service. The school health service is subordinated to the Ministry of Education in Adis Abeba. About 200 health attendants are employed in the provinces. They are subordinate to the school inspector of the province concerned. The transfer of the school health service to the Ministry of Public Health has at times been under discussion.

4. Survey of the Health Services in the Individual Provinces (see Table VIII, p. 144)

Adis Abeba, the capital, has the status of a province. As mentioned previously, there is a concentration of health facilities, together with physicians and other medical personnel, in the capital, much to the detriment of the provinces. More than half of all physicians working in Ethiopia are employed in Adis Abeba. Only a small percentage of the physicians have private practices. Of approximately 350 physicians in Ethiopia about one fifth are Ethiopians.

The Municipal Health Services. Repeated attempts have been made in the past to build up a health department adequate for the requirements of the capital. During the period 1952 to 1956 the author was charged with this task. Amongst other things the suitable build-up was impeded by the fact that street-cleaning, garbage collection and carcass disposal were included among the tasks of this office, and—last but not least—by insufficient budgetary resources. Subsequently the position of the chief health officer remained vacant for many years.

The Hospitals in Adis Abeba. In the curative sector, the rate of 4.18 beds per 1,000 inhabitants is relatively favourable. The situation would further improve as soon as the Prince Makonnen Duke of Harer Memorial Hospital, completed for several years and having more than 500 beds, is put into service. One can, however, not yet foresee when and under what conditions the means necessary for maintaining such an expensive institution can be provided. Table VIII shows information on the number of beds in the hospitals of the capital.

Menelik II Hospital. This is the oldest hospital of the capital and at the same time, with its 400 beds, the largest in operation. The emergency center adjacent to the hospital has 80 beds. Attached to the general hospital are a dressers' school and a school for pharmacists' assistants. The supporting agency of the institution is the Ministry of Public Health.

Princess Tsehai Memorial Hospital. The hospital consists of a surgical ward and a gynaecological ward with a total of 150 beds. A nurses' school comes under the Ministry of Public Health, which is also the supporting agency of the hospital.

On the same site is the *Ethio-Swedish Pediatric Hospital* with 45 beds.

Emanuel Hospital. The hospital serves for the treatment of mental patients. It has a capacity of 262 beds. It is supported by the Ministry of Public Health.

Princess Zenebe Work Hospital. The former leprosarium has obtained a 250 bed ward which meets the needs of leprosy patients undergoing predominantly reconstructive plastic surgery. The supporting agency is the Ministry of Public Health, with additional support from international leprosy relief organizations.

Gandhi Memorial Hospital. The Gandhi Memorial Hospital has a gynaecological ward and an obstetrical ward with a capacity of 60 beds. This specialized hospital receives its support from the Haile Selassie I Foundation.

St. Paul's Hospital. This hospital comes under the Haile Selassie I Foundation and is the only institution that provides free treatment to the poor of the city. The number of beds has been increased to 400. As a general hospital it has the essential departments together with the appropriate clinics. Construction and maintenance support are provided by a German welfare organization.

Haile Selassie I Hospital. The hospital has 200 beds and is supported by the Haile Selassie I Foundation with additional support by the German government. The institution has the characteristics of a general hospital. Attached to it is a nurses' school operated by the Ethiopian Red Cross.

Empress Zeweditu Hospital. The supporting agency of the hospital is the Seventh Day Adventists' Mission. With over 200 beds it has wards for internal medicine, surgery, gynaecology, and also a nurses' school.

Ras Desta Hospital. The hospital has 74 beds and comes under the Ministry of Public Health. Attached to it is a vaccination post. The hospital serves mainly for the treatment of internal diseases.

Infectious Diseases Hospital. The hospital has 40 beds for the isolation of patients suffering from infectious diseases. It comes under the Anti-epidemic Service of the Ministry of Public Health.

St. Peter's Tuberculosis Hospital. The hospital is affiliated to the Tuberculosis Control Service of the Ministry of Public Health and is used exclusively for the treatment of tuberculosis patients. Its capacity is 125 beds.

Dejazmach Balcha Hospital. The hospital is amongst the oldest hospitals in the country; it was built as the "Russian Hospital" during the reign of Menelik II. The number of beds amounts to 100, and these are used predominantly for patients with internal diseases and for those undergoing surgery. The hospital is maintained by the Russian government, which also provides physicians and nurses.

Army Hospital, Body-Guard Hospital, Police Hospital. These three hospitals with altogether 400 beds and polyclinics for general medicine, internal medicine, and surgery provide for the treatment of members of the respective units and their families. The supporting agencies are the ministries concerned.

Training of Physicians, Health Officers, and Medical Auxiliary Personnel. Since the year 1965, the Haile Selassie I University has had a medical faculty, where students can complete their medical studies. A small percentage of Ethiopia's future physicians studies abroad, on a basis of scholarships. In view of the relatively small number of applicants for the study of medicine, the country will continue to be dependent on physicians from abroad for a long time.

The Health College at Gonder belongs to the Haile Selassie I University and serves to train health officers, community nurses and sanitarians. Attached to the hospitals which are spread all over the country are schools for the training of nurses, dressers, and midwives.

Laboratories and Research Institutes. In 1964, the former "Pasteur Institute of Ethiopia" was replaced by the Imperial Central Laboratory and Research Institute. It maintains the various laboratories necessary to diagnose the communicable and other diseases prevailing in the country, and to carry out routine tests on the material sent in. The "Armauer Hansen Research Institute" has been established at the Princess Zenebe Work Hospital to conduct research in the field of leprosy. The various departments of the medical faculty, as well as the hospitals, maintain their own laboratories for routine examinations, and partly also for research.

Philanthropic Institutions. The Ethiopian Red Cross is affiliated to the International Red Cross. Its president at present is the Crown Prince. The organization has its headquarters at Adis Abeba. It operates, among other things, a school for nurses and conducts first-aid courses.

A national leprosy relief-project has been organized and several international relief-organizations assist the Ethiopian government in its fight against leprosy.

There are facilities for blind, crippled, and otherwise physically handicapped persons. They are maintained either exclusively by national welfare organizations or with assistance from abroad. The Haile Selassie I Foundation, the most important welfare institution, maintains a number of hospitals in the capital as well as in several provinces of the country. A considerable part of the health facilities of the country is supported by missions.

III. Traditional Treatment of Diseases

In particular Pankhurst [280, 282], Lord [223] and Torrey [391] have dealt with this complex of problems and have compiled numerous observations. Methods of treatment, in which *magic* and *astrology* supplement the often drastic treatment of the "medicine-men", even today play a significant rôle amongst the various tribes of the country. The "debtera", a kind of catechist, sells consecrated amulets and "holy water" for the treatment of almost any disease. As these two remedies are associated with the church, people attribute magical powers to them.

With the Amhara, Tigre, and some other tribes the "wogeshas" have a status comparable to that of "healers". Their treatment is tolerated by the law. They use traditional medicinal herbs primarily. The knowledge is handed down from father to son, but treatment of fractures and wounds as well as extraction of teeth also fall within the sphere of activity of the "wogesha" or "hakim". Purgatives from plants and "kosso" are frequently used for treatment of worm infestation, but often not without serious consequences for the health of the patient [188].

In a number of severe diseases, such as tuberculosis, *magic* and *phytotherapy* are used together. The patient is given roots of rhubarb cooked in butter, whilst a rooster or goat is sacrificed and holy water is spread all over the property at the same time. In the case of syphilis the sacrificed goat must be black and the patient must drink its blood.

Water from a holy spring consecrated to a particular saint, plays another part in the treatment. The patient must bathe in the spring and drink large quantities of the holy water. The treatment of syphilis is concluded with a sweating cure of 40(!) days duration, during which the patient must drink large quantities of a sarsaparilla tea.

A "hakims" who practised in Adis Abeba until 1958 used pulverised plants for the treatment of colliquative forms of tuberculosis or similar diseases proceeding with lymphadenitis; the "success" of such treatment was due to sequestration of the diseased tissues. The native healers are often very successful in impressing their patients by using deception and sleight of hand. They show them large quantities of worms, maggots, a toad, or a frog, which they claim to have removed from the seat of the disease. The holy waters, which are almost always taken from mineral springs, are claimed to heal the deaf and the crippled, in that they make them vomit a toad or worms.

According to popular belief, the best treatment of measles consists of the consumption of butter which is 15 to 20 years old. When rubbed into the head of an infant it produces shining eyes and good intelligence. Butter put in the mouth of a new-born baby prevents it from acquiring a shrill voice. Feeding new-born babies with butter is a general custom; it leads to severe diarrhoea and digestive disturbances, which often contribute to a large extent to the very high rate of infant mortality in the country. Consumption of garlic is said to prevent the outbreak of malaria, and a man with a tapeworm will not suffer from amoebiasis. The sun has supernatural power. Pregnant women who expose themselves to the sun after meals will miscarry. Anyone who stays in the sun after meals will become ill (an observation which, in many cases, proves true because of the geographical situation of the country near the equator).

Certain ways of behaviour or omissions result in disease. Anyone who crosses a river at noon or midnight after using perfume contracts leprosy. In certain tribes members are obliged to chant a choral once a year, otherwise they will get leprosy and lose parts of their bodies. Anyone who makes fun of a leper contracts the disease himself. A person who has been bitten by a rabid dog and is undergoing treatment should not cross a river, otherwise the treatment remains ineffective. A person lying on the ground in an epileptic fit is possessed with the devil; one should not try to help him, otherwise one gets the devil oneself. He who kills an elephant must give a feast in honour of the elephant, otherwise he becomes crazy. A farmer who fails to kill a black sheep every year will lose his whole herd. One should not cut one's nails at night, otherwise an uncle will die. A brother dies if one cleans one's teeth at night.

A number of *taboos* are generally observed for religious reasons. They include the prohibition on consuming meat from pigs, hippopotamus, web-footed birds, and hares.

In spite of wide-spread superstition and the customary use of traditional methods of treatment the Ethiopian patient is quite receptive to treatment by scientific medicine. Particularly strong is his belief in the effectiveness of "morphe", i.e. injections. It is not uncommon for a patient to consult various places before deciding which treatment he considers most appropriate for his ailment. The doctor, "hakim", enjoys generally great esteem, and the patient places great trust in his art. But the indigenous population also has firm ideas about diseases and in certain cases prefers traditional methods of treatment.

C. The Diseases of the Country

I. Infectious Diseases Transmitted by Arthropods

1. Malaria (ወባ Wäba) *

Early studies on the epidemiology of malaria were made chiefly by Italien scientists. More detailed studies were conducted by Lega, Raffaele, and Canalis [215] of the Istituto di Malariologia in Rome during the period 1936 to 1941. From 1938 to 1940, Corradetti [89] worked on the *epidemiology* of malaria in the Welo Province. Giaquinto-Mira [155 and 157] investigated in 1938—1940, 1950 the distribution and biology of Anopheles in Ethiopia. Brambilla [34] demonstrated in 1940 the problems of malaria in the Dire Dewa District.

In 1952 Covell [91] investigated the malaria situation south of Lake Tana near Bahir Dar and in 1955 he made further surveys in other parts of the country. Following his recommendation, a *malaria control programme* for Ethiopia was established in cooperation with WHO, UNICEF, and USAID, pilot projects of which were started in Kobo Chercher, Dembia, and Gambela in 1955—1957.

The following conclusions constituted the most important result of these investigations: 1. the transmission cycle of malaria can be interrupted by spraying insecticidal agents inside human living quarters; 2. the endemic grade is in direct relation to the distance of the quarters from the breeding place of the anopheles; 3. transmissions begin soon after the onset of the rainy season and last until November/December; 4. regional epidemics of malaria may occur periodically. In addition domestic nomadic life may adversely affect malaria eradication measures.

Countrywide routine examinations, such as normally precede a control programme, were not yet completed, when during the second half of 1958 Ethiopia was struck by the worst *epidemic of malaria* ever met within this part of the African continent. The number of persons infected with malaria was estimated at three millions, the total number of deaths at more then 150,000 [143].

The epidemic occurred in areas hitherto spared from annual recurrent outbreaks, climbing to the unusual altitude of 2,100 m NN* and higher. The central

* The transliteration is in accordance with the recommendations of the Institute of Ethiopian Studies of the Haile Selassie I University (see Journal of Ethiopian Studies, Vol. II, No. 1, January, 1964, Adis Abeba). The English term for the disease is followed, in brackets, by the Amharic characters and the Amharian term used in Ethiopia in phonetic transcription.

* All data of altitudes refer to metres above sea level (NN)

provinces of Shewa, Gojam, Welo, and Tigre were worst affected although the highlands of the rest of Ethiopia were also involved up to an altitude of 2,000 m.

So surprising was the occurrence of the first cases in an unusual environment that a new disease (adis beshetha) was initially suspected. Microscopic examinations of blood smears then revealed *Plasmodium falciparum* as the infectious agent. Subsequent analysis of the epidemic showed that essential factors had been present, the coincidence of which had produced a conditio sine qua non for such a vast outbreak. Unusual high precipitation, a prolonged rainy season at abnormally high temperatures, and an air humidity close to saturation generated optimum breeding conditions for anopheles. The effect of unusually high concentrations of anopheles on a human population in which very low premunition was either or totally lacking led to this epidemic outbreak which lasted 6 months, and retarded the country's development by some years. The epidemic struck at the time of harvest. Crops were either not brought in at all or with considerable delay. A famine of catastrophic extent ensued. The northern provinces were particularly affected and worst of all the Tigre Province.

It had not needed this great disaster to convince responsible authorities of the necessity of eliminating malaria as the greatest obstruction to national development and progress. In 1959, the Ethiopian government, working in cooperation with USAID, established with Order 22/1959 the *Malaria Eradication Service*, a semi-autonomous organization under the Ethiopian Ministry of Health, whose task is the rapid eradication of malaria (Maps 4, 5).

According to statistical data on infectious diseases, malaria covers more than half of all cases reported [261]. Because of its fear of malaria the population avoids areas of low altitude, and fertile ground remains uncultivated or lies waste as a result.

The *seasonal dependence* of the occurrence of malaria can be seen from a summary (covering a 5 year period 1959/1963), prepared by the Anti-epidemic Service [261]. The lowest reported level falls in the month of March, the peak level is reached in November. In September the incidence increases rapidly, reaching epidemic proportions; it falls to endemic proportions just as quickly in December (Fig. 22, back of Map 5).

That a correlation exists between the rainy season and breeding conditions of vectors can be seen from the precipitation table (Table I). For the major part of the country, the rainy season sets in during the month of June and ends in September. Throughout the time of the daily rains, all rivers, pools, and lakes are abundantly filled. At the beginning of the drought, favourable conditions for the breeding of mosquitos, and thus for transmission of malaria, still exist. Most infections occur in the months of July, August, and September.

Stable conditions as far as the occurrence of malaria is concerned are found in the lowland along perennial rivers, whilst unstable conditions are encountered in the highland and in desert areas. In the South-west, where the rainy season covers nine months of the year in the Ilubabor, Gemu Gofa, and Sidamo provinces, transmissions may occur from April until December.

In *arid* regions of the lowland, where the rainy season lasts from December to January only, as in the coastal areas of the Red Sea, malaria is transmitted mainly in January and February.

Considering an altitude of 2,000 m as the upper limit of malaria occurrence, half of the Ethiopian population is subject to risk of infection with malaria, i.e., more than ten millions are threatened by malaria.

In 1887 Cecchi [64] reported from his travels that the Ethiopians traced the occurrence of fever to mosquito stings. Basic studies on the *anopheles fauna* in Ethiopia were conducted by Corradetti [82, 89], Brambilla [34], Gasperini [148], Giaquinto-Mira [155, 157], and Mara [231, 232]. These studies covered the most important vectors of malaria and described some new species. Altogether 16 species of anopheles were known to them. *A. gambiae* was found to the most important vector in the lower areas as well as in the highland up to a height of 2,000 m. *A. funestus* occurs at altitudes between 1,000 and 1,500 m, and is encountered occasionally in arid areas of the lowland. Its rôle in transmitting malaria plasmodia is proved. *A. d'thali* is believed to be a Saharo-indian species, being secondary in importance as a vector. In Ethiopia this species occurs in the arid regions of the highland and lowland only. A regular vector of malaria at all elevations is *A. praetoriensis*. *A. turkhudi* occurs in a few high regions only, being relatively rare; it transmits malaria rarely, if at all. *A. mauritianus* is encountered in rare instances, and is considered an irregular vector. *A. cinereus* is most frequent in all high regions; however, its significance in the transmission of malaria is still disputed. *A. christyi* belongs to the species of rare occurrence in Ethiopia, and is of no significance as a vector. *A. demeilloni* is widely spread both in the lowland and in the higher regions, but is only of moderate significance.

In co-operation with the Ethiopian Malaria Eradication Service, in 1963 Jolivet [202] has summarized in a table the 31 species of anopheles hitherto known, and has classified them by order of occurrence in the individual provinces (Map 5). Three new species were described during the preparation phase of the malaria control programme. Agreement with earlier investigators exists in that *A. gambiae* is considered the primary vector of malaria in Ethiopia. *A. funestus* is of secondary importance, dominating as a vector only in areas of endemic malaria in the vicinity of rivers, lakes, and swamps in the lowland, and in deep coombs. *A. pharoensis* is considered a vector, but is one of lower significance where epidemic transmission is concerned.

In the Yeju district of the Welo Province, Corradetti [82, 89] made a particular study of the development of *anopheles larvae*. *A. gambiae* is found at all altitudes, although at levels above 2,100 m, it only occurs at favourable temperatures and under suitable breeding conditions. With its great adaptability to all kinds of surface waters for larvae development, it is superior to other species. According to Corradetti, foci with larvae of *A. gambiae* exist all the year. In the dry season, when the anopheles fauna is most stable, *A. gambiae* prevails at altitudes below 1,000 m. At heights of between 1,000 and 1,800 m, *larvae* of *A. cinereus, coustani, demeilloni*, and *praetoriensis* are predominantly encountered, while *A. christyi, pharoensis, rhodesiensis, squamosus*, and *macmahoni* occur less often. Above 1,800 m, most breeding places of mosquitos primarily contain larvae of *A. cinereus*, while concentrations of *larvae* of *A. garnhami, christyi, coustani, demeilloni*, and *squamosus* are found only occasionally (Map 5).

As the *big rains* set in and breeding places enlarge accordingly, there is a substantial displacement in the numerical proportion of larvea species found. Up to an altitude of 1,800 m, *larvae* of *A. gambiae* dominate, while between 1,800 and 2,000 m an increase of *A. christyi* is to be noted. In the western part of the Welo Province at heights between 400 and 700 m the most frequent occurrence is of *A. pharoensis*.

Corradetti [87], who studied the cycle of development of *A. gambiae*, stated that nine days are the minimum hatching period for imagines in the months of August and September. There is a slight excess of females in hatched imagines. They show a marked preference for human blood; 123 out of 214 mosquitos examined had human blood in their intestines.

Jolivet [202] investigated in 1962 the natural habits of life of *A. gambiae* and *pharoensis* toward the end of the rainy season at the hot springs of Sodore in the Shewa Province. Of 380 females of *A. gambiae* caught in a trap with human baits, 37.8% were caught between 18.00 and 20.00 hours, 48.6% between 20.00 and 24.00 hours, 8.6% between 24.00 and 4.00 hours, and 4.7% between 4.00 and 8.00 hours. In the case of *A. pharoensis*, the situation was similar. During the time from dusk to midnight, the anopheles are the most active, although already at dusk there is a relatively great activity.

Sensitivity tests necessary for vector control showed that the tested species *A. gambiae*, *pharoensis*, and *funestus* are very sensitive to all insecticides of chlorinated hydrocarbons. The average *mortality rate* at resting places inside human living quarters and stables sprayed with this insecticide was between 45% and 100% at an interval of 3 to 7 months after the treatment of the rooms.

Comparative examinations of insecticide-treated areas and untreated quarters showed a considerable drop of the parasite rate in inhabitants of the sprayed area. It was thereby verified that the interruption of the malaria cycle by the application of suitable insecticides against the vector is also practicable in Ethiopia.

Parasitological investigations conducted by the Malaria Eradication Service in 1962 at 30 different places in the country of altitudes of up to 2,000 m yielded positive results in 1.61% of blood tests taken on 143,499 individuals. A *parasite index* above 10 was found in Maji in the Kefa Province (33.3%), Arba Minch in the Gemu Gofa Province (14.3%), and Gambela in the Ilubabor Province (10.9%). All three of these places are located in the west in a region with a prolonged rainy season. A relatively high rate was also determined in Mitsiwa in Eritrea (9.48%). This rate is surprising, since, in earlier examinations, much lower results were obtained. Awash Station (5.5%), Robi (4.76%), and Adamitulo (4.5%), all of which are located in the Shewa Province, were known for their high endemicity. In his surveys for yellow fever in ten villages of the Gemu Gofa Province, Serié [352] found in 1962 *Plasmodium falciparum* in 37 out of 132 blood smears, corresponding to more than 28%.

Of the three *species of parasites* encountered in Ethiopia, *Plasmodium falciparum* dominates almost everywhere. According to a computed distribution code, frequency percentages are: *Plasmodium falciparum* 60%, *Pl. vivax* 25%, and *Pl. malariae* 15%. *Pl. ovale* has not yet been observed in Ethiopia. Mixed infections with more than one species occur frequently.

Seasonal variations and regional differences in the occurrence of the individual species of parasites are known from earlier examinations. During the drought in the months of April and May, *Pl. vivax* and *Pl. malariae* are just as frequent as *Pl. falciparum*, or are even more frequent than this species.

Systematic surveys on the *regional distribution* of Plasmodia were conducted by Italian scientists in the past. Lega, Raffaele, and Canalis [215] found in 1937 70% of *Pl. vivax* and 30% *Pl. falciparum* at the river Shebeli. According to Mirra [265], *Pl. vivax* dominates in Eritrea with 75% as opposed to *Pl. falciparum* (20%) and *Pl. malariae* (5%), whilst there is a higher incidence of *Pl. falciparum* in the lowland. In Mitsiwa, Spadaro [377] found in 1952 *Pl. falciparum* in 60% of blood smears and *Pl. vivax* in 40%; *Pl. malariae* was not encountered. In the Akordet area of Eritrea he found *Pl. falciparum* outweighing *Pl. vivax* even more (70%), whereas *Pl. malariae* was scarcely encountered. In surveys conducted in adjacent Somalia, Mariani [234] arrived at percentages of 65 for *Pl. falciparum*, 30 for *Pl. vivax* and 5 for *Pl. malariae* in 1937.

Surveys on *spleen index* are available, dating from different years in the past. In 1932 Ganora [146] observed that the spleen index is higher in low altitude areas than in the other malarial zones of the country. In 1938 De Amelis [99] found an index of 21% in Aseb, Eritrea. Giaquinto Mira [155] found spleen indexes of 10.3% in Dese in the Welo Province, 33.3% in Mojo, 32.1% in Adamitulo, and 23.5% at Lake Ziway in the Shewa Province. Barbera and Capuano [17] reported in 1947 very high indexes (80%) from Jima in the Kefa Province; Lega, Raffaele and Canalis [215] reported in 1937 indexes of 70 to 90% from various villages in the Harer Province.

During a *malariometrical survey* conducted by WHO in 1963 in 17 villages from 7 provinces, more than 800 children between 2 and 9 years of age were examined. The number of subjects in each village amounted to more than 10% of the respective population. In the evaluation of the results, the dependence of spleen indexes upon altitude was clearly evident, the highest values being encountered at lowest levels. In the Harer Province, figures varies between 8.5 at 1,700 m and 62% at 1,200 m. In the Shewa Province, corresponding values were 5.8 and 66.6% at 1,660 m and 900 m respectively. A similar tendency was observed in the other provinces, except for places located at sea level or slightly above. Results found in adults were in conformity with those in children [404].

Hypoendemic zones of malaria occurrence are chiefly at altitudes between 1,600 m and 2,000 m, and are encountered in all provinces of the country (Map 4). *Mesoendemic* and *hyperendemic* zones are found within a 400 m to 1,800 m altitudinal range along large rivers and around lakes. *Holoendemic* areas exist primarily in the West at heights around 1,300 m and below, where the rainy season extends throughout most of the year.

In 1965 Chand [68] points out that half of all cases of communicable disease admitted to hospital are malaria. Only an extremely small proportion of malaria patients can be given adequate medical treatment (Fig. 21). In most areas of high incidence of malaria there is only a rudimentary health service. In rural areas the ratio of medical doctors to population is 1 per 100,000 and worse. Treatment is usually given by auxiliary medical personnel. Outside hospitals a microscopic diagnosis of malaria can be made only within the area of the newly established Public Health Centres. Erroneous diagnoses are therefore inevitable. In the case of a febrile disease, malaria tends to be the first tentative diagnosis seized upon. In 1947 D'Ignazio [118] stressed the importance of differential diagnosis of malaria and febris recurrens.

The *mortality* of malaria is 1 to 2% during non-epidemic periods. During epidemics it reaches 10 to 25%. It is generally assumed that the rate of deaths not caused by malaria directly but occurring as a consequence of it, is equally high. Boccia [27] and Cimmino [76] indicated the more malignant nature of malaria in natives as opposed to Europeans. Attacks in childhood are particularly critical (Chand [68]). Malaria and malnutrition often coincide, and are followed by prolonged infirmity. The reduction in national labour capacity as estimated by Chand [68] is 20 to 25%. Agriculture is worst affected. The resulting crop losses are the cause of diminished nutritional status which affects large parts of the population.

Among the tasks of the Public Health Service, *malaria control* is of first priority. About one fifth of the Ministry of Health's budget is set aside for malaria control; these financial efforts are doubled by international aid through USAID and WHO. These relatively large resources permit a step-wise control of malaria which has the ultimate aim of complete eradication. Since 1965, a pertinent programme has been in operation in Area A. For the purpose of malaria eradication, the country was divided into the following four areas (Map 5):

Area A Eritrea, Tigre, Begemdir, Eastern Welo, Northern Harer, Eastern Shewa, and Northern Arusi

Area B Gojam, Western Welo, North-eastern Welega, Northern Kefa, and Eastern Ilubabor

Area C South-western Welega, Western Ilubabor, and Southern Kefa

Area D Southern Harer, Southern Arusi, Bale, and Eastern Sidamo.

The eradication programme will be carried out in four phases:

1. *Preparatory phase.* This will take two years. During this period the country is mapped. Then malaria areas are plotted into the maps. Houses of villages are numbered and listed.

2. *Attack phase.* This phase will take four years. During this period each structure used by anopheles as a resting place is sprayed at regular intervals with an insecticide.

3. *Consolidation phase.* This phase follows the attack phase. In it every effort is made to detect transmissions which still persist to determine their cause and to eliminate it. Measures include preventive action against re-importation of malaria as well as verification as to whether eradication has been achieved.

4. *Maintenance phase.* This phase is unlimited in time. The responsibility for the detection of new transmissions and cases of malaria is transferred to the basic Public Health Services. At the time this takes place, these services must have reached a state of development which enables them to carry out this important task.

The target date for attaining the maintenance phase in Area A is 1973. The other areas (B, C and D) will be included as stages in the programme. The maintenance phase for the whole of Ethiopia should be reached by 1979. Until then malaria will remain the most urgent national problem.

2. Leishmaniasis (ቁንጫ Quneč̣č̣a) *

The earliest studies on leishmaniasis were conducted chiefly by Italian scientists. These studies dealt with leishmaniasis cutanea as well as kala-azar, the visceral form of leishmaniasis.

In 1912 Martoglio [244] doubts the *occurrence* of leishmaniasis visceralis in the highland of Eritrea, but conceded that its occurrence might be possible in the lower regions in the West. In 1914 De Marzo [105] was the first author to describe kala-azar in Eritrea. Ferro-Luzzi [134] studies between 1939 and 1943 nine patients suffering from leishmaniasis visceralis, all of whom came from the lowland of Eritrea. He, too, considers the occurrence of kala-azar in the highlands unlikely.

In south-east Ethiopia, mainly in the territories bordering on Sudan and Kenya, that is, in the Sidamo, Gemu Gofa and Ilubabor Provinces, major *epidemic* outbreaks of kala-azar occurred in 1938—1942. In 1943 Andersen [5] reports on 136 cases of leishmaniasis visceralis among African troops during the war in Ethiopia. Individual cases of kala-azar were treated in the hospitals of Gonder, Jima, and Adis Abeba during the last decade, although their occurrence did not lead to any epidemiological control measures. Cases of kala-azar were also registered in the Danakil territory and around Jijiga in the Harer Province (Fig. 25, back of Map 5).

In 1935 Penso [292] described the first case of leishmaniasis visceralis in adjacent Somalia. Prior to this, in 1933, Sarnelli [329] had pointed to its high incidence** in Yemen.

For the most part infections with kala-azar occur at altitudes below 1,200 m in regions of little precipitation (150 to 950 mm) and a mean annual temperature above 20 °C.

Leishmaniasis cutanea (oriental sore) occurs in almost all provinces of Ethiopia (see Fig. 25, back of Map 5). The first data were supplied by Martoglio [244] in 1912 and De Marzo [105], in 1914, who reported the occurrence of this disease in Eritrea.

According to Spadaro [377] leishmaniasis cutanea is not encountered in the eastern lowland of Eritrea because of adverse climate conditions for the vector. Mariani's [235] observation in 1938 that leishmaniasis cutanea was not autochthonous in Adis Abeba can be confirmed from the author's own experience. The major part of the cases subjected to treatment in this city comes from the Welega Province located in the west. "Oriental sore" is a widespread disease in the districts of Gimbi

* From "Zeitschrift für Tropenmedizin und Parasitologie" **22**, 235—242 (1971) by permit of G. Thieme-Verlag, Stuttgart.

** Unfortunately it was not possible to meet the author's wishes regarding changes of the word "incidence" while the book was in press.

We therefore quote the WHO definition: "incidence" means the number of cases of a disease occurring during a given time period in relation to the unit of population in which they occur (a dynamic measurement).

Please read "prevalence", "occurrence" or "frequency" in every case where the word "incidence" is not used with the above meaning. Editor and publisher.

and Dembidolo (Bucco [47]). So too in Asosa and its neighbourhood, a relatively great number of natives is encountered with scars on unclothed parts of the body; these are strong indications that the bearer has suffered from this disease. The oriental sore is called "finchoftu" by the Gallas. The Amhara refer to leishmaniasis cutanea as "kuncher", and in Tigrinia the oriental sore is named "guzuwa".

Up to the present time, systematic control of the *incidence* of leishmaniasis cutanea has been maintained to rather a limited extent. Bryceson and Nichol [46] examined in 1966 the inhabitants of two small towns in the vicinity of Dembidolo for leishmaniasis. The altitude of this area is about 1,900 m. Mean annual temperature is 15 to 20 °C, and the annual rate of precipitation runs up to 1,500 mm. Based on results obtained, the two authors estimated the contamination of the population at 10 to 20%.

Most cases of leishmaniasis cutanea take the form of the oriental sore, but mucocutaneous lesions are also encountered. All age groups are involved; however, the disease affects chiefly the young and is, in most cases, localized in the face. The lesion, usually only one, begins as a nodule which, having attained a certain size, is subject to ulceration. The duration of the illness is 1 to 2 years. Remaining scars are usually oval in shape and 2 × 3 cm in size.

After the first case of leishmaniasis cutis diffusa in Ethiopia had been described by Balzer, Schaller, Serié and Destombes [16], in 1960, more cases of this disease were put on record first among leprous patients [349, 313] and later among other patients [45]. Leishmaniasis cutis diffusa in Ethiopia behaves in a manner similar to the disseminated form of leishmaniasis cutanea, which was presented as a new disease in South America by Barrientos [20] in 1948, Convit, Kerdel-Vegas [81] in 1960 and others. In 1964 Poirier [307] points to the fact that all cases of leishmaniasis cutis diffusa (more than 50), hitherto unknown, occurred in the Ethiopian Highland only. As for the *clinical* picture and the *tissular fine* structure, leishmaniasis cutis diffusa may be classified into *tuberculoid*, *lepromatoid* and other varieties *intermediate* between these two.

Reactions obtained in the *Montenegro* test vary correspondingly. In 1966 Bryceson and Nichol [46] used for their tests a *leishmanin* extracted from leishmania brasiliensis and observed positive reactions in subjects suffering from leishmaniasis cutanea, while there were negative reactions in the case of lepromatoid leishmaniasis cutis diffusa. Patients suffering from leishmaniasis cutis diffusa, showing a tuberculoid tissular reaction, reacted positively. No observations are available in Ethiopia on the results of Montenegro tests with kala-azar.

The post-kala-azar leishmanoid, as described by Brahmachari [33] in 1922 in India, has not yet been observed in Ethiopia.

All varieties of leishmaniasis are caused by a protozoan parasite of the species *Trypanosomidae* of the genus *Leishmania*. In Ethiopia, *L. donovani* is found to cause leishmaniasis visceralis, while *L. tropica* causes leishmaniasis cutanea. Studies on the nature of the organism causing leishmaniasis cutis diffusa are not yet completed. It is believed that *L. tropica* is responsible for all manifestations of cutaneous-type leishmaniasis (Bryceson [46]).

Little is known about the *reservoir* of infection in Ethiopia. In 1931 Conti [80] found the first dog infected with *leishmania* at Ginda near Asmera. In 1934 Battelli, Coceani and Rossi [24] examined the dogs of Asmera for spread of leishmaniasis. Nine dogs out of 102 were found to be infected. In 1943 Ferro-Luzzi [134] is inclined to deny a relation between canine and human leishmaniasis. In his view the discrepancy in the incidence of either disease is too striking to assume such a relation.

Several species of the genus Phlebotomus occurring in Ethiopia come into question where the transmission of leishmaniasis is concerned. The insects live in or around human dwellings where they find favourable breeding conditions. *P. sergenti*, *P. langeroni* var. *orientalis*, and *P. longipes* [220] are mentioned as vectors [243, 286]. Infections take place in the evening hours.

There are some indications that *P. longipes* is the main vector of human leishmaniasis, whereas the prevailing *P. bedfordi* can be excluded as a vector [202].

To date, too little is known on the *ecology* of those Phlebotomus that come into question as vectors, and further studies are necessary to determine the relations existing between the potential reservoir of infection, human diseases, and the vectors.

In a *geomedical* respect, the difference in occurrence of the visceral and the cutaneous form of leishmaniasis in Ethiopia is of special interest. According to past observations, kala-azar is transmitted in the lower, *arid* regions of the country, the Ethiopian "kolla" zone, whilst cutaneous leishmaniasis occurs on the *plateau* and its slopes and valleys at altitudes between 1,200 and 2,200 m. *Climatically* this region corresponds to the Ethiopian "woina dega" zone, having a mean annual temperature under 20 °C and annual rates of precipitation between 950 and 1,500 mm. Facts as known to date do not permit any conclusions which might contribute to an explanation of this difference in the occurrence of the various forms of leishmaniasis.

There can be not doubt as to leishmaniasis being a health problem in Ethiopia. Epidemic outbreaks of kala-azar like those in previous years may happen again at any time. The programme of Anopheles eradication for malaria control is also directed against the Phlebotomus and is thus a suitable measure for the interruption of the *man–vector–man* or *animal* cycle. Other preventive measures, such as the elimination of the animal reservoir of infection, or specific actions against the Phlebotomus beyond those within the malaria campaign, exceed the capacity of the public health service and are not intended in the near future.

3. Sleeping Sickness
(የንቅልፍ በሽታ Yänqelf Bäššeta)

Up to 1967 Ethiopia was considered to be free from sleeping sickness. The Italian literature from 1905 to 1940 also makes no reference to its occurrence in any part of the Horn of Africa [51]. Investigations have been carried out regarding the occurrence of *trypanosoma* in animals, the nature of the pathogenic agent, and the geographical distribution of possible *vectors*. For instance, in 1938—1939 Ghidini [152, 153] described all *glossina* species which are vectors and potential transmitters of the germ to man, and pointed out the possible danger of an importation and further distribution of the sleeping sickness. According to Kunert [211], in 1956, it was really "lying in wait" in the lower regions west and south of Adis Abeba.

The two first cases of sleeping sickness were identified on the Akobo River to the west of Maji in the spring of 1967 [14]. Two further cases occurred in the Gambela area in the same year. By the end of the first quarter of 1970 the number of known cases amounted to 232, of which 210 occurred at villages situated on the Gilo River and 15 at places on the Akobo River in the Ethiopian-Sudanese border area.

The disease runs a quick course. Death occurs 3 to 6 months after the appearance of the first symptoms. The first known cases were in the *late stage* of the disease. Those afflicted suffered from ascites and an anaemia of 5 g%. In the *initial stage* symptoms of the central nervous system and liquor changes occur.

The area of Ethiopia affected by sleeping sickness is situated in the south-west part of the country, in the provinces of Ilubabor and Kefa (Fig. 26, back of Map 5). The focus is in the Gilo River area, in the Ilubabor Province, approximately between 34° E and 8° N, at heights ranging from 480 to 510 m. The area is not easily accessible and then only from January till April by cross-country vehicles, if at all.

The area is mainly inhabited by Anuaks, who earn their living by agriculture, fishing and collection of honey on both sides of the Gilo River. The area along the eastern bank of the river is only thinly populated. In clearings of the adjacent wooded area live people of the Masengo tribe in small villages and family groups. In addition to engaging in agriculture in a primitive form they collect honey and try to sell it in nearby market-towns. So far no case of sleeping sickness among the Masengos is on record. It must, however, be remembered that they live very much secluded from the outside world.

The occurrence of trypanosomiasis among the Masengos would mean that the disease could spread to the east into the glossina-infested areas in the southern regions of central Ethiopia.

North of the Baro River the landscape has the characteristics of the savannah. The prevailing trees are species of the genus *Acacia* and *Combretum*. To the south the woods become denser, with scattered villages in clearings. The Gilo River is bordered by tropical gallery-forests, while the landscape to the south is similar to that north of the Baro River. *Wild game* is plentiful; among others the following species are found: bushbuck *(Tragelaphus scriptus)*, defassa waterbuck *(Kobus ellipsiprymnus defassa)*, reedbuck *(Redunca spec.)*, hartebeest *(Alcelaphus buselaphus)*, grey duiker *(Sylvicapra grimmia)*, roan antelope *(Hippotragus equinus)*, African buffalo *(Syncerus caffer)*, wart hog *(Phacochoerus aethiopicus)*, elephant *(Loxodonta africana)*, black-and-white colobus *(Colobus abyssinicus)*, anubia baboon *(Papio anubis)* and other primates, lion *(Panthera leo)*, leopard *(Panthera pardus)*, hippopotamus *(Hippopotamus amphibius)*, crocodile *(Crocodilus niloticus)* [14].

The *climate* is characterized by clear-cut rainy and dry seasons. Rain falls mainly from April till September (see Table I). In view of the fact that the Glossinae occur in all climatically suitable regions of the country the potential sleeping sickness area is not limited to the two provinces of Ilubabor and Kefa; the provinces of Gemu Gofa, Welega, and the southern area of Shewa must also be regarded as exposed to the threat, should the tsetse flies extend their habitat.

In 1938/1939 Ghidini [152, 153] reported that the following *glossina* species were found in the area: *Gl. longipennis*, *Gl. brevipalpis*, *Gl. palpalis fuscipes*, *Gl. austeni*, *Gl. pallidipes*, *Gl. morsitans*, and *Gl. tachinoides*. *Gl. palpalis fuscipes*, *Gl. tachinoides*, and *Gl. morsitans* are particularly dangerous in the vicinity of centres of human trypanosomiasis. The occurrence of *Gl. tachinoides*, *Gl. fuscipes*, *Gl. morsitans submorsitans*, *Gl. pallidipes*, and *Gl. longipennis* was confirmed by more recent investigations carried out by Ballis and Bergeon [15], in 1970. They found *Gl. morsitans* in the Baro River region, *Gl. pallidipes* and *Gl. fuscipes* in the area to the south of the river, *Gl. tachinoides* near the Gilo River, and *Gl. pallidipes* and *Gl. morsitans* in the near vicinity of Gambela.

Very little is known about the rôle of the individual species of the genus glossina in the *transmission and distribution* of the sleeping sickness during the current *epidemic*. In the regions along the Baro River and south of the Akobo River, where *Gl. morsitans* is the predominant species, the occurrence of the disease has been only *sporadic*, as is usual in the case of transmission from animal to man. Here the incidence rate remained low, although untreated cases were carried in, whereas it took on *epidemic* dimension at the Gilo River. Here *Gl. pallidipes* ans *Gl. tachinoides* predominate; *Gl. fuscipes* also occurs, but to a lesser extent; it will probably only occasionally play a rôle as a vector. *Gl. pallidipes* attacks man at any time of the day. In constrast to *Gl. tachinoides* it is not restricted to the immediate vicinity of the river.

The *trypanosomes* were isolated by intraperitoneal injection of blood in mice and rats. The pathogenic agent of the sleeping sickness has been identified as *trypanosoma rhodesiense* [14].

At this point in time it is extremely difficult to make a *prognosis* as to the further development of the epidemic in the western regions of Ethiopia. In view of the geographical distribution of the various glossina species with a vector rôle, the climatic and geological conditions favourable for them, the inadequate control measures, and the fluctuation of people and animals in the border district, one must expect that new cases of the disease will occur and that it will spread to areas which have been spared so far. Any control measures to be taken by the public health service will be seriously hampered by the fact that the infested areas are not easily accessible.

4. Relapsing Fever (ገርሺ ትኩሳት Agärši Tekkusat)

The occurrence and the epidemiology of relapsing fever in Somalia, and later also in adjacent Ethiopia, have been dealt with primarily by Italian authors [9, 92, 235, 237, 238, 301, 331, 364, 417].

Until 1940, individual cases and *epidemic* outbreaks of relapsing fever had been observed in the following locations: Aksum, Adwa, and Mekele in the Tigre Province; Debre Birhan, Debre Sina, Feche, and Adis Abeba in the Shewa Province; Debre Tabor and Simen in the Begemdir Province; Nekemte in the Welega Province; Bonga in the Kefa Province, and Asmera in Eritrea. This enumeration, of course, cannot claim completeness. According to Bucco [51], 0.2% of the

Italian troops in Ethiopia suffered from relapsing fever in 1935—1936.

No past or present statistical data on the *incidence* of relapsing fever are available for evaluation. In periodic disease reports, relapsing fever is not listed as an individual disease, but is covered under "miscellaneous communicable diseases". In the laboratory tests conducted by the former Pasteur Institute of Ethiopia, positive results in blood smears submitted in 1953 through 1963 varied between 2% and 5%, reaching absolute values in as many as 40 cases per year. From available results it can only be deduced that relapsing fever occurs as an *endemic* disease in all provinces of the country.

In surveying their 1961/1962 medical records of 11,170 patients from the Harer Province, Blahos and Kubastova [26] stated that relapsing fever covered 1.5% of all cases of communicable diseases admitted, the latter equalling one sixth of all diseases treated during the period cited. As a supplement to this, the authors point out that in the month following the reporting period, numerous cases of relapsing fever occurred, outnumbering those of malaria. Apparently the authors witnessed an *epidemic outbreak* of relapsing fever in the Harer Province.

According to Teclemariam [385], relapsing fever presents one of the primary health problems in the Kembata district which is located in the South-east of the Shewa Province.

Both forms of relapsing fever, *louse-borne* and *tick-borne*, have been described in Ethiopia. Louse-borne relapsing fever is a disease of the Ethiopian highland. The occurrence of tick-borne relapsing fever in Ethiopia has repeatedly been questioned, most recently in the 1965 report [262] of the working party for "communicable diseases" of the Ethiopian Ministry of Health. Contrary to this, Sparrow [378] claims in 1955 that tick-borne relapsing fever has occurred in the Ethiopian lowland.

Borrelia recurrentis is the causative agent of louse-borne relapsing fever, while tick-borne relapsing fever is caused by *B. duttoni*. According to Mariani [237], *B. recurrentis* is the only causative agent in Eritrea and the remainder of Ethiopia, while in adjacent Somalia only *B. duttoni* comes into question. *B. duttoni* has not yet been detected with certainty in Ethiopia.

Louse-borne relapsing fever tends to epidemic outbreaks, while the occurrence of *tick-borne* relapsing fever is usually *sporadic* and *endemic*. The majority of observations conform in that relapsing fever in Ethiopia is more frequent in the cold season than it is during the rest of the year, which would indicate conditions similar to those concerning the occurrence of typhus in the highland. The incidence is at its peak when vector (louse) concentration is highest. *Pediculus humanus* var. *capitis et corporis* as a human *ectoparasite* is widespread and frequent in the Ethiopian highland. Optimum breeding conditions for lice parasitic upon man are produced by the habit of living closely together in round huts containing usually only one room, especially in the rainy season and during the cold season following the rains; further, by factors such as the type of clothing worn and lack of personal hygiene, to name only a few. The observation made by Teclemariam [385] about the high incidence of relapsing fever during the rainy season in the Kembata district of the Shewa Province should be interpreted with these points in mind.

The increased occurrence of relapsing fever in the Harer Province as determined by Blahos and Kubastova [26], in 1963, also falls into the rainy and cold period.

Two species of *ticks* responsible for *transmitting* relapsing fever are encountered in Ethiopia, *Ornithodorus moubata* and *O. savignyi*. However, unlike the adjacent Somalia, very little data are available on tick-borne relapsing fever. Only Sibilla [364] reports on a focus of tick-borne relapsing fever in the Lasta District of the Welo Province in 1937. Generally it is true of Ethiopia that relapsing fever is less widespread at lower altitude than it is on the high plateau of the country. Ticks of the genus *Ornithodorus* are found at all altitudes. In 1938 Angelini [9] encountered them in the highland of Debre Birham, while Musi [271] found them at Feche on the high plateau of the Shewa Province. Preto [311] found ticks likely to be vectors in Foghera and Simen, the highland of the Begemdir Province.

In 1923 Reitani and Parisi [317] believe atmospheric variables to be of minor significance for the spread and transmission of tick-borne relapsing fever, but consider the way of life of the natives the decisive factor. However, they concede that hot weather and dryness cause the population to live in the open and sleep on the bare ground, thus exposing themselves to tick bites.

The *incubation period* of tick-borne relapsing fever is rated at 4 to 14 days by the various authors [92, 247, 237]. Incubation periods of 6 to 15 days are specified for louse-borne relapsing fever, with an average of one week.

Attempts were made, chiefly by Italian authors, to work out *clinical differences* between the two forms of relapsing fever. The investigators had the opportunity to study and compare the tick-borne fever of Somalia and the louse-borne fever of the Ethiopian highland from their own experience.

It remains an open question whether the peculiarities stated in the clinical picture of either are due to the different nature of the causative agents, or whether they must be ascribed to other factors inherent in the environment or host.

Mortality in cases of louse-borne relapsing fever is higher than that of tick-borne relapsing fever. Mariani [237], in 1951, and Sibilla [364], in 1937, reported lethalities in excess of 20% from louse-borne relapsing fever in Ethiopia. As antibiotics are introduced a marked change for the better is being achieved in areas taken care of by Public Health Service, although only a limited part of the population benefits by this. Lethality from tick-borne relapsing fever is considered lower; rates ranged between 1.5% and 3% prior to the introduction of penicillin, and should now lie well below this level. A high rate of lethality of 9% was stated in 1922 by Rodino [323] during an epidemic in Somalia.

Under existing conditions, it is very difficult to assess correctly the importance of relapsing fever as a Public Health Service problem. Sporadic infections are not infrequent, and epidemic outbreaks of louse-borne relapsing fever must be reckoned with at any time in all provinces of the country. Attacks are critical if they occur beyond the range of public health facilities. Special studies are required to determine the extent to which the population of the highland is threatened by relapsing fever. It would also be interesting to know whether and to what extent tick-borne relapsing fever occurs in Ethiopia. At the present time control measures by Public Health Service are limited to the treatment of individual cases and the delousing of the sick and their environment. Large-scale *delousing* to rid the population of the dangerous ectoparasite is a future responsibility of rural health centres, and would at the same time lend support to typhus control.

5. Typhus and other Rickettsioses (ተስቦ በሽታ Tässebo Bässeta)

According to observations to hand, three types of rickettsioses occur in Ethiopia: Classical typhus, Brill-Zinsser's disease, murine typhus, and tick bite fever. In 1947 D'Ignazio [118] confirms the occurrence of murine typhus in Adis Abeba which, over the last few years, has outweighed classical typhus in significance in this city. The occurrence of tick bite fever in Eritrea and Begemdir was confirmed by Cavazzi [63] in 1943.

In 1940 Mariani [236] isolated four strains of Rickettsia in the Ethiopian Highlands, three of which were identified as *Rickettsia prowazeki* and one of which differed from both *R. prowazeki* and *R. mooseri*. In 1944 Sofia and Spadaro [373] isolated in Eritrea two strains of the agent of classical typhus and three strains of *R. mooseri*. In 1947 Sforza [358] confirms the occurrence of *R. prowazeki* and *mooseri* in Eritrea, but indicates the existence of a third sub-species transmitted by tick, the *R. conori*. *R. burneti* has not yet been detected in Ethiopia. In 1961 Reiss-Gutfreund [315] has determined, in sporadic instances, low *agglutination titers* with this sub-species in slaughterhouse workers and domestic animals. The same author cultured *R. prowazeki* in goat's blood, and two more sub-species in ticks of the *Amblyomma variegatum* type.

With the aid of the Weil-Felix reaction an attempt was made to obtain a more distinct picture concerning the *epidemiology* of rickettsioses in Ethiopia. In 1948 Ferro-Luzzi [137] found positive Weil-Felix reactions up to a titer of 1:1280 in apparently healthy subjects. In his investigations conducted before and after the outbreak of a typhus epidemic, in 1947 Sforza [360] arrives at the conclusion that, in Europeans, a titer of 1:160 is a significant evidence of infection, whereas the same titer would only be a reason for suspicion in natives. A titer of 1:320 is significant in natives, but, in itself, is not decisive evidence. In 1937 Pistoni [300] found high agglutination titers with *Proteus OX* 19 6 to 8 days following the outbreak of the disease. In 1946 Codeleoncini [78] proved by his tests that agglutinins against *Proteus OX* 19 pass into the saliva.

In 1939 Mariani and Borra [239] observed that typhus is prone to show *epidemic* outbreaks of classical pattern in regions where it had been unknown, while appearing less severe in areas where it has been occurring over a long period. The authors ascribe this phenomenon to *immunity* acquired in early childhood. The proportion of benign cases in children is 20 to 25%. Immunity decreases with increasing age.

In 1940 Mariani [236] takes the view, based on their *clinical* and *epidemiological* characteristics, that the diseases encountered in the Ethiopian highland should be designated as rickettsioses instead of typhus. Not in all cases could the disease be traced to lice as transmitting agents; besides, several human-type rickettsioses occur in the countries bordering on Ethiopia.

According to Bucco [51] certain types of diseases occurred in Eritrea during the past century, which, in all probability, were rickettsioses. Izar and Croveri [194] believe the epidemic which occurred in Eritrea in 1920 to have been typhus. In 1936 Pellicciotta [290] assigns the "Fever of Aksum" to the rickettsial group. In 1937 Pistoni [299] studied the question of rickettsial diseases in Eritrea. The epidemic outbreaks in the jails of Asmera and in Adigrat in the Tigre Province involved typhus, which is ubiquitous in the country and occasionally leads to limited epidemics.

The *occurrence of typhus* is also reported from the remaining territory of Ethiopia [31, 94, 147]. For the Gojam Province, Georgieff [151], 1965, rates typhus as the infectious disease second only in importance to malaria. Typhus is particularly widespread in the highland of the province, which comprises the Mota, Bichena and Debre Markos districts. The author stresses the diagnostic difficulties, which, by the way, also exist in the other provinces, and considers it a possibility that some of the "so called" cases of typhus actually involved typhoid or relapsing fever. Among the diseases treated as in-patients in Debre Markos, typhus takes the first place, covering 6.2% of the cases admitted.

According to Chang [70], among the diseases treated in the Begemdir Province in 1958, typhus and other rickettsioses stand in the fifteenth place with a rate of 0.04%. Yoseph [414] points to the fact that, in 1960, more cases of typhus and other rickettsioses were reported from Ethiopia than from all the rest of the world—and this notwithstanding the fact that public health service in this country is available for only a small fraction of the population.

The same author reports on an epidemic of classic typhus in the prison at Gonder in which the major part of the inmates was involved and in which both sick and healthy persons showed high titers in the Weil-Felix reaction test.

According to a summary of the Health Ministry [261] covering the period 1954 through 1968, the incidence of typhus and other rickettsioses is relatively high in all provinces, annual rates varying between 8,573 cases in 1954 and 16,289 in 1962 (Fig. 23, back of Map 5).

No cases of classic typhus have been observed so far in adjacent Somalia; however, according to Massa [246], in 1936, and Lipparoni [222], in 1953, tick bite fever does occur in this country.

Data on *seasonal* variation in the occurrence of typhus have been presented, in 1937, by Pistoni [299], and, in 1948, by Ferro-Luzzi [137] for Eritrea, and, in 1939, by Mariani and Borra [239], as well as, in 1965, by Papaioannou [285], for the Ethiopian highland and the whole of Ethiopia. The authors agree that the incidence increases sharply after the main rainy season. In 1948 Ferro-Luzzi [137] believes typhus in the Eritrean highland to be a disease of the cold season. This version is not uncontradicted.

In 1940 Mariani [236] points to the fact that the coldest days and/or nights fall into the month of December and January, while the genius epidemicus shows a decreasing tendency after November. According to the country's statistics, November in fact shows the peak incidence of typhus and other rickettsioses (Fig. 24, back of Map 5).

The *spread* of classic and murine typhus is limited to the highland, while the tick bite fever occurs in the highland and lowland as well. This observation was already made in 1948 by Ferro-Luzzi [137] for Eritrea.

According to Pistoni [302], in 1938, particular significance should be attributed to rodents as a *reservoir* of infection during intervals between epidemics. This assumption is supported by the investigations of Sofia [368], in 1944, who found a high proportion of rats in Asmera infected with *R. mooseri*. In 1947 Sforza and Solinas [361] identified a dog-borne reservoir of Rickettsia in Eritrea. In testing 159 dogs, they determined positive Weil-Felix reactions with *Proteus OX* 19 and *OX* 2 in a considerable number of them, whilst significant titers of 1:360 were found in 14 dogs. In 1961 Reiss-Gutefreund [315] arrived at similar results in testing domestic animals, some of which showed high titers.

Subclinical infections also play an important part in epidemiology. In the vicinity of patients suffering from typhus, about 3% of healthy persons showed positive Weil-Felix reactions, in part with rising titer; rickettsiae were also found in the blood of examined subjects, as reported in 1937 by Pistoni [300].

The *incubation period* of classical typhus is rated at 10 to 14 days by various such authors [31, 137, 299] reaching a maximum of three weeks. The *clinical picture* is determined by the fever period which varies between 7 and 25 days, according to Borra [31]. Reduced fever periods are observed in vaccinated and juveniles. Exanthema is distinctly visible in less pigmented persons such as are encountered in Eritrea and the rest of Ethiopia. The erythrocyte sedimentation rate is increased.

Irregularities in the electrocardiogram are frequent, as proved in 1943 by Cimmino [75]. Approximately 20% of the patients suffer from complications (Ferro-Luzzi [137]), in 1948, of which bronchopneumonia, otitis media, parotitis, and endarteritis are the most frequent. Noma and priapism are dreaded but rare accompaniments of typhus in Ethiopia. No statistical data suitable for evaluation are available concerning the mortality rate of rickettsioses in Ethiopia.

In 1948 Ferro-Luzzi [137] points to the *differential-diagnostical* significance of the various forms of exanthema. In both classical and murine typhus, the exanthema appears on the fifth day, being more papular and less haemorrhagic in murine typhus. Occasionally it is only of transient nature. The frequency of cutaneous symptoms on palms and soles is also of significance.

The *vectors* of classical typhus are *lice*. The genus *Pediculus humanus* var. *corporis et capitis* are widespread in Ethiopia. *Pediculus humanus corporis* is considered the *main vector* of classical and murine typhus. It is encountered especially in the highland, where it finds favourable living conditions due to the habits of living and clothing of the highlanders.

In transmitting rickettsioses, fleas also play an important rôle. *Xenopsylla cheopis* transmits murine typhus, but may as well, like other types of fleas, act as vector for classical typhus. Rickettsia are discharged with the excretions of the vectors, and man is infected in consequence.

The species *Rhipicephalus sanguineus*, *Rhipicephalus appendiculatus*, and *Amblyomma variegatum* are considered responsible for transmitting tick bite fever in Ethiopia.

Control measures on the part of the Ethiopian public health authorities are directed primarily against the vectors. In eliminating the latter, the chain of transmission *(man–vector–man* or *animal)* is interrupted. For the time being these control measures are limited chiefly to patients and their surroundings. Contact insecticides, mostly in powdered form, are applied.

Considerable efforts have been made in the past over the protection of the population against rickettsial infection by *vaccination*. A suitable vaccine was locally produced in sufficient quantities. Major vaccination programmes were executed by Schaller [337] in Adis Abeba between 1952 and 1956, during which time 500,000 vaccinations were administered. Immunity lasts only 6 months and mass vaccination was therefore performed twice a year. These mass vaccinations may well be the reason for the high *agglutination* titers found in healthy persons. No complications of significance were observed.

Typhus and other rickettsioses constitute a grave health problem in Ethiopia. Under existing conditions, epidemic outbreaks may occur at any time, particularly in doss houses and prisons.

6. Yellow Fever

Although no incidence of yellow fever had been recorded on Ethiopian soil up to 1959, the World Health Organization included the country in the African endemic yellow fever region on account of its geographical and climatic conditions. Repeated investigations were conducted in the past with a view to identifying the yellow fever virus [65, 66, 67, 227]. Tests proved positive in Eritrea in 1942 and in Aseb in 1955 in Sudanese, who have stayed there since the end of the war [65], yet all surveys made in the western provinces of the country had negative results. Entomological studies confirmed the presence of the Aedes species (the probable vectors of the disease), in the whole country up to 2,000 m.

The Ethiopian Health Administration was just seeking the removal of Ethiopia from the list of countries with endemic yellow fever, compiled by WHO, when, in 1959, an *epidemic outbreak* of yellow fever in the Benishangul District near Asosa in the Welega Province from Sudan spread into Ethiopian territory. Clinically, the prevailing meningo-encephalitic syndromes corresponded with the picture of the last great epidemic of 1940 in the Nuba Mountains in Sudan. At that time the number of sick was estimated to be more than 15,000. 120 sick and 88 fatalities were reported in the small epidemic outbreak of 1959, with a few cases on Ethiopian soil (see Map 6).*

The most severe yellow fever epidemic ever observed in Africa raged from 1960 to 1962 in south-western Ethiopia. The population affected by this epidemic was estimated to be approximately 1 million. Serological samples taken indicated that about one fourth of the population had come into contact with the virus. The number of sick was 100,000 and the mortality rate more than 30% sometimes up to 80% [352, 354]. All age groups were affected yet male patients were by far the majority among adults under 40 years of age.

---

* Map No. 6 was compiled by the aid of Prof. Dr. Jusatz, Prof. Dr. Kuls and the Department of Mammalogy of the Forschungsinstitut Senckenberg in Frankfurt/Main (Dr. H. Felten und Dr. D. Kock), and with references to F. O. Höring, H. Höring [177a], C. Serié and Co-workers (352—357), and J. Kingdon [205a].

Clinically, the picture of the disease corresponded with that of classical yellow fever with a sudden rise in temperature to more than 39 °C, head and back aches and, frequently, a slight improvement on the third day; then the patients suffered from nausea, vomiting at first bilious matter, then matter having the appearance of coffee grounds (vomito negro), and finally blood, whilst conjunctival subicterus developed. In all cases examined an intense albuminuria was found, death occurred between the 10th and 12th day after the first clinical manifestation of the disease. If the patient survived the 12th day, he had a good chance of surviving the illness. Hyper-acute cases with a uremic phase on the 3rd and 4th days occurred only sporadically. No meningo-encephalitic symptoms were observed similar to those of the disease in the Sudan in 1959 and in the Welega Province in the western part of the country.

The *yellow fever region* of Ethiopia is located in the southwestern part of the country (Map 6). The epidemic of 1959 spread to the Welega Province from the Sudan and was, essentially, a Sudanese epidemic. Later epidemics that occurred from 1960 to 1962 originated in the Gemu Gofa Province and propagated on Ethiopian soil only. These epidemics were believed to originate from the yellow fever centres in southern Sudan and caravans and monkeys were suspected of having carried the virus from the Sudan to the Omo Valley [357]. The epidemic that began toward the end of 1960 followed the Omo Valley and reached the Welamo District of the Sidamo Province; in the North it spread up to the Bonga woodlands and, encircling the Bako Massif in the East, continued its spread in the direction of Lake Abaya. The axis of the yellow fever region is formed by the middle and upper course of River Omo and the upper course of River Didesa. In N and W this region is bordered by the plateau of the Kefa, Welega and Shewa Provinces, in E it touches the lake district with the Gemu Gofa mountain range extending in front of it like a protective wall. In S a wide desert strip North of Lakes Rudolf and Stefanie forms a natural border. Areas elevated more than 1,600 m were not affected by yellow fever.

Ecologically there are significant differences between the valleys of the Rivers Omo and Didesa, which influenced the development and propagation of the epidemic. In its upper and middle course, the Omo River runs through narrow gorges and flows through a zone with altitudes ranging from 1,800 to 1,200 m where numerous tributaries, of which the Gojeb River is the most important join the Omo River on its right bank. Numerous river valleys cut into the plateau, the landscape is savanna-like and rather densely populated. The natives live on agriculture and grow mainly corn, millet, and ensete bananas (Kuls [74]).

The sources of the Didesa River are not very distant from the sources of the Omo River. The land reaching down to the Nile River is characterized by sparse vegetation. Upriver on the right bank the land is covered with dense forests, on the left bank there is a dry zone with stunted bushes. The lower course of the River Didesa leads through a savanna with few trees which spreads down to the River Nile. The area is thinly populated and quite uncultivated; the inhabitants are nomads.

The settlements in the yellow fever region are widely scattered and surrounded by ensete banana plants *(Musa ensete)*. *Colocasia esculentum* plantations reach right up to the huts; millet, corn, and cotton fields are close by. Ensete plays a significant part in the propagation of yellow fever. The *Aedes simpsoni* mosquito identified as the *vector* of the disease lives in the banana plantations where it is breeding almost throughout the whole year between the stalks of the leaves and the stems of the plant. The female mosquitoes use men living in the immediate vicinity as their source of nutrition, sucking their blood during the hot hours of the day without leaving their natural habitat [272].

Hadlow maintains that the *Aedes simpsoni* mosquito is the principal vector of yellow fever in East Africa including Ethiopia. *Aedes aegypti*, the vector of the urban-type yellow fever could either not be found or was only present in small numbers. A very important link in the natural cycle of the sylvatic yellow fever is the *Aedes africanus* mosquito. This insect infects humans when they enter the forest. Under certain particular conditions the insect does leave the forest and may infect humans staying at the forest edge.

Serological examinations of *Colobus*, *Cercopithecus* and *Cynocephalus* monkeys carried out to discover the *virus reservoir* revealed the presence of *arthropod-borne viruses*. Yet other mammals such as bats could also be virus reservoirs. During the 1960/1962 epidemic the yellow fever virus was isolated on humans and on mosquitoes of the *Aedes simpsoni* species. Positive *sero-protection tests* were performed on natives who had not been vaccinated in the Welamo District of the Sidamo Province and in the Kefa and Gemu Gofa Provinces. In Ilubabor a great number of tests were positive, but this could not have been exclusively caused by the yellow fever vaccinations.

The *yellow fever virus strains* isolated in Ethiopia showed the same antigenic characteristics yet differed from the South American strains and to some degree also from the West African *Asisi strain*. Subsequent studies confirmed that a large portion of the sera originating from the yellow fever region contained *antibodies* against the yellow fever virus. In a small portion of the tested sera antibodies against other *arboviruses of Group B* were found. In areas outside the endemic yellow fever region seropositive sera against yellow fever were rare or did not exist at all, while antibodies against other *Group B arboviruses* were found in a high percentage.

Man suffers from yellow fever only in areas up to 1,600 m. No case of yellow fever has ever been encountered at higher altitudes, though sera with neutralizing antibodies were found in villages located at altitudes of up to 1,950 m.

Summarizing the *epidemiology* of yellow fever in Ethiopia, it can be said that the fever propagates along the river valleys where a vegetation favouring the *monkey fauna* exists. The *Aedes africanus* and *Colobus abyssinicus* are the switching stations of sylvatic yellow fever. *Aedes simpsoni* is the main vector of human yellow fewer in Ethiopia, and can be infected by the *baboons* looting the plantations. The monkey fauna is of paramount importance for the yellow fever situation in Ethiopia. So far urban-type yellow fever has not been observed; all cities and larger settlements located in the yellow fever region have been spared.

Yellow fever control has been limited to an extensive vaccination campaign to prevent the spread of the disease to other regions of the country and to protect the still unaffected population of the yellow fever region from infection. After the epidemic, more than one million of the endangered natives were vaccinated and yet in 1966 a further outbreak of yellow fever occurred in the suppression of which the World Health Organization was decisively involved. Yellow fever control measures were coordinated with WHO from the very beginning; on the Ethiopian side the former Institut Pasteur d'Ethiopie, headed by its director Dr. Serié, and the Anti-epidemic Service, under Drs. Georgieff and Papaioannou, did their best to elucidate the epidemic. Dr. Barlow deserves credit for directing attention to the epidemic raging in the Gemu Gofa Province. Considering the recent occurrences, Ethiopia offers a good chance to study unsolved problems in the field of epidemiology: the relation between urban and rural yellow fever, the question of the vectors, the virus reservoir, and the differing characteristics of the virus strains.

Yellow fever will continue to be one of the most significant problems facing the Ethiopian public health service and the threatened zone requires steady attention to bring new epidemic outbreaks under control at their very beginning.

7. Dengue

Dengue fever too is one of the *arthropod-borne viral fevers* occurring in Ethiopia, although there are no reports of recent incidence. Spadaro [374], in 1942, investigated the *spread* of dengue fever in Eritrea and ascertained that in the Mitsiwa area the incidence of this disease is endemic. As far as the remainder of Ethiopia is concerned Mennonna [255] described in 1926 the fever in Ogaden and Harer, Spadaro [374], in 1942, in Asmera, and Bucco [50], in 1950, in Adis Abeba. In 1936/37 two epidemics had taken place in Dire Dewa on which Pellicciotta [291] reported in 1938. During an epidemic outbreak in Dire Dewa, in 1939, Bucco [50], in 1950, succeeded in positively proving the *mosquito-human-mosquito-cycle*. Cases of dengue fever that had caused minor epidemic outbreaks were observed by Cacciapuoti [60], in 1942 and 1943 in Waglasta and in the Yeju District of the Welo Province.

Endemic dengue fever in Ethiopia was observed to occur only in areas below 1,000 m. All victims treated at greater altitudes had visited the lowlands shortly before the outbreak of the illness. In most cases, Mitsiwa or the Danakil Region was found to be the place of infection. Earlier reports [62] note, that dengue fever often occurs in the neighbouring Somalia.

The *vector* of dengue fever, *Aedes aegypti*, has been found to exist in areas with endemic incidence and occasional epidemic outbreaks of the disease. Other species of the genus *Aedes* that can also transmit dengue fever are widely spread throughout Ethiopia.

The *mortality* associated with dengue fever is known to be low. There are no reports indicating that deaths due to dengue fever have occurred in Ethiopia. In its clinical picture this disease does not differ from the typical symptomatology of other countries, with short *incubation periods* (5—8 days), saddle-shaped fever curve, leukopenia, aches in head and limbs, glandular swelling, and mostly non-persistent exanthema.

An occasional outbreak of dengue fever in the Ethiopian lowlands must be expected. No cases of dengue fever have been reported for the past few years but this by no means implies that it no longer exists in Ethiopia. Sporadic cases of dengue fever, with a possibly atypical course, are mistaken as malaria, influenza, acute arthritis, measles or German measles—as the case may be—in order to avoid differential diagnosis and the difficult dengue virus identification.

Preventive measures against the vectors of dengue fever are not provided. Measures taken for malaria eradication and yellow fever control may also affect the dengue vectors.

8. Lymphocytic Choriomeningitis

In Adis Abeba the *virus* of lymphocytic choriomeningitis was isolated by Reiss-Gutefreund [316] on several patients, monkeys and various domestic animals. The virus was identified in ticks of the species *Amblyomma variegatum*, *Rhipizephalus sanguineus*, and *Pediculus humanus*. Further studies are required to ascertain the spread of lymphocytic choriomeningitis among the fauna of Ethiopia, to define the vectors and to learn the significance of the disease for the public health service.

II. Infectious Diseases Transmitted by Water and Food

1. Cholera (ኮሌራ Koléra)

Historical records of epidemics that have afflicted Ethiopia in the past do not always indicate the type of the contagious disease, but descriptions of typical symptoms and of the course of the diseases permit conclusions. The severe epidemic that raged during the times of Zara Yaqob (1434—1468) has not yet been identified. This epidemic raged in the former capital Debre Brehan in the Shewa Province so destructively that no one was left to bury the dead [281, 282]. If their disease had been smallpox, it would probably have been specified as such. Since the elevation of the town is 2,900 m, malaria is out of the question. It could have been cholera, as this disease has been known in Ethiopia for a long time.

The Amhara call the Cholera "November Disease", from which can be concluded that it occurred chiefly after the rainy season, during which the surface waters are receding and therefore carry a great amount of contaminants.

The inhabitants had a traditional treatment of cholera that was typical of the magico-religious healing practices of those days. Cholera patients had to eat seven grapes that a priest had blessed [282, 283].

Routes of communication, caravans, markets, pilgrimages, and troop movements have always played a rôle in the *spread* of cholera. The disease was carried into Ethiopia along several routes. There were numerous unguarded border crossings into the Sudan in Western Ethiopia. In 1856 the population of the Sudanese border area fled into the Ethiopian highlands to escape a cholera epidemic. According to Flad [142], in 1856, the population of the Gonder area retreated into the mountains for the same reason. In the same year (1856) Emperor Theodorus (1855—1868) was unable to crush a rebellion in the Tigre Province since cholera had disorganized his armies, forcing him and his troops to evacuate Bahir Dar, cross the Blue Nile and retreat to Gonder.

Ten years later, in 1866, cholera again broke out in the Bahir Dar area, and, again, the Emperor and his suite left the city on Lake Tana and retreated to the highlands. The epidemic had broken out in one of his army camps, and, thus, a host of 100,000 troops and their dependants moved east into the mountains, many dying en route, according to an eye witness report (1887) by the German missionary Waldmeier [395].

For untold years escape into the mountains has been the usual practice to elude epidemics in Ethiopia. This practice holds true for malaria and yellow fever and, under certain conditions, also for cholera. With the advent of the dry season, the contamination of the waters increases and reaches a very high level in the lower areas. The epidemics always faded out after some time; endemic cholera centres have not been reported in Ethiopia. However, up to the turn of the century the country was plagued by the disease introduced from endemic cholera areas both near and far.

By *isolating* the country from the outside world and imposing inland *travelling restrictions* the country was protected from epidemics and their propagation. In 1856/66 when cholera broke out in Mitsiwa, all sea and land communications with this port were severed until the time the disease had completely faded out. It is reported by Menelik's (1865—1913) chronicler Gabré Selassie [282], that in 1892 the road from Adal to Ankober, the former capital of Shewa, was closed on account of cholera.

Owing to the scarcity of reports on medical events such as cholera epidemics, the *spread of the epidemic* can be reconstructed in a few cases only. The cholera was carried into the country through the ports of the Red Sea and from the Sudan. It could have come from the South too, but this third possibility is not mentioned in any of the reports of the past. The threat from adjoining Kenya was minor only. The structure of the land with wide strips of desert offered natural protection against unwanted migration. Traffic routes to the neighbouring countries have only recently been opened.

The pandemic of the sixties in 1970 hit Ethiopia from the Near East and was probably imported by smugglers. The cholera was first noticed at Azayta in the Welo Province which borders on former French Somalia. The epidemic spread in Ethiopia in a south easterly direction following Caravan and trade routes touching parts of Harer Province and reaching the Lake District. At the peak of the epidemic the provinces of Welo, Harer, Arusi and Shewa were affected. The number of patients is estimated to have gone into thousands. Daily admissions in one of the rural hospitals in the Lake District amounted to 40 patients in 1970 and tapered off to 4 patients during the first quarter of 1971.

Due to the prompt and efficient action of the Public Health Authorities, who mobilized all available health facilities, the epidemic was brought under control within a few months. The treatment of the patients consisted of infusions and application of tetracyclines. As a prophylactic measure an anti-cholera *mass vaccination campaign* was launched. Strict quarantine measures were enforced. *Quarantine stations* exist in the ports of Mitsiwa and Aseb as well as in the airports of Adis Abeba, Asmera and Dire Dewa. Check points at Teseney, Asosa and Gambela at the border with the Sudan, Moyale with Kenya and Aysha and Jijiga with Somalia serve the same purpose (see Map 7).

Legal Notice 156 of 1951, the act covering epidemics, classifies cholera among the contagious diseases of the first order and stipulates that any outbreak of this disease shall be immediately reported by telegram. Travellers from countries where endemic cholera prevails, or from countries where the disease has recently occurred, are subjected to the internationally-enforced customary quarantine regulations.

Cholera vaccination prior to entering Ethiopia was not required until the outbreak of 1970. Vaccination becomes mandatory if there is an outbreak of cholera in the neighbouring countries, in the countries crossed on the way to Ethiopia, or if the country itself is threatened by the disease, as in 1970. A latent threat are the Mecca pilgrims and the uncontrolled migration in the east, south, and west of the country.

2. Typhoid Fever, Paratyphoid Fever, and other Salmonelloses

Typhoid and paratyphoid infections are reported to occur in all provinces of the country. The diagnosis of the illness is based on the clinical picture, and very seldom by proof of the causative agent only.

In Adis Abeba *Salmonella typhi* and *Salmonella paratyphi A* were found to be causative agents. *S. paratyphi B* and *S. paratyphi C* could not be observed among the population. However, other Salmonella were isolated such as *S. typhi murium*, *S. newport*, *S. hull* and other agents not yet identified.

Five-year statistics 1959 through 1963 of the Anti-epidemic Service [261] show that monthly indices vary between 48.0 and 96 cases of typhoid fever in July and 144.5 and 291 cases in November. The lowest incidence of paratyphoid is in August with an index of 58.3 and the highest in June with an index of 163.8. It is difficult to derive from these figures different seasonal dependence for these two groups of diseases. The highest incidence is registered in the dry season—for typhoid fever the beginning of the season and for paratyphoid fever the period immediately before the main rainy season.

An average of 3,469 cases of salmonellosis was reported per annum, i.e. 17.3 cases per 100,000 inhabitants. Cases of typhoid fever were almost three times the number of that of the other types of salmonellosis. Salmonellosis epidemics of a severe nature were not observed over the past decade, although small epidemic outbreaks occurred in each of the provinces.

The continuous occurrence of typhoid/paratyphoid cases is due to the fact that only a few of the persons carrying and excreting the causative agents, the so-called *carriers* and *excretors* are known to the public health services. New problems arise with the increasing urbanization: the construction of the requisite sanitary installations, water supply, and sewage disposal does not always keep pace with the increase of population. Today and for years to come the public health services will be faced by the serious problem of the salmonellosis.

3. Dysentery

a) Amoebiasis (አሜባ *Ameba*). Since all existing types of dysentery are listed en bloc, it is impossible to draw from the statistics of communicable diseases any conclusions as to the incidence and frequency of amoebiasis in Ethiopia. From periodic investigations and occasional evaluations of sick-lists from some of Ethiopia's hospitals it becomes evident that amoebiasis should be classified amongst those diseases which occur frequently in Ethiopia.

In 1935/1936, 0.52% of the Italian soldiers contracted amoebiasis. *Systematic* investigations in the thirties and forties have demonstrated the presence of amoeba in the population of the Shewa and Sidamo Provinces, and in Dankalia, Welo Province, by D'Ignazio and Giaquinto-Mira [120]. In Agera Hiywet in the Shewa Province 27.33% of all people examined were infected with *Entamoeba histolytica*, and 7.24% in the Sidamo Province. In Dankalia none of the examined persons were found with amoeba. With one exception, all infected persons had cysts.

According to observations made by Barbera and Capuano [17] amoebiasis is very common in the Kefa Province. In Wog-Lasta, Welo Province, Cacciapuoti [59] found that 18.2% of examined persons were *infected with amoeba*. According to Sofia's and Ciaravino's investigations [372] made in Eritrea in 1944, 29.85% of the population were found to have amoeba. All persons examined showed no clinical symptoms. High infection rates among the population were usually found in tropical zones where sanitary conditions are unsatisfactory.

Recent *occasional investigations* showed evidence of the occurrence of pathogenic amoeba in different regions of Ethiopia. The samples were mainly taken in the course of mass examinations of Ethiopian population groups. Investigations carried out as part of the Nutrition Survey 1958 [273], performed at 10 locations in 8 provinces of the country, confirmed earlier results with respect to the propagation and frequency of dysentery amoeba. Its prevalence varied between 18.2% in Teseney located at the Sudanese border in Eritrea and 60% in Kwiha located in the centre of the Tigre Province. On an average, 28.4% of the persons examined were found to be infected with amoeba. The incidence of 20.7 and 28.5% in the cities of Adis Abeba, Gonder, and Harer was considerably below that of other places. Mass examinations as part of the Demonstration and Evaluation Project performed in 10 places of 5 provinces were more extensive. These examinations revealed that on an average the faeces of 30% of the examined persons contained amoeba and/or cysts. The most severe infection was in Degeh Bur in the Harer Province, where the faeces of 59% of the persons examined were positive.

Chang [70], Wang [397], and Molinaeux [268] evaluated the *laboratory findings* of the Gonder Health College and its subordinate health centres. In 1958/1959 the quota of positive *Entamoeba histolytica* findings was 15% of all faeces samples taken in the city of Gonder. The quota of *amoeba carriers* among the school children of 11 schools in the same province was 5% of all children examined. An evaluation by occupational groups revealed the highest quota among inmates of prisons with 34.2% and among soldiers quartered in barracks with 18.6%. On an average, 12.3% of the persons examined had amoeba in their faeces, a lowest incidence was among school children with a quota of 1.5%. Children up to one year of age rarely carry amoeba in their faeces.

In 1961/62, 5.2% of the patients suffering from intestinal illnesses in Harer had amoebiasis. The quota of positive faeces samples was 6.6%. However, Blahos and Kubastova [26] believe that the incidence of amoeba is more frequent, since only a part of the amoeba carriers is examined in routine examinations.

The incidence of the disease in Kembata in the Shewa Province is of the same order of magnitude; according to Teclemariam [385], in 1965, about 5% of the intestinal sicknesses.

In 1965/1966 Diesfeld investigated the *incidence* and *frequency* of amoebiasis in the Ethiopian highlands. Among 2,030 patients of the Haile Selassie Hospital in Adis Abeba 38% were carriers of amoeba. 10% were suffering from an acute amoebiasis and 5.6% of the patients showed intestinal and extra-intestinal complications caused by amoeba. According to the same author a significant increase of cases occurred in the rainy season. From a total of 1,961 admissions of children under three years of age to the Pediatric Clinic of Adis Abeba 21% were suffering from gastroenteritis. According to investigations made by Demissie and Debesai [107] in 1964, amoeba had caused the illnesses in 2% of the cases only, and the number of *bacterial* infections exceeded the protozoa caused cases any more than ten times.

Spadaro [375], in 1944, pointed out the *frequency of extra-intestinal amoebiasis* and described 50 cases of amoeba-infected *livers* in Eritrea. 7.4 of Diesfeld's [114] 142 *liver* patients had amoebic abscesses and 3.52% amoebic hepatitis. 30% of the gastro-intestinal tract patients in Adis Abeba were suffering from an acute amoebic dysentery. In 1955 Rizotti [321] examined 200 *E. histolytica* infected patients rectoscopically and observed that 12% had ulcerative lesions and 57.5% various deteriorations of the mucosa. In 1944 Simonetti [367] pointed out the symptoms of the amoebic appendicitis which, according to observations made by the author, occurs frequently in Eritrea. An amoebic cystitis was described in 1932 by Pirani [296] in Eritrea; in 1952 Spadaro [377], and in 1950 Bucco [49] discovered amoeba in the urine. In 1944 Placeo [303] saw a case of amoebiasis cutanea. Multiple cutaneous and muscular abscesses secondary to amoeba were observed in 1965 by Diesfeld [113]. An orbital amoebic abscess was treated by Reiter [318] in Adis Abeba.

As to the incidence of amoeba, the situation in Ethiopia has hardly changed in the last years. In all provinces of the country amoeba carriers are frequently encountered. The same is the case in Ethiopia's neighbouring countries Somalia, Kenya, and the Sudan.

b) Bacterial Dysentery. Owing to the fact that dysenteric illnesses of all types are collectively listed in the periodic reports of contagious diseases, only a general picture is given of the clinically manifested dysenteric sicknesses of different geneses in their annual course. The morbific agent has been identified only in some of the cases reported. Diagnosis is largely based on the symptoms of the disease. According to a five-year summary by the Anti-epidemic Service covering the period from 1959 to 1963 monthly infections averaged 4,579 cases. Contrary to Diesfeld's observations [113] in 1965, concerning amoebiasis, dysenteric diseases of all forms occur most frequently in the dry season from December to May.

According to Papaioannou [285], in 1965, the lowest disease incidence is in August with an index of 85.3, whereas the maximum of 119.2 is reached in May. Mixed infections caused by amoeba and bacteria are reported to be quite frequent. Dysenteric diseases caused by bacteria appear to occur more frequently than those caused by amoeba. They are considered to be the most frequent cause of infant mortality.

According to Poggi and Monti [306] *Shiga dysentery* and *Flexner's dysentery* are frequently observed in Eritrea; they belong to the most common diseases in the eastern Tigre Province. Bacterial examinations made by the former Institut Pasteur d'Ethiopie have established that the causative agent of bacterial dysentery is *Shigella flexneri*, *Sh. sonnei* and *Sh. dysenteriae* 1. Demessie and Debesai [107] examined children under three years of age suffering from gastroenteritis and found that dysentery was mainly caused by bacteria. *Sh. flexneri* were predominant, but *Sh. dysenteriae* 1 and *Sh. boydii* were also discovered.

Human beings are considered to be the *reservoir of causative agents of dystentery*. Amoeba and bacteria enter the body of man predominantly through infected food and contaminated water. Germ carriers and persons in the incubation period of the infection play an active part in the transmission of the disease. The habit of eating with one's hands may also favour the transmission of infections, particularly if personal hygiene is inadequate. The highest incidence of dysenteric diseases is registered in the dry season when the nuisance of the flies is at its worst.

Systematic control of dysentery and its causative agents is impracticable. Thus attempts are being made to improve sanitation, especially in the field of disposal of human excrements, control of food and preparation of meals.

Development of the laboratory facilities of rural public health authorities will give us a better understanding of the various causative agents of dysentery prevalent in Ethiopia.

4. Lambliasis

Lambliasis is widely spread throughout Ethiopia. In 1931 Marmo [241] reported on the first cases of lambliasis which occurred in Eritrea. The author found that 4.23% of the faeces examined were infected with *Lamblia intestinalis*. The examinations made by Spadaro [377] from 1937—1939 revealed the much higher rate of 35%. In 1942 Cacciapuoti [59] discovered that in Wog-Lasta in the Welo Province 12% of the persons examined had *L. intestinalis* in their faeces. In 1938 Mariani [235] found that in the city of Adis Abeba 9% of the examined faeces were infected with *L. intestinalis*.

In the recent past Wang [397] reported that 4.3% of the examined faeces were affected by L. intestinalis in the Begemdir Province and Diesfeld [112] reported more than 2% in Adis Abeba. The latter found only *vegetative* forms in his patients. A relatively high occurence of 22.3% in the Harer Province was reported by Blahos and Kubastova [26].

According to the observations made by D'Arcangelo [98], in 1944, lambliasis is primarily manifested by duodenitis. In about one third of the cases chronic colitis is observed, which usually is slight. Complications may occur when the gall-passages are affected.

Although lambliasis does not represent a health problem of predominant importance it must be taken into consideration when determining the nature of certain gastro-intestinal complaints and enteritis by differential diagnosis, especially if children are involved.

III. Contagious Diseases

1. Treponematosis

Under the designation "Treponematosis" are grouped four clinico-epidemiological syndromes caused by morphologically indistinguishable causative organisms of *treponema* species (see Fig. 33, back of Map 7).

a) Venereal or Sporadic Syphilis (ቂጥኝ Qitteñ̃). World statistics on venereal diseases in general and syphilis in particular are highly unreliable. There are not reliable statistics on the extent of syphilis in the tropics. The studies that have occasionally been made may be taken as a basis for approximate estimations. In this context, particular value attaches to statistics collected in the case of pregnant women [167, 188, 250, 342].

Guthe and Willcox [167] assume 14 to 33% *contamination* for Africa. In Ethiopia, the percentage of positive sero-reactors fluctuates between 32 and 70 in the various provinces, a conservative estimate of 35% for the entire country appearing justifiable. This means that about 7 million inhabitants suffer from sporadic syphilis. The number of *fresh cases* per annum is estimated at 150,000. From these figures it will be seen that syphilis is one of the foremost health problems of the country.

The fact that this syphilis is of the venereal type is evident from the age grouping [132, 250, 339]. Statistics show a margin of fluctuation of 1.3% in the case of school children up to 80% in the case of prostitutes. Of the 103,636 cases of syphilis registered by the VD Control Service between 1957 and 1961, 1,728 were children up to 14 years old, which means a percentage of about 1.7. The largest proportion of fresh cases is found in the most sexually active age groups, viz. from 15 to 35.

There are no differences worth mentioning with regard to distribution between the sexes. The proportion of connate syphilis is strikingly low. Metasyphilitic complaints are also comparatively rare. Eight patients in a hundred develop early symptoms, 90 latent symptoms, and the remainder late or connate symptoms.

Clinically, there are no essential differences between *primary* syphilis here and the usual manifestations found in the temperate zones. The percentage of extragenital lesions is about 5%.

The *secondary* manifestations are multifarious and colourful, frequently more luxuriant than their occurrence in the temperate zones. On the other hand, the maculo-roseolous eruptions are less obvious due to the pigment of the skin (Photo 57).

Marshall [242] points out that, 50 years ago, gummata of the various organs were frequently found in Africans, whilst they are hardly ever found today. This also applies to Ethiopia. The opinion that cardiovascular syphilis is not a rare occurrence is generally agreed. The discrepancies with regard to neurosyphilis are greater. Hall [171] found significant difference in the meta-syphilitic disorders of the central nervous system between the countries bordering on Ethiopia on the one hand Kenya and Uganda on the other hand. Progressive paralysis is frequently found in the latter, hardly ever in Ethiopia. All three countries are practically devoid of tabes dorsalis. Malaria can be excluded as being responsible for this phenomenon, since there is no difference between this area and the malariafree zones of the countries concerned.

The more than average incidence of syphilis in Ethiopia can largely be explained by promiscuity, by the form that married life takes, and by the attitude of considerable sections of the population to venereal diseases [342].

According to Willcox [167], 80 to 97% of the *venereal* infections in Africa are spread by prostitution; this order of magnitude applies to Ethiopia as well. Ferreira-Marques and Schaller [132, 342] conducted enquiries into the state of health of nearly 900 prostitutes. 80% of the blood samples taken from 642 women were seropositive. 6% had primary syphilis, 8.9% secondary manifestations, and 1.4% were in the tertiary stage.

b) Endemic Syphilis. The three endemic treponematoses, yaws, pinta, and endemic syphilis, are set against sporadic or venereal syphilis. Poverty and exclusion from the progress of civilization, a situation found in many emergent countries and in parts of Ethiopia, have a decisive influence on the incidence of endemic treponematosis. Contrary to the case with yaws and pinta, climatic conditions play only a minor part in endemic syphilis. In various countries, a rise in incidence is observed during the hot season. A striking feature is the predominant incidence of endemic syphilis in countries with a hot dry climate in the Middle East and in parts of Africa. In Ethiopia, endemic syphilis is found in Ogaden, part of the Province of Harer. This subprovince lies in the south-eastern part of Harer and borders on Somalia. The population is Somali and profess Islam faith. The country flattens to the east and is characterized by a hot, dry climate.

The *occurrence* of endemic syphilis did not become evident until Schäuffele [351] made his enquiry in 1960 (see Fig. 33, back of Map 7). Amongst 2,078 adults, two cases of early syphilis and 6 with metasyphilitic manifestations were found. Of 645 children up to 14 years of age, 17 were found to have mucous lesions. In a random group of 82 sero-tests, 57 were found to be positive. Further studies would be necessary to confirm Schäuffele's interesting findings and to ascertain the extent of the endemicity.

c) Yaws. The uppermost occurrence of yaws in Ethiopia is limited to 1,600 to 1,800 m (see Fig. 33). It is met with in a few circumscribed districts in the west of the country. In the Gimera and Maji districts of the Province of Kefa, yaws is a serious health problem. Racial differences do not play any decisive part. The advance of civilization is repelling yaws. In Gimera yaws usually attacks the negroid tribes who live widely dispersed in the tropical wet forests. About 80% of the *spot checks* carried out on the "shangillas" in the Gimera district showed positive VDRL reactions. The *clinical index* was about 20%, about the same figure found by Mayer [250] in his enquiries in the Maji district.

Contagion mainly takes place during early childhood (Photo 58). Both sexes are equally receptive. Amongst the adults, the women are more frequently infected. Mothers have closer contact to their children. Their breasts are infected by sick babies, their hip region by the anogenital condylomata of the infants sitting there. There has been no evidence of venereal communication in the case of yaws.

The *clinical* picture varies. Besides isolated primary lesions, "major" and "minor" yaws, osteoperiostitis, contractures of the fingers, and changes in pigment, are found. Due to the lack of treatment hitherto, a latent phase is followed by tertiary changes in about one third of all cases. It is usually skin and bone that are attacked. Cutaneous gummata, osteo-gummata, juxtaarticular nodosities, rhinopharyngitis mutilans, hyperkeratoses, degenerative arthrosis, and leukodermia are the main changes in the later phase. Disfigurement and mutilation are the last stages often found amongst patients even at an young age.

d) Pinta. Pinta occupies a special place amongst the treponematosis. Its *occurrence* is limited to the New World—Mexico, Central America, subtropical South America, and the West Indies. Its occurrence is focal. What occurs outside the Americas is taken to be pintoid yaws. Ferreira-Marques [132] believes, having spent some time in Mexico, that some of the cases of achromia in Ethiopia are carate or pinta. In addition to lymphadenopathy and positive serology, the patients evinced achromia of the kind seen in Mexican pinta.

It is a fact that there is a strikingly large number of cases of achromia in Ethiopia. Amongst the patients in the skin clinic of the Princess Zenebe Work Hospital in Adis Abeba, 277 out of 4,700 patients were cases with leukodermia and vitiligo, which means an unusually high percentage of 5.8. Adenopathy and positive seroreaction are frequent—they are found in about a third of the population.

The changes found in the *histological* specimen were in a number of cases, out of tune with vitiligo. Some of the symptoms corresponded to those of late pinta, as described by Hasselmann [173], Ferreira-Marques [132], and others.

There are good reasons to assume that all four forms of treponematosis occur in Ethiopia. Further research in respect to endemic syphilis and pinta is required in order to support the existing findings and to evaluate the extent of the endemicities.

2. Tuberculosis
(ሳምባ ነቀርሳ Yäsamba Näqärsa)

The question if whether or not tuberculosis was introduced into Ethiopia within the recent past is a matter under dispute. Clinical findings and the course as well as the extent to which the population is infected rather suggest that the disease has existed in Ethiopia for a considerable time.

In Ethiopia tuberculosis is wide-spread and represents, second only to malaria, the most serious domestic health problem. In some areas it is even the predominant disease [71, 72].

Statistics on the *prevalence* and *incidence* of tuberculosis in the individual provinces of the country are but sparse. From earlier periods, there exist only few data available for evaluation. At the turn of the century Panara [279] described cases of pulmonary and glandular tuberculosis which he had observed at Mitsiwa. In 1931, Ganora [147] found a "sufficiently" high percentage of the population of the Eritrean highlands to be suffering from tuberculosis. Concerning the following years there exist only sporadic data. These infer that tuberculosis in Ethiopia closely resembles tuberculosis in Europeans with regard to its manifestation and course [51].

According to the notifications given by the Ethiopian clinics and hospitals, 26,485 *new cases* suffering from miscellaneous types of tuberculosis were admitted in

1962. From 1958 to 1962, the *incidence* varied from 8 to 13 cases per 100,000 individuals [261].

The *incidence* of tuberculosis shows a considerable variance in the various provinces and areas of the country. For the entire country, a mean prevalence of 1% has been assumed, apparently a rather conservative estimate. For the Somalis in the east of the country an infection-rate of 3% has been ascertained; Schäuffele [351] reported a prevalence of 5% for Ogaden. On mass radiography of soldiers and their dependents at Adis Abeba, Weithaler [398] found 2% of the examined persons to be suffering from tuberculosis, the incidence rate for children being even as high as 3.7%. In 1960, Huber and Boldt [188] found that among the patients of a gynecological clinic at Adis Abeba 1.3% of 13,278 women examined were suffering from some type of tuberculosis. Pulmonary tuberculosis was heavily predominant in these patients, exceeding 80% of the cases.

Taking Eritrea as an example, Perry [289] showed the incidence of tuberculosis to be contingent on the *climatic* conditions prevailing in the respective area. In areas with highland-climate, such as in Asmera, situated 2,340 m and more, the percentage of tuberculosis persons among all out-patients amounts to 1%. At medium altitudes, the infection for tuberculosis is higher: in Keren, 1,392 m, it is approximately 3%. In the dry lowlands, as represented by Teseney with 585 m, the proportion of tuberculosis amounts to 0.6% only, whereas 1.5% of all patients are suffering from some type of tuberculosis in the humid lowlands around Mitsiwa.

Prior to 1953, no extensive *tuberculin tests* had been carried out. It is worth mentioning that in 1940 d'Arcangelo [97] noticed that the adult inhabitants of the larger settlements, produced the highest number of positive reactions, largely exceeding 50% in populated centres of medium and smaller size, about 50% of the inhabitants were found to give positive reactions, while in rural districts 30—40% of the tested persons gave positive reactions, Chang [70] confirms these facts for the Begemdir Province, where the highest number of positive reactions was obtained in the town of Gonder and the larger provincial places. Ferro-Luzzi [138] determined the tuberculin index of adults in Eritrea to be 40%, but he also found that 66% of the people working at the hospital gave positive reactions.

The BCG-program conducted by WHO and UNICEF in co-operation with the Ethiopian Ministry of Health revealed how extensively the Ethiopian population was *affected* by the disease. From 1953 to 1955, Mantoux tests were carried out in eight provinces on 609,321 persons, 27% of whom gave positive reactions, and 48% were inoculated with *BCG-vaccine*. Nearly a quarter of the individuals tested did not return for review. The low percentage of persons with positive reactions is explained by the fact that the programme was mainly applied to schoolchildren and teenagers. A breakdown by age-groups of the results obtained on examining schoolchildren gives a clearer idea. The table of Chasles and Octapodas [72] was supplemented by the results obtained in the provinces of Welega [192], Sidamo [180] and Ilubabor [319].

Proportion of school-children with positive reactions

Province	Age-groups		
	under 6 years	7—14 years	15—19 years
Adis Abeba	15	37	67
Shewa	14	29	45
Welo	22	31	52
Tigre	15	30	55
Begemdir	16	28	44
Gojam	6	17	32
Harer	15	49	72
Kefa	25	38	61
Welega	5	15	—
Ilubabor	24	58	80
Sidamo	25	50	60

The lowest number of positive reactions was found by Hylander [192] in the Welega Province, where he collected data at Nekemte and the neighbouring villages. Similar results were obtained in the Gojam Province only. According to Hogetveit [180], in the Sidamo Province tuberculosis is more common in the more densely populated agricultural areas of the Awrajas Sidamo, Welamo, and Deresa, than in the remaining part of the province. The highest percentage of positive reactions has been reported by Reynolds [319] for the Ilubabor Province. Here, Anuaks, in particular, who live in the Gambela-district, are infected in great numbers. According to Chasles and Octapodas [72], the problem of tuberculosis is most serious in the provinces of Harer, Kefa, and in the capital Adis Abeba, where the number of infection sources is directly related to the percentage of persons giving positive reactions.

On mass *miniature radiography*, which has been performed since 1959, about 1% of the persons screened were found to have pathological lung conditions. In 1958, on the occasion of the Nutrition Survey [273], 15% of the persons examined stated facts which indicated that they had been suffering from tuberculosis at some time. The incidence of tuberculosis in Anuaks may be regarded as exceeding the average for the country as, according to Reynolds [319] in 1963, the mycobacteria tests performed on 1,000 patients of the mission yielded 12 positive results. According to Fekadu [130], tuberculosis is one of the most important health problems in the Kembata-district of the Shewa Province. At the Hosaina Health Centre, the percentage of out-patients under treatment for tuberculosis amounted to 2.9%.

Fekadu [130] and Teclemariam [385] explain the high incidence in Kembata by inadequate hygienic conditions and, in particular, by the poor housing of people living in crowded, windowless rooms. The *dissemination* of tuberculosis is favoured by the unwholesome practice of drinking "Borde", a kind of "t'alla", an event, at which many people—more than 100 have been counted on occasion—drink from the same vessel at one sitting. The same applies to the smoking from one common pipe of "Gaya", a locally grown sort of tobacco. On market days this is passed around among particularly numerous smokers. With the Anuaks, too, the pipes pass from mouth to mouth, and according to Reynolds [319] they start smoking, when they are as young as ten years. In Kembata, people do not boil milk under any circumstances; there is a superstition, that the cows will dry up, if their milk is boiled. Throughout Ethiopia milk is usually consumed unboiled. On bovine tuberculosis only very few data are available. It is reported as being relatively rare in homebred cattle, but imported cattle were repeatedly found to be infected. Of 25 head of home-bred cattle at Hosaina, Kembata, two were tuberculin-positive. More than 70% of the population of Kembata and the surrounding area give positive reactions to tuberculin.

Sforza [359] found one *bovine* strain in twenty strains of human origin in Eritrea. Serié and the author (1957) found a *bovine* strain, which excelled by its virulence, in a patient suffering from lepromatous leprosy and tuberculosis colliquativa simultaneously. According to Georgieff [151] the organisms causing *bovine* tuberculosis are very common in men throughout the province of Gojam. Hylander [193] found that in Ethiopia, where 172 new cases occurred in 100,000 children, the incidence of tuberculosis in the age group 0—14 years is five to six times higher than in the same age group in Denmark. The same author estimated the number of persons of all age groups dying annually of tuberculosis to be as high as 20,000. To date there are no demonstrative statistical data on *mortality* attributable to tuberculosis in Ethiopia.

All *types* of tuberculosis are seen in Ethiopia. The most frequently affected system is the respiratory tract, representing 60% of all cases; infections of the bones and joints amount to about 5%, and infections of the intestinal tract to 3%. The central nervous system and the meninges are affected in 0.5% of the cases. The remaining cases of more than 30% are other types of tuberculosis. Heuls and Huber [174] provided data on tuberculous infections of the female genitalia. Histological investigations revealed that 45, or 4%, out of 1,125 women, who were under examination for sterility, were suffering from tuberculous endometritis.

Cvetanovitch [93] reported in 1963 on *extrapulmonary* tuberculosis in Eritrea. Tuberculosis of bones and joints, amounting to 60% of the cases, is the most common extrapulmonary form. In tuberculosis of the bones, Pott's disease predominates with 29%, followed by tuberculous lymphadenopathy with 9.1% of the extrapulmonary cases. Intestinal tuberculosis and tuberculosis of the serous membranes, amounting to 6.5% and 6.0% respectively, are about equal in incidence.

Tuberculous epididymitis (5.8%) and renal tuberculosis (3.9%) are not infrequent. At Gonder, Adwa, and Mekele, the author treated "numerous" cases of dermal tuberculosis. 2.1% of the 4,700 patients treated at the dermatological clinic of the Princess Zenebe Work Hospital in Adis Abeba [339] were suffering from tuberculosis of the skin.

Tuberculosis cutis colliquativa predominated by far. Cases of lupus vulgaris were not encountered and should be very rare in this climatic region.

By means of X-ray films, Octapodas [274] evaluated, in 1963, the *degree of severity* in more than 2,720 new cases of tuberculosis detected at routine investigations in Adis Abeba. In about 28% of the patients he found minimum changes, 38% of the cases were moderately and 34% far advanced. 59% of the children from 0—4 years of age showed minimum changes, 30.5% were moderately and 10.5% were far advanced cases. The percentages in the age group of 5—14 years were not too different. The patients in the moderately advanced stage were cases of primary tuberculosis with perifocal exudation.

In 1960 a tuberculosis control service was instituted in order to *control* tuberculosis in Ethiopia [350]. Similar to all specialized health services, it is directly superintended by the Ministry of Health. Prior to this, major mass radiography was performed by WHO and UNICEF from 1953 to 1955, and by the Ethiopian Ministry of Health from 1957 to 1960. The tuberculosis-centre in Adis Abeba developed into the Tuberculosis Control Demonstration and Training Centre. Apart from doing routine work by diagnosing and treating out-patients, the centre serves as a training institution for medical staff of all categories. Special emphasis is placed on health-education as a means of controlling tuberculosis. The mass-inoculations with BCG-vaccine have been extended to nearly all provinces. After the first programme was conducted in 1953, more than 1 million people have been Mantoux-tested and, where necessary, inoculated with BCG. For more than 10 years now, new-born babies in children's hospitals and children of leprosy patients are inoculated with BCG-vaccine as a rountine measure.

Tuberculous patients are mostly *treated* as out-patients. For tuberculous patients requiring in-patient-care, there are 295 beds in special hospitals at Adis Abeba (125), Harer (110), and Asmera (60). Furthermore, the general hospitals of the country may additionally accommodate a varying number of beds for tuberculous patients. The chronic bed-patients represent a special problem. Facilities for the treatment of these permanent cases are still to be provided. Chasles and Octapodas [72] calculated in 1963 the bed-rate to be 1 per 70,000 people, which is a very low rate by no means meeting the requirements of the country.

A Tuberculosis Mobile Survey Team is attached to the Tuberculosis Control Demonstration and Training Centre. The team studies the prevalence of tuberculosis at selected places and in given categories of persons by mass radiography using the photofluorography. Examination of contacts and detection of sources of infection are other tasks of the unit, the missions of which are directed by the tuberculosis centre.

In the control of tuberculosis, emphasis is placed on the *integration* of all these measures into the scope of functions assigned to the health centres. It is their responsibility to administer BCG-inoculations, to detect sources of infection, to examine contacts, and to treat infected persons as out-patients. Health education is another task in the catalogue of activities assigned to the health centres. The Tuberculosis Control Demonstration and Training Centre at Adis Abeba is responsible for training personnel in tuberculosis control. These principles for the planning and application of the programme were developed in close cooperation with WHO.

3. Leprosy (ሰጋ· ደዌ Yäsega Däwé)

Leprosy is one of the oldest diseases known in Africa and the Middle East. In Egypt it was a common disease long before the Exodus. Ethiopia and Egypt are neighbouring countries, that have maintained contacts since time immemorial. In the East their traffic proceeded via the Red Sea and through the Sabaean kingdom, in the West through ancient Nubia. Leprosy was spread towards the south and the west of the African continent by migrating Cushitic tribes probably after the disease had been brought to the Ethiopian highland by the pre-nilotes [335].

Even in the oldest *folk-tales*, leprosy occupies a special position among the diseases. Nowadays, leprosy patients still revere St. Gabrechristos as their patron [338]. It is generally believed that leprosy is a God-given malady.

According to another conception, leprosy is transmitted by *heredity*. People blame the Evil Spirit or the Evil Eye for causing leprosy. Victims of leprosy must endeavour to pacify the evil spirits by making offerings. Another superstition is that a man will develop leprosy if he has sexual intercourse with a woman in the open —a superstition encountered, by the way, in the Far East as well.

The habits of the "Lalibellas" appear mediaeval to us. Originally, they were patients who came from the Welo Province in pairs, and wandered about the country begging. With veiled faces they used to sing at the doors of the villagers' huts before sunrise. To-days "Lalibellas" are not sick. They suppose that the aforementioned way of life will save them from catching leprosy. Customs, traditions and philosophy show that the population of this country has been preoccupied with leprosy for a long time.

Previous travellers' reports indicate that leprosy once prevailed in the Ethiopian Highland in particular [282]. Reports dating from Italian authors [51] are very similar. Agostini [2] and Talotta [383] describe 559 cases of leprosy in Eritrea. Thirty years later, in 1961, Greppi [164] estimated the number of sufferers in Eritrea at 1,000, half of whom had come there from other provinces. At all times, leprosy patients felt attracted by hot springs and by the warm water of the Red Sea, which they hope would cure them. Fadda [128] reported in 1936, that Tigre, Adis Abeba, Jima and Dire Dewa had "very" many sick. In 1938 Mariani [235] estimated the prevalence of leprosy at Adis Abeba at somewhat less than 0.5%.

By *mass* surveys of school-children, the author tried to get an idea of the extent to which the population is infected with leprosy. Table IX shows the results obtained at 30 places during the period 1957 to 1959. These results are not conclusive as to the *prevalence* among the whole population, and any conclusions must be made with reservations since children attending school in Ethiopia themselves represent a minority Around 1960 only 5% of the children of school-age went to school.

The percentage of leprous Ethiopian children who *heal spontaneously* is not known. The investigations confiirmed, however, that the prevalence of leprosy is particularly high in the provinces of Gojam and Shewa. The *leprosy-index* for all age-groups in the Gojam Province was 49 in 1,000, and an almost equally high index, i.e. 42 in 1,000, was found in the western part of Gurageland near Welkite. The index of 25 in 1,000, found among the school-children of Fiche, Salale, in the Shewa Province, suggests that the endemic occurrence of leprosy in this area is very high.

The *prevalence* of leprosy in the individual provinces has been estimated on the basis of the statistics kept by the leprosy control service, which have existed since 1954, and on the basis of data collected at numerous places.

Table X also provides information on the "open" cases registered in 1961.

The fact that leprosy is irregularly *distributed* even in countries like Ethiopia, where the disease is highly endemic, renders any estimates as to its total prevalence very problematic.

If the prevalence is determined only on the basis of one investigation, repeated studies are absolutely necessary to substantiate the results. Even "official" estimates must be taken with reservation, as will be shown in the instance of Ethiopia. Prior to 1950, the number of leprous patients was estimated at 9,000, in the following years at 15,000, and in 1954, eventually, the estimate amounted to 36,000 cases. The fact, that ten years later 80,000 persons were registered, proves that all these estimates were incorrect. Besides, less than half of the vast country is medically cared for by the health services provided. The leprosy rate can be estimated at 10 to 12 per 1,000 people. Thus, the number of leprosy patients in Ethiopia may well exceed 200,000.

The estimated *indices* for the individual provinces vary from 1 to 25 (Fig. 27, back of Map 6). The Gojam Province shows the highest prevalence, i.e. 25 per 1,000. Province shows the highest incidence, i.e. 25 per 1,000. The neighbouring Welo Province, Begemdir Province and Shewa Province, situated on the central high plateau of the country, together with the Arusi Province in the lake district, have also very high endemic rates of 10 or more per 1,000.

The examples of the Gojam Province (Fig. 28) demonstrate that leprosy is not evenly *distributed* over a given province. On the basis of data collected Jungk [203], in 1969, takes the prevalence for the Harer Province to be 8 to 13 per 1,000 instead of 4 in 1,000 as previously estimated.

Price [312] considers in 1969 that a genetic susceptibility of the Amharas to leprosy cannot be ruled out. The inhabitants of the Arusi Province belong to the Galla-tribes. According to Jungk [203], the Amharas and Gallas living in the Harer Province are affected equally. The Gurage and the Kambata in the Shewa Province as well as the Agaus in the Gojam Province are also very susceptible to leprosy, as shown by the indices determined. Thus it is difficult to distinguish plainly any of the many Ethiopian tribes as being especially susceptible. In a country like Ethiopia with a prevalence of 5 and more per 1,000 for most of this provinces exposure to leprosy, or rather to *mycobacterium leprae*, is unavoidable. The percentage of "*open*" cases of leprosy living in isolation is negligible, since the majority of patients share the life of the community without restriction. Owing to the fact that in Ethiopia people are exposed to leprosy to a great degree, a maximum of morbidity is to be expected. The results obtained by the examinations of school-children in the Gojam Province sufficiently confirm this hypothesis. It may be assumed that up to 10% and more of the population are susceptible to leprosy and contract the disease at some period of their lives.

71 of every 100 patients are males. In children up to the age of 12, the sex-ratio of boys to girls is 60:40. Approximately one fifth of the patients are children up to the age of 15. An analysis of 4,000 cases of leprosy seen at the Princess Zenebe Work Hospital in Adis Abeba provides information as to the *age* of the patients when leprosy became manifest in them (Table XI). 20% of the patients had contracted leprosy by the age of 15. More than 90% of all cases had become leprous before they reached the age of 40. Two cases of leprosy occurred in children during their first year of life. During puberty, the curve of morbidity rises steeply. More than 9% of the patients contracted leprosy after the age of 40 (Table XI).

A *breakdown* of 26,195 cases, registered in 1963, into the various types and groups of leprosy shows an increase in tuberculoid leprosy at the expense of indeterminate leprosy, while lepromatous leprosy together with the "Borderline"-group, i.e. the interpolar forms, continuously averages nearly one quarter of all cases in the country. The occurrence in the various provinces differs considerably, ranging from nearly 11% in the Tigre Province to more than 56% in the Kefa Province. Rates above average of "open" cases are also encountered in the provinces of Harer, Welo, Sidamo and Eritrea. These data will have to be confirmed by further investigations and must be considered as preliminary results. However, comparison of results has become difficult, as the extended conception of intrapolar leprosy is now generally applied. Leprosy is subdivided into three groups according to the place the respective type holds within the immunity spectrum, so that it is practically impossible to render the previous results accordant with the statistics of the present time. However, for epidemiological purposes it is sufficient to determine the respective proportion of "*open*" cases of leprosy. They are those forms which discharge *mycobacteria* in larger quantities (Photo 59).

Among others, Bucco [48], in 1946, studied the problem of the *primary lesion* of leprosy in Ethiopia. In adults, the initial lesion consisted of a solitary macular focus accompanied by sensitivity disorders, with no evidence of free mycobacteria. The author [338] studied the localisation of primary lesions and compared his findings with those of Chaussinand in Vietnam (Table XII). The characteristics, which in part deviate highly, may be explained by the different life styles of the two groups compared.

Deformities due to leprosy are seen in about one fifth of the cases. According to Price [312], paralysis of the hands, feet and eyes was found in a proportion of 5:2:1. 3% of the patients were completely, and 6% were partially disabled by leprosy. The high proportion of deformities may be explained, not least ,by the belated treatment of the infected persons. Only a very low percentage of patients came under treatment during the first year of their illness, as shown by the records of the Princess Zenebe Work Hospital on 2,091 patients. In fact only 15% of the sick came under treatment during the first year of illness. Half of all patients were treated only after they had been suffering from leprosy for more than three years. A change for the better has nevertheless occurred following the institution of the Leprosy Control Service and the rural health services. However, the objective of tracing patients for treatment during the early stages of the disease has not nearly been accomplished.

The Leprosy Control Service, under the direction of the Ministry of Health, was instituted in 1954 in order to *control leprosy systematically*. Its headquarters is the Princess Zenebe Work Hospital in Akaki, a suburb of Adis Abeba. Approximately 40 leprosy-stations, distributed throughout the country, and staffed with one dresser and providing out-patient treatment, were integrated into the public health service, the health-centres and health stations in 1962. In 1964, this process was prematurely discontinued owing to problems which, at the beginning, did not appear to be insoluble. A factor contributing to this development was the foundation of the supra-national All Africa Leprosy and Rehabilitation Training Centre (ALERT), with headquarters at the former leprosarium of the Princess Zenebe Work Hospital. ALERT is supported by a number of leprosy relief organisations of various countries and is still in the process of organisation. The services of the institution include treatment and rehabilitation of sick at a hospital, urban and rural leprosy control, as well as the administration of rehabilitation and reintegration programme. Since 1970 the Armauer Hansen Institute (ARHI) for research on leprosy and its causative organism—an institution supported by the Norwegian and Swedish relief organisations—has been affiliated to ALERT. The Princess Zenebe Work Hospital with its capacity of 250 beds is the main teaching institution of ALERT.

Most of the other institutions for in-patient treatment of leprosy are supported by European and American relief organisations. One of the most important institutions is the leprosarium of the Deutsches Aussätzigen Hilfswerk (DAHW) (German Leprosy Relief Organisation) at Bisidimo in the Harer Province with 120 hospital beds, which is treating 500 in-patients and about 5,000 cases as out-patients. Attached to the leprosarium is an out-patient department for the medical care of non-leprous patients from the near and farther vicinity. Bisidimo is the centre of the leprosy control activities for the Harer Province [203], where the number of cases is estimated at more than 20,000. At the beginning of 1970, the institution at Bisidimo provided medical care for more than 3,000 patients by operating a regular mobile service along the surfaced roads.

Other leprosaria and segregation villages are found at Boru Meda near Dese in the Welo Province, at Shashemene, Hosaina and Gindeberet in the Shewa Province, at Tibela in the Arusi Province, at Finote Selam in the Gojam Province and at Asmera in Eritrea, where a ward of 30 beds for leprosy is attached to the general hospital. It was also planned to set up a leprosy-centre at the former Maltese-Leprosarium at Selekleka in the Tigre Province. The leprosarium and the segregation village at Harer are being shut down, and their functions have been taken over by the facilities at Bisidimo. The leprosarium at Finote Selam, developed with Swedish funds, has not started work yet. The total capacity of the facilities for in-patient care is approximately 3,000 cases. This meets the requirements, as in Ethiopia as well as elsewhere the centre of leprosy control is the *out-patient* treatment. In the long run it will be mandatory to *integrate* leprosy control into the general rural health services.

In vast areas of Ethiopia leprosy represents a major problem for the public health service, with which the country will be confronted for many years to come. According to experience the disease will be eradicated only when the basic conditions have been established, which will increase the living standard for the whole population.

4. Smallpox (ፈንጣጣ Fänṭaṭa)

According to Hirsch [176, 177] the most significant smallpox centres of Africa are the countries adjoining the valley of the Nile, such as Egypt, Nubia, Kordofan and the Ethiopian Highland. Smallpox is one of the ancient diseases of Ethiopia. In the early days protection against smallpox was sought by black magic and religious exercises [280]. Its contagious nature was known and one important and widely used measure to fight smallpox was to isolate the centres of the disease by imposing travelling restrictions and blocking roads. Whenever cases of smallpox occurred King Sahle Selassie (1813 to 1847) retreated to his palace and had the borders closed to all travellers (Krapf [209]). It is reported in 1893 by Burton [55] that during an outbreak of smallpox in the city of Harer the farmers of the areas surrounding the city refused entry to and exit from the city to everyone.

The Gallas and Somali took draconic measures to control the spread of smallpox (Bruce [42], 1790). The Gallas, for instance, put the torch to the house of every smallpox victim, and burnt down whole villages if they were plagued by smallpox, caring little about the villagers. The Somali acted likewise. They vacated their settlements and left their sick behind, who became prey to the hyenas. As late as 1930 the Somali isolated their sick and burnt their houses and belongings.

Smallpox is *diagnosed* by the clinical picture, and is occasionally confused with both secondary syphilis and varicella. It would appear that smallpox occurs sporadically in a milder form but does occasionally degenerate into severe epidemics. Cases of hemorrhagical smallpox are regularly observed in the city of Adis Abeba.

In the Anti-epidemic Service Report [261] covering the decade 1954—1963 the annual number of smallpox cases varies between 551 in 1962 and 2,832 in 1956. The annual average was 1,571 cases of smallpox, i.e. 7.8 cases per 100.000 inhabitants. All of these were cases under observation in clinics and hospitals (Fig. 31, back of Map 7). The majority of smallpox cases remained unregistered. Statistics do not reveal the actual frequency and spread of smallpox in the country. The lowest number of smallpox cases is reported to occur in provinces with the lowest number of doctors and the fewest public health facilities. Children of either sex up to the age of 14 fall victim to smallpox with equal frequency. Of the adult cases the male patients outnumber the female patients by 2.4 : 1.

The overall *incidence* of smallpox in Ethiopia in 1971 per 100,000 inhabitants was 104 ranging from 55 in Arusi Province to 459 in Ilubabor Province. A total of 25,976 cases of smallpox was reported (S.E.P. Ministry of Health, 1972).

The Five-Year Survey 1959—1963 [261] attempts to establish a seasonal breakdown of the occurrence of smallpox. A significant increase in contagions occurs in the rainy season, culminating in the month of July with an index of 183.7 and a maximum of 482 cases in 1961. About one sixth of all smallpox cases occurred in this month. The lowest number of cases is reported in December when the index is 25.7 and only 2.1% of the annual cases occur (Fig. 32, back of Map 7). The curve begins to rise in February and falls again in August, but deviating data have also been recorded. It would appear from superficial observations that increased human contacts caused by living closer together during the rainy seasons would favour the spread of smallpox.

Since the disease is so widely *spread* across Ethiopia and since registration is inadequate, it is difficult and, in most cases, impossible to establish the course of spread of the epidemic. Teclemariam [386] reports on an outbreak of smallpox in the Kembata District of the Province of Shewa in 1960 with a high number of fatalities. In 1965 the same author observed an outbreak of smallpox with 30 cases in a village near Hosaina. The source of infection of this epidemic was traced back to Dire Dewa.

In 1965 Georgieff [151] reported further epidemic outbreaks with a total of 108 cases of smallpox in the Lake Tana area. In this province smallpox is endemic, the population is not protected by vaccinations, sick persons are hidden and people believe that by transmitting the disease from sick to healthy persons the severity of the epidemic may be decreased. Frequently, the epidemic takes a mild course but when fresh contagions from outside take place the epidemic takes a wide spread and fatalities occur. The situation as described by the two authors is representative of the whole of Ethiopia. Throughout the year, epidemic outbreaks of smallpox—mainly on a small scale—occur in all provinces of the country. Smallpox patients are not isolated. When travelling through the country one again and again encounters fresh cases of smallpox and cases that are just beginning to heal (Photo 60).

Under the reign of Ras Wube in the middle of the 19th century in the Tigre Province Petit [294] witnessed enforced *variolations* from smallpox patients to healthy persons. These practices still prevail today, as reported by Georgieff [151] and Teclemariam [386]. When the illness reaches its peak pus is gathered from the pustules of a smallpox patient and applied to the arm or thigh of the person to be vaccinated. This is done by cross incision usually with a razor blade. These vaccinations are by no means without risk, since the vaccinated person may become dangerously ill or even die, as indeed happens again and again. Syphilis, which is widely spread throughout Ethiopia, is a further threat to the smallpox patient. This disease is transmitted to the receiver if the donor simultaneously suffers from smallpox and contagious syphilis, or from a syphilis (Photo 57) that shows the clinical picture of smallpox. Laymen often mistake varioliform secondary syphilis for smallpox (Photo 60).

In the years 1936 through 1940 the Italians repeatedly carried out large-scale vaccinations in the different provinces of the country, and it is reported that half of the population of the Tigre Province was vaccinated (Poggi and Monti [306], 1938). After a small epidemic outbreak of smallpox in 1937, approximately 200,000 people were vaccinated in the city of Adis Abeba.

From 1952 to 1956 500,000 people were vaccinated in the city of Adis Abeba on a voluntary basis in the course of several six-week vaccination periods. Although smallpox cases occurred in the following years, no epidemic outbreak has since been reported in the capital of the country. Since the vaccine, both fresh and lyophilic, was manufactured by the Institut Pasteur d'Ethiopie large scale vaccinations in the whole country could be organized. Vaccinal operations were increasingly carried out by rural public health centres. A Smallpox Eradication Programme with technical assistance of WHO started its activities in the beginning of 1971. Up to January 1972 more than 3 million vaccinations were performed (S.E.P. Weithaler, 1972).

Compulsory vaccination in the cities was legalized by Legal Notice 149 [350] in 1950. The children were to be vaccinated prior to completion of their first year of life and the vaccination was to be repeated every fourth year. To date, enforcement of this law has failed or has been carried out to a limited extent only. Legal Notice

156 [350] lists smallpox in class 1 of contagious diseases, all cases of which have to be reported immediately by telegramme. Isolation of the patients, as prescribed by law, is only possible to a limited extent.

Vaccination is the smallpox *control measure* of choice. Largescale vaccination by existing health services and supported by a country-wide smallpox control campaign organized, if possible, by special services, appears to be feasible.

A certificate of smallpox vaccination within the last three years is required for entry into Ethiopia. When living in the country repetition of vaccination after two or a maximum of three years is advisable.

5. Trachoma (ትራክሆማ Trakhoma)

As far as trachoma and the other contagious diseases of the eye are concerned, Ethiopia forms part of the large group of Arab countries lying to the south and south-east of the Mediterranean Basin. According to Feitelberg [129], it is the same type of trachoma, perhaps occurring partly in a milder form; however, with regard to its complications, it hardly differs from that of the other countries.

Guerra [165] and Läufer [212] have described the different *prevalence* of trachoma in the various ethnic groups. Of all groups, the Somalis and the Arabs are most badly stricken by this disease. Lesser rates are found with the Gurage, Amhara and the resident Italians. The higher the social status, the lower is the rate of contagious diseases of the eye and, in particular, of trachoma [212]. About 40 to 50% of the population with a medium and low standard of living is suffering from trachoma, whereas the less serious diseases predominate among the upper classes of the population.

According to surveys made in 1959 by Delon [103], a prevalence of trachoma of 60—80% is to be expected in Adis Abeba, Gonder and Harer. Whilst examining the children of the first three grades of elementary school, Delon [103] found that 42% of the children in Adis Abeba and even 77% in Gonder were suffering from trachoma. According to Läufer [212] 38.7% of the school children examined at Adis Abeba were free from trachoma, against only 16.6% at Gonder.

The same proportions of stage I of trachoma were observed at Adis Abeba, Gonder, and Harer, whereas stage II symptoms were particularly widespread at Gonder and Harer. One quarter of the children at Adis Abeba have normal eyes as against only one tenth at Gonder and Harer. Lack of vitamin A with Bitot's spots and keratomalacia, with an incidence of 0.3%, has no particular importance in this connexion. Blind children do not attend school; blindness in one eye was observed at Gonder in 1.7% of the school children, with an overall average of 1%. The low extent of pannus formation, which exceeded 2 mm in only 2% of the cases, may be regarded as indicative of the benign character of trachoma. Pterygium and trichiasis were only observed in 0.6% and 0.3% respectively, of all cases.

40.7% of the children examined suffered from conjunctivitis, the highest figures were observed at Harer (51.6%), the lowest figures at Adis Abeba (29.5%). About three quarters of the children with active trachoma suffered from an additional conjunctivitis, a moderate form of which was observed in 22% of the cases and a serious form in a few instances. About one third of the 8,866 children examined were not suffering from trachoma—mainly girls with 37% as compared to boys with 32% [212]. Feitelberg [129], in 1964, estimates the percentage of active trachoma amongst children from 1 to 8 years at an average of 40% for the entire country, with major deviations in the various provinces. There is a high prevalence in the Gonder area in the Begemdir Province with 90%, and in Dese in the Welo Province with 60% The lowest figure is given for Dire Dewa in the Harer Province with 15%. The average for active trachoma in the entire country among adults is estimated by the same author at 20%. Opinions differ as to the onset of trachoma. *Infection* of the new-born is frequently observed through smear infection from their mothers. Infection of the majority of children has already taken place before they reach school age. According to Läufer's survey, the onset of the disease for boys is mainly observed at the age of 5—7 years and somewhat later for girls. The percentage of infections at school is said to be no more than 1.3% [212].

The investigations made at various altitudinal levels of the province of Eritrea in 1953, 1955 and 1956 showed significant differences: for persons of all age groups the figures vary between 74.2% and 83.1% for the high plateau, between 69.1% and 74.3% for the eastern lowlands, and between 42.0% and 47.9% for the lower western areas. The figures for school children are similar reaching figures of up to 91% on the high plateau, whereas 76.9% of the children in the lower altitudes in the eastern part of the province and a maximum of 61.8% in the west of Eritrea suffered from trachoma.

In Eritrea, too, trachoma is frequently associated with a bacterial conjunctivitis, which was found to be caused by *Haemophilus aegypti* (*conjunctivitidis* Koch Weeks) or by mixed infections with these germs and *Neisseria catarrhalis*. Mixed infections occur more frequently and cause serious seasonal epidemics which may lead to cornea perforation, blindness and other complications.

The *control* of trachoma was undertaken in Ethiopia by a special service, supported by WHO and UNICEF, with a demonstration centre at Adis Abeba, and is now mainly conducted by the health centres. Without doubt trachoma and the contagious diseases of the eye constitute a priority problem for the public health service in Ethiopia. A solution will only be possible when the build-up of the network of health centres has progressed to such an extent that the majority of the country is covered by these centres.

6. Venereal Diseases

Venereal diseases present one of the most important problems facing the Ethiopian public health service. Their control is in the hands of a specialized service, the Venereal Diseases Control Service, with headquarters in Adis Abeba. But its capacity, apart from routine treatment of venereal disease cases occurring in Adis Abeba, suffices at best for conducting special surveys and small-scale campaigns for controlling diseases. An improvement of conditions on a long-term basis is hoped for as a result of the integration of specialized services into the rural health centres.

Prostitution. According to Willcox [167] 80—97% of venereal infections in Africa are transmitted through prostitution, an order of magnitude which applies also to Ethiopia. Prostitution is widespread in the country.

The women are still relatively young when they take up the oldest profession in the world. Almost 20% of the prostitutes are 20 years old at the very most; fewer than 10% are over 40 years old. The majority of prostitutes—more than 90%—had been married several times and divorced. Their way of life causes premature sterility; prostitutes in Ethiopia therefore seldom have several children. Their educational level is low, and more than 90% are illiterate.

Drinking customs and prostitution are closely connected. Most prostitutes "go into service" in bars, the so-called "tedj-" and "tallabets", where they work as waitresses at the same time. The majority of prostitutes come from the countryside. Not infrequently they save a small fortune, go home and marry. Nobody takes exception to their former profession. Prostitutes change their place of work frequently and occasionally take up an honest occupation. The Venereal Diseases Control Service estimates that in Adis Abeba, with its population of half a million inhabitants, there are more than 6,500 "tallabets", each with several female employees.

Ferreira-Marques and the author [132, 342] made a health survey involving approximately 900 prostitutes. Blood tests on 642 women resulted in more than 80% seropositive reactions. Primary syphilis was found in 6% of the women examined, secondary manifestations in 8.9%, and tertiary symptoms in 1.4%. Somewhat more than 66% of the prostitutes were found to be suffering from latent syphilis.

Incidence rates of other venereal diseases found among the prostitutes were as follows: gonorrhoea 53.3%, ulcus molle 12%, Nicolas-Favre-Durand disease 4.7%. The majority of the women were found to have mixed infections of several venereal diseases. In the countryside along the arterial roads conditions are still worse than those in the capital with its relatively good medical service.

Syphilis. Sporadic syphilis has been dealt with in the chapter on "treponematoses". It ranks first among the venereal diseases. The number of new cases is estimated at 150,000 to 200,000 per year (Mayer, Schaller, 1964).

Gonorrhoea. While it is generally held that every single case of syphilis is matched by multiple gonorrhoea cases, the inverse relationship is found in Ethiopia. The *prevalence* of gonorrhoeal infections is estimated at 7%. During the last few years a continual increase in the incidence of gonorrhoea has been observed. In Adis Abeba it accounts for 41% of all venereal diseases; infections of children are found to be less than 1% [250]. According to Huber [185] gonorrhoea is, with 13.3%, the most frequent cause of vulvo-vaginitis in girls. The number of infections amongst females on record makes up only a fraction of that of males. This is not doubt accounted for by the restricted possibilities for detection and diagnosis as well as by the lack of methodical investigations regarding the sources of infection. It must be expected that a large reservoir of undetected gonorrhoea cases exists among Ethiopian women. Promiscuity and prostitution, which prevail in the country, have to be considered as the main sources for contracting gonorrhoea.

The *clinical course* of gonorrhoea corresponds largely with the pattern known in the temperate zones since the advent of penicillin. In Ethiopia penicillin is regarded as a miraculous remedy, and laymen in particular use it uncritically as a panacea for all sorts of health disturbances. Penicillin-resistant cases of gonorrhoea have not yet been observed here.

The small number of *complications* may be attributed partly to the effect of penicillin. Mayer [250] estimates that the number of complications among males amounts to 3% of all gonorrhoea cases. The incidence is higher among females. Ferreira-Marques (132) seldom observed cases of bartholinitis among his female patients. 6.6% of these suffered from urethritis or cervicitis or from both. Gonorrhoeal endometritis remains mostly unidentified, whereas salpingitis is noticeable on account of its local and general symptoms. Gonorrhoea plays a relatively large part in cases of adnexitis. The sterility found amongst females, as also amongst males, is no doubt caused mainly by gonorrhoea. Mixed infections with syphilis are relatively frequently observed.

Lymphogranuloma venereum or Nicolas-Favre-Durand disease. Infection with the virus of lymphopathia venereum *(Lymphogranuloma inguinale)* accounts for about 2% of all venereal diseases [250]. Females contract the disease less frequently than males, the ratio in Ethiopia being 1:3. Cases of elephantiasis ulcerosa genitoanorectalis or esthiomene have been repeatedly observed [188, 342]. The majority of the patients were between 20 and 40 years old; children are seldom infected.

The disease is sometimes confused with granuloma inguinale or venereum (Donovanosis), produced by *Klebsiella granulomatosis*, and with ulcus molle.

Urethritis and cervicitis non-gonorrhoica. Among females the incidence of any of the forms of urethritis is not as high as among males. In 1964, Ferreira-Marques [132] established non-gonorrhoeal cervicitis in 4.8% of his female patients, whereas 29.1% of the male patients were found to be suffering from a non-specific urethritis. The disease is caused by the same organisms as in the temperate zones. Trichomonads and yeast-fungi cause urethritis more frequently in females than in males. Both are discovered for the most part as incidental findings.

7. Other Infectious Diseases

a) Influenza (ወረርሽኝ Wärräršeññ). In former times, Ethiopia had remained mostly unaffected by world-wide influenza epidemics because of its geographic situation. Also in the recent past the incidence of influenza remained within bounds. According to the ten year report for 1954—1963 [261] the number of reported cases varied between 12,127 in 1958 and 36,535 in 1963. These figures amount to rates of 6 and 17 per 10,000 of the population. Another peak of the curve can be seen in 1957, with 15 cases of influenza per 10,000. In this year an epidemic developed in Ethiopia, the same as in Afghanistan, as described by Fischer [140] for the same period of time. It was obviously an occurrence of "Asian" influenza, which affected the whole world.

By far the highest incidence, with rates up to 330 per 10,000, was reported from Adis Abeba in 1963. The importation of influenza into the capital was primarily due to its character as an international centre of traffic. Both the great number of physicians and the concentration of curative services in Adis Abeba resulted in a more complete reporting of cases in statistical surveys than was possible in the provinces. A high rate, 46 per 10,000, was recorded in Eritrea in 1966, with its peak in May and June, the period between the seasons with lesser or higher precipitation.

b) Forms of Pneumonia (ሳል *Sal*). In the order of frequency of infectious diseases in 1962 pneumonia held, with a rate of 16 per 10,000, the 8th place. In Diesfeld's report [114] for 1966 lobar pneumonia constitutes, with 28%, the highest percentage of diseases of the respiratory tract. Bronchopneumonia occurs frequently in the course of infections of the upper pharyngeal tract. In the Province of Eritrea 4,089 cases of pneumonia and bronchopneumonia were registered in 1966, amounting to a rate of 26 per 10,000 of the population. The incidence fluctuated with the season, with the lowest rate—197—in September/October and the highest rate—488—in March/April.

Out of 141 children who died in the Swedish hospital for children in Adis Abeba 79 (i.e. 56%) had bronchopneumonia, 15 (i.e. 10.6%) had pseudo-croup [230, 390]. Pneumonia is still one of the most frequent causes of death of children, particularly in rural districts.

c) Meningitis cerebrospinalis. The occurrence of meningitis epidemica of different gravity has been observed in all provinces of Ethiopia. The northern part of the Province of Gojam, the Province of Begemdir, Tigre, and Eritrea, form, together with the western Sudan, an endemic zone of the African belt of meningitis cerebrospinalis. In this zone an epidemic outbreak, apart from sporadic occurrence of the disease, must always be expected. When such epidemics occur, it is always in the dry season. Georgieff [151] reports on a major epidemic which occurred in the Province of Gojam in 1964 and which was connected with the epidemic occurrence of meningitis cerebrospinalis in the Province of Begemdir. In the last mentioned province 455 cases with a mortality of 8.5% were registered. In 4 villages of the district of Bahir Dar 552 persons, 302 of these males, fell ill.

The five year report for 1959—1963 [261] shows an incidence among males twice as high as that among females.

When considering the age groups of patients treated in hospitals one finds that one third of all patients falls within the age group 0—4, 54.2% have fallen ill by the age of 14, and 41% fall within the group 14—44.

Meningitis cerebrospinalis can become a grave threat to the population, in particular if therapeutic and prophylactic measures are not taken in time. During the epidemic in Bahir Dar in 1964 more than 10,000 people underwent chemoprophylactic treatment in the form of a sulphonamide. The fight against meningitis epidemica falls within the competence of the "Anti-epidemic Service", a central organization of the Ministry of Health.

d) Hepatitis epidemica (የጉበት በሽታ *Yäqubbät Bäśseta*). In Ethiopia, hepatitis epidemica belongs to the group of infectious diseases of more frequent occurrence. The ten year report for 1954—1963 [261] shows only small fluctuations in the yearly incidence-rates, i.e. between 2,052 cases in 1959 and 4,186 cases in 1955; the average incidence is 2,933, equivalent to a rate of 1.4 per 10,000 of the population.

Of the 4,653 patients treated in hospitals from 1959 to 1963 approximately 70% were males; 73% of the patients fell within the age group 15—44, and more than 10% were children up to the age of 14.

In Ethiopia, hepatitis epidemica constitutes one of the more serious problems of the public health service. On a long-term basis a decrease of the incidence can only be brought about by an improvement of environmental hygiene. Permanent liver injuries due to inadequate treatment frequently result from the infection.

e) Poliomyelitis (Yäšeba Bäššeta). For a long time it was believed that poliomyelitis did not exist in Ethiopia. In 1961 Barry was one of the first who assumed the existence of a causal connection between poliomyelitis and some of the observed cases of crippling and paralysis [21, 22]. Joint investigations carried out by Barry and the Pasteur Institute on a small number of patients confirmed the assumption.

Subsequent serological tests carried out in the Province of Welo, Tigre, Shewa, and Ilubabor established the typical clinical picture of *immunity* acquired at an early age *against all three types* of virus, with 80 to 100% positive reactions in children up to 10 years [8].

Poliomyelitis was also found to be an endemic disease in Eritrea. In the annual health report for 1966 reference is made to the tests carried out in 1960, which had established the existence of polio-antibody type 1 in 85—100%, type 2 in 94—100%, and type 3 in 82—93% of the 175 persons examined.

According to Barry [22], in 1964, at least 30 cases of poliomyelitis were seen in one year at the Swedish Children's Hospital in Adis Abeba. In two cases the patients developed, after running a temperature, symptoms of paralysis in the legs. Acute non-paralytic poliomyelitis is very rarely recognized as such. In all cases which have occurred so far respiratory paralysis has not been observed.

As to the question of protective *inoculation* and the type to be applied no decision has been made so far by the public health service. It is, however, realized that the dormant state may develop into an acute problem.

f) Diphtheria. In Ethiopia, diphtheria belongs to the infectious diseases of extremely rare occurrence. During his 12 years' residence in the country the author did not see one case of diphtheria. In Adis Abeba it was possible on only two occasions in the last few years to isolate *Corynebacterium diphtheriae* from the pharynx of children suffering from diphtheria. An environmental examination on one of the families affected established a positive result with another child. The first isolation of *C. diphtheriae* from an Ethiopian child was reported in 1963 by Debessay [101].

The occurrence of cutaneous diphtheria has not yet been reported from Ethiopia. It is of interest in this context to note that diphtheria is also very rare in Afghanistan. Fischer [140] reported on diphtheria in that country in 1968.

It is not quite in accordance with the aforesaid that 365 cases of diphtheria were reported from the Province Eritrea in 1966; however, out of these only 24 persons underwent in-patient treatment. There is no information as to whether the pathogenic organism was found [263]. The Schick test is an imperative in order further to clarify the occurrence of diphtheria in Ethiopia.

g) Acute Exanthemata: Measles (ጉድፍ *Gudef*). Measles occur throughout Ethiopia. There are not reliable statistics concerning the frequency as only in rare circumstances do the cases come to the notice of doctors. From the records kept by the Swedish Childrens'

Hospital in Adis Abeba it can be seen that measles occur most frequently during the first five years of life. A dependence between incidence-rate and the seasons cannot be established [230]. In-patient treatment takes place only in the case of more serious complication.

The incidence-rate is not known, however. The assumption that the disease takes a milder course in the tropics and thus also in Ethiopia is not justified. The health report of 1966 for Eritrea makes particular mention, in connection with the extensive epidemic occurrence and high mortality, of the unsatisfactory rate of reporting.

In the ten year report for 1954—1963 the rate of cases reported varies between 472 cases in 1959 and 4,366 cases in 1960, with an average of 2,057 cases per year [261].

Scarlet Fever. In Ethiopia scarlet fever belongs to the diseases of more rare occurence. According to the ten year report for 1954—1963 [261] no cases at all were reported in the years 1954 and 1957. The greatest number, 693, were reported in 1960. In Eritrea, which has a relatively dense net of public health establishments, altogether 30 cases of scarlet fever were reported in 1966, 15 each occurring in March and May [263].

German Measles. Although German measles occurs in Ethiopia, it is rare. Because of its harmless course the persons affected will, as in the case of measles, hardly ever consult a doctor. No statistics on the occurrence of German measles exist.

h) Whooping-cough (ትክ ትክ Tekketekk). Whooping-cough occurs throughout the country. In 1962 it held, with 10,444 cases, the 12th place in the list of frequency of contagious diseases.

In the ten year report for 1954—1963 [261] the fluctuation from year to year is only slight, ranging between 7,503 cases in 1954 and 14,679 cases in 1963, equivalent to 3.6 and 7.3 per 10,000 of the population. However, one cannot fail to notice that the rate of incidence is continually increasing. A more frequent incidence with a rate of 10.3 per 10,000 was observed in the Province of Eritrea in 1966 [263].

72.9% of the cases of disease fall within the *age group* 0—4 years. As the age increases, the frequency decreases sharply. With nursing children and small children whooping-cough is a frequent cause of death and is considered a grave health problem in Ethiopia. Preventive inoculation of the endangered age groups with a combined vaccine is under consideration by the public health service.

i) Mumps (ጆሮደግፍ Jorodäggef). Mumps or parotitis epidemica occurs in Ethiopia. Statistics on the frequency of the disease are lacking. A doctor will be consulted only if complications occur, which seem to be rare.

j) Tetanus (ገትር Gätter). Tetanus occurs in all provinces of the country, but in comparison with the major contagious diseases it is a rare illness in Ethiopia. There are no statistics on its frequency rate and death-rate.

Over a period of ten years the author saw two tetanus cases among more than 10,000 leprosy patients treated at the Princess Zenebe Work Hospital in Adis Abeba.

In view of the frequency of plantar ulcera and other lesions, together with a particular high grade of exposure, one might expect a higher frequency rate. On the other hand, the two cases mentioned previously, argue against the assumption that leprosy immunizes against tetanus infection.

Although the danger of tetanus infection does not seem to exist in an equal degree in all parts of the country, general active immunization appears advisable.

k) Gas-gangrene. The clinical manifestations of gas-gangrene are also very rare in Ethiopia. In 1959 the author saw a case of gas-gangrene, with extensive gas development and abscess formation, in a patient with burnt-out leprosy.

As a result of the combined treatment, for which the Pasteur Institute in Adis Abeba supplied the gas-gangrene serum, the patient overcame the severe clostridium infection.

It is worthy of note that this patient remained the only gas-gangrene case among numerous other persons exposed in the same way. Even the Pasteur Institute, which functioned as central laboratory up to 1964, has no knowledge of any further cases.

IV. Infectious Diseases Caused by Helminths *

1. Schistosomiasis

The ten-year summary (1954—1963) of infectious diseases by Papaioannou [261] shows that the yearly incidence of schistosomiasis varies from 19 cases in 1955 to 4,236 cases in 1961, averaging 1,018 cases per annum. There is not made a distinction between the two types of schistosomiasis the intestinal and the urogenital one. Infections are reported to have occurred in all provinces of the country except for the Gemu Gofa and Ilubabor Provinces. Schistosomiasis is only endemic, however, in the districts of the country indicated as such (Fig. 29, back of Map 6).

The earliest incidence of schistosomiasis was reported from the Harer Province. According to Kubasta [210] this disease might have been *imported* into the country by the Egyptians who had occupied that part of the country from 1875 to 1885. Schistosomiasis has been known for thousands of years in Egypt, which to date is the most important centre of bilharziasis in Africa. However, schistosomiasis might have been introduced into Ethiopia by other ways, too, because this disease is prevalent in the neighbouring countries Yemen, Somalia, Kenya and Sudan. Since ancient times continuous migration from adjacent Yemen where schistosomiasis is endemic, has taken place. Even today there are among the immigrants from Yemen a lot of patients suffering from schistosomiasis. Among the patients treated by Kubasta [210] there were 8 Yemenis who had been infected with schistosomiasis in their childhood or youth.

It is also quite conceivable that the disease was carried into the country by soldiers from Libya in 1935/36. Cases of schistosomiasis, however, are reported to have occurred in Ethiopia prior to that date. In 1934 Satta [330] described the first cases in Eritrea. Later on Diena [110] and D'Amico [96] discovered schistosomiasis in the inhabitants of Mitsiwa, who originated from Segeneyti in Eritrea. Ferro-Luzzi [136] discovered further centres of schistosomiasis in Eritrea, where in some places a large number of people was infected. Giovannola [159] describes in 1937 cases of schisto-

* From "Zeitschrift für Tropenmedizin und Parasitologie" **22**, 36—49 (1971) by permit of G. Thieme Verlag, Stuttgart.

somiasis in the Harer Province, while Caccipuoti [58] reports on such cases in Wog-Lasta in the Welo Province. Subsequently occurrence of this disease was noted in Hamsien in Eritrea and in the Begemdir and Gojam Provinces.

Schistosomiasis intestinalis is most widely spread and occurs in all centres of bilharziasis known to be endemic except for one centre on the lower course of the river Awash near Gewani in the Harer Province where Russel [327] discovered in 1958 *schistosomiasis urogenitalis.* Single cases of urogenital schistosomiasis are occasionally observed in the major hospitals of the country. Their origin usually leads back to sources outside Ethiopia such as Egypt, Somalia or Yemen.

In Ethiopia schistosomiasis in man is caused by *Schistosoma mansoni* and *S. haematobium.* According to more recent investigations (1958) in connection with the Nutrition Survey [273] *S. mansoni* was discovered in Harer, Gonder and Teseney in Eritrea, whereas *S. haematobium* was found in none of the places. Only Russel [327] found that in Gewani on the lower course of the river Awash 48% of those tested had *S. haematobium* in their urine. Lemma [217] reported from the area of Adwa the sole causative agent of schistosomiasis in man to be *S. mansoni.* In addition he discovered *S. bovis* and other animal schistosoma in his epidemiological investigations. In Gonder 1.8% of all the samples submitted for examination in 1958/59 were infected with *S. mansoni* (i.e. 382 cases). *S. haematobium* were discovered in none of the cases. In the hospitals of Adis Abeba both *S. mansoni* and *S. haematobium* were discovered, with *S. mansoni* by far outnumbering *S. haematobium.*

Detailed studies on the *intermediate hosts* of schistosomiasis, fresh water snails, were made in the past as well as in more recent years (chiefly by Italian scientists). In 1934 Satta [330] found Biomphalaria in the river Dada in Eritrea. Having discovered cercariae the author proved that *Biomphalaria pfeifferi rueppelli* (Dunker) may be regarded to be the intermediate host in the schistosomiasis cycle. In 1937 Giovannola [158] discovered the same species, known to be the intermediate host of *S. mansoni,* in the Harer Province. Caccipuoti [58] also found in 1942 *B. pfeifferi rueppelli* and various Bulinus species in Wog-Lasta in the Welo Province. More recent investigations on snails as potential intermediate hosts of Schistosomiasis were made by Brown [38, 40] and Lemma [217]. Brown [38] has summarized the intermediate hosts of human schistosomiasis occurring in Ethiopia as follows:

B. pfeifferi rueppelli (Dunker), a subspecies of *Biomphalaria pfeifferi,* is widely spread on the plateau of Ethiopia. In the Begemdir Province it is encountered at altitudes up to 2,660 m. *B. sudanica* (Martens) of the species *B. sudanica* is found in some lakes of the southern Rift Valley in Ethiopia (Fig. 30, back of Map 6).

Bulinus africanus is represented by subspecies *B. africanus ovoides* (Bourguignat) on the north-eastern plateau, by *B. ugandae* (Mandahl-Barth) on the Lake Margaret and by *B. truncatus sericinus* (Jickeli) on the plateau. In the Begemdir Province *B. truncatus sericinus* is found in areas up to 2,943 m. *B. abyssinicus* (Martens) was originally discovered in the lowlands in the south of Ethiopia and later found in Somalia by Mandahl-Barth [228] in 1958. *Bulinus species* (living snails) have been found in the Lake Awasa. According to Burch [54] these are *B. truncatus sericinus* and a species not clearly defined.

Among the *Bulinus forskali group* the species *B. forskail* (Ehrenberg) is spread over vast areas. The highest place where they are found is Lake Tana (1,870 m). *B. scalaris* (Dunker) is restricted to a few centres in the Kefa and Begemdir Provinces. Other species of this group have been registered only in one place in the Begemdir Province. In 1965 Lemma [217] found in the region of Adwa in the Tigre Province several species of *Biomphalaria* part of which were infected and discharged cercariae. Species of *Biomphalaria* are generally considered to be the intermediate hosts of *S. mansoni.* Near Harer Giovannola [158] infected *Biomphalaria sp.* with Miracidia from eggs which were obtained from patients suffering from intestinal schistosomiasis. In 1948 Ferro-Luzzi [136] found snails on the plateau of Eritrea which had been infected naturally. Brown [38] mentioned that *Biomphalaria,* which he had found north of Adis Abeba, were highly susceptible to an Egyptian strain of *S. mansoni.*

With the exception of *B. ugandae B. africanus* is susceptible to *S. haematobium.* In regions where the *Bulinus truncatus group* does not occur *B. africanus ovoideus* may be considered to be the intermediate host of *S. haematobium.* Great significance is attributed to the species of *B. truncatus group* as intermediate hosts of *S. haematobium.* The northernmost occurrence of *B. africanus* is reported in Sudan and in Ethiopia. Ayad [12, 13] explained the absence of *S. haematobium* in Eritrea by the fact that local species of *Bulinus* are unsusceptible to this species. The low temperatures in the highlands of Eritrea appear also to affect the life cycle of *S. haematobium.* Brown [38], Wright [412], and Lemma [217] recommended that all species of the widespread *B. truncatus group* should be considered potential intermediate hosts of schistosomiasis as long as the results of an investigation on the Ethiopian species of *Bulinus* do not discredit this assumption.

According to available data *species* of *Bulinus* and *Biomphalaria* are rarely found in the lowlands of Eritrea and of southern Ethiopia since the *ecological* conditions are too unfavourable for their development. Many areas of water exist only during the rainy season and for a short period thereafter. The permanent rivers such as the Takaze, Gash, Dawa Parma and Canale Doria flow rapidly over rocky beds. In addition there are no snails in the steep wells of the Borana in the Sidamo Province. Any spread of schistosomiasis is impeded by the fact that fresh water snails are found in the arid zones of the country. However, the situation may change rapidly with the development of irrigation systems creating more favourable living conditions for snails, which are the potential intermediate hosts of schistosomiasis.

At altitudes above 2,700 m species of *Bulinus* and *Biomphalaria* are seldom encountered. The climatic conditions, particularly the low temperatures at night, are too unfavourable both for the intermediate host and the development of parasites. According to the observations made by Brown [38] the development of the snail fauna is impeded by the shadow of the trees growing along the river banks. In the vicinity of human settlements the banks are free from trees so that the snail can freely develop and spread. As already mentioned, human schistosoma cannot complete their cycle of life at too low temperatures. It appears that the two *species of schistosoma* occurring in Ethiopia show different ecological behaviour. This would explain the absence of *S. haematobium* in the highlands. The highest locations infested by *S. mansoni* are situated in the district of the Lake Tana at an altitude of about 1,870 m and on the plateau south of Asmera at 2,270 m. According to Woldemariam [401] these areas lie within the range of the 18 °C annual isotherm and between the 16 °C and 18 °C isotherms respectively. This gives reason to believe that the incidence of schistosomiasis on the plateau is impeded by low temperatures. No incidence of autochthonous schistosomiasis infections beyond the 16 °C isotherm has been observed.

There are only sporadic studies available on the *frequency* of occurrence of schistosomiasis in Ethiopia. The statistics mentioned at the beginning of this paper give only an incomplete picture of the actual situation. This is clearly revealed by the yearly statistics on the cases reported ,which show a discrepancy of 19 cases in 1955 and of 4,235 cases in 1961. These differences cannot be explained on epidemiological grounds but are due to inadequate notification of communicable diseases. Samples obtained occasionally in various areas of Ethiopia allow some insight into the incidence of epidemics. In 1948 Ferro-Luzzi [136] observed that 38.4% of the adults and 20.0% of the children were infected with *S. mansoni*. In 1965 Buck, Spruyt, Wade, Deressa, and Feyssa [52] examined the occurrence of *S. mansoni* in Adwa in the Tigre Province on the basis of skin tests on 802 persons and faeces samples from 459 test cases. 80.7% of the skin tests and 61.4% of the examined faeces gave positive results. The infected males outnumbered the infected females. The highest rate of incidence of infections with *S. mansoni* was at the age of 20. In 1961 Chang [69] found that in Gorgora, north of the Lake Tana in the Begemdir Province, 20% of the schoolchildren were infected with *S. mansoni*.

Official statistics show the relatively insignificant mortality of one fatal case among 1,000 schistosomiasis patients. Further studies will have to be made in order to determine to what extent the health of the Ethiopian population is endangered by schistosomiasis and its complications. The clinical differences in either disease cannot be dealt with within the scope of this publication. However, one should mention the incidence of cercariae dermatitis, which is caused by parasites entering the skin and thereby producing itching and maculo-papular efflorescences which soon disappear. More intensive reactions are caused by the cercariae of other *schistosomatidae* of the *genus Trichobilharzia*, the hosts of which are water birds or mammals. They penetrate the skin of persons bathing or wading in infested water. Cercariae die quickly after having entered the wrong host, but in most cases cause severe dermatitis covering exactly that part of the body which had been immersed in the water. Non-human cercariae frequently occur in the lakes of the Rift.

The importance of the problem facing the Public Health Service can only be guessed. In the endemic centres in the area of the Lake Tana in the Gojam and Begemdir Provinces, in the area of Aksum and Adwa (Tigre Province), in Harer and its adjacent areas and in Gewani (Harer Province) schistosomiasis is one of the most important health problems. The occurrence of snails, which might be the intermediate hosts over a wide range of altitudes, permits the rapid spread of schistosomiasis as soon as schistosoma pathogenic in man are carried into these areas.

Since malaria eradication is the main concern of the Public Health Service of Ethiopia this country has few means of controlling other epidemics on a large scale. For this same reason only part of the prophylactic measures planned to eradicate schistosomiasis can be taken at the present state of development of the Health Service. In 1965 Lemma [217] recommended a subsidiary health centre for the 10,000 inhabitants of Adwa (Tigre Province). This centre would have to ensure disposal of human excrements in a sanitary way and to intensify the construction of latrines. It should be able reliably to diagnose faeces and urine samples. Intermediate hosts of schistosomiasis should be collected for subsequent identification. In addition a specialist should be available to examine and study the intermediate hosts of schistosomiasis. Health education will be another important task of the health centre, which should also employ a parasitologist. Mass control of schistosomiasis and treatment of patients should be directed by a doctor. Chemical control of the snail fauna would complete this valuable project. Success of this action will have to be ensured by permanent controls extending over years. The observation made by Lemma [218] that "endod", i.e. the dried fruit of a wild plant *(Phytolacca dodecandra)*, has a strong molluscicidal effect might be of practical importance for snail control. If clothes are washed with "endod" (dilution 1:100,000) schistosoma-transmitting snails will die within a period of 24 hours.

New biotopes of water snails developing in the wake of modernization of agriculture and migration of people from endemic areas of schistosomiasis into prospective industrial areas could favour the introduction and spread of schistosoma pathogenic in man. The occurrence of schistosomiasis in the lake district of the Rift would seriously affect the development of tourism. Thus schistosomiasis will be a serious problem confronting the Public Health Service in Ethiopia in the years to come.

2. Filariasis

According to its altitude and its situation in the Horn of Africa Ethiopia does not really qualify as a region susceptible to the occurrence of filariasis. Nevertheless, filariasis can be observed in Ethiopia, especially in areas with a relatively high percentage of the population suffering from elephantiasis. Among the patients in the general ward of the Princess Zenebe Work Hospital elephantiasis occurred in 6.4% of the cases. This high percentage can be explained by the fact that this hospital served as a treatment centre for elephantiasis during the years 1954 to 1963, when this report was compiled. Persons affected, especially those from western provinces, went to the capital for medical advice. They were for the most part adults, and males predominated with 70% of the overall number of patients. Except for few cases the morbid changes concerned the lower limbs. The patients from the central highland suffered from elephantiasis nostras.

In the western regions of the country, at altitudes from 1,800 m downward, all prerequisites for the life cycle of the filariae, man–vector–man, are fulfilled. Elephantiasis is of frequent incidence among the negroid population of the tropical rain forests in the provinces of Kefa, Ilubabor, and Gemo Gofa. In the regions with a high endemic prevalence both sexes are affected to an equally high degree. Elephantiasis scroti and E. vulvae with monstrous deformities are not rare, and E. penis and E. mammae are also occasionally encountered. As the disease develops slowly, children may be infested without showing clinical symptoms. Investigations on the prevalence of elephantiasis were carried out at various places in the district of Gimera, Kefa Province (10° north latitude). Among 397 "Shankillas", who came to the places on market-days or happened to be there for any other reasons, 47 persons—11.9%—showed alterations indicative of elephantiasis. Among the patients with lower limbs affected almost 50%—19 out of 40 cases—were females. Elephantiasis scroti was observed in 5 cases; 2 patients were suffering from E. penis et scroti. In no case were microfilariae found, a fact that is not surprising. In environmental investigations carried out by day and night microfilariae could not be found in the blood either. It is difficult to perform a sufficient number of blood tests during the night from people widely scattered in the rain forests. In this region, to find the organisms of endemic elephantiasis is a matter of time and opportunity. Among blood-smears taken from members of the "Saysay" in western Welega [389], some contained microfilariae, and in at least one of these smears there might well have been *Wuchereria bancrofti* [39]. *W. bancrofti* was also found (according to personal information, 1962 [208]) at Aira in the south-west of the same province.

Measures to control endemic elephantiasis have not been initiated so far. Certainly, in the western provinces of the country this disease presents a serious problem to the Public Health Service.

3. Onchocerciasis

Because of the ecological conditions prevailing in the western provinces of the country there was reason to assume the presence of onchocerciasis in these regions. This assumption became a certainty when, in 1940, the occurence was confirmed by the Italian scientific mission [195].

The vegetation, the rivers carrying water throughout the year, and the climate offer favourable prerequisites for the life cycle, man–simulia–man, and thus for the dissemination of this filariasis. Bonga in the Kefa Province was the first place where the onchocerciasis was found.

Subsequent investigations, in particular by Giaquinto-Mira [156], confirmed the occurrence of onchocerciasis in other locations in the forests of the Kefa Province. Incidence ranges from 17% in Bonga to 52% in Mencharia. In Gjebtal, D'Ignatio and Giaquinto-Mira [120] found *Onchocerca volvulus* with a prevalence of 5.7% of the population.

Oomen [277] studied the cases of onchocerciasis observed in Jima as to their origin. The 230 patients with positive reactions originated from 46 places, almost exclusively located in the provinces of Kefa, Gemo Gofa, and Welega. The prevalence among the "Saysay", a "Shankilla" tribe in the northwestern district of the latter province, was estimated by Torrey [389] at 54% and more.

The *clinical picture* of the onchocerciasis found in the Kefa Province has been described by Oomen [275]. The prevailing symptoms are changes of the skin: A pachydermia was observed in 34% of the patients, macular efflorescences in 30%, and macular dyschromia in 25.7%. An elephantiasis scrotalis had developed in 5% and an elephantiasis of the lower limbs in 2.7% of the patients. The Italian authors observed cases of blindness among their first patients in Bonga. Among the patients studied by Oomen [275] eye affections were less significant than among the "Saysay" reported by Torrey [389]. In 65% of the patients over 40 years old eye alterations were observed which could be brought in causal connection with the affection by onchocerciasis.

In his routine examinations for malaria parasites Torrey [389] found relatively frequent microfilariae in the blood-smears made from peripheral blood. In one of his cases Brown [39] thought the presence of a rare non-periodic type of *W. bancrofti* possible, but did not exclude the other possibility: namely, that the organism in question was *Onchocerca volvulus* or a new microfilaria species. Further investigations with a view to clarify this interesting finding are urgently required.

The occurrence of *Simulium damnosum* in the Omo and Didesa valleys was reported for the first time by Giaquinto-Mira [156] in 1939. The vector is widespread in the river valleys in the south-western part of the country. No methodical investigations on the simulia and on measures for their control have been carried out so far. The upper limit of the area of distribution lies at about 1,800 m. The northern boundary of the onchocerciasis occurrence is formed by the valley of the Nile, which separates the two provinces of Gojam and Welega; in the south the boundary is at the lower course of the Omo river in the Gemu Gofa Province; in the west it reaches the Sudan and in the east the lake district. It must be expected that *O. volvulus* will be further spread by the seasonal workers of the coffee plantations. In the south-western part of the country the onchocerciasis presents a serious problem to the Public Health Service.

4. Infections by Intestinal Helminths

Various helminthiases are among the most frequent diseases found in Ethiopia. This statement is, however, not supported by the statistics of the Ministry of Health. The five year report for 1958—1963 [261] shows an average annual figure of some 80,000 cases, equivalent to an incidence rate of 4 per thousand of the population. So too in the analyses of disease frequencies carried out by hospitals and clinics, worm diseases mostly fall short of actual cases. Since practically every patient is infested with worms, no particular importance is attached to it, unless, of course, the worm disease is the actual reason for hospital treatment. Normally, people will treat themselves with their own native remedies or, in particular cases, consult somebody skilled in the art of healing.

The frequency rate of *worm diseases* in the Ethiopian population is among the highest in the world. In addition to the intestinal parasites found all over the world species restricted to the tropics and subtropics also find excellent conditions for development in this geographical region. Other factors favouring helminthiasis include deficiencis in sanitation both in towns and the rural districts, in particular with regard to the water supply and removal of faeces; furthermore there is the lack of hygiene-mindedness in large sections of the population and consequent absence of measures for controlling worm diseases. Major differences in the geographical distribution of the various worm diseases were observed. The various worm species are widespread in Ethiopia, some of them show considerable geographical differences from one locality to another (Table XIV). The same results appear from the studies carried out by Torrey [389] of the "Saysay" on the Blue Nile in the Welega Province, by Kubasta [210] in the Harer Province, and by Hinz [175] in the Shewa and Welega Provinces.

More conclusive are the results from 20,676 stools and urine tests for parasites carried out as a matter of routine by the Health College, Gonder, in 1958/59 [70]. These results, together with those of comparable findings from Bahir Dar [36], from Harer [26], and from Adis Abeba [114] are shown on Table XV.

The patients examined in the Haile Selassie Hospital in Adis Abeba belong to the "better-off" strata of the population, whereas the patients in the other places represent more or less a cross-section of the entire population. Huber [188] carried out and published in 1968, in Adis Abeba, tests for worms on 786 pregnant wives of soldiers. The results approach the rates found in the country. *Ascaris* was found in 24% of the cases examined, *Trichuris trichiura* in 7.8%, *Strongyloides stercoralis* in 6%, and *Taenia saginata* in 6.6%. The incidence* rate of *Ancylostoma*, 1.5%, is low; the reason is obviously the geographical situation of Adis Abeba, namely at an altitude of 2,400 m and more, which is beyond the upper limit of the *Ancylostoma* incidence. In the case of the other places the influence of the greater exposure of the rural population and of the situation below 2,000 m, is apparent. The figures for Gonder, situated north of Lake Tana, and for Bahir Dar, south of it, agree largely, with the exception of the Trichiuris incidence rate.

Multiple infestations with intestinal parasites are reported from Gonder [70], Harer [26], and Adis Abeba [112].

Incidence rate	Gonder	Harer	Adis Abeba
	%	%	%
Single infestation	58.1	37.1	63.0
Twofold infestation	31.0	44.4	28.0
Threefold infestation	9.0	16.3	7.2
Fourfold infestation and higher	1.9	2.2	1.8

The figures for Gonder and Adis Abeba agree to a large extent. A high multiple incidence rate similar to that in Harer is also reported from the "Saysay" on the Blue Nile and from the Galla in Aira, Welega Province [175, 389].

The influence of age, sex and standard of living has been examined by Molineaux [268] in Gonder. He found a dependency on age, both in males and females, in the case of *Ascaris*, *Trichuris* and *Ancylostoma*, and in males only in the case of *Schistosoma* and *Strongyloides* (Table XIII). The socially and economicaly depressed section of the population has the highest rates for *Ascaris* and *Ancylostoma*. In Gonder, *Ascaris* and *Trichuris* are more frequently found with females, while ancylostomiasis and schistosomiasis occur predominantly in males. These differences do not occur until the 10th year of age is reached, and they are conditioned by differences in exposure.

a) Taeniasis. Alvarez [4] reported at the beginning of the 16th century that the habit of consuming raw meat was widely spread in Ethiopia. The connection between consumption of raw beef and worm diseases of man had already been recognized by Almeida in the 17th century [3]. In 1682 also Ludolphus referred to the habit of eating raw beef. According to the personal physician to the Emperor Menelik (Mérab [256]) "tout Abyssin honnête l'a, l'avait ou l'aura"; by "le" (it) he meant the tapeworm.

Without doubt the rate of infestation of the population of Ethiopia with *Taenia saginata* is one of the highest in the world. The statistics available do not reveal the actual extent of the incidence; they cover only part of the cases, because the Ethiopians do not normally consult a doctor when suffering from taeniasis but treat themselves, several times a year, with "Kosso", an infusion of the blossoms of *Hagenia abyssinica* or *Trayera anthelminthica*. The effectiveness of *Flores kosso* has been known for quite some time, and today its use is widespread. Another indigenous vermifuge is Enkokko *(Memordia foetida)*, a plant with red berries the size of a cherry. From the dried fruits a infusion is made. Because of the difficulty of getting the correct dose in preparing a vermifuge from plants, cases of serious poisoning are not infrequent, and also exitus letalis occurs sometimes [188].

Reports of Italian researchers are available which show the tapeworm incidence rates from a number of provinces. Cacciapuoti [59] found *Taenia saginata* in 42.3% of the stools tested from Dese, and in 47.9% of those from Wag Lasta, Welo Province. A lesser incidence rate was found by D'Ignazio and Giaquinto [120] in 1942 at Agere Hiywet, the former Ambo, Shewa Province.

From several provinces results from more recent studies are available. On the occasion of the Nutrition Survey [273] the following tapeworm incidence rates were found: in Dese, Welo Province: with 9.1% of those studied; in Adis Abeba: with 6.4% of test cases; in Harer: with 9.5% of test cases. In the Begemdir Province (Wang [397]) the following *Taenia saginata* incidence rates were found: with pupils up to 16%, with prisoners 11.8%, with soldiers 7.4%.

Evaluating the results of 5,431 stool tests from Harer, Blahos and Kubastova [26] found that 10.7% of the patients were infested with tapeworms. All figures are subjected to qualification as they are based on single tests. Nevertheless, they permit the conclusion that infestation with *Taenia saginata* is widely spread in Ethiopia.

As long as the Ethiopian population consumes raw beef it is not expected that the tapeworm incidence rate will decrease within the foreseeable future. The livestock is to a very large extent infested with *cysticerci*. It is up to the Public Health Service to use educational measures in order to bring about a change for the better.

* Unfortunately it was not possible to meet the author's wishes regarding changes of the word "incidence" while the book was in press.

We therefore quote the WHO definition: "incidence" means the number of cases of a disease occurring during a given time period in relation to the unit of population in which they occur (a dynamic measurement).

Please read "prevalence", "occurrence" or "frequency" in every case where the word "incidence" is not used with the above meaning. Editor and publisher.

This applies also to the uncontrolled use of "Kosso".

Taenia solium is of no importance in Ethiopia as a pathogenic agent, as Copts and Moslems do not eat pork for religious reasons.

b) Ancylostomiasis. In hospital stastistics of notifiable diseases, ancylostomiasis is recorded separately. According to the five year report for 1958—1963 [261] the average annual number of patients reported as suffering from ancylostomiasis amounted to 12,350, and the number of lethal cases was 3 per year. These figures are far from reality, as can be concluded from serial tests and the single statistics of a number of hospitals.

Quantitative investigations on hookworm incidence were carried out by Hinz [175] at Aira (1,500 m), Welega Province, and Wonji (1,500 m), Shewa Province. Out of 191 pupils, 89.4% had *Ancylostoma;* 20.9% *Ascaris lumbricoides*, and 8.4% *Trichuris trichiura.* The number of pupils afflicted with ancylostomiasis decreased in proportion to an increase in weight. The same applied to the degree of infestation, so that both the percentage of infestation and the degree of infestation had their peak with youngest pupils.

The incidence rate of pupils in Wonji was found to be considerably lower than elsewhere, and the relationship between age and incidence rate was the reverse: the number of pupils infested and the degree of infestation went up with an increase in age. The author gives as a reason for this result the particular conditions prevailing on the sugar-cane plantation and the fact that the ancylostomiasis had been carried into Wonji only a few years ago. The species causing the disease was in all cases identified as *Ancylostoma duodenale. Necator americanus* has been found so far neither in Aira nor in Wonji. The incidence rates for *A. duodenale* were as follows: 27.3% with workers on the sugarcane plantation in Wonji, 56.6 with the hospital nursing staff in Aira, and 83.3% with the patients in that hospital.

In Eritrea, on the other hand, Ferro-Luzzi [135] found only *Necator americanus* amongst his patients. In 700 Eritrean patients tested Sofia and Ciaravino [372] found an incidence rate of approximately 19%. A still higher incidence rate of *Ancylostoma duodenale*, namely 26.5%, was found by D'Ignatio and Giaquinto [120] in the province of Kefa. Barbera and Capuano [17] reported a high rate of ancylostomiasis in Jima; the disease often proved fatal, particularly with children.

Although one must distinguish between worm carriers—persons with only few worms and showing no clinical symptoms—and actual clinical manifestation, ancylostomiasis is a serious health problem in almost all Ethiopian provinces in places up to 1,800 m. Soil pollution with faeces is widely spread, and a decrease of worm infestation cannot be expected until hygiene and sanitary conditions have decisively improved.

c) Ascariasis. Ascaris infestation is one of the most frequent worm diseases in Ethiopia. The tests carried out in connection with the Nutrition Survey Programme [273] showed that children up to ten years old are, with a rate of 58%, the most heavily infested age group. Even higher infestation rates—63.4% with adults of various occupational groups and 74% with pupils—were found by Wang [397] in the Province of Begemdir.

The relationship between age, sex and rate of infestation with *Ascaris*, *Trichuris* and *Ancylostoma* was shown by Molineaux [268] in his tests carried out in Gonder (Table XV). Plowden [305] and Mérab [256], the personal physician to the Emperor Menelik, reported on the wide *distribution of Ascaris* and *other* intestinal worms, particularly in children. A few Italian authors also mention the high degree of worm infestation of the population [59, 116, 120].

d) Trichuriasis. Trichuris trichiura is, together with *Ascaris lumbricoides*, the most frequent worm species occurring in man in Ethiopia. During the Nutrition Survey Programme [273] its frequency rate—47.5%—was found to be even higher than that of *Ascaris.* Its frequency rate fluctuated from province to province, ranging between 9.1% and 80%. The relationship between age and incidence rate was found to be the same as with *Ascaris.* So far it has not been possible to explain the fact that in the age groups above forty the incidence rate is much higher with females than with males (Table XIII). The number of people in Ethiopia infested with *Trichuris* is estimated at 10.2 millions.

The development cycles of ascariasis and trichuriasis, up to the intake of mature eggs are identical. The incidence rate of the two worm species can be considered as a parameter of the standard of sanitary conditions of a group of the population. Low incidence rates of both diseases are found where the population provides for hygienic removal of faeces and practices the principles of personal hygiene. The relatively low incidence rate of trichuriasis—only 1.9% [203]—found in the leprosarium at Bisidimo, Harer Province, finds its explanation in the removal of faeces practised here. Table XV shows the occurrence of the worm found in leprosy patients in Bisidimo; it is based on 870 stools tests carried out from 1964 to 1966.

5. Other Nemathelminthiases

Strongyloides stercoralis is found in all parts of the country, but the incidence rate is almost always below 10%. Infestation with *Str. stercoralis* may pass unnoticed or manifest itself under the picture of duodenitis. The life cycle corresponds to that of ancylostomiasis. The *larvae* penetrate the naked skin, and barefooted people are particularly endangered. In particular, at lower altitudes, the rural population seldom wears shoes. Bisidimo is a good example for illustrating the epidemiological differences between ascariasis and trichuriasis on the one hand and other nemathelminthiases on the other. While Ascaris and Trichuris incidence rates are relatively low, Ancylostoma rates—31.9%—and *Strongyloides stercoralis* rates—11.8%—are very high. The high infestation rates can be explained by the poor sanitary conditions in the immediate vicinity, which favour the dissemination of *Ancylostoma* and *Strongyloides.*

Trichostrongyliasis occurs in all provinces of the country, but rates higher than 5% are seldom found. On the occasion of Nutrition Survey 1958 [273] the highest rates, 9.1% and 10% respectively, were found in Teseney, province of Eritrea, and in Jima, province of Kefa. The average rate amounted to 2.2%. Little is known so far about the clinical picture and pathological process of trichostrongyliasis. Infection is brought about by foodstuffs polluted with faeces.

Hymenolepiasis nana, on the other hand, is widespread, although less frequent than *Taenia saginata.*

Trematode eggs with lids like those of *Fasciola hepatica* are found now and then. Demisse [106] described a case of disease in an eight year old boy caused by *Fasciola hepatica.*

Cases of *echinococciasis* occur time and again in all parts of the country. Dogs as hosts are the main reservoir of *Echinococcus granulosus*. The most frequent hosts are sheep and cattle.

Human infection by *Trichinella spiralis* has not become known so far in Ethiopia, due to the fact that pigs, the main carriers, are normally not kept and that the consumption of pork is forbidden to copts as well as to moslems.

This short summary on intestinal helminthiases in Ethiopia shows the extent of worm infestation in the country and its effect on the individual. It applies to all inhabitants, irrespective of age groups, although children at the age of development are most severely afflicted. The negative influence of worm diseases on the economic progress of the country is a factor which must not be overlooked in any plan for further development.

Particular measures for controlling the worm infestation could not be initiated so far. A priority task of the Public Health Service will be to take vigorous steps against soil pollution with human faeces and against using them for top-dressing, as well as to propagate the basic principles of individual hygiene.

V. Anthropozoonosis and Zoonosis

By this term we understand infectious diseases of animals which are also transmitted to man. In Ethiopia, in particular rabies, brucellosis, and anthrax are of considerable importance for the public health service. These diseases are therefore dealt with as a group although they differ widely from the aetiological and epidemiological point of view.

1. Rabies (የውሻ በሽታ Yäwešša Bäššeta)

From earlier records it is apparent that rabies has occurred in Ethiopia over a long period, occasionally in epidemic form [284]. It was known that the disease is transmitted through the bite of a rabid animal and that the incubation period can extend over a lengthy time. A number of cures handed down by medical tradition are still applied [322, 382].

Reports of travellers from the early 19th century contain references to the occurrence and distribution of rabies in the country. In 1840 Rüppel [326] describes a rabid dog from Adowa. Rochet d'Hericourt [322] reports in 1849 on a rabid dog at Debre Tabor who bit three other dogs and a soldier. According to Plowden [304], in 1863, the disease occurred in the province of Gojam more frequently than anywhere else in Ethiopia. The first known rabies epidemic occurred in Adis Abeba in 1903. It lasted for a few months and subsided by itself [102]. An "impressive" epidemic occurred in Eritrea prior to the occupation by Italy. It remained endemic in the country and, in 1925 and 1926, flared up again to epidemic proportions [77].

At present rabies is endemic throughout the country. Since all domestic animals are subject to the *virus*, man is also continuously in danger of catching the disease. The main sources are stray dogs and hyenas.

In the capital there has been for many years an attempt to bring rabies under control by taking *action* against ownerless dogs. Their number is estimated at 15,000. In earlier years some 1,200 dogs were killed yearly by means of poisoned scraps [337]. However, since numerous dogs arrive with the caravans moving to Adis Abeba, their number has, in spite of the action taken by the rabies control service, never noticeably decreased.

The number of people treated every month in Adis Abeba in 1941 because of bites by rabid dogs was about a hundred [18]. This figure increased considerably in the fifties. In 1956 more than 3,000 people had to undergo protective treatment at the municipal clinic [337]. *Deaths* occur time and again, in particular in those cases where inoculation was made too late or not at all.

Rabies control is an important problem of the municipal health service of the capital, but a problem which is difficult to solve successfully.

2. Brucellosis

Rho in 1894 was the first person to connect a feverish disease occurring at Mitsiwa, in the province of Eritrea, with malta fever [320]. Subsequently brucellosis outbreaks have been reported from all parts of the country. In the ten year report for 1954—1963 [261] the yearly figures for brucellosis fluctuate between 6 cases in 1955 and 933 cases in 1957 with an average frequency of 415 infections per year. The distribution in the country varies considerably. Frequencies above the average were reported from the provinces of Arusi, Begemdir, Harer, and Shewa [262]. In Asmera, the rate of the inpatients of the intern ward of the Itegue Mennen Hospital was 3% [263].

The scarce *serological* tests also indicate an irregular distribution of brucellosis. In an investigation carried out on livestock, i.e. goats and cattle, at Asmera in 1938 the rate of positive reaction on the test for *brucella melitense* was found to be 2.24% [61, 74]. In 1949 positive serological reaction on tests for *B. melitense* and *B. abortus* were observed at Agera Hiywet, Shewa Province, and at Dankalia, Welo Province. The highest rate—12% in 444 cattle examined—was found at Durame, a town in the southern part of the province of Shewa [120, 262].

After the occurrence of *B. melitense* had been established in Eritrea in 1934 by *cultivation* [51], *B. abortus* was cultivated later, so that it can be said with certainty that out of the *brucella* group *B. melitense* as well as *B. abortus* are found in Ethiopia.

At present the infection of cattle by brucellosis is of primary concern. Man is endangered by the consumption of milk and milk products, as well as by the handling of infected animals. The primary measure for controlling brucellosis in Ethiopia is to slaughter the cattle which react positively to tests. As a *prophylactic* measure for the protection of the population *pasteurization* of the milk is recommended. Further epidemiological investigations are urgently needed in order to determine the extent of the danger to man and animals.

3. Anthrax

The disease occurs in the highlands as well as in the lower regions of the country. In southern Ethiopia the mortality in young cattle caused by anthrax is estimated at 5% of the entire stock [295]. In the chapter dealing with "skin diseases" anthrax is briefly mentioned (p. 129). As a large-scale measure prophylactic inoculation is only of limited value because of the relatively short period of immunity. The chain of infection can be interrupted by timely recognition of the infection and secure disposal of infected carcasses. Anthrax is of great economic importance because of its adverse effect on the export of meat and skins.

4. Zoonosis
(የንስሶች በሽታ Yänsesočč Bäššeta)

Ethiopia is rated as one of the countries richest in livestock throughout the world. The total number of head of domestic animals is not known. Estimates range in the order of magnitude reflected in the following Table [259]:

Animal species	Number of head in thousands
Cattle	23,000
Sheep	22,500
Goats	16,560
Donkeys	3,513
Mules	1,193
Horses	1,193
Camels	879

Ethiopia's prosperity largely rests on its stock raising. The actual benefit, however, is substantially diminished due to animal diseases. The heavy losses in livestock are attributed to faulty feeding, malnutrition and unsatisfactory breeding methods, as well as to communicable diseases which often occur as epidemics. In a 1964 statement, Petrov [295] considered the estimate of a 7% mortality due to diseases to be on the low side.

Because of their lingering course, parasitic diseases present a more difficult problem to veterinarians than explosively erupting epidemics among animals, where, if need be, an all-out effort can be made to get them under control. The list below of animal diseases observed in Ethiopia is largely based on Petrov's experiences collected up to the year 1964.

The two most important animal diseases are rinderpest, or *pestis bovina*, and *pleuropulmonitis*, or *pleuropneumonia contagiosa bovum;* they are widespread and cause heavy losses among the cattle population. Due to economic implications, the fight against these two types of diseases is accorded priority over all other measures. Vaccines, manufactured in Ethiopia, are employed in large-scale vaccination programmes.

Foot and mouth disease, or *aphthae epizooticae*, is endemic and widespread and occurs in a relatively mild form. A more serious problem is presented by sheeppox, or *variola ovina*, which causes most heavy losses among herds contracting this disease.

Cases of *bovine tuberculosis* are observed extremely rarely among native livestock. Imported breeding cattle are subjected to strict controls, and any animal found to be afflicted by the disease is destroyed. In spite of such measures, infections are occasionally transmitted to man through *typus bovinus.*

Parasite infestation of livestock is widespread. Cattle, sheep, goats and, to a lesser extent, also other animals are attacked by *fasciola hepatica*, which causes more damage than any other disease. The effect of taeniasis on man has been described in another chapter.

Diseases spread by *ticks*, such as Texas fever, or babesiasis, gall sickness, anaplasmiasis and heart water disease, or rickettsiosis ruminantium, are common. Trypanosomiasis, spread by *glossinae*, is observed particularly frequently among camels, but is found also among cattle. As organisms responsible for this disease, various types of trypanosomes have been identified.

In the field of veterinary science, more is done in Ethiopia than is apparent from the sparse publications. Nonetheless, a sustained major effort is required in order to permit the country and its inhabitants to derive benefits in keeping with Ethiopia's vast stock of more than 65 million animals.

VI. Skin Diseases
(የቆዳ በሽታ Yäqoda Bäššeta)

The structure and geographical location of the country, the great breadth of climatical variation as well as the multitude of ethnic groups are of decisive importance for the wide spectrum of the skin diseases prevailing. Reports from earlier years on the occurrence of skin diseases in Ethiopia are scarce. Among the 13,363 patients treated by the Russian Red Cross Mission in 1896 16.6% were recorded as suffering from skin diseases [281]. Among the more frequent infections were inflammatory reactions of different origin: mycoses, leprosy, benign and malignant tumours, and ulcus tropicum. "Lupus" was relatively frequently diagnosed: its incidence was approximately 3% of all dermatoses. It is very likely that the form encountered was predominantly lupus erythematodes discoides chronicus, since lupus vulgaris is of very rare occurrence in these geographical regions.

In Table XVI, 9,114 cases of dermatoses which were encountered in the 6,100 patients who were treated in the Skin Polyclinic of the Princess Zenebe Work Hospital in Akaki, in the outskirts of Adis Abeba, from 1959 to 1963, have been evaluated. Male patients outnumbered female patients 55% to 45%. Approximately 25% of the patients were children up to 14 years. The majority of the patients suffering from skin diseases originated from Adis Abeba and the near vicinity. Almost all of the patients who came to the Clinic belonged to the Amhara, Galla, Tigri, and Gurage tribes, so that the fair skin colour predominated. Furthermore, the results of *surveys* conducted on 7,200 schoolchildren from the provinces of Gojam, Shewa, Begemdir, Kefa, as well as those obtained from numerous exploratory travels into the remote regions of the country were taken into account.

More than 80% of the patients suffered from *infectious skin* diseases; in the surveys performed on schoolchildren the percentage was even higher (Table XVII). Multiple skin infection was quite normal.

1. Infectious Skin Diseases

Syphilis. Among the patients treated in the Polyclinic the incidence of syphilis was about 33.5%, which corresponded with the average percentage for the whole country. Sporadic syphilis, yaws, endemic syphilis, and pinta are dealt with in more detail in the chapter on treponematoses (p. 111).

Pyoderma (ዓይነት Ainät). Infections of the skin caused by *pyogenic organisms*—streptoderma and staphyloderma—occur at increased incidence rates under hygienically unfavourable conditions. Among the patients of the Polyclinic more than 50% were children up to 14 years. Both sexes were about equally affected. The diagnosis was in most cases impetigo contagiosa and pityriasis sicca faciei. Among adults the number of males infected was twice as high as the number of females. This is conditioned by the increased exposure and perhaps also by the greater susceptibility of males as compared to females. Furuncles, carbuncles, and various forms of folliculitis, including folliculitis nuchae sclerotisans and ecthyma simplex streptogenes were frequently found. The overall incidence of patients suffering from one or the other form of pyoderma amounted to 7.1%.

Among schoolchildren pyoderma belonged to the dermatoses of very frequent occurrence, as can be seen from the investigations carried out in the provinces of Gojam, Kefa, Begemdir, Tigre, Welo, and Shewa (Table XVII). Up to 15% among the boys and 8% among the girls were affected by skin infections caused by *staphylococci* and *streptococci*. Particularly numerous were affections with dry streptodermatitis and secondary infections with the even more frequent scabies. The increased incidence of diseases connected with unsanitary living conditions—particularly in higher altitude areas—and their coincidence with leprosy, are mentioned in passing.

Ulcus tropicum (የ ቆላ ቁስል *Yäqolla Qusel*). Tropical phagedaenismus is widespread in Ethiopia. In most provinces of the country it belongs to the more common skin diseases. Ulcus tropicum is most frequently found in the lower regions of the tropical rain forest zone in the western parts of the country. In contrast to the higher regions with restricted rainy seasons, no dependence between the seasons and the incidence of the disease has been observed here. In the east of the country the disease is rarer and predominantly found in the larger river valleys.

The percentage among patients of the Polyclinic suffering from ulcus tropicum was 2.3%. Those affected came for the most part from lowlying rural districts. Male patients outnumbered female patients in a ratio of 77 to 23. This result is brought about by the different ways of life: males are much more subjected to injuries on their legs than females. Such differences do not exist among the "Shankillas" in the regions in the western provinces with a high rate of precipitation. Here, both sexes are equally exposed to the organisms, *borrelia vincenti* and the *fusobacterium*. Almost all inhabitants contract ulcus tropicum at sometime during their lives, as can be concluded for instance from the scars on their lower limbs. The incidence of ulcus tropicum is favoured by inadequate nutrition, in particular by protein and vitamin deficiency, as is the case among the majority of tribes in the western part of the country.

Among the urban population tropical ulcers are very rare, whereas ulcers on the lower legs, together with the varicose syndrome or with diabetes mellitus, are relatively frequent; they are not uncommonly confused with ulcus tropicum.

Noma. This disease pattern is encountered in various tropical countries, and also in Ethiopia one sometime sees people disfigured by scars or with damage in the mouth region—symptoms indicating that they have had noma. Although it is generally held that girls are affected to a higher degree, the small number of noma cases known from Ethiopia does not permit a definite conclusion to this effect. The occurrence of noma following serious infectious diseases, e.g. smallpox, was observed in Gonder on two occasions.

The few cases recorded from Ethiopia are in agreement with the general observation that defects caused by inadequate nutrition coincide with other serious diseases and affection by various organisms. Gangrenous stomatitis with the disease pattern of cancrum oris was always involved. Noma pudendi has not been observed.

Bacterial skin diseases

Anthrax. Pustula maligna was repeatedly found among people employed at the slaughter-house, among flayers, and once in the case of a veterinarian at the slaughter-house. The disease took in all cases a mild course (see also p. 127).

Tuberculosis. 2.1% of the patients examined suffered from cutaneous tuberculosis. Lupus vulgaris was not observed among them. Almost all patients affected had tuberculosis cutis colliquativa. Cases of erythema induratum Bazin and tuberculosis papulo-necrotica were very rarely found (see also p. 114).

Leprosy. The incidence of patients in the Polyclinic suffering from leprosy was 7.9%. This high incidence is explained by the fact that all patients suspected of leprosy were channelled through the Skin Polyclinic. Leprosy is dealt with separately in another section (p. 114).

Virus diseases of the skin. Skin diseases caused by *viruses* were found in 1.6% of the Polyclinic's patients. 0.32% were affected with mollusca contagiosa, the largest number, namely 63%, being children. Verrucae vulgares and verrucae planae juvenilis are relatively frequently found. Few patients come to the Clinic because of these formations; their incidence was 0.55%. Monstrous forms were repeatedly observed; they reminded one of the verrucosis of calves. In almost all cases the patient was involved with cattle-breeding.

Condylomata acuminata occur in both sexes. Cauliflower-like growths up to the size of a fist were repeatedly seen. They may be explained by lack of facilities for treatment and by the indolence of the people affected.

Herpes simplex is more frequent than would appear from the incidence of 0.27% among the patients. Normally people will not consult a doctor on account of such a trifling matter. It was therefore mostly recorded as a secondary finding. Herpes zoster was found in 0.12% of the patients.

Varicellae (ኩፍኝ *Kuffeññ*) are among the more frequent children's diseases. In a country such as Ethiopia a differential diagnosis is often necessary in order to discriminate between such cases and smallpox. The latter disease is dealt with in another section (p. 116).

2. Mycoses

a) Dermatomycoses. In Ethiopia—as everywhere in the tropics—mycoses are among the most frequent dermatoses. Previous publications as to the nature of the fungi in question are scarce. More recent investigations carried out in the provinces of Gojam, Shewa, and Harer shed some light on the occurrence of pathogenic fungi which may produce dermatomycoses [37, 347].

Among the patients of the Polyclinic the incidence of those suffering from a dermatomycosis was 7.8% (Table XVI). The infection rate was much higher among *schoolchildren* from the provinces of Gojam and Begemdir in the north-eastern part of the country, from the province of Kefa in the west, and from the province of Shewa. Incidences varies from 22% to 27% among boys and from 15% to 25% among girls (Table XVII). Significant differences were found among the various age groups. The infection occurred usually in the form of scaling lesions of different size on the hairy parts of the head, but the smooth skin was also often affected. Interdigital mycoses were rarely observed among the barefooted schoolchildren. During the *surveys* performed only clinically unmistakably positive results were recorded. A systematic search for fungi would very probably reveal a much higher incidence. The clinical findings were subsequently verified by mycological (culture) tests, which shed some light on the nature of the pathogenic fungi.

Tinea versicilor is one of the common dermatomycoses in Ethiopia. Its incidence among the patients of the Skin Polyclinic amounted to 25% of all mycoses. In the humid and warm regions of western Ethiopia it is actually one of the most common skin diseases. In the highland and in the dry regions of the eastern country T. versicolor is often found together with pulmonary tuberculosis.

Trichophyton concentricum was detected for the first time in Ethiopia. The specimens, skin scales, were obtained from patients living at altitudes of 1,100 m in the eastern part of the country and of 1,800 m respectively in the north-western part of Ethiopia. *Tr. concentricum* is dependent on the temperature and prefers a humid and warm climate. At Bahardar, at an altitude of 1,800 m, nights are mild as a result of Lake Tana, which has a temperature-regulating effect, so that the fungus finds favourable environmental conditions in spite of the altitude. *Tr. concentricum* has not been found yet at places above 1,800 m, neither in Ethiopia nor elsewhere. The second place where *Tr. concentricum* was found is the Bisidimo Leprosarium in the Harer Province; it is situated directly on a river which is water-bearing throughout the whole year.

Tr. violaceum is the fungus that was most frequently cultivated. In schoolchildren it produces tinea capitis and tinea corporis. The following table shows the results of investigations conducted so far regarding the occurrence of pathogenic fungi in Ethiopia.

Kind of fungi	Number of strains
Trichophyton violaceum	88
Trichophyton concentricum	4
Trichophyton mentagrophytes	3
Trichophyton Schönleinii	1
Trichophyton Quinckeanum	1
Total	97

b) Deep mycoses. Mycetoma or maduromycosis is found in particular in those regions of Ethiopia which have short rainy seasons, long dry seasons, and the character of a steppe landscape. The thorny vegetation favours infection with the various pathogens of maduromycosis. The lower limbs are most frequently affected, the incidence being more than 90%, but sporadic affection of other parts of the body was also observed. Maduromycosis affects predominantly males. In Eritrea, Sofia [369, 370] showed that this type of mycosis was produced by *Madurella Tozeuri* and *Glenosporium Khartoumensis*. Del Vecchio [104] described one case of streptotrichosis. In Adis Abeba *Aspergillus sp.* as well as *Nocardia sp.* were repeatedly cultivated from diseased tissue. In the neighbouring Somalia, Gelonesi [149] isolated *Aspergillus mycetomi Villabruzzi* and *Mucor mycetomi* from patients.

Our actual knowledge about the other systemic mycoses are too rudementary to allow any analysis yet. Because of its structure and geographical location, the climatic conditions, and the numerous ethnic groups with their widely differing ways of life, Ethiopia offers itself as a worth-while object for the study of the mycoses.

3. Parasitic Diseases of the Skin

Scabies (እከክ Ekäk). Scabies is widespread in Ethiopia. Among the patients of the Skin Polyclinic the incidence was 9.4%. Of those affected more than 70% were children. Secondary infections and eczematous alterations of the affected parts of the skin were frequently observed.

Occurrences of scabies in the highland do not show any significant differences. The populations of the lower regions in the eastern and western parts of Ethiopia are affected to a lesser degree. Among the children of the Somali and Danakil in the eastern part of the Welo Province cases of scabies and pyoderma were found only sporadically. The infested children originated almost exclusively from families which had moved to this area from the highland. A low scabies incidence was also noticeable among the Nuer in the western part of the country. The people of this tribe are accustomed to sleep on a layer of ashes, which is freshly prepared every day. The low incidence—or complete lack—of leprosy is noteworthy in this connection. Further investigations will be needed to clarify to what extent skin infections can pave the way for leprosy. A low scabies incidence among the people living in the desert of the Harer Province was also found by Frick [144].

The incidence of scabies in the individual provinces varies from 11% to 57%. The highest rate, 57% among boys and 31% among girls was found in the Gojam Province (Table XVII). This province also has the highest leprosy prevalence with more than 20 per 1,000 of the population.

Tungiasis. The sand-flea, *Sarcopsylla penetrans* or *tunga penetrans*, is one of the most common stationary parasitic insects of Ethiopia. Its occurrence is dependent on certain temperatures, which must also agree with the larvae. The upper limit of its occurrence lies at approximately 1,800 m. In the intermediate and lower altitudes, with somewhat drier conditions, the sand-flea is a common parasite which makes its presence frequently unpleasantly felt by causing secondary infections. With debilitated and weakened persons sandfleas are found in particularly great numbers, even on those parts of the body for which they do not have normally a predilection. The disease patterns produced in this way may be confused with keratoma palmoplantare papulosum. Going barefooted, sitting and lying on the bare ground favour attack by the sand-flea.

Other parasitoses. Lice, fleas, bugs, and *ticks* are common in Ethiopia and plague the people. In the highland

Pediculosis capitis and *P. vestimentorum* manifest a particularly high occurrence. Body lice are *vectors* of relapsing fever and typhus. *Phtiri pubis* do occur but play a lesser rôle than in the temperate zone because of the differences in the pubic hair. The question whether fleas can transmit typhus has not yet been definitely clarified.

Creeping eruption is caused by the *larvae* of different *species* of *flies*, *gad-flies*, and *nematodes*. By *larva migrans* is meant a disease pattern produced by the larvae of *Ancylostoma brasiliense*, the hookworm of dogs and cats. It is more frequently observed in the neighbouring Somalia, but occurs also in Ethiopia. Creeping eruption or myasis linearis migrans shows similar symptoms; it is encountered occasionally.

4. Skin Manifestation Resulting from Metabolic Disturbances

Xanthelasma palpebrarum was relatively frequently observed among the urban population, where people in the second half of their life are affected. A doctor is seldom consulted. Necrobiosis diabeticorum was repeatedly, if not often, seen. Calcinosis occurs occasionally. Among elderly persons of the wealthy classes tophi are somewhat more frequent. Subsequent to diabetes a number of skin manifestations are seen, which are not to be considered as specific, e.g. candida infection, furunculosis, ulcus tropicum, and gangrene. Here again the wealthier part of the population is more affected. Myxoedema circumscriptum praetibialis symmetricum is found in areas of the central highland and in the western provinces where goitre is particularly prevalent.

5. The Ubiquitous Dermatoses

Eczema group (ቸፌ Čefé). Under this name are grouped eczema and dermatitis of known origin, the seborrhoeic eczema and the atopic eczema. This grouping allows comparison with results from studies conducted in other countries. One notes that the incidence in Ethiopia corresponds with that found in countries of the temperate zone. Among the urban population, by comparison with former years, an increase of contact eczema and of allergic reactions is observed. Among the patients of the clinic who originated for the most part from Adis Abeba the eczema group incidence was about 23%.

Erythemato-squamous dermatoses. 3% of all patients suffering from skin diseases were affected by one or the other of the dermatoses grouped together under this name. The incidence of *psoriasis* with 1.6% of all skin cases is rather high; this finding does not correspond with the opinion often held that this dermatosis is rare in the tropics and in Africa. Male patients outnumbered female patients 61% to 39%.

Lichen ruber planus is said to be frequent in the tropics. In Ethiopia 1.1% of all skin cases were affected by this dermatosis. Prevalences in America and Europe are of about the same magnitude.

Pityriasis rubra pilaris was observed in 0.1% of the patients. Somewhat more frequent was *pityriasis rosea*. The forms of *parapsoriasis* occurred only in a few cases.

Pigmentary disturbances. Pigmentary disturbances of all kind were found in 12.0% of all patients of the Skin Clinic. Hyper-pigmentations, with 6.5%, accounted for more than 50% of all such disturbances. These consisted mainly of alterations similar to chloasma, of hyper-pigmentations resulting from internal diseases or from medicaments taken, and of ephelides. Berloque's dermatitis was sporadically observed.

Leukodermia and vitiligo. With 4.3% of all dermatoses *vitiligo* counts among the more frequent skin diseases. Leukodermia—exogenic or endogenic or resulting from inflammatory dermatoses—was observed in 1.2% of the patients. Total *albinism* was found in 2 boys and 1 girl.

Acne group. Acne is also one of the more frequent dermatoses in Ethiopia; its incidence here is 5%. In the statistics of the Skin Clinic female patients predominated. School surveys established approximately equal infection in both sexes. The highest incidences were found in schoolchildren in the provinces of Gojam and Shewa: 7% among boys and 6% among girls. Among adolescents in the period of puberty rates of more than 20% were observed.

So-called collagen diseases. Although it is said that lupus erythematodes belongs to those dermatoses which are of extremely rare occurrence in the tropics, this does not apply to Ethiopia. With an incidence of 1.1% of all skin disease cases it is about as frequent as in the temperate zones. In Ethiopia females are more frequently affected than males, the ratio being 63:37. The disease is also sporadically observed among children. Out of 52 cases of chronic discoid lupus erythematodes 2 female cases exacerbated into an acute form and terminated fatally.

The disseminated form of chronic erythematodes (Kaposi) and the acute visceral erythematodes (Kaposi-Libman-Sacks) were repeatedly encountered.

Sporadic cases of circumscribed *scleroderma* (morphea) en bandes, or en plaques, or en coup de sabre, were also observed. Diffuse scleroderma was found in 2 cases.

Dermatomyositis is of very rare occurrence in Ethiopia. Among the patients of the Skin Clinic not one was found to be suffering from this disease.

Cutaneous vascular reactions. Urticaria, Quincke's oedema, and *urticaria papulosa infantum (strophulus)* had an incidence of 0.9% among the patients of the Clinic. The latter is possibly caused by insect bites. Whether a virus aetiology also has to be considered is a matter that cannot be discussed here. Strophulus was frequently observed among both indigenous and foreign children. Gnats, flies, fleas, lice, and bugs are widespread kinds of vermin in the country.

The disease pattern of *cercarial dermatitis*, which is not uncommon and occurs after bathing in waters infested with *Schistosoma sp.*, is also characterized by urticarial reactions. The lakes in the north-east African rift valley south of Adis Abeba are frequently sources of infection for tourists and "week-enders" from Adis Abeba. This badly itching dermatosis is caused by zoopathogenic schistosoma, whereas human schistosomiasis has not been encountered yet in this region (p. 121).

Actinodermatoses. Chronic polymorphic light eruptions were repeatedly observed among the indigenous population. *Cheilitis exfoliativa actinica* is occasionally found. *Porphyria cutanea tarda* was the most frequent manifestation in this group; most commonly affected were middle-aged-males. Alcohol abusus, liver-complaints and other disorders were causally related to the various manifestations on the parts of the skin exposed to light. Seasonal fluctuations as known in the temperate zones have not been observed in Ethiopia. Even during the rainy season the insolation is sufficiently intense to sustain the disease pattern.

Isolated cases of *xeroderma pigmentosum* were observed in Adis Abeba as well as in the provinces. Because of the geographical location and the climate the disease runs a particularly serious course and leads in most cases to an early death.

Erythemas. Erythema exsudativum multiforme and *e. nodosum* are among those skin diseases that are less frequently encountered in Ethiopia. Their total incidence —with approximately equal shares—amongst all patients of the Clinic amounted to 0.2%. While *e. nodosum* affected females to a higher degree, *e. exsudativum multiforme* predominated among males.

Erythema nodosum leprosum is not included here as it constitutes an acute episode in the course of lepromatous leprosy. In contrast to *e. nodosum* both sexes are affected at equal rates. Because of the high leprosy prevalence *e. nodosum*, which falls under the leprosy reactions, is not of rare occurrence.

Hyperkeratoses. Hyperkeratotic skin diseases were observed in 1.1% of the Clinic's patients. *Keratoma palmare et plantare*, hyperkeratoses of different genesis, and *ichthyosis vulgaris* are relatively frequently seen in Ethiopia. *Dyskeratosis follicularis*, Darier's disease, was very rarely seen, whereas *keratosis suprafollicularis* or *lichen pilaris* is widespread, in particular among the fair-skinned groups of the population. This applies also to *keratosis senilis. Cornu cutaneum* and *acanthosis nigricans* are diagnosed occasionally, the latter predominantly among females.

Naevi. Under the term naevi have been grouped both ectodermal and mesodermal naevi. Their incidence amounted to 0.35% of all skin patients. All forms observed in Europe were also found in Ethiopia. *Klippel-Trenaunay's syndrome* or *naevus varicosus osteohypertrophicans* was found in 2 middle-aged male patients, *lymphangioma circumscriptum cysticum* in a young girl. *Dermatosis papulosa nigra*, which is considered to belong to the naevoid diseases, is not exactly rare among Ethiopians with negroid characteristics.

Tumors of the skin. Fibroma, lipoma, and keloids were found to be the most frequent new growths among benign tumors. *Recklinghausen's neurofibromatosis* was repeatedly observed, both in its generalized form, which is liable to be confused with lepromatous leprosy, and its localized form with monstrous lobulation.

Among the malign skin tumors the basaloma predominated. *Ulcus rodens, basaloma planum cicatricans*, and the *pigmented basalom* were repeatedly observed. Prickle-cell epithelioma and melanoma occur occasionally; the same applies to the pre-malignant forms, *Bowens' disease, erythroplasia, Paget's disease* and *melanosis circumscripta praeblastomatosa.* A boy of 12 years who suffered from lymphogranulomatosis was found to have morbid skin changes with nodular infiltrations of typical granulation tissue. Sarcoma of the skin was repeatedly seen, in one case in a boy of 4 years, localized at the lower lip.

6. Various other Dermatoses

Among the granulomatous skin diseases granuloma annulare and Boeck's sarcoid occur. The nodolous form can be confused with leprosy. Reticulosis cutis was diagnosed in one case in Gonder. Uricaria pigmentosa was repeatedly found among adolescents. Mycosis fungoides was once observed in an elderly woman; the disease took a classical course. Sarcoma idiopathicum multiplex haemorrhagicum Kaposi occured occasionally and only in males. Apart from typical tumors of the limbs elephantiastic thickenings at the lower limbs and tumors in the oral cavity were observed. The disease is more frequently seen in Africa than in Europe.

In addition to the dermatoses enumerated so far the following were observed in Ethiopia:

Adenoma sebaceum, epidermolysis bullosa, acrocyanosis crurum puellarum (Klingmüller), the varicose symptom complex, alopecia areata, lichen sclerosus et atrophicans, cutis laxa, induratio penis plastica, Melkersson-Rosenthal-syndrome, Ehlers-Danlos-syndrome. The enumeration does not claim to be complete. Some diseases have not been mentioned because they do not occur in Ethiopia or have escaped observation so far; among these is acrodermatitis chronica atrophicans (Herxheimer). It can be said in general that almost all dermatoses occurring in the temperate zones are also found in Ethiopia. In addition to these a number of other skin diseases are observed in this country whose area of distribution is restricted to the tropics and subtropics.

VII. Cosmopolitan, Primarily Non-infectious Diseases

The era of modern medicine was initiated in Ethiopia by the activities of the Russian Red Cross Mission in the year 1896 [281]. The evaluation of material collected on 26,419 patients treated within a period of six months in the two towns of Adis Abeba and Harer conveyed an impression of the frequency of diseases, as ascertained by mission members (Table XVIII). The incidence of the various groups of diseases showed a largely similar distribution pattern in the two places of investigation, except for diseases of sense organs. Nearly three quarters of this type of disease were observed in Harer, with eye diseases predominating by a wide margin.

A five-year survey from 1958 to 1963 [343], covering all cases in hospitals and clinics, reveals the share of individual disease groups in the overall disease pattern. Approximately 6.5 million cases were evaluated (Table XIX). The percentage of infectious diseases is substantially larger than the survey indicates. Since in the individual groups further infectious diseases are included, their share in the total comes to approximately 75% of all disorders reported.

Evaluation of hospital statistics, as available for Harer [26] and Adis Abeba [114], is more informative than the general survey (Table XX).

1. Cardiac and Circulatory Disorders

In Adis Abeba, circulatory disturbances made up 7.9% and in Harer 7.2% of the total. A striking phenomenon is the extreme rarity of cardiac infarcts. Among nearly 2,000 electrocardiograms evaluated in Adis Abeba, no indication was found supporting a diagnosis of cardiac infarct [114, 115]. Among 11,170 patients examined in Harer, one old woman and an Indian man had suffered a cardiac infarct. Also coronary sclerosis with angina pectoris appears to occur very rarely. On the other hand, rheumatic heart disorders have been observed frequently and are even more numerous than degenerative heart and vascular diseases.

There are obviously differences in the incidence of hypertension, with and without cardiac trouble, between Adis Abeba and Harer.

A third of the Harer patients suffering from circulatory disorders, were found to have hypertension, with the proportion of young individuals in this group being strikingly large. In the five-year survey 1958/63 [343], approximately 16% of the persons afflicted by circulatory diseases suffered from hypertension. Attention has been drawn to the low systolic blood pressures of Ethiopians, as compared to Americans or Europeans. In addition to constitutional and ethnic factors, environmental conditions and habits may influence the blood pressure pattern. It will be left to later studies to ascertain the effects of urbanization and modernization and the resulting changes of the traditional ways of life on blood pressures. There are indications that Ethiopians occupying similar positions and charged with similar responsibilities are just as liable to suffer from civilizational evils as Europeans or Americans.

Applying the mass miniature radiography, Parry and Gordon [288] investigated in the Tuberculosis Centre in Adis Abeba the incidence of heart- and circulation diseases among the Ethiopian population. Reports on 94,850 test persons, among them 558 sick persons, were evaluated. Female patients with 0.66% were afflicted in greater numbers than male patients, whose rate amounted to 0.55%. With advancing age, an increase of pathologic conditions was found in both sexes. With 34.8%, rheumatoid heart disorders were the most frequent disease. The distribution of heart- and circulation diseases observed is reflected in Table XXI.

2. Gastro-intestinal Disorders

The occurrence of diseases shows a substantially similar pattern. Both in Harer and Adis Abeba, disorders of the gastro-intestinal system made up the majority of patient complaints which received medical attention. In both locations, parasitic intestinal diseases predominated. Cases of diarrhoea were relatively frequent, and etiology failed to unearth its causes. Gastric and ulcus complaints were observed more often among males. Pupils, college students, teachers and employees, in particular, suffered from these disorders. The ratio of male to female patients was 12:1. It is hardly likely that the different rate of affliction of the sexes is attributable solely to the eating habits of the Ethiopian population, with their strongly spiced foods.

The development of pylorus stenosis, megasigma and megacolon is observed relatively often. Not infrequently the latter cause volvulus and ileus, due to intestinal obstruction. Among malignant tumors, gastric tumors rank third in Adis Abeba with an incidence of 13.1%.

3. Respiratory Disorders

With 20.3% in Adis Abeba and 21.3% in Harer, respiratory diseases were distributed nearly evenly. In Adis Abeba cases of lobar pneumonia with 28.1% were diagnosed most frequently, while in Harer infections of the upper respiratory tract with 37% were strongly prevalent. Bronchial asthma and asthmatoid conditions count among the more frequently diagnosed diseases; this applies also to pulmonary tuberculosis, in spite of the fact that there are special tuberculosis centres for the treatment of this disease in both towns. In the five-year survey acute infections of the upper respiratory tract with 32% rank above influenza with 14% and lobar pneumonia with 10%.

4. Metabolic Diseases

a) Diabetes mellitus. Among the metabolic disorders, *diabetes mellitus* is less prevalent than generally expected. Patients of the Haile Selassie Hospital, who belong to the more favoured social strata, suffered from diabetes mellitus at a rate of 2.6%. Half of these patients were under 30 years of age, and a quarter were less than 20 years old. The absence of severe metabolic upsets is attributed to the relatively low-fat diet [114]. With 0.5% of cases, the incidence of diabetes in Harer was considerably lower and the majority of cases was of a light nature [26]. In the five-year survey [343], the share of diabetics in the total was only 0.08%. The meagre way of life, hovering at the lower limit of the minimum subsistence level, should have some bearing on this situation.

b) Endemic goitre. Although goitre is widespread in Ethiopia, to an extent that in certain circumscribed areas almost the entire population is affected, only a few investigations of the occurrence of endemic goitre have been made [170, 269].

Since health centres have been built in the countryside, more attention is being paid to this important problem. In most surgical divisions of the hospitals strumectomies come into the category of operations of daily routine. At Gonder, von Bassewitz [23] operated successfully on more than 600 large and very large goitres within a few years.

While making explorative investigations in some areas of the province of Ilubabor and Kefa, Chabaud [65], in 1955, and Schaller, in 1957, found that more than three quarters of the female population were disfigured by 2nd and 3rd degree goitre (classification according to Perez). In his study on the incidence of goitre in the Welo Province in 1967 Popov [309] showed that goitre does not occur in the lower areas and that its endemic occurrence at Dese, Kembolcha, Bati, Were, Ilu, Chaffa, and Hayk is insignificant. On the other hand, large and even monstrous goitres are frequently found in the poorer and remoter villages. The rural populations are more strongly affected than those of the towns, a fact that applies to the whole country.

In the areas with a high incidence of endemic goitre the affliction occurs at an early age. Popov's enquiries [309] revealed that the relationship between the beginning of goitre formation and the age of the people affected is as follows: 30% between 3 and 10 years, 41% between 10 and 20 years, and 9% beyond 30 years.

In the Begemdir Province the affliction reaches its peak in the male population with 40% between 5 and 15; with females the frequency increases after the age of puberty. 90% of the females in their 30's and 40's are goitrous [170]. Giant goitres are found in children of both sexes below 10 years.

Females get the disease more frequently than males; in the Welo Province the relationship is 4:1 [309]. Third degree goitre is less frequent with males. In their investigations in the Begemdir Province Molineaux and Tekle Mariam Ayele [269] found in 1963 no significant difference in the incidence rate between the sexes during childhood; only after the 15th year of age the prevalence in the female sex becomes noticeable.

The majority of 1st degree goitres is soft and diffuse. With increasing duration of the disease the goitre becomes harder and nodulous. 50% of 3rd degree goitres are nodulous and of solid consistency. As to the extent of complication resulting from goitre there are no notable findings. Only Popov [309] observed a malignancy in 2 of his 157 operations, and within 3 years he found 3 more malignant tumors of the thyroid gland. However, cases of thyreotoxicosis appear to be rare.

Little is known about the *causes* of goitre in Ethiopia. The poorer population in remote places of the highland and mountain valleys is more heavily affected than that in the rest of the country. There are two sorts of salt on the market: the sea salt, which is obtained from the Red Sea, and the salt extracted from deposits in the country.

The *iodine* content of both salts is 0.12 and 0.14 per million; in a low body-iodine situation this content is far too low to supply the body with sufficient iodine. At Jima, the iodine content of food was examined and found to be satisfactory, so that also goitrogenic food stuffs, e.g. Ethiopian cabbage, "*gomen*", have to be taken into consideration [269].

Although the number of people afflicted with goitre is estimated at more than one million, equivalent to 5% of the population, prophylactic measures in the form of supplying the population with iodized salt have not been introduced so far.

The areas of high endemic goitre incidence are shown on Fig. 34, back of Map 7.

c) Avitaminoses and deficiency diseases. Pure avitaminoses have not been observed among the patients of the Skin Clinic, but there were a number of skin symptoms which are causally related to the lack of vitamins and of other substances essential for nutrition; these manifestations are better grouped under the term deficiency diseases. Pellagra and pellagroid disease pattern caused by lack of nicotinamide (pellagra-preventive factor, P.P.F.) are found in areas where maize (USA: corn) is cultivated.

Hypovitaminoses. During the larger-scale Nutrition Survey conducted by American scientists in several provinces of the country in 1958, accumulated morbid changes on lips, tongue, palate, and skin were observed, manifestations indicative of lack—in whole or in part—of certain vitamins. The vitamin content of the various foodstuffs was ascertained by means of detailed analyses. These revealed that in various regions vitamin A is consumed in sub-optimal quantities and vitamin C in too small quantities. This was corroborated by the clinical findings: among 6,000 children from the Adis Abeba district about 2% were found to be affected with Bitot's spots. Low vitamin C levels were found in 37% of the children. Follicular hyperkeratoses were encountered in about 10% of the males and 3% of the females. There were also significant differences among the various age groups. These skin manifestations cannot be exclusively attributed to A-hypovitaminosis since follicular hyperkeratoses have also been found in connection with a deficiency in vitamin C and with other dermatoses. Cheilosis was diagnosed in 6% of the male patients and in approximately the same percentage in female patients. The incidence of nasolabial seborrhoea was found to be five times higher in males than in females. Dry skin or skin with little sebum secretion, consistent with asteatosis or xerosis, was observed in 17.8% of males and 12.7% of females.

Kwashiorkor. Kwashiorkor is also found in Ethiopia to an increasing degree. Those affected are infants during the change from breast-feeding to other food. Deficiencies in proteins and vitamins are the main factor in this grave nutritional disorder.

5. Other Diseases

a) Diseases of bones and extremities. Among diseases of bones and extremities, rheumatoid disorders are most predominant. Degenerative diseases of the spine and the large joints were singularly rare in Adis Abeba [114], while in Harer all types of arthrosis numbered among the most frequently occurring afflictions [26]. Of all patients covered by the five-year survey, 2.4% suffered from muscular rheumatism or other rheumatic complaints not defined more closely. In this area, a cause-and-effect interrelation is likely to exist between the high plateau climate with its cold nights and periods of rain and the disease pattern.

b) Diseases caused by external injuries. Traffic accidents, involving motor vehicles, made up, at 6%, a low percentage. Mishaps occurring more frequently are accidents due to burns with 7%, accidents due to violence with 23% and accidents attributable to other causes with 43%. Nearly every Ethiopian male makes active use of his right to possess fire arms. This explains the relatively high incidence of injuries due to fire arms with 2%. Almost equally frequent is the occurrence of cases of scalding. Poisonings, constituting 2.6% of this group of diseases, occur remarkably often. Suicides and self-inflicted wounds are, at 1.2% of afflictions due to external injuries, also far from uncommon [121, 343].

c) Diseases of the urogenital system. In the five-year survey the share of acute and chronic nephritides added up to roughly 23% of kidney and urinary tract diseases. In Adis Abeba this type of disorder amounted to one half, in Harer to one third of the total of all cases in this group. Cases of nephrolithiasis are relatively frequent and were observed in roughly 3% of diseases of the urogenital system. Slightly more than 2% of the sick suffered from prostate hyperplasia.

d) Diseases of the nervous system and the sense organs. 78% fall to inflammatory infections of the eyes and 11% are made up of otitis media and mastoiditis. The question of multiple sclerosis in Ethiopia was investigated in 1960 by Georgi and Hall [150, 171] who arrived at the conclusion that in all likeliness Ethiopians are not afflicted by this disease. Also in Kenya and Uganda multiple sclerosis is reported not to have been observed among the local population. These findings are countered by 965 cases registered in the five-year survey 1958—1963 which presumably conceal other diseases such as Parkinson's disease, spinal tumors and syphilis [343]. Cases of epilepsy are observed fairly frequently; they make up 4% of diseases in this group. Among mental diseases, psychoneuroses and disordered personality-cases predominate with 53%. One third of more than 9,100 cases reported were psychoses, while 15% of mental patients suffer from imbecility.

6. Neoplasms

Neoplasms constitute 0.8% of diseases included in the five-year survey. Half of these are benign growths or new growths not defined more precisely. Among patients of the Haile Selassie Hospital in Adis Abeba the share of malignant tumors came to 5% of which 24.5% were carcinomata hepatis. In the order of frequency gynecological tumors follow with 15.6%, stomach carcinomata with 13.1%, different types of leukemia with 10.6%, lymphosarcomata with 7.8%, bronchial carcinomata with 5.7% and morbus Hodgkin with 4.9%. Among the residual 17.8% of malignant growths there were osteosarcomata, gall bladder carcinomata, brain tumors, rectum and pancreas carcinomata, pleuraepitheliomata and hypernephromata [114].

Although the number of cases evaluated is small, i.e. 122, it permits an insight into the range of occurrence of various malignant tumors. Their frequency is revealed in the five-year survey 1958—1963 [343], reflecting the evaluation of 28,729 cases (Table XXII). The incidence of malignant growths is much greater than that implied by statistics. Only cases diagnosed in the specialized medical departments of hospitals are registered. The chances of detection are unevenly distributed and are almost exclusively concentrated in the few larger settlements of the country. As a result neoplasms are observed, often far progressed and in some cases of monstrous sizes, which are beyond treatment.

A geomedically remarkable phenomenon is the occurrence of a Burkitt tumor, probably caused by a virus and transmitted, it is assumed, by mosquito species [114].

VIII. Gynecology (የሴቶች በሽታ Yäsétočc Bässeta) and Obstetrics

Huber and Boldt [188] have reported in great detail on pregnancy and confinement in Ethiopia. Child marriage still is a nation-wide custom. Jaeger [197] states that in the Begemdir Province, 88.5% of the girls are married at less than 15 years of age and nearly 20% under the age of 10. In Adis Abeba and in the other major towns, however, child marriage is more and more decreasing in scale. One striking feature of child marriages is the incidence of remarkably early pregnancies. Time and again one meets women who become pregnant after the first ovulation and prior to the first menstruation. Pregnancy and lactational amenorrhea may alternate during the fertile years, without a proper menstrual discharge occurring. Instead there is an early menopause.

According to Huber [188] the *menarche* occurs at 12.8 ± 0.14 years of age; these data correspond -with the figures of 12—13 years given by Consoli in 1941 [79].

Irregularities of *menstruation* were found in 24.5% of the cases evaluated. In Ethiopia, there is a common belief that menstruation cannot occur without previous defloration. A girl who menstruates prior to her marriage is no longer considered a virgin and, therefore, her value in the matrimonial market is reduced.

Female *circumcision* still is widely practised. It is done either as excision of the clitoris—clitoridectomy—or as infibulation. In the latter case, not only are the clitoris and parts of the internal labia removed, but the labia are also bloodied and the cuts sutured. A small outlet near the perineum permits the discharge of urine and menstruational flux. Female circumcision is an ancient tradition and corresponds to the surgical treatment of the male. The various tribes have different practices with regard to female circumcision. The Amharas of Christian faith perform the amputation of the clitoris on new-born baby girls in the majority of cases 40 days after birth. The Mosaic Fellasha excise the clitoris during the first and second week of life (Leslau [221]). The Kafitshos carry out circumcision after 4 to 12 months, whereas the Galla generally perform the operation after the child has turned eight (Haberland [168], Huntingford [190]). In the province of Eritrea, those tribes living at the border with the Sudan perform infibulation on young girls. Defibulation is nearly always carried out during the nuptial night by a woman having some knowledge of medical practices (King [205]).

The motives advanced for these surgical treatment are, amongst others, to maintain chastity before marriage, to prevent masturbation and nymphomania, to facilitate sex-hygiene, to increase fertility, and for aesthetic reasons.

Only a small percentage of expectant mothers can be admitted in a hospital under medical supervision or are assisted by a trained midwife. Huber and Boldt [188] describe a delivery at the home of a native. Mortality in the case of abruption of placenta during protracted retentions is surprisingly low [188].

With regard to *pelvis measurements*, Huber and Boldt [188] carried out comparative studies and compared these with the figures established by Sibthorp and Allbrook [365] for Bantu women, and also with those of European women:

Pelvis diameter	Ethiopian cm	Bantu cm	European cm
D. spinarum	21.7	21.5	26
D. christarum	25.6	25.4	29
D. trochanterica	28.5	—	31
conjugata externa	18.6	—	20
conjugata vera*	11.2	9.9	11
D. transversa	12.8	11.2	12.5

* radiological

The female Ethiopian has, on the average, rather a justominor pelvis, which may be termed brachypelvic.

The same authors hold that the measurements of new-born babies are smaller than those of children born in Germany:

	Weight at birth gr.	Length cm	Cranial circumference cm
Ethiopia	3,057.6	48.9	35.2
Germany	3,397.5	53.4	38

Disturbances of pregnancy. According to Huber and Boldt [188] hyperemesis gravidarum also occurs in Ethiopia. However, in general, mild cases are encountered. Of 5,662 pregnant women examined only 1.6% required treatment. Ptyalism gravidarum may occasionally be observed. Eclampsia is rare, but must be expected. The percentage figure is near 0.17%. Pyelitis and cystitis gravidarum occur only seldom. During his lengthy experience Huber reports only one case of exitus caused by a volvulus.

In contrast, ectopic pregnancies are relatively numerous. Huber [184] found that this was the case in 2.6% of 5,013 deliveries, and Boldt gave a 0.89 percentage related to more than 6,500 deliveries. Huber and Boldt noted hydramnion in 0.53%, 0.1% of deliveries respectively, and cystic mole in 0.1% and 0.2% respectively of their patients.

Miscarriage accounted for 12 to 14% of pregnancy disturbances and showed an upward trend. Syphilis is held to be the main cause for miscarriage. In Ethiopia abortion is an offence.

Premature deliveries between the 29th and 32nd week of pregnancy occurred in 2.9% and 3.5% of the pregnant women respectively. There is one twin birth to every 43 normal deliveries, whereas, in Europe, the ratio is 1:80. With 2.9%, pelvic presentations are ranged at the lower limit of the standard. Huber found placenta praevia with 0.32% and Boldt with 0.46% of their patients.

Hysterorrhexis is observed relatively often. Figures given by the various authors fluctuate between 1:250 and 1:835 of the total number of deliveries. In the majority, the cause is an over narrow pelvis. The mortality rate of 6% is far below the African average.

Postpartum vesicovaginal and rectovaginal fistulae are relatively frequent complications. 0.5 to 1% of the delivering mothers have this injury. In 1966 Hamlin and Nicolson [172] estimate that in Ethiopia the number of daily fistula treatments amounts to 10 at a rate of 300,000 deliveries per annum.

More than 40% of Ethiopian women experience premature termination of pregnancies or lose their babies before their first anniversary.

A report was presented by Huber [188] on *gynecological diseases* of girls up to the age of fourteen. Vulvovaginitis, ranging at 60.3%, was the most frequent infection among the 1,000 girls examined. As specific germs, gonococci predominated. Following were treponema, trichomonas, yeasts, oxyurids and amoebae. In few cases variola virus, Bilharzia and pneumococci were found to be causative agents. In the majority of patients affected by vulvovaginitis (75%) it was due to dirt and smear infections, eczema, as well as chemical and mechanical irritants.

Tumors. In Ethiopia, the most frequent benign growths at the female genitalia are myomas [188]. Only one third of those affected were older than 30 years. Among the malignant tumours, uterine cancers rank first with 84%; 80% of which are carcinomata of the collum and 4% are those of the corpus. Ovarian tumors account for 8.6%. Furthermore, there are in the order of frequency, mammary cancer with 4%, vulva and Fallopian tube cancer at 1%, chorioepithelioma and vaginal cancer accounting for 0.7% each [188].

The relatively frequent sterility of both sexes is ascribed, above all, to widespread infection with syphilis and gonorrhoea. According to Merab [256], at the time of Menelik II, 15 to 20% of Ethiopian marriages were childless. More recent studies also list venereal diseases as the basic cause of sterility.

D. Ethiopia and its Diseases — Geomedical View

From what has been shown so far, it follows that in geographical and ethnic respects, Ethiopia occupies an *exceptional position* on the African continent. From sea level (and below) the country rises to a height of 4,620 m. Almost all landscape types which can possible occur in the tropics are found in this country, which occupies a special position in the Horn of Africa and is clearly distinguished from tropical Africa by its marked highland character. Climatic conditions vary correspondingly, depending mainly on elevation and the type of precipitation.

In summary it may be stated that in this relatively small geographical area are to be found all the essential features that promote the occurrence of environmental tropical diseases. As far as the abundance of the pathology is concerned, Ethiopia is unmatched among the tropical countries. In addition to most tropical and ubiquitous diseases, those which were once common in temperate zones, but are now limited to tropical zones and are therefore considered as tropical diseases, also occur.

Statistical records available to the public health authorities concerning the occurrence of the various diseases are rather incomplete, and give only a vague impression of the actual situation. A number of noteworthy diseases is not covered at all, as their notification by the public health organization is not yet feasible. For example, no data on yellow fever are included in the 1959 to 1966 periodic disease reports of the provinces concerned. In the case of filariasis, leishmaniasis, and mycosis to mention a few—the situation is similar.

With the establishment of more local health centres in rural districts and a properly organised regional health service, a step toward a more thorough control of endemic diseases has been taken. However, useful statistical data will not be available until the planned network of health centres and health stations is all but completed. To date only a small part of the country is furnished with these facilities.

The available statistics reveal that over three quarters of the diseases reported are of an infectious sort (see Table VII). This list of the 12 most frequent infectious diseases or disease groups from the year 1962 is intended as a guideline. In so far as influences attributable to measures taken by the public health services are taken into account, there have not been any significant changes in disease occurrences over the past decade. However, a more thorough registration of diseases does accompany improvements in the public health service —as is statistically borne out by an increase in diseases notified.

Somewhat more complete records are available on Adis Abeba and Asmera, the two largest cities of

Ethiopia, with a relatively high density of physicians and a relatively large number of hospital beds, which constitute well over half the entire capacity of the country. However, from a geomedical view, it is just this high concentration of capacity which is of little help in assessing the conditions existing in other regions of the country, as both cities and their respective catchment areas are located in the "cold zone", the pathology of which is more akin to that of the temperate zones of other continents.

Greater differences in the occurrence and frequency of individual illnesses exist within the country according to its geographical, climatic, and ethnic circumstances. These geomedically-conditioned differences can best be shown by the example of malaria distribution and yellow fever occurrence.

Surface waters as the breeding places of vectors, and their surroundings as the living space of imagines are important factors in the assessment of the geomedical situation. Of all the areas concerned it was just the most fertile ones which were depopulated by arthropod-borne diseases in the past, and these which have lain waste up to the present time.

Although Ethiopia is separated from her neighbouring countries by natural boundaries, diseases occurring in these countries have a notable influence on Ethiopian public health. The controversy about the importation of yellow fever from Sudan has not yet subsided. Many arguments support the theory that the disease advanced from Sudan to the east, but the reverse is also conceivable. With ratios of one physician per several hundred thousand people, the detection of a communicable disease is often only fortuitous.

In controlling arthropod-borne diseases such as malaria, trypanosomiasis, and yellow fever, close cooperation between countries sharing border districts is essential if failures due to re-importation are to be avoided. River basins with their natural or artificial vegetation require particular attention on the part of public health institutions. This applies to the Shebeli bordering on Somalia in the East, the Omo bordering on Kenya in the South, the Akobo, Baro and Nile bordering on Sudan in the West, to mention only a few.

Furthermore, a new situation from the view point of geomedicine will be created in the immediate future in Ethiopia: A very high proportion of the Ethiopian population (ca. 90%) lives in the rural areas and this situation is unlikely to change much in the foreseeable future. Changes of the country's agricultural structure which are a concomitance of the progress of civilization, involve new health problems arising from population movements within the country and the creation of new breeding places for disease-transmitting vectors. Hitherto clean waters have been contaminated with bilharzia by migrating labourers. In coffee growing areas in the west, onchocerciasis has spread because of the creation of breeding places for Simulia.

From the view point of nosogeography, infectious diseases will continue to dominate in Ethiopia. This situation must be taken into account in medico-geographical work. Damage to health caused by avitaminosis or traditional ways of living and/or feeding are scarcely less significant. Health habits of the rural population should be mentioned in particular, as they have (and will have in future) a certain influence on the state of health of the Ethiopian population.

These few reflections may suffice to stimulate further geomedical research. It appears that no other country in Africa is more suited for geomedical analyses of disease occurrence than Ethiopia.

Anhang/Annex

Tabelle I. *Mittlere Niederschlagsmengen (mm)* — Table I. *Mean annual rainfall (mm)*

Station	Breite (°N) *Latitude*	Höhe (m) *Altitude in metres*	J	F	M	A	M	J	J	A	S	O	N	D	Jahresmittel (mm) *Annual Mean*
1. Nakfa	16.40	1670	1.2	1.2	1.6	11.8	28.9	7.0	52.9	58.2	13.4	8.4	2.8	0.5	188
2. Mitsiwa	15.36	5	30.5	29.2	15.2	13.2	5.8	0.0	8.2	9.3	3.3	14.5	22.9	35.2	187
3. Agordet	15.33	633	0.0	0.0	0.2	4.0	12.0	27.2	103.1	138.8	38.0	4.1	1.2	0.0	329
4. Asmera	15.17	2325	0.9	3.5	7.8	30.0	45.7	40.3	179.4	178.8	30.1	10.3	15.2	2.2	544
5. Teseney	15.06	585	0.0	0.8	1.2	6.8	13.9	40.9	126.5	160.5	67.4	14.4	3.1	0.0	436
6. Aseb	13.01	11	6.7	3.7	2.7	1.2	0.1	0.0	13.9	8.9	4.2	0.6	0.4	15.8	58
7. Maychew	12.44	2300	8.6	15.2	85.5	94.1	46.4	8.5	194.9	263.2	95.2	23.5	4.2	19.7	859
8. Gonder	12.35	2200	5.2	15.8	43.7	63.7	73.0	169.3	379.9	365.9	124.8	45.7	20.7	18.0	1356
9. Kembolcha	11.04	1903	33.9	37.6	75.5	93.4	43.5	30.0	300.6	280.8	132.2	29.3	21.1	21.2	1099
10. Debre Markos	10.22	2509	22.4	19.6	52.3	77.4	74.3	169.9	348.9	309.1	226.8	75.4	33.1	25.4	1435
11. Dire Dewa	9.45	1160	14.9	28.9	40.0	85.7	35.1	25.1	106.9	164.8	70.3	12.0	9.4	10.1	603
12. Harer	9.18	1856	12.9	7.7	25.5	94.7	61.6	60.9	111.7	152.8	94.7	25.2	19.2	4.1	671
13. Nekemte	9.05	2100	16.3	36.2	85.1	115.7	191.5	365.2	355.3	353.8	255.0	168.6	60.8	11.1	2015
14. Adis Abeba	9.02	2408	16.3	43.7	69.7	86.2	94.6	136.2	281.9	293.7	191.9	20.9	14.6	5.9	1256
15. Wenji	8.31	1500	6.9	14.4	52.2	72.9	52.2	69.6	194.1	189.9	100.5	26.9	2.2	10.8	793
16. Gambela	8.15	649	6.7	12.3	35.9	78.1	158.5	173.6	230.4	262.8	178.1	101.7	49.2	13.5	1301
17. Gore	8.10	2002	25.8	38.3	105.6	153.7	218.4	336.2	331.6	341.3	355.2	184.8	120.7	63.6	2273
18. Jima	7.39	1740	37.1	51.3	79.6	168.2	145.0	239.1	234.2	207.3	193.3	85.4	41.2	33.9	1516
19. Goba	7.00	2727	9.3	24.5	51.6	113.6	97.7	63.7	108.8	118.2	99.1	86.7	61.4	21.7	856
20. Dila	6.25	1600	68.0	44.0	146.0	180.0	124.0	121.0	122.0	118.0	240.0	150.0	51.0	49.0	1413
21. Negele	5.20	1444	7.1	6.3	32.1	169.3	94.9	8.8	7.0	7.1	23.5	133.3	24.3	25.1	539
22. Moyale	3.32	1200	11.2	17.3	54.5	186.6	117.7	17.5	16.9	17.0	26.2	94.8	86.6	44.7	691

Tabelle II. *Temperatur in °C* — Table II. *Temperatures in °C*

Station	Höhe (m) *Altitude in metres*	J	F	M	A	M	J	J	A	S	O	N	D	Jahresmittel *Annual mean*
1. Mitsiwa	5	24.9	25.0	26.5	28.5	30.7	33.2	34.3	34.1	32.6	30.2	28.1	26.0	29.5
2. Aseb	11	25.9	26.1	27.5	29.6	30.9	33.1	35.1	34.1	32.9	30.5	28.0	26.5	30.0
3. Teseney	585	24.8	26.7	28.7	31.6	32.8	31.2	27.9	26.4	27.8	29.4	28.3	26.1	28.5
4. Agordet	633	24.5	24.9	26.9	30.1	31.8	31.0	27.8	26.6	28.1	30.1	28.2	25.7	28.0
5. Gambela	649	28.3	29.6	30.7	29.9	28.1	26.7	26.0	25.9	26.5	27.2	27.5	27.4	27.8
6. Dire Dewa	1160	21,7	22.6	24.4	25.5	26.9	27.9	25.4	24.3	25.0	24.9	22.8	21.3	24.4
7. Moyale	1200	24.9	25.4	25.1	22.4	21.2	20.2	19.6	20.0	21.3	21.6	22.3	23.3	22.3
8. Negele	1444	19.9	20.8	21.2	20.0	19.0	18.3	17.9	18.1	18.9	18.6	18.6	18.2	19.1
9. Wenji	1500	18.9	19.9	22.1	22.2	23.0	23.2	21.1	20.7	20.9	19.0	18.5	18.5	20.7
10. Dila	1600	21.2	22.3	23.1	21.7	20.5	19.7	18.9	19.1	19.7	19.1	19.4	19.5	20.4
11. Nakfa	1670	15.2	16.2	16.4	18.3	20.8	22.6	22.4	21.9	21.2	17.3	16.2	14.3	18.6
12. Jima	1740	18.2	19.2	19.9	20.1	19.9	19.2	18.3	18.5	19.2	18.8	17.7	17.3	18.9
13. Harer	1856	18.4	19.9	20.6	19.9	20.0	18.9	17.7	17.7	18.3	18.6	18.7	18.1	18.9
14. Kembolche	1903	16.9	18.0	19.4	20.8	21.3	22.2	20.8	20.0	19.6	17.9	16.6	16.2	19.1
15. Gore	2002	19.1	19.9	20.0	19.3	18.6	17.0	16.2	16.3	16.9	17.6	18.2	18.3	18.1
16. Gonder	2200	18.8	20.1	21.6	21.7	21.1	18.7	17.4	17.5	18.7	18.7	18.7	18.1	19.3
17. Maychew	2300	13.8	14.8	16.3	17.3	18.7	20.3	18.4	18.0	16.8	14.7	14.6	14.0	16.5
18. Asmera	2325	14.9	16.3	17.2	18.1	18.5	18.6	17.1	16.7	16,9	15.6	15.0	14.7	16.6
19. Adis Abeba	2408	15.6	16.7	17.7	17.5	17.9	16.6	15.2	15.1	15.4	15.5	15.1	15.1	16.1
20. Debre Markos	2509	15.3	16.5	17.4	16.9	16.8	14.7	14.0	14.0	14.4	14.6	14.6	14.5	15.3
21. Goba	2727	13.3	13.4	14.7	14.5	14.8	15.0	14.3	14.3	14.3	13.3	12.2	12.5	13.9

Tabelle IV. *Die wichtigsten äthiopischen Lebensmittel pflanzlicher Herkunft in ihrer Zusammensetzung, Kaloriengehalt, Mineralien und Vitamine pro 100 g*

Table IV. *The most important Ethiopian vegetable foodstuffs in composition, calories, minerals and vitamins per 100 g*

Bezeichnung Englisch	Deutsch	Äthiopisch	Wissenschaftlich	Wasser-gehalt %	Kalo-rien Cal	Eiweiß g	Fett g	Kohle-hydrate g	Calcium mg	Eisen mg	Vita-min A I.E.	Thia-min mg	Ribo-flavin mg	Niacin mg	Ascorbin-säure mg
Name of Foodstuff English	*German*	*Ethiopian* *	*Scientific name*	*Water in %*	*Calories Cal*	*Protein g*	*Fat g*	*Carbo-hydrates g*	*Calcium mg*	*Iron mg*	*Vita-min A I.U.*	*Thia-mine mg*	*Ribo-flavin mg*	*Nicotin-ic acid mg*	*Ascorbic acid mg*
Teff	Teff	Teff	Eragrostis abyssinica	11.2	353	9.1	2.2	77.2	110	90	—	0.47	0.11	2.1	—
Sorghum	Hirsearten	Mashila	Sorghum sp.	11.0	343	10.1	3.3	75.4	39	4.2	200	0.41	0.15	4.0	—
Maize, dried	Mais	Bakalo	Zea mays	12.0	356	9.5	4.3	73.7	7	2.3	450	0.45	0.11	2.0	—
Wheat	Weizen	Sinde	Triticum spp.	12.0	334	12.2	2.3	73.5	36	4.0	—	0.41	0.10	4.6	—
Barley	Gerste	Gebs	Hordeum vulgare	12.0	332	11.0	1.8	75.2	33	3.6	—	0.46	0.12	5.5	—
False banana	Falsche Banane	Ensete Kedjo	Musa enseta ediyla **	56.3	202	1.2	0.2	42.2	120	5.3	—	0.03	0.04	0.12	—
Oats	Hafer	Adjah	Avena sativa	10.0	385	13.0	7.5	69.5	56	3.8	—	0.63	0.14	0.9	—
Millet	Hirse	Dagusa	Eleusine corocana	11.7	332	6.5	1.7	79.7	350	4.0	(100)	0.35	0.05	1.5	—
Taro	Taro	Godari	Colocasia antiquorum	61.3	86	1.5	0.2	35.0	19	0.9	—	0.12	0.02	0.7	4.0
Peas	Erbsen	Atter	Pisum sativa	11.0	346	22.5	1.8	64.5	64	4.8	100	0.72	0.15	2.4	4.0
Broad beans	Saubohnen	Bakella	Vicia fabia	11.0	343	23.4	2.0	71.5	90	3.6	100	0.54	0.29	2.3	4.0
Chick peas	Kichererbse	Shimbra	Cicer arietinum	11.0	358	20.1	4.5	63.9	149	7.2	300	0.40	0.18	1.6	5.0
Lentils	Linsen	Miser	Lens esculentum	11.0	346	24.2	1.8	62.8	56	6.1	100	0.50	0.21	1.8	3.0
Vetch	Wicken	Gwaya	Vicia sp.	11.0	343	23.4	2.0	63.4	90	3.6	100	0.54	0.29	2.3	4.0
Sword bean	Schwertbohne	Adong-Gwaye	Canavalia sativa	11.0	353	22.0	3.9	61.3	141	7.4	30	0.56	0.11	1.1	—
Niger	Nigersaat	Neug	Guizotia abyssinica	6.2	513	17.1	32.8	31.2	540	190	—	0.75	0.86	0.64	—
Sesame	Sesam	Salit	Sesamum indicum	5.8	568	19.3	51.1	22.8	1125	9.5	—	0.93	0.22	4.5	—
Flax	Flachs	Talba	Linum usitatissimum	6.8	505	19.8	31.1	41.8	300	190	—	0.34	0.10	2.1	—
Sunflower	Sonnenblume	Sauf	Carthamus tinctorius	6.7	512	14.2	29.9	50.9	200	50	—	0.62	0.10	0.7	—
Kale	Äthiop. Kohl	Gommon	Brassica integrifolia var.	56.4	27	2.5	0.4	40.6	145	1.4	4780	0.07	0.16	1.0	76.0
Galla potato	Gallakartoffel	Dinitch	Coleus edulis	65.4	70	1.7	0.1	32.8	9	0.6	—	0.09	0.03	1.0	14.0
Onion	Zwiebel	Kay Shinkurt	Allium spp.	82.2	42	1.3	0.2	16.3	30	0.5	50	0.03	0.04	0.2	8.0
Garlic	Knoblauch	Nitch Shinkurt	Allium sativum	62.5	84	4.0	0.2	33.3	37	0.9	—	0.19	0.07	0.4	13.0
Squash	Kürbis	Dubba	Cucurbita spp.	95.0	13	0.7	0.1	4.1	15	0.5	80	0.05	0.03	0.4	17.0
Maize, fresh	Maiskolben	Bakalo	Zea mays	28.1	35	1.3	0.5	70.0	2	0.2	130	0.06	0.03	0.6	5.0
Orange	Apfelsine	Birtukan	Citrus sinensis	87.1	32	0.6	0.1	12.1	24	0.3	120	0.06	0.02	0.1	36.0
Banana	Banane	Muz	Musa sapientum	71.0	67	0.3	0.3	28.3	6	0.4	140	0.03	0.04	0.5	8.0
Red pepper	Paprika	Berbera	Capsicum spp.	7.6	437	13.8	18.5	59.7	130	105	10000	0.63	0.36	12.2	—
Fenugreek	Bockshornklee	Abish	Trigonella foenum graecum	9.8	377	27.4	7.0	55.4	180	180	—	0.21	0.28	1.38	—
Black cumin	Kümmel	Tekurezmud	Nigella sativa	7.2	503	17.9	31.8	42.4	480	220	—	0.69	0.25	30.7	—

* Ethiopian plant names after [273]
** Ensete ventricosum

Tabelle V

Table V

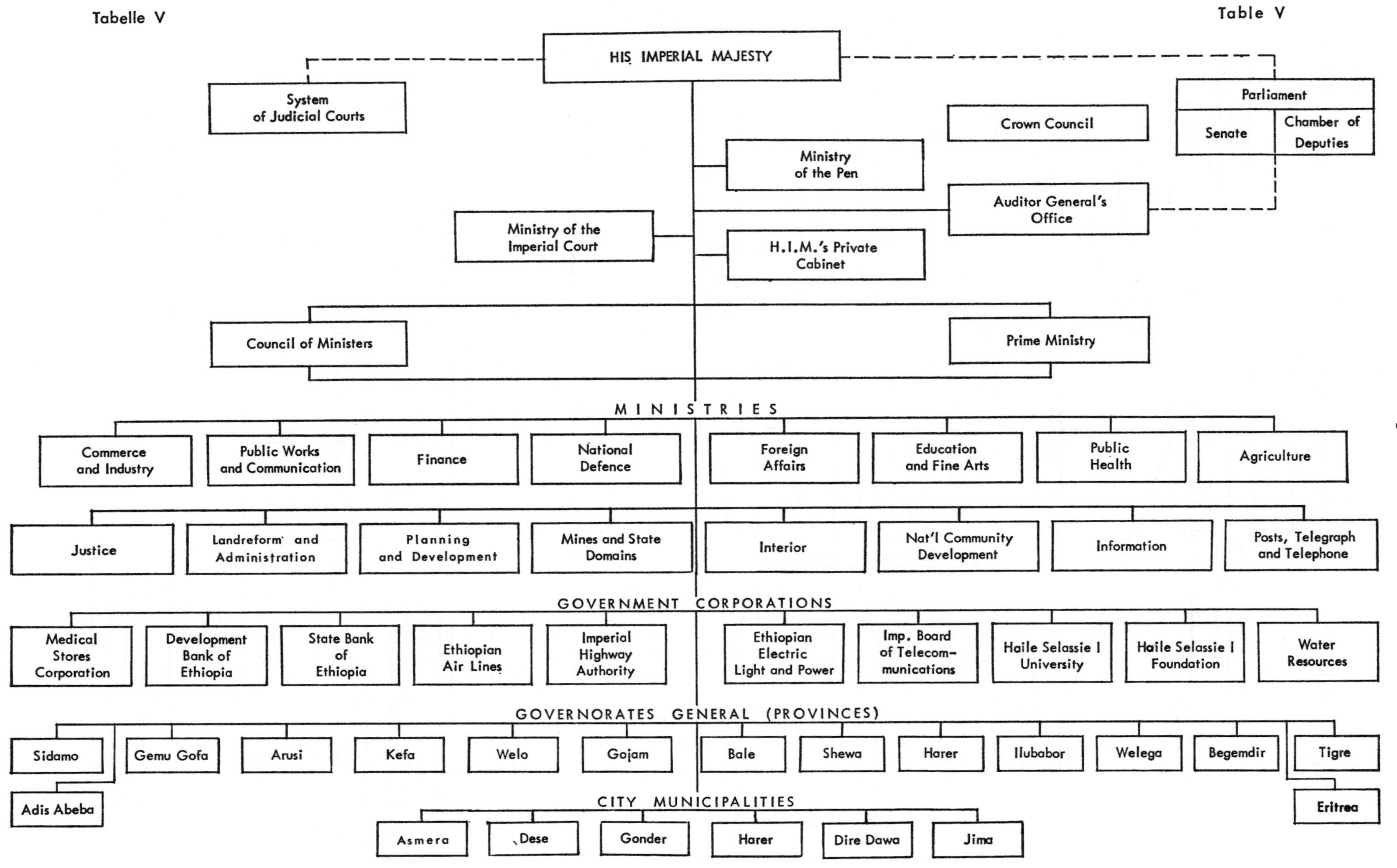

Tabelle VI Table VI

ORGANIZATION CHART FOR THE MINISTRY OF PUBLIC HEALTH

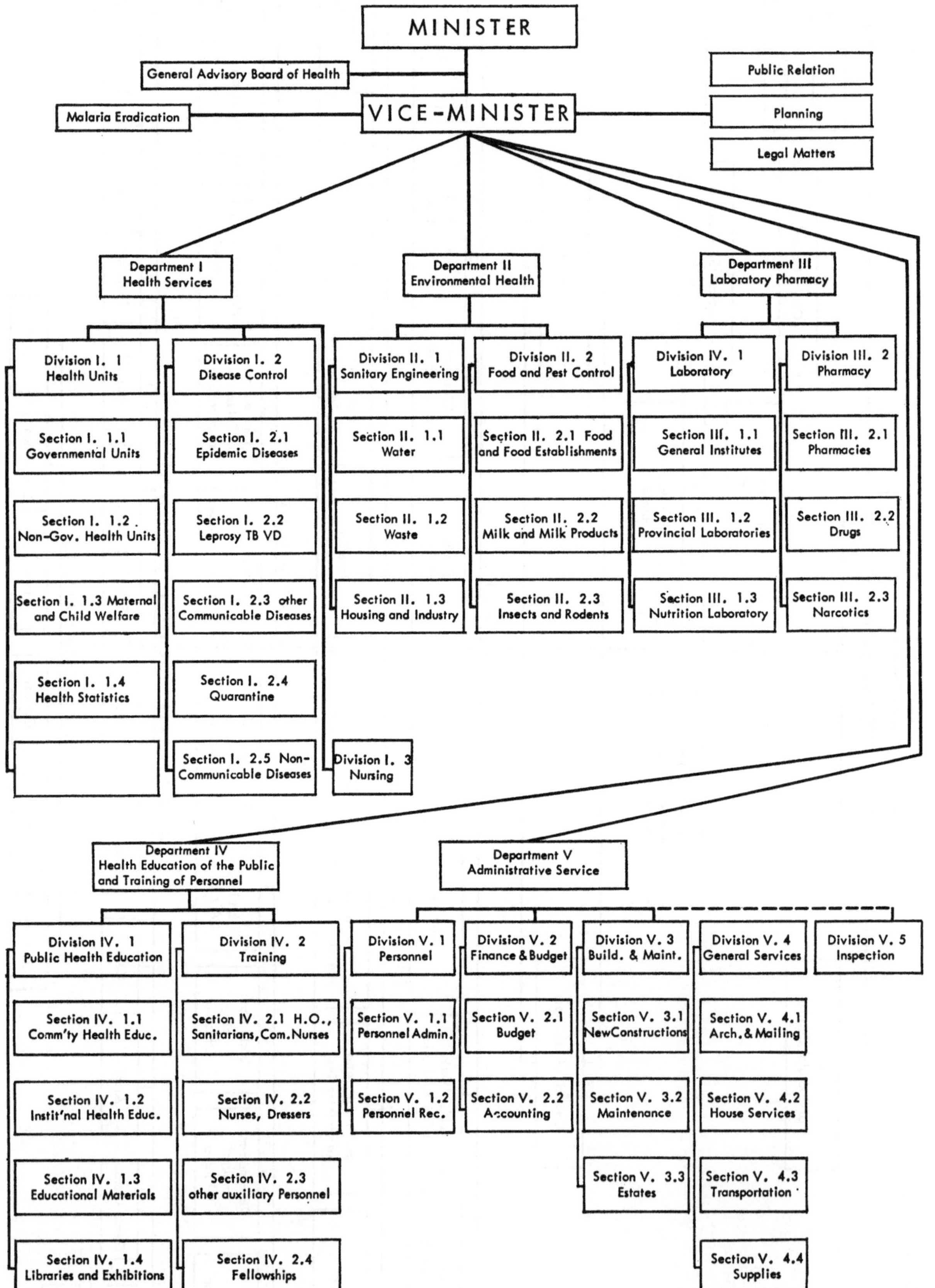

Tabelle III. *Versorgung mit Eiweiß, Fett und Kohlehydraten aus den im Lande erzeugten Nahrungsmitteln pro Kopf der Bevölkerung* (Nutrition Survey 1958)

Table III. *Supply with protein, fat and carbohydrates produced from Ethiopian foods per person of the population* (Nutrition Survey 1958)

Lebensmittel *Foods*	Menge in g pro Tag u. Person *Quantity in gm. per day and and person*	Kalorien *Calories*	Eiweiß *Protein* g	Fett *Fat* g	Kohlehydrate *Carbohydrates* g
Teff *Teff*	365	1288	36.0	8.0	271.0
Weizen *Wheat*	27	89	3.5	0.5	19.0
Gerste *Barley*	152	539	14.1	1.7	107.0
Mais Maize, *dried*	29	102	2.7	1.1	21.0
Hirse *Millet*	45	155	6.2	0.7	31.0
Zucker *Sugar*	4	16	—	—	4.0
Öl *Oil*	11	100	—	11,0	—
Bohnen *Beans*	3	10	0.9	0.03	1.5
Erbsen *Peas*	17	51	4.0	0.1	9.2
Linsen *Lentils*	7	24	1.7	0.1	4.1
Kartoffeln *Potatoes*	4	3.3	0.01	—	0.8
Yams *Yam*	9	1.1	0.2	0.06	2.5
Paprika *Red pepper*	3	10.0	0.5	0.3	1.3
Früchte *Fruits*	6	1.9	0.1	—	0.5
Fleisch *Meat*	45	71	9.9	3.6	0.4
Geflügel *Poultry*	12	18	2.4	1.6	—
Eier *Eggs*	6	4.8	0.8	0.7	—
Milch *Milk*	90	61	3.2	3.5	4.4
Gemüse *Vegetables*	3	1.2	1.2	—	0.2
Total	838	2546.3	87.4	33.0	477.9

Tabelle VII. *Die 12 häufigsten übertragbaren Krankheiten oder Krankheitsgruppen in Äthiopien 1962*

Table VII. *The 12 most frequent communicable diseases or disease groups observed in Ethiopia in 1962*

Krankheit *Disease*	Zahl der Fälle *Number of cases*	%
1. Malaria *Malaria*	149 455	18.95
2. Parasitäre Hautkrankheiten *Parasitic skin diseases*	139 534	17.70
3. Wurmerkrankungen *Helminthiasis*	93 720	11.88
4. Übertragbare Augenkrankheiten *Infectious eye diseases*	93 507	11.86
5. Syphilis *Syphilis*	77 635	9.84
6. Ruhrerkrankungen aller Formen *Dysentery of all types*	70 937	8.99
7. Gonorrhoe *Gonorrhoea*	51 582	6.54
8. Pneumonie *Pneumonia*	33 149	4.20
9. Tuberkulose *Tuberculosis*	26 485	3.35
10. Grippe *Influenza*	25 824	3.27
11. Fleckfieber *Typhus*	16 289	2.06
12. Lepra *Leprosy*	10 202	1.29
Total	788 319	100

Tabelle IX. *Ergebnisse der Reihenuntersuchungen bei Schulkindern* 1957–1959

Table IX. *Results of surveys performed on schoolchildren*, 1957–1959

Provinz *Province*	Zahl der untersuchten Kinder *Number of examined children*			An Lepra erkrankt *suffering from leprosy*			Index 1 in 1000		
	♂	♀	total	♂	♀	total	♂	♀	total
Gojam	3 052	736	3 788	162	26	188	53 ± 4.2	36 ± 6.5	49 ± 3.4
Shewa	630	153	783	13	0	13	21 ± 5,6	0	16 ± 4
Kefu	950	271	1 221	5	2	7	5 ± 2.2	4 ± 3.7	5 ± 2
Harer	4 322	0	4 322	5	0	5	1	0	1
Begemdir	693	493	1 186	6	6	12	9 ± 3.6	12 ± 4.8	10 ± 2.8
	9 647	1 653	11 300	191	34	225	19 ± 1.4	20 ± 3.4	19 ± 1.2

Tabelle VIII. *Einrichtungen des Gesundheitswesens in den einzelnen Provinzen* — Table VIII. *Health institutions according to provinces*

Provinz *Province*	Hauptstadt *Capital*	Oberfläche in km² *Area in km²*	Geschätzte Einwohnerzahl in 1000 *Inhabitants in 1000 (estimated)*	Krankenhäuser *Hospitals*	Träger *Supporting Agency*	Anzahl der Betten *Number of beds*	Rate per 10000 Einw. *Inh.*	Weitere stationäre Einrichtungen *other station. health facilities*	Gesundheitszentren *Health Centers*	Träger *Supporting Agency*	Gesundheitsstationen *Health Stations*	Schulgesundheitsstationen *School health services*
Adis Abeba	Adis Abeba		650	Menelik II Hospital	M.P.H.	400						
				Ras Desta Hospital	M.P.H.	74						
				Princess Tsehai Memorial Hospital	M.P.H.	150						
				Ethio-Swedish Pediatric Hospital	M.P.H.	45						
				Princess Zenebe Work Hospital	M.P.H.	250						
				Infectious Diseases Hospital	M.P.H.	40						
				Emanuel Hospital	M.P.H.	262						
				Tuberculosis Hospital St. Peter	M.P.H.	125						
				St. Pauls' Hospital	H.S.I.F.	400						
				Haile Selassie I Hospital	H.S.I.F.	200						
				Gandhi Memorial Hospital	H.S.I.F.	60						
				Army Hospital	M.D.	148						
				Bodyguard Hospital	M.D.	150						
				Police Hospital	M.I.	100						
				Dejazmach Balcha Hospital	U.S.S.R.	100						
				Empress Zeweditu Hospital	7th Day Adv.	207						
				Omedela Clinic	Private	7						
						2 718*	41.8					
Arusi[a]	Asela	23 500	1 111	Asela (Erweiterung auf)	S.M.	60		Bekoje 10	Asela	R.+M.	15	7
				(*under construction*)					Tinsa			
				Bekoje		10		Tibela S.M.	Ticho			
						70	0.6	(Lepradorf)				
								(*Leprosy village*)				
Bale[b]	Goba	124 600	160	Goba (vorgesehen/*planned*)		(70)	(4.3)		Ginir	R.+M.	10	3
Begemdir[c]	Gonder	74 200	1 348	Gonder (vorgesehen/*planned*)		250			Adi-Arkay	R.	18	6
				Debre Tabor (vorgesehen/*planned*)		37			Aykel	F.M.	1	
						287	2.1		Setit			
									Gonder			
									Dabat			
									Gorgora			
									Adis Zemen			
									Koladuba			
Eritrea[d]	Asmera	117 600	1 589	Asmera					Adi-Kwale			
				Itegue Mennen Hospital		1 116	1.54		Dekemhare			
				Haile Selassie I Ophthalmic Centre		120			Barentu			
				Mental Hospital		154			Nakfa			
				Prison Infirmary		63			Teseney			
				Mitsiwa								
				Haile Selassie I Hospital		395						
				Aseb								
				Civil Hospital		60						

				Keren								
				Civil Hospital		110						
				Agordet								
				Civil Hospital		106						
				Teseney								
				Civil Hospital		52						
				Barentu								
				Civil Hospital		28						
				Udi Ugri								
				Civil Hospital		155						
				Adi Kayih								
				Civil Hospital		85						
				Dekemhare								
				Infirmary		6						
						2 450	15.4					
Gemu Gofa[e]	Arba Minch	39 500	840	Chenche (i. Aufbau/*under construction*)		60			Arba Minch	R.	6	
				Gidole (i. Aufbau/*under construction*)	N.M.	50			Bulki	M.	4	
						110	1.3		Chencha			
									Jinka			
Gojam[f]	Debre Markos	61 600	1 567	Debre Markos	MIP.H.	50			Debre Markos	R.	13	7
				Bahir Dar (erbaut mit D.H.)	M.P.H.	120			Finote Selam	M.	2	
				Finote Selam					Bahir Dar	L.	8	
				(noch nicht in Betrieb)					Dangla			
				(*not yet into operation*)		45			Haile Selassie			
						215	1.4		← Ber			
Harer[g]	Harer	259 700	3 341	Harer					Kelafo	R.	42	8
				Makonnen Haile Selassie Hospital	M.P.H.	186			Degeh Bur	M.	8	
				Teferi Makonnen Tb Hospital	M.P.H.	110			Ayshia			
				Ras Makonnen Hospital	H.S.I.F.	106			Dire Dawa			
				Army Hospital	M.D.	30			Ejersa Goro			
				Bisidimo					Erer-Gota			
				Leprosarium DAHW	DAHW	120						
				Dire Dawa								
				Haile Selassie I Hospital	M.P.H.	180						
				Franco-Ethiopian Railway Hospital	R.C.	50						
				Jijiga								
				General Hospital	M.P.H.	75						
				Asbe Teferi								
				Leul Sale Selassie Hospital	M.P.H.	40						
				Kebri Dehar								
				General Hospital	M.P.H.	60						
				Kelafo								
				General Hospital	M.P.H.	75						
				Mission Hospital	S.I.M.	30						
				Degeh Bur								
				General Hospital	M.P.H.	75						
				Deder								
				Mission Hospital	M.M.	25						
				Erer Gota								
				Health Center Hospital	M.P.H.	40						
						1 262	3.7					

* The Prince Makonnen Duke of Harer Memorial Hospital with 500 beds is not included in the table since it has not yet been put into operation.

Tabelle VIII (Fortsetzung) / Table VIII (continued)

Provinz *Province*	Hauptstadt *Capital*	Oberfläche in km² *Area in km²*	Geschätzte Einwohnerzahl in 1000 *Inhabitants in 1000 (estimated)*	Krankenhäuser *Hospitals*	Träger *Supporting Agency*	Anzahl der Betten *Number of beds*	Rate per 10000 Einw. *Inh.*	Weitere stationäre Einrichtungen *other station. health facilities*	Gesundheitszentren *Health Centers*	Träger *Supporting Agency*	Gesundheitsstationen *Health Stations*	Schulgesundheitsstationen *School health services*
Ilubabor[h]	Gore	47 400	663	Gore	R.	40			Metu	R.	11	4
				Metu	R.	60			Gambela	R.L.	1	
						100	1.5		Buno Bedele	A.M.	1	
									Gore			
									Tepi			
Kefa[i]	Jima	54 600	688	Jima	R.	200	2.9		Agaro	R.	12	6
									Maji	M.	7	
									Bonga			
									Waka			
									Jima			
									Mizan Teferi			
Shewa[k]	Adis Abeba	85 200	3 326	Debre Birhan					Debre Sine		39	26
				General Hospital	M.P.H.	80			Mulo	M.	18	
				Debre Zeyt					Giyon			
				General Hospital	M.P.H.	50			Feche			
				Agere Hiywet					Hosaina			
				Door of Life	B.M.	40			Mehal Meda			
				Nazaret					Kara Kore			
				Haile Mariam Mamo Memorial					Debre Zeyt			
				Hospital	M.M.	80			Ziway			
				Lemo								
				Mission Hospital	S.I.M.	30						
				Shashemene								
				Mission Hospital	S.I.M.	100						
				Wonji								
				General Hospital	S.E.	480	1.4					
						480						
Sidamo[l]	Yirga Alem	117 300	1 522	Yirga Alem, Negele, Soda, Diala	M.	300			Awasa	R.	17	6
				Adola	Min.B.	60			Kibre Mengist			
						360	2.4		Moyale	M.	19	
									Yirga Alem			
									Sodo			
Tigre[m]	Mekele	65 900	2 307	Mekele	R.	80			Mekele	M.P.H.	15	6
				Adigrat	R.	35			Aksum	M.	2	
				Adwa	R.	80			Inda Silase			
				Selekleka (im Aufbau)	M.				Abiy Adi			
				(under construction)		195	0.8		Maychew			
									Wikro			
									Adigrat			
Welega[n]	Nekempte	71 200	1 430	Nekempte	Min.	120			Asosa	Min.	7	12
				(mit Unterstützung von Schweden)					Shembo	N.	13	

				Gimb	M.	60			Gidami			
				Aira	M.	50			Nekempte			
				Dembi Dolo	M.	50			Dembi Dolo			
						280	2.0		Gimbi			
Welo°	Dese	79 400	3 120	Dese		120		Dese	Dese	R.	15	13
				Dese	M.	40		(Leprosarium)	Asayata	M.	15	
				Woldeya	M.	40		M.	Lalibela			
				Chefa (Farm)		15		150 Betten/	Sekota			
						215	1.7	*beds*	Were Jlu			
									Alamata			
									Hayk			
									Tenta			
					Total	8 882	3.7					

Anmerkungen:

[a] Die Bevölkerung gehört zu den ethnischen Gruppen der Amhara, Galla und Gurage, die zum größten Teil dem Islam und der koptischen Kirche angehören, aber auch Stammesreligionen sind vertreten.

[b] Die Bevölkerung besteht vorwiegend aus Galla und im Süden aus Somali, die zum größten Teil dem Islam angehören.

[c] Der größte Teil der Einwohner sind Amharen und koptische Christen, am Tana-See leben die Minderheiten der jüdischen Falashas und der Woitus mit eigener Stammesreligion.

[d] Die stärkste ethnische Gruppe sind die Tigre, weiterhin finden sich die Kurama, Danakil, Somali und Dehalek im Lande.

[e] Neben Galla-Stämmen im Norden besteht die Bevölkerung zum größten Teil aus Burji' Geleba und Niloten. Die Einwohner gehören dem Islam an oder huldigen Stammesreligionen.

[f] Die Einwohner bestehen zum größten Teil aus Amharen, die der koptischen Kirche angehören. Zum Sudan hin finden sich Shankala-Stämme mit Stammesreligionen.

[g] Die Bevölkerung besteht aus den ethnischen Gruppen der Galla, Afra, Isa Adare, Koto, Somali und Enbare. Als Religion überwiegt der Islam.

[h] Die Bevölkerung gehört zum größten Teil zu den Gallastämmen. Daneben finden sich nilotische Stämme im Westen der Provinz. Neben der koptischen Religion sind der Islam und Stammesreligionen vertreten.

[i] Der größte Teil der Bevölkerung sind Galla, die dem Islam angehören. Im Süden leben Niloten, die Stammesreligionen huldigen.

[k] Bei den ethnischen Gruppen überwiegen die Amhara. Daneben sind Galla-Stämme und Gurage stärker vertreten.

[l] Die Mehrzahl der Bewohner sind Sidamo, weiterhin finden sich verschiedene Shankala-Stämme. Als Religion herrscht der Islam vor, daneben bestehen Stemmesreligionen.

[m] Die Einwohner sind Tigre, daneben finden sich Minderheiten der Somali, Danakil und Beje. Die koptische Kirche überwiegt, die Danakil und Somali huldigen dem Islam.

[n] In der Provinz leben Angehörige der Galla, im Westen nilotische Stämme. Die Galla sind vorwiegend koptische Christen, die Niloten haben ihre eigenen Stammesreligionen.

[o] Die Bevölkerung gehört zu den ethnischen Gruppen der Amhara, Tigre und Danakil. Koptisches Christentum und Islam sind die beiden Hauptreligionen.

Remarks:

[a] The population belongs to the ethnic groups of Amhara, Galla and Gurage, who, for the most part, are of the Moslem faith or members of the Coptic church; but tribal religions are also represented.

[b] The population consists mainly of Gallas and in the south of Somalis being predominantly Moslem.

[c] The majority is Amhara and Coptic, minority groups are the Falasha at Lake Tana and the Woito with their own tribal religion on the shore of the Lake.

[d] The Tigre are predominating, other groups are the Kurame, Danakil, Somali and Dehalek.

[e] Few Galla live in the north and are Moslems, the majority are Burji-Geleba and Nilotes in the south with tribal religions.

[f] The inhabitants are mainly Amhara and Coptic christians, toward the Sudan live Shankala tribes with their own tribal religions.

[g] The population consists of the ethnic groups of the Galla, Harari, Afre, Isa Adara, Koto, Somali and Enbare. The Islam predominates.

[h] Gallas predominate in the province but in the west Nilotes are found. The Galla are members of the Coptic church, a few are Moslems and some have tribal religions.

[i] The majority of the population is Galla and Moslem. In the south live Nilotes who have their own tribal religions.

[k] The population is chiefly Amhara and Coptic, but there live many Galla and Gurage too being mainly Moslems.

[l] The majority is Sidamo and Moslem, in the south live some Shankalas with tribal religions.

[m] The inhabitants are Tigre, there are also some minority groups of Somali, Danakil and Beja. The coptic religion predominates, the Danakil and Somali are mainly Moslems.

[n] In the East Galla predominate, in the west are Nilotic tribes. The Galla are Coptic Christians, the Nilotes observe tribal religions.

[o] The population belongs to the ethnic groups of the Amhara and Tigre who are Copts and the Danakil who are Moslem.

Abkürzungen / Abbreviations

M.P.H.	=	Ministry of Public Health
H.S.I.F.	=	Haile Selassie I Foundation
M.D.	=	Ministry of Defense
M.I.	=	Ministry of Interior
U.S.S.R.	=	Soviet Union
7th Day Adv.	=	7th Day Adventists' Mission
S.M.	=	Schwedische Mission / Swedish Mission
N.M.	=	Norwegische Mission / Norwegian Mission
DAHW	=	Deutsches Aussätzigen-Hilfswerk / German Leprosy Relief Association
D.H.	=	Deutsche Hilfe / German Support
L.	=	Leprosy Station
R.C.	=	Railway Company
S.I.M.	=	Sudan Interior Mission
M.M.	=	Mennonite Mission
R.	=	Regierung / Government
F.M.	=	Falasha Mission
A.M.	=	American Mission
B.M.	=	Baptist Mission
S.E.	=	Sugar Estate
M.	=	Missionen / Missions
Min.B.	=	Ministerium für Bodenschätze / Ministry of Mines and State Domains

Tabelle X. *Anzahl der in den Provinzen registrierten Leprafälle, Rate der „offenen" Lepra und die geschätzte Prävalenz aus dem Jahre 1961*

Table X. *Registered leprosy patients, rate of open leprosy and the estimated prevalence according to provinces, 1961*

Provinz	Zahl der registrierten Patienten	% der bekannten Fälle	„Offene" Rate %	Geschätzte Prävalenz auf 1000
Province	*Number of registered patients*	*% of the known cases*	*Rate of open leprosy*	*Estimated prevalence per 1000*
Shewa	20 135	30.30	24.54	12
Gojam	15 715	23.65	17.35	25
Arusi	11 123	16.74	22.34	15
Welo	8 712	13.11	32.11	15
Harer	3 203	4.82	40.60	4
Begemdir	2 096	3.15	20.58	10
Tigre	1 614	2.43	10.84	7
Welega	1 492	2.25	11.10	7
Sidamo	1 305	1.96	30.16	8
Kefa	578	0.87	56.76	6
Ilubabor	315	0.47	21.37	6
Gemu-Gofa	81	0.12	18.52	4
Eritrea	85	0.13	40.00	1
Total:	66 454	100.00	23.41	10 in 1000

Tabelle XI. *Altersverteilung der Lepra in Äthiopien bei 4000 Kranken des Princess Zenebe Work Hospital*

Table XI. *Age grouping of 4000 leprosy patients treated at the Princess Zenebe Work Hospital*

Altersgruppe *Age group*	Patienten ♂ *Patients ♂* Anzahl *Cases*	%	Patienten ♀ *Patients ♀* Anzahl *Cases*	%	Total Anzahl *Cases*	%
0—1	1	0.03	1	0.10	2	0.05
1—4	9	0.30	10	1.00	19	0.50
5—9	117	4.00	54	5.40	171	4.30
10—14	507	17.00	118	11.80	625	15.50
15—19	570	19.00	194	19.40	764	19.10
20—39	1 499	50.00	544	54.40	2 043	51.50
40—59	287	9.50	79	7.90	366	9.00
über 60 *more than 60*	10	0.33	0	0	10	0.25
Total:	3 000		1 000		4 000	

Tabelle XII. *Lokalisation der Erstläsionen in Äthiopien und Vietnam* [338]

Table XII. *Localisation of the primary lesions in Ethiopian and Vietnamese leprosy patients* [338]

Lokalisation der Erstläsionen *Localisation of the primary lesion*	Vietnam Anzahl *Vietnam Number*	%	Äthiopien Anzahl *Ethiopia Number*	%
Unbekleidete Körperteile: *Uncovered parts of the body:*				
Kopf *Head*	272	19.84	114	12.90
Hals *Neck*	7	0.51	1	0.11
Unterarm *Forearm*	110	8.02	34	3.85
Hände *Hand*	128	9.34	57	6.43
Unterschenkel *Lower Leg*	270	19.69	46	5.20
Füße *Foot*	341	24.87	231	26.12
Total	1128	82.27	483	54.61
Bedeckte Körperteile: *Covered parts of the body:*				
Oberarme *Upper arm*	28	2.04	22	2.48
Stamm *Trunk*	81	5.91	63	7.11
Gesäß *Buttocks*	44	3.21	302	34.10
Oberschenkel *Thigh*	90	6.57	15	1.70
Total	243	17.73	402	45.39
Total:	1371	100	885	100

Tabelle XIII. *Vorkommen von Ascaris, Trichuris und Ancylostoma 1967 entsprechend Alter und Geschlecht* (nach Molineaux [268])

Table XIII. *Relationship between age, sex and rate of infestation with Ascaris, Trichuris and Ancylostoma 1967* (according to Molineaux [268])

Alter *Age* Jahre *Years*	Ascaris M %	Ascaris F %	Trichuris M %	Trichuris F %	Ancylostoma M %	Ancylostoma F %
0—2	8.2	3.5	4.1	1.7	—	3.5
2—9	47.6	48.0	27.1	26.0	21.7	21.0
10—19	40.2	55.6	23.4	34.5	41.3	27.2
20—29	39.0	54.6	33.1	37.2	34.4	20.8
30—39	33.8	49.7	32.9	42.7	29.3	22.6
40—49	19.6	47.9	27.9	50.7	29.1	16.9
50 und mehr *50 and higher*	29.6	43.1	29.6	49.2	27.0	41.6

Tabelle XIV. *Wurmvorkommen in Äthiopien* nach den Ergebnissen zweier Reihenuntersuchungen

Table XIV. *Prevalence of worm infestation in the Ethiopian population* according to two serial tests

Wurmart *Worm species*	Nutrition Survey [273][a] 1956 %	Begemdir [397][b] 1965 %
Ascaris lumbricoides	36.8	63.4
Trichuris trichiura	47.5	17.2
Ancylostoma duodenale	12.2	5.2
Taenia sp.	4.3	4.8
Schistosoma mansoni	3.1	0.8
Enterobius vermicularis	2.5	0.3
Hymenolepis nana	2.5	—
Strongyloides stercoralis	2.2	8.2
Trichostrongylus sp.	2.0	—

[a] 322 Stuhlproben aus 10 verschiedenen Orten von 8 Provinzen
[b] 995 Personen aus verschiedenen Orten der Provinz Begemdir
[a] 322 Stool samples from 10 different places of 8 provinces
[b] 995 Persons from different places of the Province Begemdir

Tabelle XV. *Wurmvorkommen* bei Patienten der Krankenhäuser von Gonder, Bahir Dar, Harer, Adis Abeba und Bisidimo in der Provinz Harer

Table XV. *Prevalence of worm infestations* found with patients of the hospitals in Gonder, Bahir Dar, Harer, Adis Abeba and Bisidimo in the Harer Province

Wurmart *Worm species*	Gonder [70] (20 676)	Bahir Dar [36] (1 138)	Harer [26] (5 431)	Adis Abeba [114] (2 030)	Bisidimo Leprosarium [203] (870)
	%	%	%	%	%
Ascaris lumbricoides	43.0	47.5	19.0	13.3	11.0
Trichuris trichiura	29.0	5.5	21.2	11.1	1.9
Ancylostoma duodenale	13.0	8.6	19.6	3.3	32.0
Strongyloides stercoralis	8.0	6.8	16.8	7.4	12.2
Schistosoma mansoni	1.8	2.6	15.2	2.2	1.7
Trichostrongylus sp.	4.8	—	—	—	1.9
Taenia sp.	1.8	1.9	10.7	5.7	18.2
Hymenolepis nana	1.0	0.2	5.9	0.3	4.4
Enterobius vermicularis	0.9	—	0.5	—	11.9

Tabelle XVI. *Haut- und Geschlechtskrankheiten* bei 6100 Patienten der Hautklinik des Princess Zenebe Work Hospital in den Jahren 1959—1963

Table XVI. *Percentages of skin and venereal diseases* found in 6100 patients treated at the Skin Clinic of the Princess Zenebe Work Hospital 1959—1963

Erkrankung *Disease*	Prozentsatz der Erkrankten *Percentage of patients*
Syphilis aller Stadien *Syphilis of all stages*	33.5
Ekzemgruppe *Eczema group*	23.0
Pigmentstörungen *Pigmentary disturbances*	12.0
Scabies *Scabies*	9.4
Lepra *Leprosy*	7.9
Dermatomykosen *Dermatomycoses*	7.8
Pyodermien *Pyoderma*	7.1
Elephantiasis *Elephantiasis*	6.4
Aknegruppe *Acne group*	5.0
Erythematosquamöse Dermatosen *Erythematosquamous dermatoses*	3.0
Gonorrhoe *Gonorrhoea*	2.9
Ulcus tropicum *Ulcus tropicum*	2.3
Tuberkulose der Haut *Tuberculosis of the skin*	2.1
Viruserkrankungen der Haut *Virus diseases of the skin*	1.6
Benigne und maligne Tumoren, Naevi *Benign and malign tumors, naevi*	1.4
Hyperkeratosen *Hyperkeratoses*	1.1
Sogenannte Kollagenerkrankungen *So-called collagen diseases*	1.1
Urticaria, Strophulus *Urticaria, strophulus*	0.9
Lichtdermatosen *Actinodermatoses*	0.8
Lymphogranuloma inguinale *Lymphogranuloma inguinale*	0.4
Ulcus molle *Ulcus molle*	0.3
Erytheme *Erythema*	0.2

Tabelle XVII. *Ergebnisse von Schulkinderuntersuchungen in 4 Provinzen Äthiopiens in den Jahren 1957—1959*

Table XVII. *Results of surveys performed on schoolchildren in 4 provinces of Ethiopia in the years 1957—1959*

	Anzahl der untersuchten Schulkinder *Number of schoolchildren examined*							
	Gojam		Begemdir		Kefa		Shewa	
	♂ 3052	♀ 736	♂ 693	♀ 493	♂ 1159	♀ 280	♂ 636	♀ 153
von diesen litten an (in Prozent) *of which number were found suffering from the following diseases* *percentages of the disease found*								
Dermatomykose *Dermatomycosis*	22	20	27	26	22	20	20	15
Scabies	57	31	32	22	21	11	37	22
Pyoderma	10	6	7	6	15	8	15	6
Akne *Acne*	7	6	6	5	4	3	7	6
Lepra *Leprosy*	5	3	0.9	1.2	0.5	0.4	2	0
Adenitis	47	29	62	54	52	30	36	23
Andere Hautkrankheiten *Other skin diseases*	10	6	17	15	13	9	10	6

Tabelle XVIII. *Krankheitsvorkommen in Adis Abeba und Harer* nach der Statistik der Russischen Roten Kreuz Mission 1896

Table XVIII. *Occurrence of Diseases in Adis Abeba and Harer* according to the statistics of the Russian Red Cross Mission, 1896

Krankheitsgruppe *Group of diseases* (26 419 Fälle / *cases*)	Vorkommen *Occurrence* in %
Erkrankungen der Sinnesorgane *Diseases of sense organs*	23.0
Hautkrankheiten *Skin diseases*	18.0
Infektionskrankheiten *Infectious diseases*	16.2
Krankheiten der Verdauungsorgane *Intestinal tract*	11.5
Verletzungen und Unfälle *Injuries and accidents*	9.0
Muskeln, Knochen und Gelenke *Musculo-sceletal diseases*	7.7
Ernährungsstörungen *Nutritional diseases*	5.4
Krankheiten des Nervensystems *Nervous system*	4.2
Krankheiten der Atemwege *Respiratory diseases*	3.6
Krankheiten des Urogenitalsystems *Urogenital system*	1.2
Kreislauferkrankungen *Cardiovascular system*	0.3
Andere Krankheiten *Other diseases*	16.6

Tabelle XIX. *Anteile der Krankheitsgruppen am Krankheitsgeschehen* nach der Fünfjahresübersicht 1958/1963 [343]

Table XIX. *Groups of diseases* according to the Five Years Survey 1958/1963 [343]

Krankheitsgruppe *Group of disease*	Ziffern der Meldung *Number of the report*	Vorkommen *Incidence* in %
1. Infektionskrankheiten *Infectious diseases*	A 1—43	38.2
2. Haut, Knochen und Bewegungsorgane *Skin, musculo-sceletal system*	A 121—126	17.0
3. Nervensystem u. Sinnesorgane *Nervous system*	A 67—78	14.2
4. Respirationssystem *Respiration tract*	A 87—97	9.5
5. Verdauungsorgane *Intestinal tract*	A 98—107	8.1
6. Verletzungen *Injuries*	AE 138—150	4.9
7. Altersbedingte Erkrankungen *Diseases of old age*	A 137	2.2
8. Allergie, Stoffwechsel und Ernährung *Allergy, metabolism and nutrition*	A 61—66	1.8
9. Kreislaufsystem *Cardiovascular system*	A 79—86	1.1
10. Urogenitalsystem *Urogenital system*	A 108—114	1.1
11. Schwangerschaft und Geburt *Pregnancy and birth*	A 115—120	0.9
12. Neoplasmen *Neoplasma*	A 44—60	0.8
13. Mißbildungen, Frühschäden *Malformations, neonatal disorders*	A 127—136	0.4

Tabelle XXI. *Herz-Kreislauf-Erkrankungen* bei Patienten des Tuberkulose-Center Adis Abeba (nach Parry und Gordon [288])

Table XXI. *Cardiovascular diseases* found with patients of the Tuberculosis Center Adis Abeba (according to Parry and Gordon [288])

Krankheit *Disease*	Zahl *Cases*	%
Rheumatische Herzerkrankung *Rheumatic heart disease*	194	34.8
Syphilitische Aortitis *Syphilitic Aortitis*	94	16.8
Hochdruckleiden *Hypertension*	91	16.3
Cardiomyopathie *Cardiomyopathy*	76	13.6
Tuberkulöse Pericarditis *Tuberculous pericarditis*	60	10.8
Cor pulmonale	9	1.6
Andere Herzleiden *Other heart diseases*	34	6.1

Tabelle XX. *Gegenüberstellung von Krankheitsvorkommen* im Haile-Selassie-Krankenhaus Adis Abeba und dem Ras-Makonnen-Krankenhaus Harer

Table XX. *Comparison of the occurrence of diseases* at the Haile Selassie Hospital Adis Abeba and the Ras Makonnen Hospital Harer

Krankheitsgruppe *Group of diseases*	Vorkommen/*Occurence* in % Adis Abeba (2030 Fälle/*cases*) 1966	 Harer (11170 Fälle/*cases*) 1963
Magen, Darm *Gastro-intestinal tract*	28.1	28.4
Respirationstrakt *Respiratory tract*	20.3	21.3
Leber, Galle, Pankreas *Liver, gallbladder, pancreas*	11.0	8.0
Herz, Kreislauf *Cardiovascular system*	7.9	7.2
Nieren, Harnwege *Kidneys, urinary tract*	4.9	4.5
Stoffwechsel *Metabolism*	3.6	1.0
Infektionen, Intoxikationen *Infections, intoxication*	7.9	16.4
Andere Erkrankungen *Other diseases*	16.3	13.2

Tabelle XXII. *Vorkommen von malignen Neoplasmen* nach der Fünfjahresübersicht 1958/1963 [343]

Table XXII. *Incidence of malignant neoplasms* according to Five Years Survey 1958/1963 [343]

Art des malignen Neoplasma *Kind of malignant neoplasm*	Vorkommen *Incidence* in %
Ösophagus, Magen-Darm-Trakt *Oesophagus, gastro-intestinal tract*	27.0
Mundhöhle, Pharynx *Oral Cavity, Pharynx*	17.0
Gynäkologische Tumoren *Gynaecologic tumors*	7.7
Haut *Skin*	5.5
Lymphosarkom, andere Neoplasmen des lymphatischen und hämopoetischen Systems *Lymphosarcoma, other neoplasma of lymphatic and haemopoetic system*	4.0
Atemwege, Lungen *Respiratory tract, lungs*	3.1
Knochen und Bindegewebe *Bones and connective tissues*	2.2
Prostata *Prostate*	2.1
Leukämie, Aleukämie *Leukemia, Aleukemia*	1.9
Alle übrigen Neoplasmen *All other neoplasms*	29.5

Literatur / References

Teil A / Part A

1. Abraham, Medhane: Die Wirtschaft Äthiopiens und die Möglichkeiten der Industrialisierung. Diss. Wien 1970.
2. Abul-Haggag, Y.: On the morphology of the eastern margin in the central North Ethiopian plateau. Boll. Soc. Géogr. d'Egypte, 263—278 (1959).
3. Abul-Haggag, Y.: A. Contribution to the Physiography of Northern Ethiopia. London 1961.
4. Bannert, D., Brinckmann, J. u.a.: Zur Geologie der Danakil-Senke. Geol. Rdsch. **59**, 409—443 (1970).
5. Behrens, S.: Physical Environment and its Significance for Economic Development with special Reference to Ethiopia. Lund Stud. in Geogr. Ser. C No. 10, 1971.
6. Bender, M. L.: The Languages of Ethiopia, A New Lexicostatistic Classification and some Problems of Diffusion. Anthrop. Linguistics Vol. **13**, 165—288 (1971).
7. Berlan, E.: L'installation humaine au Choa. Le volcan Zouquala et sa région. Rev. d. Géogr. Alpine Vol. **41**, Fasc. 3 553—564 (1953).
8. Berlan, E.: Addis Abeba, la plus haute ville d'Afrique. Grenoble 1963.
9. Beyer, E.: Die Niederschlagsverhältnisse Äthiopiens. Dipl.-Arb. Mskr. Bonn 1968.
10. Bieber, F. K.: Kaffa. **1** Münster 1920. **2** Wien 1923.
11. Bigi, F.: Progressi e prospetti della cotonicoltura in Etiopia. Riv. di Agr. subtrop. e tropicale **63**, 356—390 (1969).
12. Brooke, C.: The durra complex in the central Highlands of Ethiopia. Econ. Botany **12**, 192—204 (1958).
13. Brooke, C.: The rural village in the Ethiopian Highlands. Geogr. Rev. **49**, 58—76 (1959).
14. Brooke, C.: Khat (catha edulis): its production and trade in the middle east. Geogr. J. **126**, 52—59 (1960).
15. Büdel, J.: Klima-morphologische Arbeiten in Äthiopien im Frühjahr 1953. Erdkunde **8**, 139—156 (1954).
16. Büdel, J.: Das alte und das neue Äthiopien. Wandlungen der Wirtschafts- und Sozialstruktur seit der italienischen Kolonisationsepisode. Verh. d. dt. Geographentages Bd. 30, 97—133, Wiesbaden 1957.
17. Buxton, D.: The Shoan Plateau and its Peoples: An Essay in Local Geography. Geogr. J. **114**, 157—172 (1949).
18. Buxton, D.: Travels in Ethiopia. 2. Aufl. London 1967.
19. Cerulli, E.: Peoples of South-West Ethiopia and its Borderland. Ethnographic Survey of Africa, North-Eastern Africa Pt. III, London 1956.
20. Cheesmann, R. E.: Lake Tana and the Blue Nile. London 1936.
21. Cifferi, R.: Frumenti e Granicoltura indigena in Etiopia. L'agric. col. **33**, 337—349 (1939).
22. Cipriani, L.: Abitazioni indigeni dell'Africa orientale italiana. Napoli 1940.
23. Conti Rossini, C.: Etiopia e genti d'Etiopia. Firenze 1937.
24. Cufodontis, G.: Enumeratio plantarum Aethiopiae. Bull. Jard. bot. Bruxelles 23 (Suppl.) u. f. bis 26 (Suppl.) 1953—56.
25. Dainelli, G.: La regione del Lago Tana. Milano 1939.
26. Dainelli, G.: Geologia dell'Africa Orientale. 3 Bde. Text u. 1 Kartenmappe, Roma 1943.
27. Davies, H. R. J.: Some tribes of the Ethiopian borderland between the Blue Nile and Sobat rivers; a study in comparative human ecology. Sudan Notes and Records **41**, 21—34 (1960).
28. Denis, J.: Addis Ababa. Genèse d'une capitale impériale. Rev. Belge de Géogr. **88**, 283—314 (1964).
29. Doresse, J.: L'empire du Prête-Jean. 2 Bde. Paris 1957.
30. Dove, K.: Kulturzonen in Nord-Abessinien. Pet. Geogr. Mitt. Erg. H. 97, 1890.
31. Engelhard, K.: Addis Abeba, Probleme seiner Entwicklung. Erdkunde **24**, 207—219 (1970).
32. Erdmannsdorff, W. D. v.: Entwicklungsland Äthiopien. Bonn 1958.
33. Ethiopia's 3rd Five Year Development Plan. Eth. Obs. **13**, 4 (1970).
34. Ewert, K.: Äthiopien. Bonn 1964.
35. Fantoli, A.: Elementi preliminari del Clima dell'Etiopia. Firenze 1940.
36. Fantoli, A.: Contributo alla Climatologia dell'Etiopie, Riassunto dei Resultati e Tabelle Meteorologiche e Pluviometriche. Roma 1965.
37. Flohn, H.: Über die Ursachen der Aridität Nordost-Afrikas. In: Würzburger Geogr. Arb. **12**, 25—41 (1964).
38. Flohn, H.: Klimaprobleme am Roten Meer. Erdkunde **19**, 179—191 (1965).
39. Gamst, F. C.: The Qemant: a pagan-hebraic peasantry of Ethiopia. New York 1969.
40. Grabham, G. W., Black, R. P.: Report of the Mission to Lake Tana 1920—1921. Cairo 1925.
41. Grottanelli, V. L.: Ricerche Geografiche ed economiche sulle popolazioni. Missione di Studio al Lago Tana Vol. II, Roma 1939.
42. Grottanelli, V. L.: I Niloti dell'Etiopia allo stato attuale delle nostre conoscenze. Boll. della R. Soc. Geogr. It. Ser. VII Vol. VI, 561—588 (1941).
43. Grottanelli, V. L., Massari, C.: I Baria, I Cunama e I Beni Amer. Missione di Studio al Lago Tana Vol. VI, Roma 1943.
44. Gourou, P.: L'Ethiopie. Les Cahiers d'Outre-Mer No. 75 19me Année, 209—233 (1966).
45. Haberland, E.: Galla Süd-Äthiopiens. Stuttgart 1963.
46. Haberland, E.: Untersuchungen zum äthiopischen Königtum. Studium zur Kulturkunde Bd. 18. Wiesbaden 1965.
47. Hallpike, C. R.: Konso Agriculture. Journ. of Eth. Stud. **8**, 31—43 (1970).
48. Hammerschmidt, E.: Äthiopien, Christliches Reich zwischen Gestern und Morgen. Wiesbaden 1967.
49. Heitfeld, K. H.: Hydrogeologische Untersuchungen bei Wasserprojekten im Bereich des ostafrikanischen Grabens in Äthiopien. Geol. Mitt. **6**, 287—308 (1965).
50. Heske, Franz: Erkenntnisse und Erfahrungen zur forstlichen Bodennutzung der Entwicklungsländer am Beispiel von Äthiopien. Forschungsberichte des Landes NRW Nr. 1252. Köln u. Opladen 1966.
51. Hill, B. G.: Căt. Journ. of Eth. Stud. **3**, 13—23 (1965).
52. Hövermann, J.: Über die Höhenlage der Schneegrenze in Äthiopien und ihre Schwankungen in historischer Zeit. Nachr. d. Akad. d. Wiss. in Göttingen. Mathem.-Phys. Klasse Jg. 1954, Nr. 6, 111—137.
53. Hövermann, J.: Siedlungs- und Agrarwesen in Nordäthiopien auf Grund einer Forschungsreise. Verh. d. dt. Geographentages **30**, 232—239, Wiesbaden 1957.
54. Hövermann, J.: Bauerntum und bäuerliche Siedlung in Äthiopien. Die Erde **89**, 1—20 (1958).
55. Hövermann, J.: Über Witterung und Klima in Abessinien. Abh. Braunschw. Wiss. Ges. **13**, 109—127 (1961).
56. Horvath, R. J.: Towns in Ethiopia. Erdkunde **22**, 42—51 (1968).
57. Horvath, R. J.: The Wandering Capitals of Ethiopia. J. of Afr. History **10**, 205—219 (1969).
58. Horvath, R. J.: Von Thünen's Isolated State and the Area around Addis Abeba, Ethiopia, Ann. of the Ass. Am. Geogr. **59**, 308—323 (1969).
59. Huffnagel, H. P.: Agriculture in Ethiopia. FAO Rome 1961.
60. Huntingford, G. W. B.: The Galla of Ethiopia: The Kingdoms of Kafa and Janjero. Ethnographic Survey of Africa: North Eastern Africa Pt. II, London 1955.

61. Imperial Ethiopian Government Central Statistical Office: Ethiopia, Statistical Abstract 1964ff.
62. Imperial Ethiopian Government Central Statistical Office: Survey of Major Towns in Ethiopia. Statistical Bulletin **1**, 1968.
63. Imperial Ethiopian Government Central Statistical Office: Manufacturing and Electricity Industry 1964/65—1966/67. Statistical Bulletin **2**, 1969.
64. Jelenc, D. A.: Mineral Occurences of Ethiopia. Addis Ababa 1966.
65. Jensen, A. E.: Wandlungen in Abessinien. Geogr. Rdsch. **6**, 399—405 (1954).
66. Jensen, A. E.: Altvölker Südäthiopiens. Stuttgart 1963.
67. Karsten, D.: Problems of Industrialisation in Ethiopia. Eth. Obs. **11**, 36—42 (1967).
68. Karsten, D.: Evaluierung integraler Regionalentwicklungsprojekte am Beispiel zweier Projekte in Äthiopien. In: R. Jochimsen u. U. E. Simonis (Hrsg.): Theorie und Praxis der Infrastrukturpolitik, Berlin 1970.
69. Kebede, Tato: Rainfall in Ethiopia. Eth. Geogr. J. **2**, 28—36 (1964).
70. Kostlan, A.: Die Landwirtschaft in Abessinien. Beih. z. Tropenpflanzer **3**, 1913.
71. Krenkel, E.: Geologie und Bodenschätze Afrikas. Leipzig 1957.
72. Kuls, W.: Beiträge zur Kulturgeographie der südäthiopischen Seenregion. Frankf. Geogr. H. 32. Jg. 1958.
73. Kuls, W.: Bevölkerung, Siedlung und Landwirtschaft im Hochland von Godjam (Nordäthiopien). Frankf. Geogr. H. 39, 1963.
74. Kuls, W.: Jüngere Wandlungen in den Enseteanbaugebieten Südäthiopiens. Acta Geogr. **20**, 185—199 (1968).
75. Kuls, W.: Zur Entwicklung städtischer Siedlungen in Äthiopien. Erdkunde **24**, 14—26 (1970).
76. Last, G. C.: A Geography of Ethiopia. Addis Ababa 1963.
77. Levine, D. N.: Wax and Gold. Tradition and Innovation in Ethiopian Culture. Chicago u. London 1965.
78. Lewis, H. S.: A Galla Monarchy, Jimma Abba Jifar, Ethiopia 1830—1932. Madison and Milwaukee 1965.
79. Lewis, H. S.: Peoples of the Horn of Africa, Somali, Afar and Saho. Ethnographic survey of Africa. North Eastern Africa. Pt. I, London 1955.
80. Lipsky, G. A., Blanchard, W., Hirsch, A. M., Maday, B. C.: Ethiopia, its people, its society, its culture. Survey of World Cultures. New Haven 1962.
81. Littmann, E.: Abessinien. Hamburg 1935.
82. Lockermann, F. W.: Die Flußhydrologie der Tropen und Monsunasiens. Diss. Bonn 1958.
83. Logan, W. E. M.: An Introduction to the Forests of Central and Southern Ethiopia, Imp. Forestry Inst. Univ. of Oxford, Institute Paper No. 24, 1946.
84. Mann, H. S.: Land Tenure in Chore (Shoa) a Pilot Study. Monographs in Ethiopia Land Tenure No. 2, Addis Ababa-Nairobi 1965.
85. Mesfin, Wolde Maryam: The population of Ethiopia: A review. Eth. Geogr. J. **5**, 15—18 (1967).
86. Migliorini, E.: Forme di insediamento e densita di popolazione in Etiopia. Acc. Naz. dei Lincei Anno CCCLVII Quaderno N. 48, 53—58 (1960).
87. Mohr, P. A.: The Geology of Ethiopia. Asmara 1964.
88. Mooney, H. F.: A Glossary of Ethiopian Plant Names. Dublin 1963.
89. Morandini, G.: Le Caratteristiche Geografico-Fisiche del Lago Tana. Missione di Studio al Lago Tana Vol. III, 1, Roma 1940.
90. Murdock, G. P.: Africa: Its Peoples and their Cultural History. New York 1959.
91. Nilsson, E.: Ancient changes of climate in British East Africa and Abyssinia, a study of ancient lakes und glaciers. Geogr. Ann. **22**, 1—79 (1940).
92. Nilsson, E.: Contribution to the History of the Blue Nile. Bull. Soc. Géogr. d'Egypte **25**, 29—47 (1953).
93. Nowack, E.: Land und Volk der Konso. Bonner Geogr. Abh. **14**, 1954.
94. Pankhurst, R.: An Introduction to the economic history of Ethiopia. London 1961.
95. Pankhurst, R.: Some factors depressing the standard of living of peasants in traditional Ethiopia. J. Eth. Stud. **4**, 31—70 (1966).
96. Paulitschke, P.: Ethnographie Nordostafrikas. I. Die materielle Cultur der Danâkil, Gala und Somâl. Berlin 1893. II. Die geistige Cultur der Danâkil, Galla und Somâl, nebst Nachtrag zur materiellen Cultur dieser Völker, Berlin 1896.
97. Perham, M.: The Government of Ethiopia. New York 1948.
98. Pichi-Sermolli, R. E. G.: Una Carta Geobotanica dell'Africa Orientale. Webbia **13**, 15—132 (1957).
99. Prosser, M. V., Wood, R. B., Baxter, R. M.: The Bishoftu Crater Lakes: A bath metric and chemical Study. Arch. Hydrobiol. **65**, 309—324 (1968).
100. Report on Survey of the Awach River Basin, 5 Bde. FAO, Roma 1965.
101. Riedel, D.: Der Margheritensee (Südabessinien). Arch. f. Hydrobiologie 58, 435—466 (1962).
102. Rosen, F.: Eine deutsche Gesandtschaft in Abessinien. Leipzig 1907.
103. Sachs, R.: Ansätze der landwirtschaftlichen Entwicklung in Äthiopien. Z. f. ausl. Landw. Materialsammlungen H. 7, 1967.
104. Schinkel, H. G.: Haltung, Zucht und Pflege des Viehs bei den Nomaden Ost- und Nordostafrikas. Veröff. d. Museums für Völkerkunde zu Leipzig, Heft 21 (1971).
105. Schottenloher, R.: Ergebnisse wissenschaftlicher Reisen in Äthiopien II. Pet. Geogr. Mitt. **85**, 265—277 (1939).
106. Schumacher, G.: Der Kaffee in Landschaft und Wirtschaft Äthiopiens. Geogr. Helv. **21**, 13—19 (1966).
107. Semmel, A.: Intramontane Ebenen im Hochland von Godjam (Äthiopien). Erdkunde **17**, 173—189 (1963).
108. Semmel, A.: Beitrag zur Kenntnis einiger Böden des Hochlandes von Godjam (Äthiopien). N. Jb. Geol. Paläont. Mh. **8**, 474—487 (1964).
109. Shack, W. A.: The Gurage: Peoples of the Ensete Culture. London, Oxford 1966.
110. Simoons, F. J.: The agricultural implements and cutting tools of Begemder and Semyen, Ethiopia. Southwestern Journal of Anthropology **14**, 386—406 (1958).
111. Simoons, F. J.: Northwest Ethiopia Peoples and Economy. Madison 1960
112. Simoons, F. J.: Snow in Ethiopia. A review of the evidence. Geogr. Rev. (L), 402—411 (1960).
113. Smeds, H.: The Ensete Planting Culture of Eastern Sidamo, Ethiopia. Acta Geogr. **13**, 1—39 (1955).
114. Smeds, H.: Etiopian ylänkö. Terra **67**, 123—139 (1955).
115. Smeds, H.: Die Bevölkerungskapazität des Äthiopischen Hochlandes. Pet. Geogr. Mitt. **100**, 61 (1956).
116. Smeds, H.: Etiopien — Det tropiska Afrikas stora höglanssområde. Ymer **76**, 197—219 (1956).
117. Staszewski, J.: Vertical Distribution of World Population. Polish Acad. of Science, Geogr. Studies No. 14 (1957).
118. Stanley, S.: Ensete in the Ethiopian Economy. Eth. Geogr. J. Vol. **4**, 30—37 (1966).
119. Stiehler, W.: Studien zur Landwirtschafts- und Siedlungsgeographie Äthiopiens. Erdkunde **2**, 257—282 (1948).
120. Straube, H.: Westkuschitische Völker Süd-Äthiopiens. Stuttgart 1963.
121. Straube, H.: Der agrarische Intensivierungskomplex in Nordost-Afrika. Paideuma **13**, 198—122 (1967).
122. Strenge, H. v.: Wild coffee in Kaffa Province of Ethiopia. Tropical Agriculture **33**, 297—301 (1956).
123. Suzuki, H.: Some Aspects of Ethiopian Climates. Eth. Geogr. J. **5**, 19—22 (1967).
124. Trimingham, J. S.: Islam in Ethiopia. 2. Aufl. London 1965.
125. Troll, C.: Bericht über eine Forschungsreise durch das östliche Afrika. Koloniale Rundsch. Jg. 27, 1—34 u. 273—306 (1935).
126. Troll, C.: Die Lokalwinde der Tropengebirge und ihr Einfluß auf Niederschlag und Vegetation. Bonner Geogr. Abh. IX, 1952.
127. Troll, C.: Die kulturgeographische Stellung und Eigenart des Hochlandes von Äthiopien zwischen dem Orient und Äquatorialafrika. Acc. Naz. dei Lincei Anno CCCLVII Quaderno N. **48**, 29—45 (1960).
128. Troll, C.: Die naturräumliche Gliederung Nord-Äthiopiens. Erdkunde **24**, 249—268 (1970).
129. Troll, C., Schottenloher, E.: Ergebnisse wissenschaftlicher Reisen in Äthiopien I. Pet. Geogr. Mitt. **85**, 217—238 (1939).
130. Usoni, L.: Risorse Minerarie dell'Africa Orientale. Roma 1952.
131. Vatova, A.: I Laghi della Fossa Galla. Boll. della R. Soc. Geogr. It. Ser. VII **7**, 146—154 u. 257—265 (1942).
132. Werdecker, J.: Beobachtungen in den Hochländern Äthiopiens auf einer Forschungsreise 1953/54. Erdkunde **9**, 305—317 (1955).

133. Werdecker, J.: Untersuchungen in Hochsemien. Mitt. d. Geogr. Ges. Wien **100**, 58—66 (1958).
134. Werdecker, J.: Das Hochgebirgsland von Semyen. Erdkunde **22**, 33—39 (1968).
135. Wiesner, K.: Vergleichende Beobachtungen an Geologie und Tektonik in Eritrea und Harrar-W (Äthiopien). Geol. Rdsch. **59**, 391—408 (1970).
136. Wolde-Michael, A.: Urban Development in Ethiopia in Time and Space Perspective. Univ. of California, Los Angeles Ph. D. 1967.
137. Wolde-Michael, A.: Some Thoughts on the Process of Urbanization in Pre-Twentieth Century Etiopia. Eth. Geogr. J. **5**, 35—38.
138. Yohannes Wolde Gerima: Ethiopian Drugs: Kosso. Univ. College of Addis Abeba, Ethnol. Soc. Bull. No. **4**, 30—41 (1955).

Teil B und C / Part B and C

1. Agostini, A.: Una nuova specie di „Bodunia" causa di tigna umana nell'Eritrea. Atti Ist. Bot. Giovanni Briosi e Labor, Critt. It. R. U., Pavia V. II, **4**, 117 (1930).
2. Agostini, M.: Le Lebbra in Eritrea (Condizioni presenti, rilievi, nosografici, epidemiologici e profilattici). G. Med. Milit., **85**, 169 (1937).
3. Almeida, zit. von Pankhurst, R.: Some Factors influencing Health of Traditional Ethiopia. J. Ethiop. Stud. **4**, 31—70 (1966).
4. Alvarez, zit. von Pankhurst, R.: Some Factors influencing Health of Traditional Ethiopia. J. Ethiop. Stud. **4**, 31—70 (1966).
5. Andersen, T. F.: Kala Azar in the East African Forces. Afr. med. J. **20**, 172 (1943).
6. Andral, L.: Dix années d'experimentation sur la Rage en Ethiopie. Ann. Inst. Pasteur d'Ethiopie. **5**, 1 (1964).
7. Andral, L., Bres, P., Sérié, C., Calsas, J., Panthier, R.: Etudes sur la fièvre jaune en Ethiopie. e. Etude sérologique et virologique de la faune sylvatique. Bull. Org. mond. Santé **38**, 855—861 (1968).
8. André, J., Sérié, Ch., Barry, F.: Poliomyelitis in Addis Ababa. Eth. Med. J. **3**, 13 (1964).
9. Angelini, G.: L'ittero nella febbra ricorrente (dell'altopiano etiopico). G. ital. Mal. trop. Ig. Col. **11**, 4 (1938).
10. Arhammar, G., Demissie, H.: Retrospective Analysis of In-Patient Material at the Ethio-Swedish Pediatric Clinic, 1961. Svenska Läk.-Tidn. **60**, 25, 1793 (1963).
11. Aust-Kettis, A., Bjornesso, K. B., Mannheimer, E., Cvibah, T., Clark, P., Debele, M.: Rickets in Ethiopia. Eth. Med. J. **3**, 3, 109 (1965).
12. Ayad, N.: Bilharziasis Survey in Eritrea, Ethiopia, the British and Italian Somalilands, the Sudan and the Yemen. W.H.O., EM/BIL/4 (1953).
13. Ayad, N.: Bilharziasis survey in British Somaliland, Eritrea, Ethiopia, Somaliland, the Sudan and Yemen. Bull. W.H.O. **14**, 1 (1956).
14. Baker, J. R., McConnell, E., Kent, D. C., Hady, J.: Human Trypanosomiasis in Ethiopia. Ecology of Illubabor Province and epidemiology in the Baro River area. Trans. roy. Soc. trop. Med. Hyg. **64**, 523—530 (1970).
15. Ballis, J., Bergeon, P.: Etude sommaire de la répartition des glossines dans l'empire d'Ethiopie. Rev. Élev. **23**, 181—187 (1970).
16. Balzer, R. J., Destombes, P., Schaller, K. F., Sérié, C.: Leishmaniose cutanée pseudolépromateuse en Éthiopie. Bull. Soc. Path. exot. **53**, 293 (1960).
17. Barbera, I., Capuano, D.: Appunti sulla nosografia di Gimma. Boll. Soc. ital. Med. Ig. trop. Eritrea **7**, 5—6, 523 (1947).
18. Barkhuus, A.: Disease and Medical Problems in Ethiopia. Ciba Symp. **9**, 7 (1947).
19. Barlow: Persönliche Mitteilung, 1961.
20. Barrientos, L. P.: Un caso atipico de leishmaniose cútaneomucosa (Espundia) Mem. Inst. Osw. Cruz **46**, 416 (1948).
21. Barry, B. O.: Orthopaedic surgery in Addis Ababa. Univ. Col. Rev. **1**, 47—56 (1961).
22. Barry, B. O.: Review of Infantile Paralysis in Addis Ababa, 1960/63. Eth. Med. J. **3**, 3 (1964).
23. Bassewitz, G. von: Persönliche Mitteilung (1958).
24. Battelli, A., Coceani, A., Rossi, M.: Ricerche sulla diffusione della leishmaniosi del cane in Eritrea. Boll. Soc. ital. Med. Ig. trop., Eritrea, **4**, 49 (1934).
25. Berdonneau, R., Sérié, C., Panthier, R., Hannoun, C., Papaioannou, S. C., Georgieff, P.: Sur l'épidemie de fièvre jaune de l'année 1959 en Éthiopie (Frontière soudano-éthiopienne). (The 1959 Yellow Fever Epidemic in Ethiopia Sudano-Ethiopian Frontier.) Bull. Soc. Path. exot. **54**, 276—283 (1961).
26. Blahos, J., Kubastova, B.: The survey of 11170 patients treated in the Ras Makonnen Hospital in Harar. Eth. Med. J. **1**, 190—196 (1963).
27. Boccia, G.: Osservazioni sulla infezione malarica della Valle del Mareb. Arch. ital. Sci. med. colon. **22**, 497 (1941).
28. Boldt, H. W., Workeneh, Y.: Urinary and Faecal Fistulae in Women. Eth. Med. J. **2**, 201 (1964).
29. Boldt, H. W.: Congenital malformations in Ethiopia. Eth. Med. J. **4**, 43 (1965).
30. Borra, E.: Relazione sanitaria annuale (1928—1929) dell'ambulatorio italiano de Addis Abeba. Arch. ital. Sci. med. colon. **11**, 4 (1930).
31. Borra, E.: Contributo clinico allo studio delle febbri esentematiche in Etiopia. G. ital. Mal. trop. Ig. Col. **10** (1937).
32. Borra, E.: Contributo allo studio dell'infezione difterica in Etiopia. Rass. San. A. O. I., **1**, 49 (1939).
33. Brahmachari, E. N.: Kala Azar, Handbuch der Tropenkrankheiten. Herausgegeben von Mense, 3. Aufl., Bd. 4, Barth Leipzig, 1926.
34. Brambilla, A.: Il problema della malaria a Dire Daua. Riv. Malar. **19**, 290 (1940).
35. Brinkmann, A.: Persönliche Mitteilung (1970). Blutgruppen in Bahardar.
36. Brinkmann, U. K.: Infections and parasitic diseases diagnosed from 1963 to 1967 in a rural hospital in the highlands of Ethiopia. Diss. 1970, London.
37. Brinkmann, U. K.: Dermatomykosen im Hochland von Äthiopien. Z. Tropenmed. Pars. **22**, 17—36 (1971).
38. Brown, D. S.: The distribution of intermediate hosts of schistosoma in Ethiopia. Eth. Med. J. **2**, 250 (1964).
39. Brown, D. S.: zit. von Torrey, F.: Eth. Med. J. **4**, 155 (1966).
40. Brown, D. S.: Records of Planorbidae new for Ethiopia. Arch. Moll. **96**, 181—185 (1967).
41. Brown, D. S., Burch, J. B.: Distribution of cytologically different populations of the Genus Bulinus (Basommatophora: Planorbidae) in Ethiopia. Malacologia **6**, 189—198 (1967).
42. Bruce, J.: Travels to Discover the Source of Nile. Edinburgh, 1790.
43. Brunelli, P.: Difterite in Asmara nel 1933 ed immunità delle razze indigene. Arch. ital. Sci. med. colon. **15**, 577 (1934).
44. Bryceson, A.: The differential diagnosis of hepatosplenomegaly in the tropics with special reference to Ethiopia. Eth. Med. J. **4**, 35—41 (1965).
45. Bryceson, A., Leithead, C. S.: Diffuse Cutaneous Leishmaniasis in Ethiopia. Eth. Med. J. **5**, 31 (1966).
46. Bryceson, A., Nichol, T. W.: Cutaneous Leishmaniasis in Wollega Province. Eth. Med. J. **5**, 35 (1966).
47. Bucco, G.: Nota sulla leishmaniosa cutanea in Ethiopia. Ann. ital. Derm. Sif. n. 3 (1945).
48. Bucco, G.: La lebbra in Etiopia. Acta med. ital. Mal. infett. **1**, 10 (1946).
49. Bucco, G.: Sui reperti di cisti amebiche nelle feci. Acta med. ital. Mal. infett. **5**, 272 (1950).
50. Bucco, G.: Osservazioni sulla dengue in Africa Orientale. Acta med. ital. Mal. infett. **5**, 7 (1950).
51. Bucco, G.: L'organizzazione sanitaria in Africa orientale estratto da: L'Italia in Africa Serie Civile, Vol. I, Istituto Poligrafico dello Stato, Roma, 1965.
52. Buck, A. A., Spruyt, D. J., Wade, M. K., Deressa, A., Feyssa, E.: Schistosomiasis in Adwa. A report on an Epidemiological Pilot Study. Eth. Med. J. **3**, 93—106 (1965).
53. Buffa, F., Cupi, N.: Le manifestazioni della sifilide delle prime vie fra i nativi in A.O.I. Boll. Soc. ital. Med. Ig. trop., Eritrea **5**, 121 (1945).
54. Burch, B. J.: Some species of the genus bulinus in Ethiopia, possible intermediate hosts of Schistosomiasis haematobia. Eth. Med. J. **5**, 145—257 (1967).
55. Burton, R. F.: First Footsteps in East Africa, London 1893.
56. Cacciapuoti, R.: Contributo allo studio della febbre riccorente da pidocchi in Eritrea. Arch. ital. Sci. med. colon. **17**, 546 (1936).
57. Cacciapuoti, R.: Medicina e farmacologia indigena in Etiopia. Rass. Studi Etiopici **1**, 3 (1941).
58. Cacciapuoti, R.: Schistosomiasi intestinale e Malacfauna nell' Uagh e nel Lasta (A.O.I.). Med. Trop. Subtrop. **2**, 8 (1942).
59. Cacciapuoti, R.: Ricerche coprologiche nell' Uagh-Lasta (A.O.I.). Med. Trop. Subtrop. **2**, 10 (1942).

60. Cacciapuoti, R.: Nosogeografia dell 'Uagh-Lasta. Med. Trop. Subtrop. **3**, 2 (1943).
61. Cardona, L.: Azione Vet. **7**, 90 (1938). zit. von G. Bucco. L'organizzazione sanitaria in Africa orientale Istituto Poligrafico dello Stato, Roma 1965.
62. Castellani, A.: zit. von G. Bucco, L'organizzazione sanitaria in Africa orientale Istituto Poligrafico dello Stato, Roma 1965.
63. Cavazzi, G.: Segnalazione di 5 casi di febbre bottonosa sull' altopiano etiopico. Boll. Soc. ital. Med. Ig. trop. Eritrea **2**, 5 (1943).
64. Cecchi, A.: zit. von G. Bucco, L'organizzazione sanitaria in Africa orientale Istituto Poligrafico dello Stato, Roma 1965.
65. Chabaud, M. A.: Persönliche Mitteilung, 1955.
66. Chabaud, M. A., Ovazza, M.: Culicidés vecteurs possibles de la fièvre jaune en Éthiopie. Bull. WHO Vol. **11**, 493—500 (1954).
67. Chabaud, M. A., Ovazza, M.: La fièvre jaune dans la Fédération D'Éthiopie et Érithrée. Bull. WHO Vol. **19**, 7—21 (1958).
68. Chand, D.: Malaria Problem in Ethiopia. Eth. Med. J. **4**, 27—34 (1965).
69. Chang, W. P.: Report on Bilharziasis in Gorgora, north shore of Lake Tana, Ethiopia. Gondar Health Series **1**, 4—7 (1961).
70. Chang, W. P.: General Review of Health and Medical Problems. Eth. Med. J. **1**, 9—27 (1962).
71. Chasles, P.: Direct B.C.G. vaccination in Ethiopia. Eth. Med. J. **3**, 33—38 (1964).
72. Chasles, P., Octapodas, A.: Control of tuberculosis in Ethiopia. Eth. Med. J. **1**, 128—133 (1963).
73. Chojnacki, St., Pankhurst, R.: Register of Current Research on Ethiopia and the Horn of Africa. Addis Ababa 1963 (1970).
74. Cilli, V., Antico, P.: L'infezione brucellare negli ovini e caprini del bassopiano orientale eritreo. Boll. Soc. ital. Med. Ig. trop. Eritrea **2**, 43 (1943).
75. Cimmino, V.: Il danno miocardico nel dermotifo studiato elettro-cardiograficamente. Boll. Soc. ital. Med. Ig. trop. Eritrea **2**, 23 (1943).
76. Cimmino, V.: Studio sulla velocità di sedimentazione nella malaria. Boll. Soc. ital. Med. Ig. trop. Eritrea **2**, 71 (1943).
77. Ciotola, A., Alongi, G.: Sull'epizoozia di rabbia sviluppatasi nella colonia eritrea biennio 1925—26. Arch. ital. Sci. med. colon. **8**, 2 (1927).
78. Codeleoncini, E.: Sulle agglutinine della saliva nel tifo esantematico. Boll. Soc. ital. Med. Ig. trop. Eritrea **6**, 265 (1946).
79. Consoli, A.: Osservazioni sulla fisiologia ostetrica e ginecologica delle sudite dell' A.O.I. Clin. ostet. ginec. **43**, 30 (1941).
80. Conti, C.: Boll. Soc. It. Med. Ig. Col. 170 (1938), zit. von G. Bucco, L'organizzazione sanitaria in Africa orientale Istituto Poligrafico dello Stato, Roma 1965.
81. Convit, J., Kerdel-Vegas, F.: Eine neue Krankheit der Leishmaniasisgruppe: Leishmaniasis cutis diffusa. Hautarzt **11**, 213 (1960).
82. Corradetti, A.: Ricerche epidemiologiche sulla malaria nella regione di Uollo-Jeggiü durante la stagione delle piogge. Riv. Malar. **17**, 101 (1938).
83. Corradetti, A.: Descrizione di una specie anofelica a distribuzione asiatica rinvenuta in A.O.I.: Anopheles (Myzomya) d'thali, Patton 1905. Riv. Parassit. **2**, 49 (1938).
84. Corradetti, A.: Ricerche sulla biologia dell: Anopheles (Myzomya) gambiae. Riv. Parassit. **2**, 143 (1938).
85. Corradetti, A.: Studio morfologico sulle specie anofelica precedentemente identificata come A. d'thali nel Semien e sua classificazione come nuova varietà di A. rhodesiensis. Riv. Parassit. **3**, 57 (1939).
86. Corradetti, A.: Una nuova specie di Anopheles rinvenuta in Dancalia: Anopheles (Neocellia) dancalicus n. sp. Riv. Parassit. **3**, 277 (1939).
87. Corradetti, A.: La Biologia dell'Anopheles gambiae e il problema malarico dell' A.O.I. Riv. Biol. **2**, 321 (1939).
88. Corradetti, A.: Sulla fauna anofelica della regione amarica. Boll. Soc. ital. Biol. sper. **14**, 353 (1939).
89. Corradetti, A.: L'epidemiologia della malaria nella regione Uollo-Jeggiü (A.O.I.). Riv. Malar. **19**, 1 (1940).
90. Costa, F.: Epidemia di febbre riccorente africana constatata nel tigrai settentrionale (Adua ed Axum). G. Med. Mol. **76**, 633 (1928).
91. Covell, G.: Malaria in Ethiopia. J. trop. Med. Hyg. **60**, 7 (1957).
92. Croveri, P.: La febbre riccorente da treponema Duttoni nella Somalia italiana. G. ital. Mal. trop. Ig. Col. **2**, 7 (1929).
93. Cvitanovitch, D.: Extra-pulmonary tuberculosis in Eritrea. Eth. Med. J. **2**, 133—134 (1963).
94. Dagnino, V.: Contributo alla nosografia del Gimma Abba Gifar. Arch. ital. Sci. med. colon. **11**, 613 (1930).
95. Dagnino, V.: La medicina fra i Galla. Arch. ital. Sci. med. colon. **12**, 620 (1931).
96. D'Amico, M.: Bilharziosi intestinale in due indigeni residenti a Massaua e provenienti da Saganeiti. Rass. San. Impero **1**, 57 (1938).
97. D'Arcangelo, D.: L'indice tubercolinico nelle popolazion native dell'Impero Etiopico. Riv. di Tisiologia **13**, 381 (1940).
98. D'Arcangelo, D.: Contributo allo studio della lambliasi intestinale in Addis Abeba. Boll. Soc. ital. Med. Ig. trop., Eritrea **4**, 465, 475 (1944).
99. De Amelis, F.: Arch. It. Sc. Med. Col. Paras. **19**, 170 (1938), zit. von G. Bucco, L'organizzazione sanitaria in Africa orientale Istituto Poligrafica dello Stato, Roma 1965.
100. Dean, L. J.: Report on a Visit to Ethiopia. WHO EM/Zoonoses **10**, 1961.
101. Debessay, A.: Corynebacterium diphteriae isolé d'un enfant éthiopien. Ann. Inst. Pasteur d' Ethiopie **4**, 62 (1963).
102. De Castro, L.: Medicina vecchia e medicina nuova in Abissinia. Boll. Soc. Geogr. Italiana **9**, 1087 (1908).
103. Delon, P. J.: Assignment Report, Communicable Eye Diseases Control Project, Ethiopia. WHO EM/TRAC/16, 1959.
104. Del Vecchio, P.: Sopra un caso di streptotricosi. Ann. Med. nav. colon. **44** (1938).
105. De Marzo, V.: Studi di Medicina Tropicale **1**, 65 (1914), zit von G. Bucco, L'organzzazione sanitaria in Africa orientale, Istituta Poligrafico dello Stato, Roma 1965.
106. Demissie, H.: Case Report: A Case of Liver Fluke. Eth. Med. J. **1**, 9 (1962).
107. Demissie, H., Debesai, A.: Aetiology of Infantile Gastro-Enteritis. Eth. Med. J. **3**, 19 (1964).
108. De Paoli, P.: Osservazioni sopra un focolaio epidemico di febbre riccorente in Eritrea. Arch. ital. Sci. med. colon. **11**, 303 (1930).
109. De Paoli, P.: La diffusione del tetano in Eritrea. Arch. ital. Sci. med. colon. **12**, 223 (1931).
110. Diena, G.: Su un caso di schistosomiasi intestinale. Arch. ital. Mal. Appar. dig. **4**, 580 (1935).
111. Diesfeld, H. J.: Botulism, Case Report. Eth. Med. J. **2**, 301 (1964).
112. Diesfeld, H. J.: Vorkommen, Häufigkeit und Mehrfachbefall von Darmparasiten in Äthiopien. Z. Tropenmed. Parasit. **16**, 411 (1965).
113. Diesfeld, H. J.: Amöbiasis im Tropischen Hochland. Z. Tropenmed. Parasit. **16**, 401 (1965).
114. Diesfeld, H. J.: Krankheitsvorkommen beim äthiopischen Hochlandbewohner. Z. Tropenmed. Parasit. **17**, 6—26 (1966).
115. Diesfeld, H. J.: Blutdruck, Herz- und Kreislauferkrankungen bei äthiopischen Hochlandbewohnern. Med. Klin. **61**, 992—995 (1966).
116. D'Ignazio, C.: Sulle parassitosi intestinali d'Ethiopia. Boll. Soc. ital. Med. Ig. trop. Eritrea **6**, 227 (1946).
117. D'Ignazio, C.: Primi casi di febbre melitense in Etiopia. Boll. Soc. ital. Med. Ig. trop. Eritrea **6**, 163 (1946).
118. D'Ignazio, C.: Il problema del dermotifo e della lotta contro il dermotifo in Etiopia (1936—1946). Boll. Soc. ital. Med. Ig. trop. Eritrea **7**, 423 (1947).
119. D'Ignazio, C., Codeleoncini, E.: Osservazioni e ricerche sulla malatti di Nicolas e Favre. (varieta genitale adenopatica inguinoiliaca) Nota I. Boll. Soc. ital. Med. Ig. trop. Eritrea **5**, 29 (1945).
120. D'Ignazio, C., Giaquinto-Mira, M.: Ricerche epidemiologiche in alcuni territori di Etiopia. Arch. ital. Sci. med. trop. **30**, 97 (1949).
121. Djordjevic, Z.: Road Accident Victims seen in the Menelik II Hospital. Analysis of Morbidity and Mortality. Eth. Med. J. **6**, 163 (1968).
122. Dobrovic, D., Schaller, K. F.: Eye changes and sight defects in leprosy patients. Eth. Med. J. **1**, 147—155 (1963).
123. Drechsel, R., Schäuffele, F., Schäuffele, M.: Fünf Jahre Krankenhaus Bahar Dar in Äthiopien. Ein Entwicklungshilfeprojekt der Bundesrepublik. Münch. med. Wschr. **110**, 2094 (1968).
124. Endelkatchew, K.: Tuberculosis in the Mulo Area. Eth. Med. J. **2**, 49 (1963).
125. Erba, B.: La nosografia dell'Etiopia nella storia e nell'attualità. Acta. med. ital. Mal. infett. 1936.
126. Ethiopian Nutrition Survey, 1958. Interdepartmental Committee on Nutrition for National Defense, U.S.A., 1959.
127. Ethiopia Observer **2** (1965).

128. Fadda, S.: La lebbra nelle nostre colonie e nell'Etiopia. G. Med. milit. **84**, 203 (1936).
129. Feitelberg, I.: The Fight against Trachoma in Ethiopia. Eth. Med. J. **2**, 229—233 (1964).
130. Fekadu, A.: The tuberculosis problem in Hosanna Town. Eth. Med. J. **2**, 44—45 (1963).
131. Fekade, Y.: Some Observations during a typhus epidemic in Gondar, Ethiopia. Eth. Med. J. **1**, 33—38 (1962).
132. Ferreira-Marques, J.: Contribution à l'étude des maladies vénériennes et cutanées à Addis Ababa. Dermat. Tropica **3**, 139—151 (1964).
133. Ferro-Luzzi, G.: Considerazioni cliniche sulle affezioni tifose e paratifose in Eritrea. Minerva med. **31**, 19 (1940).
134. Ferro-Luzzi, G.: Studi sul Kala-Azar in Eritrea. Boll. Soc. ital. Med. Ig. trop. Eritrea **2**, 5 (1943).
135. Ferro-Luzzi, G.: Il problema dell'anchilostomiasi in Eritrea. Boll. Soc. ital. Med. Ig. trop. Eritrea **4**, 369 (1944).
136. Ferro-Luzzi, G.: Studio sulla bilharziosi intestinale da Schistosoma mansoni in Eritrea. Boll. Soc. ital. Med. Ig. trop. Eritrea **8**, 5 (1948).
137. Ferro-Luzzi, G.: Studio delle malattie del gruppo del dermotifo in Eritrea. Boll. Med. Ig. Trop. Eritrea **8**, (1948).
138. Ferro-Luzzi, G.: Studi sulla tbc dei nativi eritrei. Bull. Soc. ital. Med. Ig. trop. Eritrea **9**, 17 (1949).
139. Ferro-Luzzi, G.: Rapporto percentuale maschi-femmina nell' infestione de Necator americanus in Eritrea. Boll. Soc. ital. Med. Ig. trop. Eritrea **9**, 315 (1949).
140. Fischer, L.: Afghanistan — Eine geographisch-medizinische Landeskunde / A geomedical Monograph. Schriftenreihe der Heidelberger Akademie, Begr. E. Rodenwaldt, Herausg. H. J. Jusatz. Springer Berlin, Heidelberg, Bd. 2, 1968.
141. Fisseha, H.: A Preliminary Identification Key to the Fresh Water Gastropod Molluscs of Ethiopia with Some Comments of the Medical Significance of a Few Species. Eth. Med. J. **5**, 227 (1967).
142. Flad, J. M.: zit. von R. Pankhurst, An Historical Examination of traditional Ethiopian Medicine and Surgery. Eth. Med. J. 3, 157—172 (1965).
143. Fontaine, R. E., Najjar, A. E., Prince, J. S.: The 1958 Malaria Epidemic in Ethiopia. Americ. J. trop. Med. Hyg. **10**, 795—803 (1961).
144. Frick, G.: Persönliche Mitteilung, 1962.
145. Fuhrman, G. F. E.: Report to the Government of Ethiopia on A General Survey of Nutrition Programs. FAO, CEP Rep. No. 13, Rome (1963).
146. Ganora, R.: La distribuzione della malaria in Eritrea. Arch. ital. Sci. med. colon. **13**, 26 (1932).
147. Ganora, R.: Notizie sulla climatologia e nosografia dell' Ethiopia occidentale e sulla locale diffusione e terapia della lebbra. Arch. ital. Sci. med. colon. **14**, 4 (1933).
148. Gasperini, G. C.: La fauna anofelica della piana di Selaclaca (Tigrai Orientale). Boll. Soc. ital. Med. Ig. trop. Eritrea **1**, 105 (1942).
149. Gelonesi, G.: Duo nuovi parassiti del „Piede di Madura". Studio sui micetomi della Somalia meridionale. Ann. Med. nav. colon. **33**, 283 (1927).
150. Georgi, F.: Geomedizinische, sozialhygienische und medizinalpolitische Aspekte in Ostafrika. Münch. med. Wschr. **102**, 2248—2251 (1960).
151. Georgieff, G.: Annual Report on Public Health of Gojam Province for 1964. Provincial Health Department, Debre Markos, 1965.
152. Ghidini, G. M.: Le glossine dell' A.O.I. Riv. Biol. **1**, 53 (1938).
153. Ghidini, G. M.: Nuovi dati sulla distribuzione delle glossine nelle terre dell'Impero. Riv. Biol. **3**, 329 (1939).
154. Ghose, R.: History of blood transfusion service in Ethiopia. Eth. med. J. **1**, 208 (1963).
155. Giaquinto-Mira, M.: Accertamenti sullo stato endemico della malaria nelle zone di Moggio, regione del lago Zuai, Dessie, regione del lago Haik, Ambò. Rass. San. dell'Impero **1**, 4—5 (1938).
156. Giaquinto-Mira, M.: Presenza del S. Damnosum Teobald in varie località del territorio dei Galla e Sidama e possible esistenza di focolai di oncocercosi fra le popolazioni indigeni di alcuni regioni dell' A.A.I. Arch. ital. Sci. med. colon. **20**, 657 (1939).
157. Giaquinto-Mira, M.: Note sulla distribuzione geografica a la biologia delle Anophelinae e Culicinae in Etiopia. Riv. Malar. **10**, 19, 313 (1950).
158. Giovannola, A.: Schistosomiasi intestinale da S. mansoni nell' Harar e sua trasmissione con il Planorbis boissyi. Riv. Parassit. **1**, 157 (1937).
159. Giovannola, A.: Schistosoma intestinale da S. mansoni nell' Harar e sua trasmissione. R. C. Ist. sup. Sanità **1**, 805 (1938).
160. Giel, R., van Luijk, J. N.: Psychiatric Morbidity in 200 Ethiopian Medical Outpatients. Eth. Med. J. **5**, 237 (1967).
161. Giunta, G.: Contributo alla casistica delle myasi in Eritrea. Arch. ital. Sci. med. colon. **15**, 894 (1934).
162. Giunta, G.: La tenia saginata in A.O.I. e la sua terapia. Rass. San A.O.I., I, 4 (1939).
163. Greppi, C.: Contributo allo studio della neuro-lue in A.O.I. Boll. Soc. It. Med. Ig. Trop. Eritrea **1**, 89 (1942).
164. Greppi, C.: Leprosy in Eritrea. Rep. Sec. Nat. Conf. Lepr. Ethiopia, Addis Ababa 1961.
165. Guerra, O.: La diffusione del tracoma in Addis Abeba. Rass. San. Impero **1**, 20 (1937).
166. Guthe, T.: Venereal diseases in Ethiopia. Bull. Wld Hlth Org. **2**, 85 (1949).
167. Guthe, T., Willcox, R. R.: Treponematoses: A world problem. Chron. Wld Hlth Org. **8**, 37—114 (1954).
168. Haberland, E.: Galla Südäthiopiens. Kohlhammer, Stuttgart 1963.
169. Hadgu, P., Parry, E.: Ethiopian Cardiovascular Studies V. Cardiac Diseases in Children. Eth. Med. J. **6**, 135 (1968).
170. Haile, T.: Endemic goitre in schoolchildren in Gondar area (Gondar, Gorgora, Dabark). Thesis, Gondar, 1965.
171. Hall, D.: Neurologic Studies in Ethiopia. Wld Neurol. 731—739 (1961).
172. Hamlin, R. H. J., Nicolson, E. C.: Experiences in the Treatment of 600 Vaginal Fistulas and in the Management of 80 Labours which have followed the Repair of these Injuries. Eth. Med. J. **4**, 189 (1966).
173. Hasselmann, C. M.: Zur Geomedizin (geographische Pathologie und Epidemiologie) der nicht-venerischen Syphilis in warmen Ländern. Zbl. Bakt., I. Abt. Ref., **164**, 289—294 (1955).
174. Heuls, J., Huber, A.: Sterilité par tuberculose génitale latente avec endométrite chez la femme Ethiopienne. Bull. Soc. Path. exot. **54**, 231 (1961).
175. Hinz, E.: Beitrag zum Darmhelminthenbefall bei Äthiopiern. Z. Tropenmed. Parasit. **14**, 270 (1963).
176. Hirsch, A.: Handbuch der Historisch-Geographischen Pathologie. Enke, Stuttgart, 1881, 1883.
177. Hirsch, A.: Handbook of Geographical and Historical Pathology. Creighton London, 1883.
177a. Höring, F.O. und Höring, H.: Gelbfieber in Afrika 1939—1952. In: Rodenwaldt-Jusatz: Welt-Seuchen-Atlas II, 81—84 Karte 58, Hamburg 1956.
178. Hofvander, Y.: Malnutrition in Children — Experiences from the Activities at the Ethio-Swedish Pediatric Clinic. Addis Ababa, 1960—62. Svenska Läk.-Tidn. **60**, 1807 (Nr. 25) (1963).
179. Hofvander, Y.: A survey of 3000 children examined at the "Mobile Child Health Center" in Addis Ababa in 1962. Eth. Med. J. **1**, 156—164 (1963).
180. Hogetveit, A.: Tuberculosis Control in Sidamo Province. Eth. Med. J. **2**, 39—40 (1963).
181. Huber, A.: Geburtshilfliche Erfahrungen in Äthiopien. Z. Geburtsh. Gynäk. **147**, 130 (1956).
182. Huber, A.: Genitaltuberkulose bei äthiopischen Frauen. Wien. med. Wschr. **109**, 729 (1959).
183. Huber, A.: Uteruskarzinom und Zirkumzision. Wien. med. Wschr. **110**, 571 (1960).
184. Huber, A.: Zwölf Jahre operative Tätigkeit als Gynäkologe in Äthiopien. Wien. med. Wschr. **111**, 389 (1961).
185. Huber, A.: Probleme der Vulvovaginitis in der modernen Kindergynäkologie. Pädiatrie u. Grenzgeb. **3**, 277—298 (1964).
186. Huber, A.: Weibliche Zirkumzision und Infibulation in Äthiopien. Acta trop. (Basel) **23**, 87 (1966).
187. Huber, A.: Die weibliche Beschneidung. Z. Tropenmed. Parasit. **20**, 1—9 (1969).
188. Huber, A., Boldt, H. W.: Probleme der Geburtshilfe und Gynäkologie in einem afrikanischen Entwicklungsland. S. Karger, Basel, New York (1968).
189. Huber, A., Knorr, R.: Darmparasiten bei äthiopischen Frauen. Dtsch. med. Wschr. **10**, 18 (1959).
190. Huntingford, G. W. B.: The Galla of Ethiopia. Int. Afr. Inst. London (1955).
191. Hylander, F. B.: Role of Basic Public Health Services with special reference to Leprosy Control. Rep. Sec. Nat. Lepr. Conf. Ethiopia, Addis Abeba, 11—13 (1961).
192. Hylander, N.-O.: Tuberculosis in Wollega Province. Eth. Med. J. **2**, 29—30 (1963).

193. Hylander, N.-O.: Tuberculosis among children in Ethiopia. Eth. Med. J. **2**, 77—84 (1963).
194. Izar, G., Croveri, P.: Nosografia delle nostre colonie. Ed. Wassermann Milano (1935).
195. Jacono, I., Giaquinto-Mira, M., Bucco, G.: Primi reperti di oncocercosi in A.O.I. Arch. ital. Sci. med. colon. **21**, 2 (1940).
196. Jäger, O. A.: Data on school health services in Gondar Ethiopia. J. trop. Pediat. **4**, 133 (1959).
197. Jäger, O. A.: Data from a Maternal and Child Health Project in Gondar, Ethiopia. Courrier **11**, 69 (1961).
198. Jäger, O. A.: Evaluation of health services in Gondar, Ethiopia. Eth. Med. J. **1**, 230 (1963).
199. Jickeli, C. F.: Fauna der Land- und Süßwasserschnecken Nord-Ost-Afrikas. Nova Acta Ksl. Leop.-Carol. Deutsch. Naturfr. **37**, 1—352 (1874).
200. Johansson, S. G. O., Mellbin, T., Vahlquist, B.: Immunoglobulin levels in Ethiopian preschool children with special reference to high concentrationa of immunglobulin E (Ig ND). Lancet, **1968 I**, 1118—1121.
201. Johnson, L. P.: Recent Experiences with Sigmoid Volvulus in Ethiopia. Eth. Med. J. **4**, 197 (1966).
202. Jolivet: zitiert in WHO Document Ethiopia 14 (c). Plans of Action for Malaria Pre-Eradication 1963/64.
203. Jungk, K.: Zur Epidemiologie der Lepra in Südost-Äthiopien im zentralen Hochland von Harar. Diss. Hamburg 1969.
204. Kinfe, G.: Fight for a Better Sight. Gondar Health Series, No. 2, (1962).
205. King, J. S.: On the practice of female circumcision and infibulation among the Somal and other nations of N.E. Africa. J. anthropol. Soc. Bombay **2**, 2 (1890).
205a. Kingdon, J.: East African Mammals. Vol. I. (1971) London-New York. Academic Press 446 pp.
206. Kirk, R., Lewis, D. J.: Some Ethiopian Phlebotominae. Ann. trop. Med. Parasit. **46**, 337 (1952).
207. Klein, M.: The Aminoaciduria of Vitamin D Deficiency Rickets in Ethiopian Infants. Eth. Med. J. **5**, 143 (1967).
208. Knoche, E.: Mündliche Mitteilung (1962).
209. Krapf. J. L.: Travels, Researches and Missionary Labours. London (1860).
210. Kubasta, M.: Schistosomiasis Mansoni in the Harar Province. Eth. Med. J. **2**, 260 (1964).
211. Kunert, H.: Schlafkrankheit in Afrika 1930—1950. Weltseuchenatlas **11**, 127 (1956). World-Atlas of Epidemic Diseases. Herausgeber E. Rodenwaldt, H. J. Jusatz. Falk Hamburg (1956).
212. Läufer, H. J.: Final Report Communicable Eye Diseases Control Ethiopia. WHO/EM/Trach/23, Ethiopia 16 (1961).
213. Lapeysonnie, L.: La méningite cerebrospinale en Afrique. Bull. Org. mond. Santé **28**, Suppl. (1963).
214. Lechat, M.: Report on a Visit to Ethiopia. WHO/EM/LEP/9, (1960).
215. Lega, G., Raffaele, G., Canalis, A.: Missione dell'Istituto di Malariologia nell' A.O.I., Riv. Malar. **16**, Sez. I, 5, 325 (1937).
216. Lega, G., Raffaele, G., Canalis, A.: Rapporto preliminare della Missione dell'Istituto di Malariologia „Ettore Marchiafava, in A.O.I., Arch. ital. Sci. med. colon. **18**, 309 (1937).
217. Lemma, A.: Schistosomiasis in Adwa-A report on an Ecological Pilot Study. Eth. Med. J. **3**, 84—92 (1965).
218. Lemma, A.: A preliminary report on the molluscicidal property of Endod (Phytolacca dodecandra). Eth. Med. J. **3**,187—190 (1965).
219. Lemma, A., Demisse, M., Mezengia, B.: Parasitological survey of Addis Abeba and Debre Zeit school children, with special emphasis on bilharziasis. Eth. Med. J. **6**, 61 (1968).
220. Lemma, A., Foster, W. A., Gemetchu, T., Preston, P. M., Bryceson, A., Minter, D. M.: Studies on leishmaniasis in Ethiopia. 1. Preliminary investigations into the epidemiology of cutaneous leishmaniasis in the highlands. Ann. trop. Med. Parasit. **63**, 455—472 (1969).
221. Leslau, W.: Coutumes et croyandes des Falachas (Juifs d'Abyssinie). Travaux et mémoires de l'Institut d'Ethnologie **61**, Paris (1957).
222. Lipparoni, E.: Sopra un caso di febbre esantematica da presunta puntura di zecca. Ann. Soc. Med. Ig. Trop. Somalia **1**, 197 (1953).
223. Lord, E.: The impact of Education on Non-Scientific Beliefs in Ethiopia. J. soc. Psychol. **47**, 339—354 (1958).
224. Ludolphus, J.: A New History of Ethiopia, 1682, zit. von Pankhurst, R. in Eth. Med. J. **3**, 157—172 (1965).
225. Luger, A.: Assignment Report, Venereal Diseases Control Project, Ethiopia. WHO EM VD/30 (1959).
226. Maegraith, B.: Exotic Diseases in Practice, William Heinemann Medical Books Ltd. London (1965).
227. Mahaffi, A. F., Hughes, T. P., Smithburn, K. C., Kirn, R.: The Isolation of Yellow Fever in the Anglo-Egyptian Sudan. Ann. trop. Med. Parasit. **35**, 141—148 (1941).
228. Mandahl-Barth, G.: Intermediate hosts of Schistosoma; African Biomphalaria and Bulinus. Wld Hlth Org. Monogr. Ser. **37**, 1—89 (1958).
229. Mannheimer, E.: Child Tuberculosis in Ethiopia. Eth. Med. J. **2**, 74 (1963).
230. Mannheimer, E.: Pediatrics in Ethiopia, Clin. Pediatries **4**, 3 (1965).
231. Mara, L.: Considerazioni sul rinvenimento dell'Aedes Aegypti L. (Dip. Aedinae) ad altitudini di eccezione e brevi note sulla fauna culicidica del M. Bizen (Eritrea, A.O.), Boll. Soc. ital. Med. Ig. trop. Eritrea **5**, 189 (1945).
232. Mara, L.: Il culicidismo dell'arcipelago delle isole Dahalac. Boll. Soc. ital. Med. Ig. trop. Eritrea **6**, 323 (1946).
233. Mariani, G.: Considerazioni sulle malattie infettive e parasitarie verificatesi in Somalia durante l'ultima guerre coloniale Minerva med. **28**, 4 (1937).
234. Mariani, G.: Considerazioni sulle malattie infettive e parassitarie verificatesi in Somalia durante l'ultima guerra coloniale. Minerva med. **28**, 4 (1937).
235. Mariani, G.: Appunti per la nosografia di Addis Abeba. G. ital. Mal. trop. Ig. Col. **11**, 37 (1938).
236. Mariani, G.: Classificazione delle Richettsie patogene per l'uomo isolate nell'altopiano etiopico, Pathologica (1940).
237. Mariani, G.: La febbre ricorrente, Trattato mal. infettive **2**, ESI (1951).
238. Mariani, G., Besta, B., Lipparoni, E.: Considerazioni epidemiologiche e cliniche sui casi di febbre ricorrente verificatesi in Somalia nel 1935—1936. G. ital. Mal. trop. Ig. Col. **10**, 90 (1937).
239. Mariani, G., Borra, E.: Particolarità epidemiologiche del tifo esantematico sull'altopiano etiopico, Ann. Igiene (1939).
240. Mariani, G., Chionetti, N.: La sifilide in Etiopia, G. ital. Clin. Trop. **I**. (1937).
241. Marmo, A.: Giardiasi: primi casi accertati in Eritrea. Arch. ital. Sci. med. colon. **12**, 336 (1931).
242. Marshall, G.: Skin Diseases in Africa. Maskew Miller, London (1964).
243. Martin, R.: Observations sur les phlébotomes d'Ethiopie. Arch. Inst. Pasteur Algér. **16**, 219 (1939), **17**, 490 (1939).
244. Martoglio, F.: Il bottone orientale in Abessinia. In onore del Prof. A. Celli, Roma, 411 (1912).
245. Massa, F.: Episodio epidemico di febbre ricorrente nella Somalia italiana. G. Med. milit. **84**, 107 (1936).
246. Massa, F.: La febbre esantematica da zecche a Mogadiscio. G. Med. Milit. **84**, 9 (1936).
247. Mattei, A.: La febbre ricorrente nella Somalia italiana. Ann. Med. nav. colon. **39**, 49 (1933).
248. Mattingly, P. F.: New records and a new species of the subgenus Stegomyia (Diptera, Culicidae) from the Ethiopian Region. Ann. trop. Med. Parasit. **47**, 294 (1953).
249. Mayer, H.: Bekämpfung der Geschlechtskrankheiten in Äthiopien. Hautarzt **9**, 516—517 (1958).
250. Mayer, H., Meagher, M.: Veneral Diseases Control Project Final Report. Ministry of Public Health, Addis Abeba (1961).
251. Mayer, H., Schaller, K. F.: Der Treponema-Fluorescenz-Test und die Standardtests für Syphilis im Hinblick auf biologisch falsche Reaktionen und die Lepra. Hautarzt **15**, 604—607 (1964).
252. Mayer, H., Serra, P.: An Outbreak of Toxic Dermatitis due to Paederus in Addis Abeba. Eth. Med. J. **1**, 120—121 (1962).
253. McConnell, E., Hutchinson, M. P., Baker, J. R.: Human Tryanosomiasis in Ethiopia: The Gilo River Area. Trans. roy. Soc. trop. Med. Hyg. **64**, 683—691 (1970).
254. Mekuria, Y.: A Catalogue of the Culicine Mosquito Fauna of Ethiopia and their Distribution in the country. Eth. Med. J. **6**, 73 (1968).
255. Mennonna, G.: Una lieve epidemia di febbre dei tre giorni, Med. prat. **2**, 451, (Napoli) (1926).
256. Mérab, P.: Médecins et médecine en Ethiopie, Vigot Frères Paris, 1912.
257. Mekuria, Y.: On the Occurence of Two Species of Bed-Bugs Cimex Lectularius L. and C. Rotundatus Sign. (Cimicidae, Hemiptera) in Ethiopia. Eth. Med. J. **5**, 181 (1967).
258. Meyer-Lie, A.: Sömnsjukan pa frammarsch i Östafrika. Svenska Läk.-Tidn. **67**, 1301—1305 (1970).

259. Ministry of Agriculture: Report on Livestock (Cattle) Survey in Southern Ethiopie. 1962.
260. Ministry of Information: Ethiopia, The Handbook for Ethiopia University Press of Africa, Nairobi 1969.
261. Ministry of Public Health: Communicable Diseases in Ethiopia in the past decade 1954—1963. Addis Abeba 1965.
262. Ministry of Public Health: Report of the Working Party on Communicable Diseases. 1965.
263. Ministry of Public Health: Annual Health Report 1966 of the Province of Eritrea. Asmara 1967.
264. Mirra, G.: Relazione sulla meningite cerebro-spinale in Eritrea. Ann. Med. nav. colon. **43**, 7—8 (1937).
265. Mirra, G.: Il problema di malaria nella colonizzazione in Eritrea. Ann. Med. nav. colon. **44**, 9—10 (1938).
266. Modugno, G.: La febbre ricorrente in Somalia. Osservazioni cliniche ed epidemiologiche. G. ital. trop. **1**, 36 (1937).
267. Moise, R.: Ricerche epidemiologiche e sperimentali sulla trasmissione e patologia della febbre ricorrente in Somalia (1932—37). Ann. Med. nav. colon. **44**, 313 (1938).
268. Molineaux, L.: Intestinal Parasitism among in-patients of the Haile Selassie I Hospital Gondar, Ethiopie. Eth. Med. J. **5**, 77—83 (1967).
269. Molineaux, L., Ayele, T. M.: An Endemic Goitre Survey in Armatschio Woreda, Begemder Province. Eth. Med. J. **1**, 239—245 (1963).
270. Molineaux, L., Piorde, J., Dasnoy, J.: Analysis of medical admissions to the Gondar Hospital 1963—1965. Eth. Med. J. **5**, 47 (1966).
271. Musi, P. S.: Nosografia del Selalé. G. ital. Mal. Es. Trop. Ig. Col. **11**, 190 (1938).
272. Neri, P., Sérié, C., Andral, L., Poirier, A.: Etudes sur la fièvre jaune en Ethiopie. 4. Recherches entomologiques à la station de Manéra. Bull. Org. mond. Santé **38**, 863—872 (1968).
273. Nutrition Survey Ethiopia: Rep. by the Interdepartmental Committee, on Nutrition for National Defense, Washington 1959.
274. Octapodas, A.: Problems of tuberculosis in Ethiopia, especially Addis Ababa. Eth. Med. J. **2**, 13—18 (1963).
275. Oomen, A. P.: Clinical Manifestations of Onchocerciasis. Eth. Med. J. **5**, 159 (1967).
276. Oomen, A. P.: Onchocerciases in the Kaffa province of Ethiopia. Trop. geogr. Med. **19**, 231—246 (1967).
277. Oomen, A. P.: Quantitive and Clinical Aspects of Onchocerciasis as seen at Ras Desta Dantew Hospital, Jimma. Eth. Med. J. **6**, 55 (1968).
278. Oomen, A. P.: The epidemiology of onchocerciasis—South West Ethiopia. Trop. geogr. Med. **21**, 105—137 (1969).
279. Panara: L'ospedale de campo di Massaua, G. Med. R. Esercito 439 (1886).
280. Pankhurst, R.: The History and Traditional Treatment of Smallpox in Ethiopia. Med. Hist. **9**, 343—355 (1965).
281. Pankhurst, R.: Ethiopia Observer, 1965.
282. Pankhurst, R.: An Historical Examination of Traditional Ethiopian Medicine and Surgery. Eth. Med. J. **3**, 157—172 (1965).
283. Pankhurst, R.: Some factors influencing the health of traditional Ethiopia. Eth. Studies **4**, 31 (1966).
284. Pankhurst, R.: The history and traditional treatment of rabies in Ethiopia. Haile Selassie I University (1969).
285. Papaioannou, S. C.: Communicable Diseases in Ethiopia in the past decade 1954—1963. Ministry of Public Health, Antiepidemic Service, Addis Abeba 1965.
286. Parrot, L.: Notes sur les phlebotomes, XVII, XXVII, Phlébotomes d'Ethiopie. Arch. Inst. Pasteur Algér. **14**, 30 (1936); **16**, 213 (1938).
287. Parry, E. H. O.: Ethiopian Cardiovascular Studies: IV, the Geographical Distribution of Disease. Eth. Med. J. **6**, 103 (1968).
288. Parry, E. H. O., Gordon, C. G. I.: Ethiopian Cardiovascular Studies Case-finding by Mass Miniature Radiography. Bull. Wld Hlth Org. **39**, 859—871 (1968).
289. Perry, A.: Tuberculosis in Eritrea. Eth. Med. J. **2**, 31 (1963).
290. Pellicciotta, R.: Febbre di Axum. Folia med. (Napoli) **17** (1936).
291. Pellicciotta, R.: Dengue-Osservazioni di sintomatologia e ricerche collaterali. G. ital. Mal. Trop. Ig. Col. **11**, 4 (1938).
292. Penso, G.: Il Kala-Azar nella Somalia Italiana. Boll. Accad. med. Roma **56**, 292 (1935).
293. Perez, C., Scrimshaw, N. S., Munoz, J. A.: Technique of endemic goitre surveys. WHO Monograph Series **44**, 369 (1960).
294. Petit: zit. von R. Pankhurst: An Historical Examination of Traditional Ethiopian Medicine and Surgery. Eth. Med. J. **3**, 157—172 (1965).
295. Petrov, I.: Persönliche Mitteilung 1964.
296. Pirani, E.: Arch. ital. Sci. med. colon. **13**, 241 (1932), zit. von G. Bucco, L'organizzazione sanitaria in Africa orientale. Istituto Poligrafico dello Stato, Roma 1965.
297. Pirani, E.: Tripanosoma dei bovini in Eritrea. La Nuova Veter., Bologna 1929.
298. Pistoni, F.: Note epidemiologiche e batteriologiche sulla meningite cerebrospinale in Eritrea. Arch. ital. Sci. med. colon. **18**, 461 (1937).
299. Pistoni, F.: La demicità del tifo esantematico in Eritrea. G. ital. Mal. trop. Ig. Col. **10** (1937).
300. Pistoni, F.: Ricerche sierologiche sul dermotifo in A.O.I. Rass. San. A.O.I. **1** (1937).
301. Pistoni, F.: Rilievi epidemiologici, clinici e morfologici sulla febbre ricorrente in zone dell'Eritrea e del Tigrai. G. ital. Mal. trop. Ig. Col. **10**, 181 (1937).
302. Pistoni, F.: Fauna murina dell'Eritrea e dello Scioa. Arch. ital. Sci. med. Colon. **19** (1938).
303. Placeo, F.: Boll. Soc. It. Med. Ig. Trop. Eritrea **3**, 89 (1944), zit. von G. Bucco, L'organizzazione sanitaria in Africa orientale. Istituto Poligrafico delle Stato, Roma, 1965.
304. Plowden, W. C.: Travels in Abyssinia. London 1863.
305. Plowden, W. C.: Travels in Abyssinia and the Galla Country. London: Langmans, Green, 1868.
306. Poggi, I., Monti, C.: Nosografia del Commisariato Regionale del Tigrai Orientale. Arch. ital. Sci. med. colon. **19**, 65 (1938).
307. Poirier, A.: Note preliminaire sur leishmaniose en Ethiopia. Ann. Inst. Pasteur d'Ethiopie **5**, 89 (1964).
308. Polivka, J.: Volvulus of the Sigmoid in Eritrea. Eth. Med. J. **4**, 205 (1966).
309. Popov, L.: A Medical Study of Goitre in Ethiopia. Eth. Med. J. **4**, 5—14 (1967).
310. Postmus, S.: Report on a Survey of the Nutritional Needs of Children in Ethiopia. FAO **58**, 3339 (1958).
311. Preto, G.: Note sulla nosografia dell'alto Uoghera e del Semien. G. ital. Mal. trop. Ig. Col. **11**, 20 (1938).
312. Price, E. W.: Leprosy in Ethiopia. Ministry of Public Health, 1969.
313. Price, E. W., Fitzgerbert, M.: Cutaneous Leishmaniasis in Ethiopia. Eth. Med. J. **3**, 57—83 (1965).
314. Province of Eritrea: Annual Health Report 1966. Ministry of Public Health, Addis Ababa 1967.
315. Reiss-Gutfreund, R.: Noveaux isolements de R. prowazeki à partir d'animaux domestiques et de tiques. Bull. Soc. Path. exot. **6**, 284—297 (1961).
316. Reiss-Gutfreund, R.: Etude d'un virus presentant les caracteristique de la chorio-meningite lymphocytaire (C.M.L.) isolé en Ethiopie. Ann. Institut Pasteur d'Ethiopie **2**, 55—56 (1961).
317. Reitani, U., Parisi, E.: Note cliniche sulla febbre ricorrente nella Somalia italiana. Policlinico, Sez. med. **30**, 514 (1923).
318. Reiter: zit. bei Diesfeld, H. J.: Amöbiasis im tropischen Hochland. Z. Tropenmed. Parasit. **16**, 401—410 (1965).
319. Reynolds, D.: The Tb problem in Gambela District, Ilubabor Province. Eth. Med. J. **2**, 36—38 (1963).
320. Rho, F.: Sguardo sulla patologia di Massaua e studio sulle affezioni febbrili che vi predominano, 1894, zit. von Bucco, G.: L'organizzazione sanitaria in Africa orientale. Istituto Poligrafice dello Stato, Roma 1965.
321. Rizzotti, G.: Risultati della rettosigmoidoscopia in duecento casi di amebiasi. Rass. ital. Gastroent. 1—12 (1955).
322. Rochet d'Hericourt, C. E. X.: Note sur la racine employée dans le nord de l'Abyssinie (à Devratabor) contre l'hydrophobie. Bull. Soc. de Geogr. **12**, 300 (1849).
322a. Rodenwaldt, E., Jusatz, H. J.: Welt-Seuchen-Atlas. World Atlas of Epidemic Diseases. Part I (1952), Part II (1956), Part III (1961), Hamburg, Falk Verlag.
323. Rodino, N.: Un'epidemia di febbre ricorrente ad Itala nella Somalia italiana. G. Med. milit. **70**, 90 (1922).
324. Romeo, F.: Spirochetosi ittero-emorragica in soggetto proveniente da Addis Abeba. Med. Trop. Subtrop. **1**, 9 (1941).
325. Rosa, F. W.: Project on the Haile Selassie I Public Health College and Training Center in Gondar. Eth. Med. J. **1**, 2 (1962).
326. Rüppel, E.: Reise in Abyssinien I—II. Frankfurt **2**, 298, 1835—1840.
327. Russel, H. B. L.: Final Report, the Pilot Mobile Health Team, Ethiopia. W.H.O. WM/PHA/62 (1958).
328. Russel, H. B. L.: Population study of the Begemdir province of Ethiopia. Eth. Med. J. **5**, 85 (1967).
329. Sarnelli, T.: Arch. It. Sc. Med. Col. **14**, 3 (1933), zit. von Bucco, L'organizzazione sanitaria in Africa orientale, Istituto Poligrafico dello Stato, Roma 1965.

330. Satta, E.: Identificazione di un focolaio di bilharziosi nella colonia Eritrea. Acta Pont. Accad, Sc. novi Lincaei **88**, Suppl. 35 (1934).
331. Scaffidi, V.: Focolaio epidemico di febbre ricorrente trasmessa da pidocchi nella zona di Macallé. Folia med. (Napoli) **22**, 458 (1936).
332. Scaffidi, V.: Ricerche sperimentali preliminaria sulla febbre ricorrente dell'altopiano etiopico. Nota III. Arch. ital. Sci. med. colon. **18**, 423 (1937).
333. Schaller, K. F.: Report of the Second National Leprosy Conference of Ethiopia. Addis Abeba 1961.
334. Schaller, K. F.: Über die Organisation des öffentlichen Gesundheitsdienstes in Äthiopien und Addis Abeba. Öff. Gesundh.-Dienst **17**, 251—260 (1955).
335. Schaller, K. F.: Leprosy in Ethiopia. Report of the First National Leprosy Conference. Addis Abeba (1957).
336. Schaller, K. F.: Malaria epidemics in Wollo Province. Unpublished field report, Ministry of Health, Addis Abeba (1958).
337. Schaller, K. F.: Report on the Municipal Health Department of Addis Abeba 1952—1956. Ministry of Public Health, Addis Abeba (1958).
338. Schaller, K. F.: Zur Epidemiologie der Lepra in Äthiopien. Z. Tropenmed. Parasit. **10**, 79—94 (1959).
339. Schaller, K. F.: Hautkrankheiten in Äthiopien. Hautarzt **13**, 289—298 (1962).
340. Schaller, K. F.: Skin Diseases in Ethiopia. Eth. Med. J. **1**, 259—264 (1963).
341. Schaller, K. F.: Die Treptonematosen in Äthiopien. Z. Haut- u. Geschl.-Kr. **43**, 17—28 (1968).
342. Schaller, K. F.: Die Geschlechtskrankheiten der Frau in Äthiopien, in: Huber, A. and Boldt, H. W.: Probleme der Geburtshilfe und Gynäkologie in einem afrikanischen Entwicklungsland. S. Karger, Basel, New York, 114—119 (1968).
343. Schaller, K. F.: Krankheitsstatistiken 1958—1963. Ministry of Health, unveröffentlicht.
344. Schaller, K. F.: Die Mykosen in den Tropen. Internist (Berl.) **9**, 432—439 (1968).
345. Schaller, K. F.: Leishmaniasis des Menschen. Dtsch. Ärztebl. **66**, 1403—1410 (1969).
346. Schaller, K. F.: Wurminfektionen in Äthiopien. Z. Tropenmed. Parasit. **22**, 36—49 (1971).
347. Schaller, K. F., Hopf, K., Rieth, H.: Trichophyton violaceum — Variationen bei hautkranken Patienten in Äthiopien. Mykosen **11**, 811—814 (1968).
348. Schaller, K. F., Serié, C.: Neurofibromatosis Recklinghausen — Lepra Lepromatosa. Z. Haut- u. Geschl.-Kr. **22**, 10—12 (1957).
349. Schaller, K. F., Serié, C.: Leishmaniasis cutanea "pseudolepromatosa". Z. Haut- u. Geschl.-Kr. **25**, 310 (1963).
350. Schaller, K. F., Tiedemann, E., Ernert, E. W.: Public Health in Ethiopia. Second five year public health development plan 1955—1959/1963—1967 G.C. Addis Abeba 1964.
351. Schäuffele, F.: An epidemiological survey with clino-mobil in Ogaden district. Ministry of Health, Addis Abeba (1961).
352. Serié, C.: The yellow fever epidemic in Ethiopia in 1959—1961. Eth. Med. J. **1**, 28 (1962).
353. Serié, C.: Memorandum on yellow fever in Ethiopia. Eth. Med. J. **1**, 206 (1963).
354. Serié, C., Linderc, Poirier, A., Andral, L., Neri, P.: Etudes sur la fièvre jaune en Ethiopie. 1. Introduction — Symptomatologie clinique amarile. Bull. Org. mond. Santé **38**, 835—841 (1968).
355. Serié, C., Casals, J., Panthier, R., Brés, P., Williams, M. C.: Etudes sur la fièvre jaune en Ethiopie. 2. Enquête sérologique sur la population humaine. Bull. Org. mond. Santé **38**, 843—854 (1968).
356. Serié, C., Andral, L., Casals, J., Williams, M. C., Brés, P., Neri, P.: Etudes sur la fièvre jaune en Ethiopie. 5. Isolement de souches virales de vecteurs arthropodes. Bull. Org. mond. Santé **38**, 373—877 (1968).
357. Serié, C., Andral, L., Poirier, A., Lindrec, A., Neri, P.: Etudes sur la fièvre jaune en Ethiopie. 6. Etude épidémiologique. Bull. Org. mond. Santé **38**, 879—884 (1968).
358. Sforza, M.: Dermotifo in Eritrea (identificazione dei virus storico murino e da zecche). Boll. Soc. ital. med. Ig. trop. Eritrea **7**, 430 (1947).
359. Sforza, M.: Prove di identificatione e patogenicità di 20 stipiti di tbc. isolati nei nativi in Eritrea. Boll. Soc. ital. med. Ig. trop. Eritrea **7**, 192 (1947).
360. Sforza, M.: Sul contenuto in agglutinine normali antiproteus OX19 e OX2 in individui residenti in Eritrea. Boll. Soc. ital. med. Ig. trop. Eritrea **7**, 464 (1947).
361. Sforza, M., Solinas, N.: La reazione di Weil-Felix sul siero di sangue dei cani di Asmara. Boll. Soc. ital. Med. Ig. trop. Eritrea **7**, 475 (1947).
362. Shafa, E.: Some epidemiological Aspects of Tuberculosis in Begemdir Province. Eth. Med. J. **2**, 33 (1963).
363. Shafa, E.: The Role of Physicians in Hospitals and other Health Workers in the Malaria Eradication Programme in Ethiopia. Eth. Med. J. **4**, 137—142 (1966).
364. Sibilla, D.: Osservazioni sulla prognosi delle febbri ricorrenti in Addis Abeba. L'Assist. Sanit. **6**, 56 (1937).
365. Sibthorp, E. M., Allbrook, D. B.: A radiological survey of the female pelvis in Uganda. J. Obstet. Gynaec. Brit. Emp. **65**, 600 (1958).
366. Simic, B. S.: Guide on nutrition for primary and secondary school teachers. An Introduction to Health and Health Education in Ethiopia. E. F. Torrey, Berhanena Selam Printing Press, Addis Ababa (1966).
367. Simonetti, C.: Sindromi epigastriche e tiflo-appendicolari nelli coliti amebiche. Boll. Soc. ital. Med. Ig. Trop. Eritrea **4**, 685 (1944).
368. Sofia, F.: Ricerche sperimentali sul virus esantematico in Asmara. Nota I: virus murino. Boll. Soc. ital. Med. Ig. Trop. Eritrea III (1944).
369. Sofia, F.: Micetoma del piede da Glenospora Khartoumensis. Boll. Soc. ital. Med. Ig. Trop. Eritrea **4**, 290 (1946).
370. Sofia, F.: Micetoma del piede da Madurella Touzeri. Boll. Soc. ital. Med. Ig. Trop. Eritrea **6**, 285 (1946).
371. Sofia, F.: Studio sull'anchilostomiasi in Eritrea. Boll. Soc. ital. Med. Ig. Trop. Eritrea **9**, 2 (1949).
372. Sofia, F., Ciaravino, E.: Inchiesta coprologica sui nativi dell' Eritrea. Boll. Soc. ital. Med. Ig. Trop. Eritrea **4**, 785 (1944).
373. Sofia, F., Spadaro, O.: Ricerche sperimentali sul virus esantematico in Asmara. Nota 2: virus storico. Boll. Soc. ital. Med. Ig. Trop. Eritrea **4**, 353 (1944).
374. Spadaro, O.: Osservazioni sulla dengue. Boll. Soc. ital. Med. Ig. Trop. Eritrea **1**, 65 (1942).
375. Spadaro, O.: L'epatite amebica (studio clinico). Boll. Soc. ital. Med. Ig. Trop. Eritrea **4**, 825 (1944).
376. Spadaro, O.: Indagini sull'infezione brucellare tra alcuni gruppi di pastori del bassopiano orientale eritreo. Boll. Soc. ital. Med. Ig. Trop. Eritrea **4**, 189 (1944).
377. Spadaro, O.: Osservazioni e considerazioni sulle principali malattie infettive dell'Eritrea. Arch. ital. Sc. med. trop. **33**, 666 (1952).
378. Sparrow, H.: Foyer de fièvre récurrente à poux en Éthiopie. C. R. Acad. Sci. (Paris) Vol. **241**, 1636 (1955).
379. Spena, A.: La tripanosomiasi dei bovini nello Scioa (Abessinia). Acta med. ital. Mal. infett. **3**, 3 (1940).
380. Spruyt, D. J., Elder, F. B., Messing, S. D., Wade, M. K., Ryder, B., Prince, J. S., Tseghe, Y.: Demonstration and Evaluation Proj. Ethio. Health Center Program. Adis Abeba 1967.
381. Spruyt, D. J., Elder, F. B., Messing, S. D., Wade, M. K., Ryder, B., Prince, J. S., Tseghe, Y.: Ethiopia's health center program — its impact on community health. Eth. Med. J. **5**, 5—87 (1967).
382. Strelcyn, S.: Médecine et plantes d'Ethiopie. Warszawa 1968.
383. Talotta, G.: La lebbra in Eritrea. Arch. ital. Sci. med. colon. **13**, 193 (1932).
384. Tayback, M., Prince, J. S.: Infant mortality and fertility in Ethiopia. Eth. med. J. **4**, 11 (1965).
385. Teclemariam, A.: A Review of Major Public Health Problems in Kembata. Ministry of Public Health, Addis Ababa (1965).
386. Teclemariam, A.: A localized outbreak of classical smallpox in Kembata Awraja. Eth. Med. J. **3**, 134—136 (1965).
387. Teferra, A., Kadir, J. A.: Analysis of Medical Admissions to the Princess Tsehai Memorial Hospital From April 1966 to March 1967. Eth. Med. J. **6**, 95 (1968).
388. Tekle, Neri, A. P., Bebessai, A.: Kala azar in Humera (north west Ethiopia). Parassitologia **12**, 21 (1970).
389. Torrey, F. E.: A medical Survey of the Saysay People in the Blue Nile Gorge. Eth. Med. J. **4**, 155—165 (1966).
390. Torrey, F. E.: An Introduction to Health and Health Education in Ethiopia. Berhanena Selam Printing Press, Addis Ababa (1966).
391. Torrey, E. F.: False Health Beliefs in Ethiopia in "An Introduction to Health and Health Education in Ethiopia", edit. by E. F. Torrey. Berhanena Selam Printing Press, Addis Ababa (1966).
392. Trifilo, N.: Su di una rara localizzazione della leishmania tropica. Ras. San. A.O.I. **1**, 31 (1939).
393. Vesely, V.: A Case of Peripheral Neuritis due to Brucellosis. Eth. Med. J. **5**, 123 (1967).

394. Vukotic, D.: Heart Diseases at St. Paul's Hospital. Eth. Med. J. **6**, 125 (1968).
395. Waldmeier: zit. von Pankhurst, R.: An Historical Examination of traditional Ethiopian Medicine and Surgery. Eth. Med. J. **3**, 157—172 (1965).
396. Walker, W.: Developing Health Education Services in the Ministry of Health. Eth. Med. J. **4**, 121 (1966).
397. Wang, L.: Helminthiases in Begemdir and Semien Province, Ethiopia. Eth. Med. J. **4**, 19—26 (1965).
398. Weithaler, K.: The incidence of tuberculosis in the Imperial Bodyguard. Eth. Med. J. **2**, 24—25 (1963).
399. Weithaler, K., Maruna, R. F. L.: Serum Protein in the Ethiopian Population. Eth. Med. J. **5**, 137 (1967).
400. Willcox, R. R., Guthe, T.: Treponema pallidum. WHO (Chron.) **35**, Geneva (1966).
401. Woldemariam, M.: A Preliminary Atlas of Ethiopia. Addis Ababa 1962.
402. Woodruff, C. W., Hoerman, K.: Nutrition in Infants and Preschool Children in Ethiopia. Publ. Hlth Rep. (Wash.) **75**, 724 (1960).
403. World Health Organization: Bibliography on yaws, 1905—1962. Geneva, 1963.
404. World Health Organization: Plan of action for Malaria Preeradication in Ethiopia, 1963—1964. WHO Doc. Ethiopia **14**, (G) (1964).
405. World Health Organization: International Work in Endemic Treponematoses and Venereal Infections 1948—1963. WHO Chron. (1965).
406. World Health Organization: Wkly epidem. Rec. 18 (1965).
407. World Health Organization: Manual of the international statistical classification of diseases, injuries and causes of death. WHO Chron. **1**, 439—444 (1967).
408. World Health Organization: Epidemiological and Vital Statistics Reports. Geneva, 1964—1968.
409. World Health Organization: Wkly epidem. Rec. **24**, 237—244 (1971).
410. Wozonig, H.: Das Lymphogranuloma inguinale in Äthiopien. Wien. Z. inn. Med. **36**, 273—278 (1955).
411. Wright, C. A.: The freshwater gastropod molluscs of Western Aden Protectorate. Bull. Brit. Mus. (nat. Hist.) Zool **10**, 259—274 (1963).
412. Wright, C. A., Brown, D. S.: On a Collection of freshwater gastropod molluscs from the Ethiopian Highlands. Bull. Brit. Mus. (nat. Hist.) Zoll. **8**, 285—312 (1962).
413. Wuhrmann, F., Märki, H. H.: Dysproteinaemien und Paraproteinaemien. Schwabe and Co. Basel (1963).
414. Yoseph, F.: Some observations during a typhus outbreak in Gondar, Ethiopia during July—August 1961. Eth. Med. J. **1**, 33—38 (1962).
415. Young, P. N.: Birth-Weights of Hospital delivered infants in Addis Abeba und Gondar. Eth. Med. J. **6**, 15 (1967).
416. Zaphiropoulos, M.: Preliminary Observation on Bilharziasis in Lake Tana, Ethiopia. Gondar Health Series, No. 7 (1963).
417. Zavattari, E.: Gli artropodi ematofaghi della colonia eritrea, Relaz. Gabbi. Tip. Riun. Donati, Parma 1930.
418. Zic, B.: The Care of Children at the Imperial Body-Guard Hospital. Eth. Med. J. **4**, 151 (1966).
419. Zic, B.: Primary Dentition Among Ethiopian Children. Eth. Med. J. **6**, 19 (1967).

Bilder

Photos

Bild 1. Luftaufnahme aus dem Nordteil des Hochlandes. Stark zerschnittenes Bergland im Bereich der mesozoischen Deckschichten über dem Grundgebirge

Photo 1. Aerial photograph from the northern part of the Highlands. Highly dissected mountain country in the zone of the Mesozoic surface strata overlaying the basement complex

Bild 2. Hochebene in der Provinz Gojam bei Debre Markos

Photo 2. Table-land near Debre Markos in the Gojam Province

Bild 3. Talanfang am Ostabfall des Hochlandes nordöstlich von Adis Abeba; terrassiertes Ackerland

Photo 3. Valley-head on the eastern slopes of the Highland, northeast of Adis Abeba; terraced cultivation

Bild 4. Tisisat-Fälle des Blauen Nils bei Bahir Dar

Photo 4. Tisisat-Falls of the Blue Nile near Bahir Dar

Bild 5. Straßenbrücke über den Blauen Nil an der Provinzgrenze von Shewa und Gojam

Photo 5. Road bridge across the Blue Nile on the provincial border between Shewa and Gojam

Bild 6. Junger Krater in der Vulkanlandschaft von Debre Zeyt

Photo 6. Recent crater in the volcano region of Debre Zeyt

Bild 7. Kraterseen im Vulkanmassiv südlich von Agere Hiywet

Photo 7. Crater lakes in the volcanic massif south of Agere Hiywet

Bild 8. Seitental des Blauen Nils bei Debre Libanos, Prov. Shewa

Photo 8. Tributary valley of the Blue Nile near Debre Libanos, Shewa Province

Bild 9. Der Blaue Nil beim Ausfluß aus dem Tana-See. Im Hintergrund der Südteil des Sees

Photo 9. The Blue Nile at its outlet from Lake Tana. In the background, the southern part of the lake

Bild 10. Trockenrisse im schweren, dunklen Tonboden, der besonders auf zeitweilig überschwemmten Bereichen der Hochflächen anzutreffen ist

Photo 10. Cracks in heavy, dark, clay soil caused by drought; these are most frequently found in periodically-inundated areas of the plateaux

Bild 11. Hochgebirgsvegetation (Lobelia und Kniphofia) in etwa 3500 m Höhe im Bergland von Gojam

Photo 11. High mountain vegetation (Lobelia and Kniphofia) at an altitude of about 3,500 m. in the Gojam Mountains

Bild 12. Großenteils immergrüner Bergwald mit Podocarpus am Ostrand des Grabens bei Shashemene

Photo 12. Predominantly evergreen mountain forest with Podocarpus at the eastern edge of the Rift near Shashemene

Bild 13. Kosso-Baum (Hagenia abyssinica) in der oberen Bergwaldzone

Photo 13. Kosso tree (Hagenia abyssinica) in the upper montain forest zone

Bild 14. Kandelaber-Euphorbien als Wegbegrenzung im Bereich früherer Bergwälder bei Yirga-Alem, Prov. Sidamo

Photo 14. Candelabra-euphorbia serving as road fencing in the area of former montain forest near Yirga-Alem, Sidamo Province

Bild 15. Akaziengehölz mit Termitenbauten in der südäthiopischen Grabenzone

Photo 15. Acacia grove with termite hills in the southern Ethiopian Rift Valley Zone

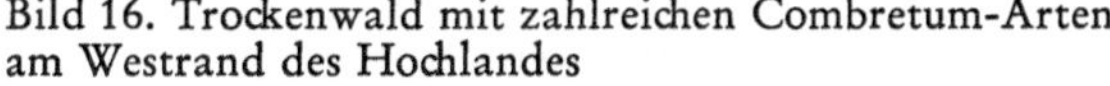

Bild 16. Trockenwald mit zahlreichen Combretum-Arten am Westrand des Hochlandes

Photo 16. Dry forest with numerous species of Combretum on the western edge of the Highland

Bild 17. Bambuswald im Tiefland West-Äthiopiens

Photo 17. Bamboo forest in the lowland of western Ethiopia

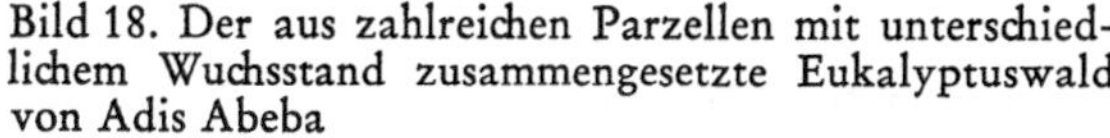

Bild 18. Der aus zahlreichen Parzellen mit unterschiedlichem Wuchsstand zusammengesetzte Eukalyptuswald von Adis Abeba

Photo 18. Adis Abeba's eucalytpus forest, composed of numerous plots at differing stages of growth

Bild 19. Koptischer Priester aus Adis Abeba

Photo 19. Coptic Priest from Adis Abeba

Bild 20. Alter Galla aus Debre Zeyt, Prov. Shewa

Photo 20. Old Galla man from Debre Zeyt, Shewa Province

Bild 21. Junge Frau aus Welamo, Prov. Sidamo

Photo 21. Young woman from Welamo, Sidamo Province

Bild 22. Nuer am Baro-Fluß, Prov. Ilubabor

Photo 22. A Nuer at the Baro river, Ilubabor Province

Bild 23. Älterer Gumuz-Mann aus dem Westen der Prov. Gojam

Photo 23. Elderly Gumuz man from the western area of the Gojam Province

Bild 24. Galla-Mädchen aus der Umgebung von Bisidimo, Prov. Harer

Photo 24. Galla girl from Bisidimo, Harer Province

Bild 25. Bewässertes Ackerland für Getreideanbau bei Debre Birhan, Prov. Shewa

Photo 25. Irrigated cropland for cereal cultivation near Debre Birhan, Shewa Province

Bild 26. Bauer beim Pflügen mit Ochsengespann im nordäthiopischen Pflugbaugebiet; Hakenpflug

Photo 26. Farmer ploughing with yoke of oxen in the northern Ethiopian plough culture region; scratch plough

Bild 27. Teff-Feld kurz vor der Ernte

Photo 27. Teff field shortly before harvest

Bild 28. Streusiedlung im Hochland von Gojam nahe der bei etwa 3600 m liegenden oberen Anbaugrenze

Photo 28. Dispersed settlement in the Gojam Highland near the upper cultivation limit at about 3,600 m

Bild 29. Kleine Gruppensiedlung zwischen Harer und Dire Dewa; terrassierte Hänge mit Anbau von Khat

Photo 29. Small agglomerated settlement between Harer and Dire Dewa; terraced slopes with khat cultivation

Bild 30. Galla-Gehöft mit Steinhäusern nordöstlich von Adis Abeba

Photo 30. Galla farmstead with stone houses north-east of Adis Abeba

Bild 31. Kefa-Haus aus der Nähe von Bonga

Photo 31. Kefa house in the vicinity of Bonga

Bild 32. Frau beim Schlagen einer Ensete-Staude in der Prov. Sidamo

Photo 32. Woman pounding an ensete plant in the Sidamo Province

Bild 33. Junge Ensete-Pflanzen und Kaffeesträucher auf dem gedüngten Land beim Haus; Welamo, Prov. Sidamo

Photo 33. Young ensete plants and coffee bushes on the manured ground near the house; Welamo, Sidamo Province

Bild 34. Gehöftanlage mit umgebender Ensete-Pflanzung im Bergland der Prov. Gemu Gofa

Photo 34. Farmstead with surrounding ensete plantation in the mountains of the Gemu Gofa Province

Bild 35. Weiden und Viehzäune in etwa 2600 m Höhe bei Kofele, Prov. Arusi

Photo 35. Pastures and cattle fences near Kofele, Arusi Province, at an altitude of about 2,600 m

Bild 36. Viehherde am Mereb-Fluß im Norden der Prov. Tigre

Photo 36. Cattle herd at the Mereb river in the north of Tigre Province

Bild 37. Gestelle zum Trocknen des Kaffees in einer Sammlerstelle bei Wendo, Prov. Sidamo

Photo 37. Racks for the drying of coffee at a collecting point near Wendo, Sidamo Province

Bild 38. Wohnsiedlung der Zuckerplantage in Wonji, Prov. Shewa; im Vordergrund Zuckerrohrfeld

Photo 38. Housing settlement of the sugar plantation in Wonji, Shewa Province; sugar cane field in foreground

Bild 39. Sisal-Pflanzung südlich von Shashemene in der Grabenzone

Photo 39. Sisal plantation south of Shashemene in the Rift Zone

Bild 40. Koka-Damm des Stausees im Awash-Tal

Photo 40. Koka Dam on the reservoir in the Awash valley

Bild 41. Neubauten im Stadtgebiet von Debre Markos, Prov. Gojam

Photo 41. Modern buildings in the urban area of Debre Markos, Gojam Province

Bild 42. Markt in Bahir Dar am Südende des Tana-Sees

Photo 42. Market in Bahir Dar on the southern shore of Lake Tana

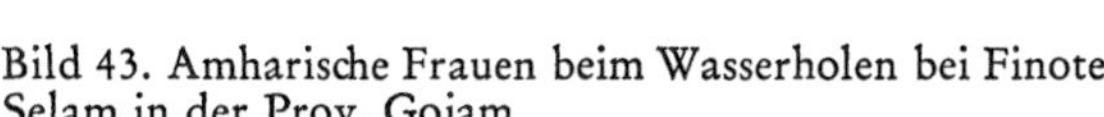
Bild 43. Amharische Frauen beim Wasserholen bei Finote Selam in der Prov. Gojam

Photo 43. Amharic women carrying water near Finote Selam in Gojam Province

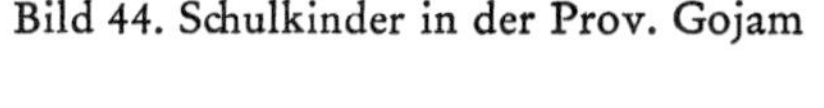
Bild 44. Schulkinder in der Prov. Gojam

Photo 44. Schoolchildren in the Gojam Province

Bild 45. Gesundheitsstation in Feche, Prov. Shewa

Photo 45. Health station in Feche, Shewa Province

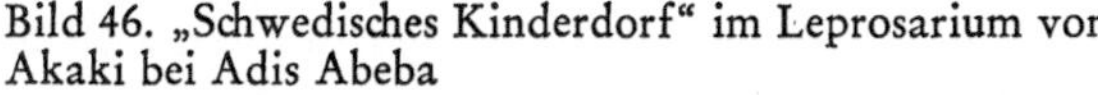
Bild 46. „Schwedisches Kinderdorf" im Leprosarium von Akaki bei Adis Abeba

Photo 46. "Swedish Children-Village" in the Akaki Leprosarium near Adis Abeba

Bild 47. Koptische Kirche in der Provinz Gojam

Photo 47. Coptic church in the Gojam Province

Bild 48. Schloß des Fasilidas aus dem 17. Jahrhundert in Gonder

Photo 48. Fasilidas' Palace in Gonder, 17th century

Bild 49. Ausschnitt aus dem Stadtbild von Adis Abeba; am oberen Bildrand Mitte des Parlamentsgebäudes (Vorlage von „Ethiopian Tourist Organization")

Photo 49. Part of the townscape of Adis Abeba; the parliament buildings can be seen near the centre of the upper edge of the picture (According to "Ethiopian Tourist Organization")

Bild 50. Neues Zentrum in Adis Abeba mit dem Löwen von Juda und der Staatsbank

Photo 50. New centre of Adis Abeba, showing the Lion of Judah and the State Bank

Bild 51. Prince Makonnen Duke of Harer Memorial Hospital, Adis Abeba

Photo 51. Prince Makonnen Duke of Harer Memorial Hospital, Adis Abeba

Bild 52. Africa Hall; Sitz der United Nations Economic Commission for Africa

Photo 52. Africa Hall; seat of the United Nations Economic Commission for Africa

Bild 53. Stadtbild von Asmera

Photo 53. Townscape of Asmera

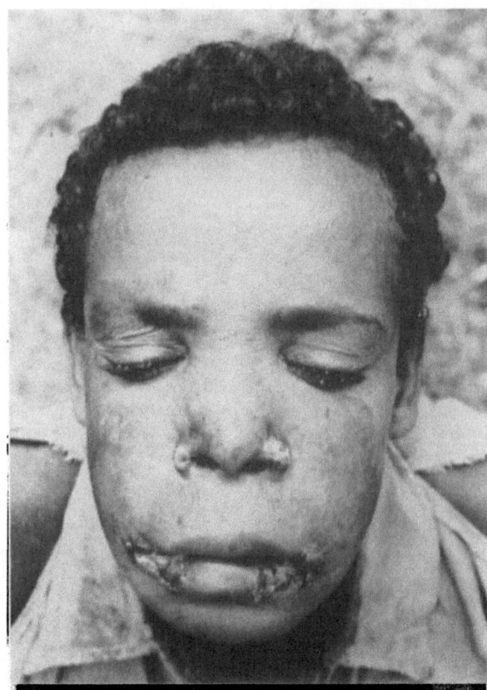

Bild 54. Junge, an einer Leishmaniasis cutis diffusa erkrankt, aus der Provinz Welo

Photo 54. Boy of Welo Province suffering from leishmaniasis cutis diffusa

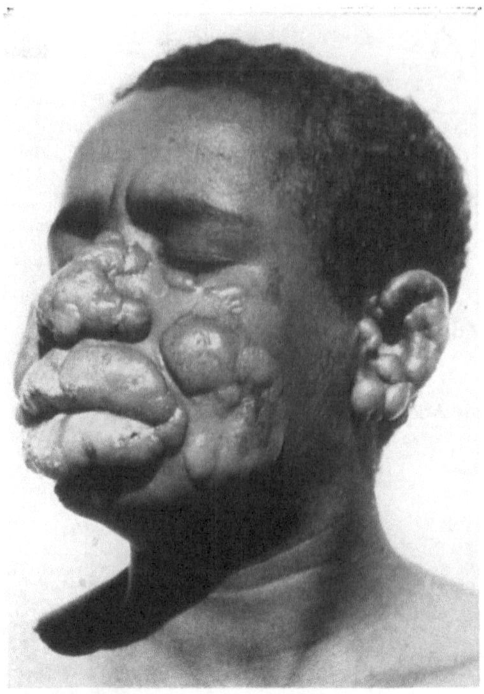

Bild 55. Junger Amhare aus der Prov. Welo mit einer Leishmaniasis cutis diffusa

Photo 55. Young Amhara of Welo Province suffering from leishmaniasis cutis diffusa.

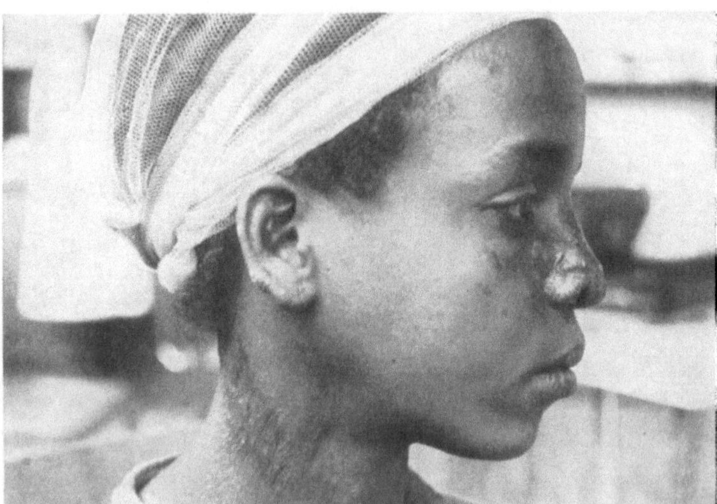

Bild 56. Mädchen mit einer Leishmaniasis cutis diffusa aus Kambata, Prov. Shewa

Photo 56. Girl afflicted by leishmaniasis cutis diffusa — Kambata, Shewa Province

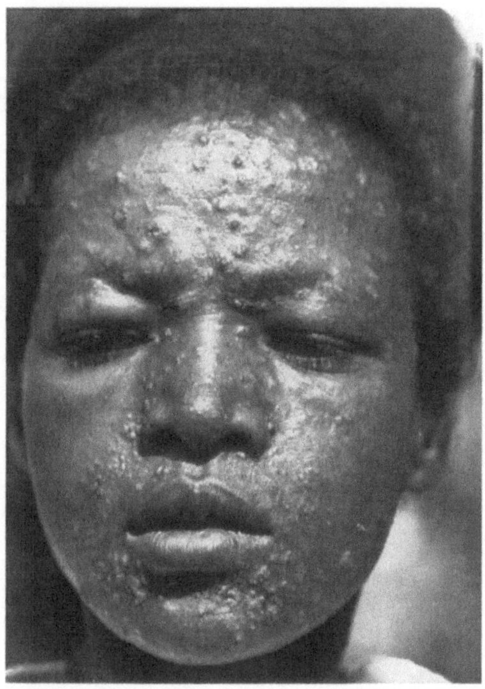

Bild 57. Sekundäre Syphilis bei einer jungen Frau aus der Prov. Shewa

Photo 57. Secondary syphilis of a young female from Shewa Province

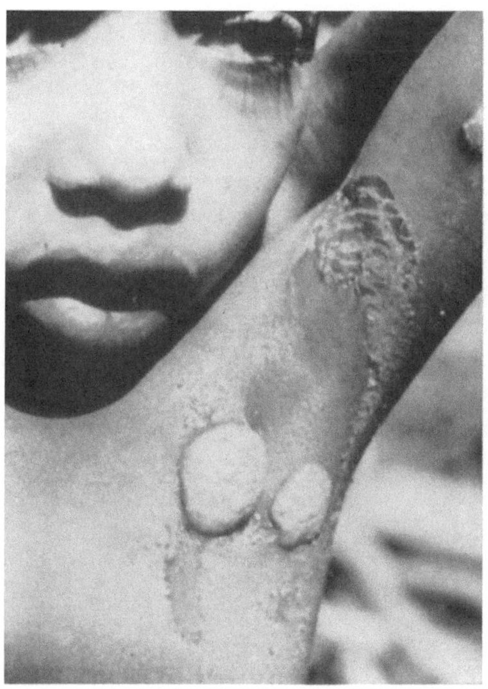

Bild 58. Sekundäre Framboesie bei einem Kind aus Mizan Teferi, Prov. Kefa

Photo 58. Secondary yaws of a child from Mizan Teferi, Kefa Province

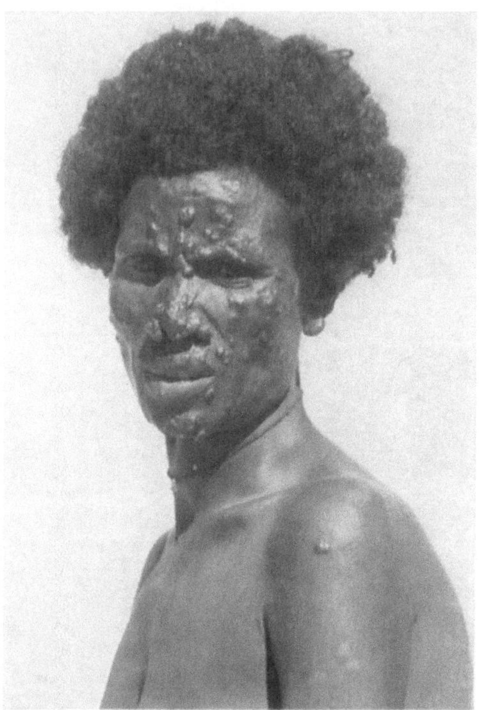

Bild 59. Frau mit einer lepromatösen Lepra aus der Prov. Arusi

Photo 59. Female patient suffering from lepromatous leprosy, Arusi Province

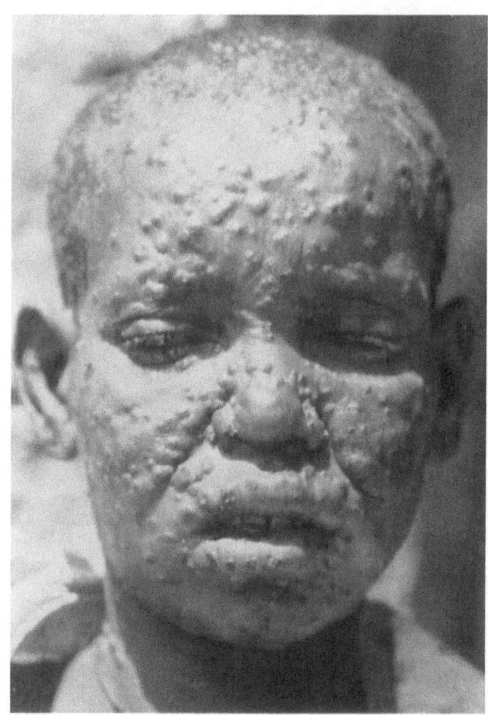

Bild 60. Amharisches Kind aus der Prov. Shewa mit Pocken

Photo 60. Amhara child of Shewa Province suffering from smallpox

Bild 61. Galla-Frau mit ihrem an einer Pyodermie erkrankten Kind in Bisidimo, Prov. Harer

Photo 61. Female of the Galla tribe with child, afflicted by pyoderma. Bisidimo, Harer Province

Bild 62. Junges Tigre-Mädchen mit typischer Tätowierung und einem Leukoderm

Photo 62. Young Tigre girl with typical tattoo pattern suffering from leucoderma

Bild 63. Kind mit einer Tinea aus Adis Abeba

Photo 63. Child suffering from tinea — Adis Abeba

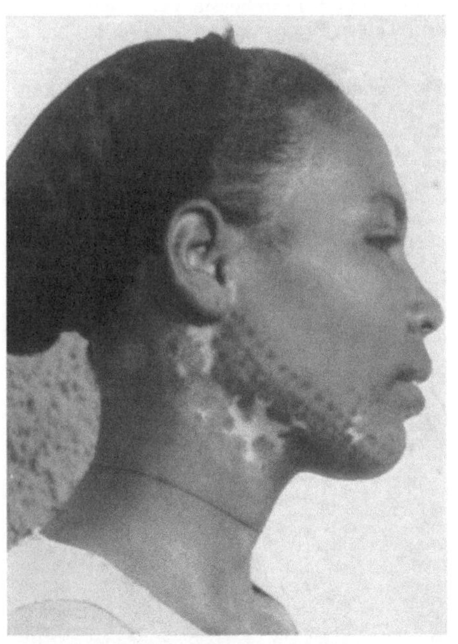

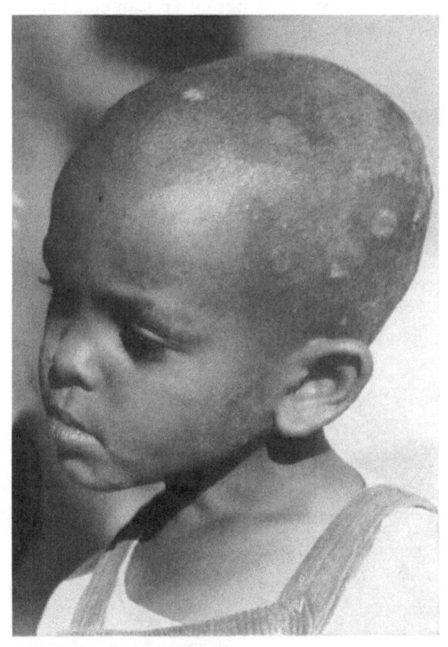

Bild 64. Gruppe von Kropfträgern aus Bure, Prov. Ilubabor

Photo 64. Group of goitre patients. Bure, Ilubabor Province

Medizinische Länderkunde

Beiträge zur geographischen Medizin

Schriftenreihe der Heidelberger Akademie der Wissenschaften Math.-nat. Klasse

Band 1 **Libyen**
Von H. Kanter, Marburg/Lahn
Mit 70 Abbildungen und 17 Karten
XVI, 188 Seiten. 1967
Zweisprachig Deutsch und Englisch
Geb. DM 53,—

Band 2 **Afghanistan**
Von L. Fischer, Tübingen
Mit 16 Tafeln, 15 Abbildungen und 10 Karten
XII, 168 Seiten. 1968
Zweisprachig Deutsch und Englisch
Geb. DM 53,—

Band 3 **Äthiopien**
Von K. F. Schaller, Koblenz, und W. Kuls, Bonn
Mit 64 Bildern, 34 Abbildungen und 7 Karten
XV, 180 Seiten. 1972
Zweisprachig Deutsch und Englisch
Geb. DM 68,—

Band 4 **Kuwait**
Von G. E. Ffrench, London, und
A. G. Hill, Aberdeen
Mit 61 Abbildungen, 26 Abbildungen im Text
und 3 Karten
XIII, 124 Seiten. 1971
In Englisch
Geb. DM 58,—

Band 5 **Kenia**
Von H. J. Diesfeld, Heidelberg, und
H. Hecklau, Trier
In Vorbereitung

Geomedical Monograph Series

Regional Studies in Geographical Medicine

Series of Monographs of the Geomedical Research Unit of the Heidelberg Academy of Sciences

Vol. 1 **Libya**
By H. Kanter, Marburg/Lahn
With 70 Figures and 17 Maps
XVI, 188 Pages. 1967
Bilingual English and German
Cloth DM 53,—

Vol. 2 **Afghanistan**
By L. Fischer, Tübingen
With 16 Plates, 15 Figures and 10 Maps
XII, 168 Pages. 1968
Bilingual English and German
Cloth DM 53,—

Vol. 3 **Ethiopia**
By K. F. Schaller, Koblenz, and W. Kuls, Bonn
With 64 Photos, 34 Figures, and 7 Maps
XV, 180 Pages. 1972
Bilingual English and German
Cloth DM 68,—

Vol. 4 **Kuwait**
By G. E. Ffrench, London, and
A. G. Hill, Aberdeen
With 61 Figures, 26 Text Figures,
and 3 Maps
XIII, 124 Pages. 1971
In English
Cloth DM 58,—

Vol. 5 **Kenya**
By H. J. Diesfeld, Heidelberg, and
H. Hecklau, Trier
In Preparation

Additional material from *Äthiopien-Ethiopia,*
ISBN 978-3-642-65391-9, is available at http://extras.springer.com